冶金专业教材和工具书经典传承国际传播工程
Project of the Inheritance and International Dissemination of Classical Metallurgical Textbooks & Reference Books

职业本科“十四五”规划教材

冶金工业出版社

钢丝智能生产技术

主　编　石永亮　张学辉　张志旺
副主编　赵倩倩　刘　浩　李彦玲
　　　　杨晓彩　陈　敏　段建华
主　审　梁志敏

扫码输入刮刮卡密码
查看数字资源

北　京
冶金工业出版社
2025

内容提要

本书以项目形式详细介绍了钢丝生产基础知识、钢丝生产技术、钢丝生产设备及钢丝生产中的环境保护等。全书共分 8 个项目，主要内容包括拉拔前的原料表面准备、钢丝的热处理、拉丝模、钢丝拉拔与质量检测、钢丝镀层、钢丝生产设备、典型钢丝产品生产技术及钢丝生产中的环境保护等。

本书可作为职业本科材料成型及控制工程等专业的教学用书，也可作为钢丝制品行业工程技术人员、科研人员、管理人员的培训教材及参考书。

图书在版编目（CIP）数据

钢丝智能生产技术 / 石永亮，张学辉，张志旺主编. 北京 ：冶金工业出版社，2025. 8. -- （职业本科“十四五”规划教材）. -- ISBN 978-7-5240-0208-6

Ⅰ. TG356. 4

中国国家版本馆 CIP 数据核字第 20250RQ022 号

钢丝智能生产技术

出版发行	冶金工业出版社	**电　　话**	（010）64027926
地　　址	北京市东城区嵩祝院北巷 39 号	**邮　　编**	100009
网　　址	www. mip1953. com	**电子信箱**	service@ mip1953. com

策划编辑　杜婷婷　责任编辑　杜婷婷　梁玉晶　美术编辑　吕欣童

版式设计　郑小利　责任校对　梅雨晴　责任印制　范天娇

三河市双峰印刷装订有限公司印刷

2025 年 8 月第 1 版，2025 年 8 月第 1 次印刷

787mm×1092mm　1/16；18. 5 印张；409 千字；277 页

定价 59. 00 元

投稿电话　（010）64027932　投稿信箱　tougao@cnmip. com. cn

营销中心电话　（010）64044283

冶金工业出版社天猫旗舰店　yjgycbs. tmall. com

（本书如有印装质量问题，本社营销中心负责退换）

冶金专业教材和工具书经典传承国际传播工程

总　　序

钢铁工业是国民经济的重要基础产业，为我国经济的持续快速增长和国防现代化建设提供了重要支撑，做出了卓越贡献。当前，新一轮科技革命和产业变革深入发展，中国经济已进入高质量发展新时代，中国钢铁工业也进入了高质量发展的新时代。

高质量发展关键在科技创新，科技创新离不开高素质人才。党的二十大报告指出："教育、科技、人才是全面建设社会主义现代化国家的基础性、战略性支撑。必须坚持科技是第一生产力、人才是第一资源、创新是第一动力，深入实施科教兴国战略、人才强国战略、创新驱动发展战略，开辟发展新领域新赛道，不断塑造发展新动能新优势。"加强人才队伍建设，培养和造就一大批高素质、高水平人才是钢铁行业未来发展的一项重要任务。

随着社会的发展和时代的进步，钢铁技术创新和产业变革的步伐也一直在加速，不断推出的新产品、新技术、新流程、新业态已经彻底改变了钢铁业的面貌。钢铁行业必须加强对科技进步、教育发展及人才成长的趋势研判、规律认识和需求把握，深化人才培养体制机制改革，进一步完善相应的条件支撑，持续增强"第一资源"的保障能力。中国钢铁工业协会《"十四五"钢铁行业人力资源规划指导意见》提出，要重视创新型、复合型人才培养，重视企业家培养，重视钢铁上下游复合型人才培养。同时要科学管理，丰富绩效体系，进一步优化人才成长环境，造就一支能够支撑未来钢铁行业高质量发展的人才队伍。

高素质人才来源于高水平的教育和培训，并在丰富多彩的创新实践中历练成长。以科技创新为第一动力的发展模式，需要科技人才保持知识的更新频率，站在钢铁发展新前沿去思考未来，系统性地将基础理论学习和应用实践学习体系相结合。要深入推进职普融通、产教融合、科教融汇，建立高等教育+职业教育+继续教育和培训一体化行业人才培养体制机制，及时把钢铁科技创新成果转化为钢铁从业人员的知识和技能。

一流的专业教材是高水平教育培训的基础，做好专业知识的传承传播是当代中国钢铁人的使命。20世纪80年代，冶金工业出版社在原冶金工业部的领导支持下，组织出版了一批优秀的专业教材和工具书，代表了当时冶金科技的水平，形成了比较完备的知识体系，成为一个时代的经典。但是由于多方面的原因，这些专业教材和工具书没能及时修订，导致内容陈旧，跟不上新时代的要求。反映钢铁科技最新进展和教育教学最新要求的新经典教材的缺失，已经成为当前钢铁专业人才培养最明显的短板和痛点。

为总结、提炼、传播最新冶金科技成果，完成行业知识传承传播的历史任务，推动钢铁强国、教育强国、人才强国建设，中国钢铁工业协会、中国金属学会、冶金工业出版社于2022年7月发起了“冶金专业教材和工具书经典传承国际传播工程”（简称“经典工程”），组织相关高校、钢铁企业、科研单位参加，计划用5年左右时间，分批次完成约300种教材和工具书的修订再版和新编，以及部分教材和工具书的对外翻译出版工作。2022年11月15日在东北大学召开了工程启动会，率先启动了高等教育和职业教育教材部分工作。

“经典工程”得到了东北大学、北京科技大学、河北工业职业技术大学、山东工业职业学院等高校，中国宝武钢铁集团有限公司、鞍钢集团有限公司、首钢集团有限公司、河钢集团有限公司、江苏沙钢集团有限公司、中信泰富特钢集团股份有限公司、湖南钢铁集团有限公司、包头钢铁（集团）有限责任公司、安阳钢铁集团有限责任公司、中国五矿集团公司、北京建龙重工集团有限公司、福建省三钢（集团）有限责任公司、陕西钢铁集团有限公司、酒泉钢铁（集团）有限责任公司、中冶赛迪集团有限公司、连平县昕隆实业有限公司等单位的大力支持和资助。在各冶金院校和相关钢铁企业积极参与支持下，工程相关工作正在稳步推进。

征程万里，重任千钧。做好专业科技图书的传承传播，正是钢铁行业落实习近平总书记给北京科技大学老教授回信的重要指示精神，培养更多钢筋铁骨高素质人才，铸就科技强国、制造强国钢铁脊梁的一项重要举措，既是我国钢铁产业国际化发展的内在要求，也有助于我国国际传播能力建设、打造文化软实力。

让我们以党的二十大精神为指引，以党的二十大精神为强大动力，善始善终，慎终如始，做好工程相关工作，完成行业知识传承传播的使命任务，支撑中国钢铁工业高质量发展，为世界钢铁工业发展做出应有的贡献。

中国钢铁工业协会党委书记、执行会长

2023 年 11 月

前　言

为了推动钢材深加工产业的高质量发展，适应产业变革对新质技术技能人才知识能力的要求，满足职业本科材料成型及控制工程专业的教学需要，编者结合钢丝生产企业的岗位技能要求，同时参照国家职业技能鉴定标准《金属材丝拉拔工》和职业教育国家教学标准编写了本书。同时，本书的编写深入贯彻落实党的二十大关于“实施科教兴国战略，强化现代化建设人才支撑”的部署，紧密对接发展新质生产力对高素质技术技能人才的需求，积极探索产教融合、教育科技人才“三位一体”路径，旨在为培养服务制造强国战略的创新型劳动者贡献力量。

本书在内容的组织安排上，分为拉拔前的原料表面准备、钢丝的热处理、拉丝模、钢丝拉拔与质量检测、钢丝镀层、钢丝生产设备、典型钢丝产品生产技术及钢丝生产中的环境保护8个项目。本书以钢丝的生产工艺过程为主线，并根据工作过程和学生的认知规律安排课程内容的顺序，由易到难、由简单到复杂，层层递进，介绍了钢丝生产的基础知识、生产设备、生产技术等知识。紧密结合教材内容，融入以习近平新时代中国特色社会主义思想铸魂育人的课程思政元素，以弘扬工匠精神、劳模精神、劳动精神为思政主线，构建了完整的课程思政体系，突出教材立德树人功能。此外，本书配套丰富的数字资源，扫描书中二维码可查看课程微课、动画，以及钢丝生产企业的设备照片、生产视频、工艺操作视频等，大大增加了本书的实用性和实践性。

本书入选中国钢铁工业协会、中国金属学会和冶金工业出版社组织的“冶金专业教材和工具书经典传承国际传播工程”第一批立项教材。

本书由河北工业职业技术大学石永亮、天津工业职业学院张学辉、河北河钢材料技术研究院有限公司张志旺担任主编；河北工业职业技术大学赵倩倩、刘浩、李彦玲、杨晓彩、陈敏，江西新华新材料科技股份有限公司原总工程师段建华担任副主编；参加编写的人员还有河北工业职业技术大学赵锦辉、孟延军、戚翠芬、曹磊、李秀敏、陈涛、陈超、张雪、陈柏旭、赵晓萍及济源钢铁有限公司侯建设。本书由河北科技大学梁志敏教授担任主审。

本书在编写过程中，参考了相关资料、书籍和文献，得到了有关单位的大力支持，在此一并表示衷心的感谢。

由于编者水平所限，书中不妥之处，敬请广大读者批评指正。

编　者

2024 年 12 月

目　录

课件下载

项目 1 拉拔前的原料表面准备

学习目标

知识目标：

（1）了解线材的质量与管理要求；
（2）掌握原料表面清理的方法与原理；
（3）掌握润滑涂层的种类及工艺原理。

微课 钢丝的原料

技能目标：

（1）能够分析检测线材的质量；
（2）能够根据线材的特点设计表面清理工艺；
（3）能够完成线材的表面清理和涂层操作。

课件 钢丝的原料

素质目标：

（1）培养学生分析问题、解决实际问题的能力；
（2）培养学生的实践操作能力。

任务 1.1 钢丝生产原料

知识准备

钢丝生产以热轧线材为原料，是线材的深度加工，线材质量的好坏、线材表面状态的优劣以及拉拔前线材表面准备的状况对拉拔生产能否正常进行具有重要影响。高质量的线材是生产高水平钢丝的基础。生产实践证明，拉拔生产中出现的拉丝困难、断丝率高、产品性能不好，往往是由线材质量不好造成的。拉拔对线材质量要求是多方面的，线材的种类和用途不同所要求的具体内容也有侧重，总的来说钢丝生产对线材的质量检测主要包括尺寸精度、盘重、表面质量、内在质量、力学性能等。

1.1.1 线材的类别和用途

拉拔钢丝的原料是线材，如图 1-1 所示。直径 5～22 mm 的热轧圆钢和 10 mm 以下的螺纹钢，通称线材。线材大多用卷材机卷成盘卷供应，故又称为盘条或盘圆。高线是指用高速无扭轧机轧制的盘条，其特点是：尺寸精度高，不圆度小；采用集散卷风冷却，成分均匀，力学性能好；由于采用负公差轧制，节约了金属，相同质量的高线要比普线长度更长；每件只有一个头和尾；包装通常比较紧匝、美观。

图 1-1 拉拔钢丝线材原料

动画 盘条生产

线材按钢种、化学成分、性能及用途一般分为普通碳素结构钢线材、优质碳素结构钢线材、焊条钢线材、合金钢线材。

1.1.1.1 普通碳素结构钢线材

按照《碳素结构钢》（GB/T 700—2006），普通碳素结构钢分 Q195、Q215、Q235、Q275 四种牌号，化学成分见表 1-1；其中，Q215 分为 A、B 两个等级，Q235、Q275 分为 A、B、C、D 四个等级。

表 1-1 普通碳素结构钢的化学成分

<table>
<tr><th rowspan="2">牌号</th><th rowspan="2">等级</th><th colspan="5">化学成分（质量分数）/%</th></tr>
<tr><th>C</th><th>Si</th><th>Mn</th><th>P</th><th>S</th></tr>
<tr><td>Q195</td><td>—</td><td>≤0.12</td><td>≤0.30</td><td>≤0.50</td><td>≤0.035</td><td>≤0.040</td></tr>
<tr><td rowspan="2">Q215</td><td>A</td><td rowspan="2">≤0.15</td><td rowspan="2">≤0.35</td><td rowspan="2">≤1.20</td><td rowspan="2">≤0.045</td><td>≤0.050</td></tr>
<tr><td>B</td><td>≤0.045</td></tr>
<tr><td rowspan="4">Q235</td><td>A</td><td>≤0.22</td><td rowspan="4">≤0.35</td><td rowspan="4">≤1.40</td><td rowspan="2">≤0.045</td><td>≤0.050</td></tr>
<tr><td>B</td><td>≤0.20</td><td>≤0.045</td></tr>
<tr><td>C</td><td rowspan="2">≤0.17</td><td>≤0.040</td><td>≤0.040</td></tr>
<tr><td>D</td><td>≤0.035</td><td>≤0.035</td></tr>
<tr><td rowspan="5">Q275</td><td>A</td><td>≤0.24</td><td rowspan="5">≤0.35</td><td rowspan="5">≤1.50</td><td>≤0.045</td><td>≤0.050</td></tr>
<tr><td rowspan="2">B</td><td>≤0.21</td><td rowspan="2">≤0.045</td><td rowspan="2">≤0.045</td></tr>
<tr><td>≤0.22</td></tr>
<tr><td>C</td><td rowspan="2">≤0.20</td><td>≤0.040</td><td>≤0.040</td></tr>
<tr><td>D</td><td>≤0.035</td><td>≤0.035</td></tr>
</table>

普通碳素结构钢线材，广泛用于生产各种光面或镀锌低碳钢丝、制钉丝、织网丝、架空通信用丝，以及建筑结构用丝、各种民用丝、文教用丝等。

1.1.1.2　优质碳素结构钢线材

按照《优质碳素结构钢》（GB/T 699—2015）及《优质碳素钢热轧盘条》（GB/T 4354—2008），优质碳素结构钢可分 31 个牌号，其化学成分见表 1-2。

表 1-2　优质碳素结构钢的化学成分

序号	统一数字代号	牌号	化学成分（质量分数）/%							
			C	Si	Mn	P	S	Cr	Ni	Cu①
						≤				
1	U20082	08②	0.05~0.11	0.17~0.37	0.35~0.65	0.035	0.035	0.10	0.30	0.25
2	U20102	10	0.07~0.13	0.17~0.37	0.35~0.65	0.035	0.035	0.15	0.30	0.25
3	U20152	15	0.12~0.18	0.17~0.37	0.35~0.65	0.035	0.035	0.25	0.30	0.25
4	U20202	20	0.17~0.23	0.17~0.37	0.35~0.65	0.035	0.035	0.25	0.30	0.25
5	U20252	25	0.22~0.29	0.17~0.37	0.50~0.80	0.035	0.035	0.25	0.30	0.25
6	U20302	30	0.27~0.34	0.17~0.37	0.50~0.80	0.035	0.035	0.25	0.30	0.25
7	U20352	35	0.32~0.39	0.17~0.37	0.50~0.80	0.035	0.035	0.25	0.30	0.25
8	U20402	40	0.37~0.44	0.17~0.37	0.50~0.80	0.035	0.035	0.25	0.30	0.25
9	U20452	45	0.42~0.50	0.17~0.37	0.50~0.80	0.035	0.035	0.25	0.30	0.25
10	U20502	50	0.47~0.55	0.17~0.37	0.50~0.80	0.035	0.035	0.25	0.30	0.25
11	U20552	55	0.52~0.60	0.17~0.37	0.50~0.80	0.035	0.035	0.25	0.30	0.25
12	U20602	60	0.57~0.65	0.17~0.37	0.50~0.80	0.035	0.035	0.25	0.30	0.25
13	U20652	65	0.62~0.70	0.17~0.37	0.50~0.80	0.035	0.035	0.25	0.30	0.25
14	U20702	70	0.67~0.75	0.17~0.37	0.50~0.80	0.035	0.035	0.25	0.30	0.25
15	U20702	75	0.72~0.80	0.17~0.37	0.50~0.80	0.035	0.035	0.25	0.30	0.25
16	U20802	80	0.77~0.85	0.17~0.37	0.50~0.80	0.035	0.035	0.25	0.30	0.25
17	U20852	85	0.82~0.90	0.17~0.37	0.50~0.80	0.035	0.035	0.25	0.30	0.25
18	U21152	15 Mn	0.12~0.18	0.17~0.37	0.70~1.00	0.035	0.035	0.25	0.30	0.25
19	U21202	20 Mn	0.17~0.23	0.17~0.37	0.70~1.00	0.035	0.035	0.25	0.30	0.25
20	U21252	25 Mn	0.22~0.29	0.17~0.37	0.70~1.00	0.035	0.035	0.25	0.30	0.25
21	U21302	30 Mn	0.27~0.34	0.17~0.37	0.70~1.00	0.035	0.035	0.25	0.30	0.25
22	U21352	35 Mn	0.32~0.39	0.17~0.37	0.70~1.00	0.035	0.035	0.25	0.30	0.25
23	U21402	40 Mn	0.37~0.44	0.17~0.37	0.70~1.00	0.035	0.035	0.25	0.30	0.25
24	U21452	45 Mn	0.42~0.50	0.17~0.37	0.70~1.00	0.035	0.035	0.25	0.30	0.25
25	U21502	50 Mn	0.48~0.56	0.17~0.37	0.70~1.00	0.035	0.035	0.25	0.30	0.25
26	U21602	60 Mn	0.57~0.65	0.17~0.37	0.70~1.00	0.035	0.035	0.25	0.30	0.25

续表 1-2

序号	统一数字代号	牌号	化学成分（质量分数）/%							
			C	Si	Mn	P	S	Cr	Ni	Cu①
						≤				
27	U21652	65 Mn	0.62~0.70	0.17~0.37	0.90~1.20	0.035	0.035	0.25	0.30	0.25
28	U21702	70 Mn	0.67~0.75	0.17~0.37	0.90~1.20	0.035	0.035	0.25	0.30	0.25

① 热压力加工用钢铜含量应不大于 0.20%；

② 用铝脱氧的镇静钢，碳、锰含量下限不限，锰含量上限为 0.45%，硅含量不大于 0.03%，全铝含量为 0.020%~0.070%，此时牌号为 08Al。

优质碳素钢热轧线材可广泛用于生产碳素弹簧钢丝、油淬火回碳素弹簧钢丝、预应力钢丝、高强度优质碳素结构钢丝、镀锌钢丝、镀锌钢绞线、回火胎圈钢丝、制绳用钢丝、钢芯铝绞线用镀锌钢丝、伞骨钢丝、自行车辐条钢丝、胶管钢丝等。

1.1.1.3 焊条钢线材

焊条钢线材主要用来生产各种焊条用钢丝，例如电弧焊、气焊、自动焊、气体保护焊等焊条用钢丝，钢种可分为碳素焊条钢、焊接用不锈钢及合金焊条钢等三大类。

1.1.1.4 合金钢线材

合金钢线材按用途可分为合金结构钢、合金工具钢和特殊性能用钢线材，其钢丝制品也有相应的合金弹簧钢丝、滚珠钢丝、不锈耐酸钢丝及耐热电阻合金钢丝等。

1.1.2 线材质量要求

因为原料质量的优劣直接影响着钢丝成品的质量，所以对线材有很多具体的要求，一般来说主要是尺寸精度、盘重、表面质量、内部质量、力学性能等。

视频 高速线材生产

1.1.2.1 尺寸精度

对线材尺寸精度的要求包括两个内容，即线材断面尺寸精度和沿线材全长方向上尺寸的一致性。生产经验表明，减少线材公差范围，提高尺寸精度对减少拉丝模磨损、降低拉拔过程的能量消耗、减少断丝，保证拉拔的正常进行具有重要影响。例如，直径为5.5 mm 的高碳钢线材，第一道次的减面率设定为 23.2%，实际使用的线材直径为 5.85 mm（正公差为 0.35 mm），则该道次的实际减面率已增加到了 32.1%，超过了一般高碳钢道次变形量的允许范围，有可能导致钢丝拉断。如果线材在长度方向上尺寸不一致，有的地方为正偏差，有的地方为负偏差，拉拔时道次减面率将发生很大的变化，拉拔过程处于极不稳定的状态，模具受力不均、磨损加重；钢丝性能不均，品质下降；钢丝断头概率明显增多。多年来国内外都在为提高线材尺寸精度而努力，并已取得良好成果，现代化高速线材轧机生产出的线材尺寸公差已能控制在 ±(0.1~0.12) mm 范围内，线材通条尺寸变化也能控制在 ±0.2 mm 以下。

对线材的尺寸精度测量主要包括尺寸公差和不圆度两方面。

（1）尺寸公差允许偏差。我国国家标准规定为：在距盘条末端 4 m 处测量。

（2）不圆度。不圆度是指线材同一横截面上最大直径与最小直径之差。

1.1.2.2 盘重

线材盘重是指热轧后的每盘质量，线材盘重的大小是表征线材轧机生产技术水平高低的重要指标之一，如图 1-2 所示。线材盘重越大，对热轧工艺装备和生产技术的要求也越高，采用大盘重的线材是实现高速拉丝的必需条件。增加线材的质量，是减少接头次数，实现高速拉拔、方便操作、提高生产效率和钢丝、钢丝绳产品质量的重要措施之一。值得指出的是：增大线材盘重必须对钢丝生产线的拉丝、热处理、清洗、镀层以及起重、运输设备进行相应改造，一般认为线材盘重在 1000~1500 kg 比较适宜。

图 1-2 热轧盘条

1.1.2.3 表面质量

线材表面应光滑，不得有目视可见的折叠、裂纹、耳子、分层、结疤等缺陷。

(1) 折叠。折叠是盘条表面常见的缺陷，它的产生主要是因上一道孔型中轧出的耳子或飞翅经下一道孔型压入盘条表面并与表面焊合不好所形成的，折叠会使钢丝成品的弯曲、扭转、疲劳等性能降低。

(2) 裂纹。盘条表面的裂纹常是纵向开裂的细纹或细条，呈连续或不连续分布。产生原因是：钢锭皮下气孔或非金属夹杂经热轧后暴露于外表而形成，钢坯加热不当（过烧或加热不均）而引起表面龟裂，导卫装置不良，刮伤盘条表面等。

(3) 耳子。耳子是平行于盘条轴线方向上的条状凸起，是由于轧制时孔型过充满或导卫不正造成的。耳子的产生使盘条尺寸超出公差，并导致下一道次轧出的盘条表面易造成折叠或拉拔钢丝时使模子爆裂，钢丝表面出现沟纹。

(4) 分层。分层是指盘条分离成两半或多层，破坏了盘条的完整性。产生的原因是：钢锭中的气泡轧制时不能焊合，钢锭缩孔切除不净，钢锭中非金属夹杂过多，轧制时不均匀变形造成的头部开花等。

(5) 结疤。结疤是指盘条表面出现的一种钢质翘皮，它与盘条本身黏合，呈“指甲”形，厚薄不一，在盘条全长上呈无规则的分布。产生原因是：铸锭时涂油不良使钢锭表面形成凸瘤，轧后被展开造成的；锭坯表面氧化铁皮过厚，轧时被压入表面形成的。

1.1.2.4 内部质量

盘条的内部质量主要是指不得有缩孔、收缩疏松、气泡、非金属夹杂物、脱碳等缺陷。这些缺陷严重影响钢丝的力学性能，因此在国家标准中有严格规定。

(1) 缩孔。在钢水浇注钢锭时，钢液温度太高或浇注速度过快，易在钢锭内部形成较大的缩孔。轧制时因头部切不净而以连续或断续的夹层和孔洞残留在盘条内。钢锭缩孔处往往是钢水最后凝固的地方，这一区域的周围会出现严重的疏松及夹杂密集，带有缩孔的盘条经拉拔后会发生劈裂。

（2）收缩疏松。在钢液凝固时形成的缩孔附近会产生收缩疏松的气孔，它的产生原因与缩孔疏松相同。缩孔疏松位于钢材截面的中心部位，称为中心疏松。疏松通常与偏析伴生，钢中气体、非金属夹杂物及硫、磷等杂质元素含量高时，疏松程度加重。

（3）气泡。按脱氧方式不同，钢分为沸腾钢和镇静钢。沸腾钢在钢包中脱氧时会产生一氧化碳气体并在浇注的锭模内钢水会继续沸腾。镇静钢在炉内脱氧就比较完全，钢水注入模内呈静止状态。显然，沸腾钢中气泡存在较镇静钢多。气泡留在钢中，轧制时难以熔合而形成孔洞，使盘条性能变差，拉制钢丝时造成断丝或恶化性能。

（4）非金属夹杂物。非金属夹杂物主要是冶炼脱氧不当或耐火材料落入钢液等外因造成的。钢中的非金属夹杂物以氧化铝最为有害。轧制时夹杂物被压碎，其碎片分布呈“线状”，拉拔时使基体金属连续性被破坏，造成钢丝可塑性降低。因此，大量的非金属夹杂物会明显地降低钢丝的疲劳强度极限。

（5）脱碳。产生脱碳的原因是轧前加热时间过长或氧化剧烈，造成盘条横截面上碳含量不均或降低。脱碳对拉拔性能无影响，但对钢丝的疲劳性能影响较大。在国家标准中对一些重要的钢丝（如弹簧钢丝等），对其脱碳深度均有明确的要求。

1.1.2.5 力学性能

《优质碳素结构钢》（GB/T 699—2015）对线材的抗拉强度、屈服强度、断面收缩率、断后伸长率等均有要求。

1.1.3 化学元素对钢丝性能的影响

碳素钢中主要含有的元素为碳、硅、锰、硫、磷、铜、铬、铝。这些元素在钢中起着不同的作用，决定了钢丝的性能。

（1）碳。碳是碳素钢中的主要元素，对钢丝的力学性能有着重要影响。碳含量的增加，提高了钢丝的抗拉强度，同时伸长率降低。碳含量（质量分数）每增加0.1%，铅淬火后钢丝的抗拉强度可提高7~12 MPa，冷拉后可提高10~20 MPa。碳含量增加引起强度、硬度的提高，塑性、韧性的降低，是由于钢中脆硬的渗碳体数量增加的结果。

（2）硅。硅是冶炼中主要的脱氧剂，能获得完全脱氧均匀而致密的钢，促进钢丝抗拉强度的提高。当钢中硅含量增加0.01%时，抗拉强度可提高1.4MPa。硅也可以提高钢丝的弹性极限，硅含量（质量分数）达1.0%~2.5%时，冷拉后钢丝的弹性显著增加。硅以硅酸存在于钢中时，对钢丝拉拔是有害的，这是因为分散在钢中的硅酸细小颗粒会促使拉丝模很快磨损。

（3）锰。锰作为脱氧、脱硫剂加入钢中，能提高钢丝的强度和耐磨性，而且能减轻钢中硫的危害，形成MnS杂质被除去。钢丝中锰含量增加，会促进铅淬火钢丝奥氏体稳定，增强钢丝的淬透性，从而形成分散均匀的索氏体组织。锰含量增加，还能提高冷拔后钢丝的弹性极限，弹簧钢丝的锰含量（质量分数）一般在0.9%~1.2%，锰含量在0.9%以内时，能提高钢丝强度而不影响韧性和塑性。锰含量增加，使钢的过热敏感性提高，晶粒易粗大。

（4）硫。硫是钢中的有害元素，能促进偏析，形成脆性杂质，其含量增加，使钢的热脆性增加，抗腐蚀性降低，不利于钢丝表面镀层。钢丝的韧性与塑性因硫化物的存在而降低。在碳钢中严格控制硫含量（质量分数）不超过 0.05%。

（5）磷。磷是冷拉钢丝中最有害的一种元素。磷（>0.08%）能增加钢的冷脆性使钢丝的冷拉性能变坏。磷能提高钢丝的强度，降低塑性，钢中每增加 0.01%的磷，可提高强度 0.7 MPa。磷也可提高钢丝的弹性极限，改善抗大气腐蚀的作用。一般碳素钢中磷含量（质量分数）不得超过 0.045%。重要用途的钢丝，磷含量应越低越好。

（6）铜。当钢中铜含量（质量分数）超过 0.5%~0.6%时，会导致沉淀强化，使强度大大提高，塑性、韧性显著恶化。铜对钢的时效敏感性稍有增加，对抗腐蚀性有良好的作用。中、高碳钢丝的铜含量应控制在 0.2%以下，一般低碳钢丝的铜含量应控制在 0.4%以下，这样有利于改善钢的淬透性并提高屈服极限和韧性。

（7）铬。铬加入钢中能增加钢的可淬透性、抗腐蚀稳定性和抗氧化性。碳素钢铬含量（质量分数）应控制在 0.1%以下，大于此值会使钢丝的韧性降低。

（8）铝。铝是冶炼的脱氧剂，在钢内以固溶体或极小的微粒存在，能严重损坏拉丝模。少量的铝可细化晶粒，改善韧性，减少时效敏感性。在特殊情况下铝作为合金元素加入钢中，以提高钢的抗氧化性、耐腐蚀性，故被用于耐酸、耐热合金中。

1.1.4 线材的组织状态

作为冷拔钢丝的原料，希望能承受较大的变形、具有良好的塑性以减少拉拔道次和工艺过程，要求原料的组织状态是能适应冷变形的索氏体（sorbite）组织。

一般说来，具有结构均匀索氏体组织的原料钢丝的冷拉极限值最高。这是因为：碳素钢丝拉拔时，承受滑移变形主要是靠铁素体相，故随变形增大而位错数目的增加和发展主要集中在铁素体相区域。由于索氏体中的铁素体相分布较均匀，其片层又薄又多，故位错既均匀又分散，不易发生位错早期堆积现象，从而能承受更多的位错数目而不致破坏。此外，索氏体中的渗碳体相极薄，呈片层状，在外力作用下也稍能发生塑性变形。

索氏体组织经拉拔后，其强度值高，而塑性值并不减低。这是由于：渗碳体片越厚越不容易变形，厚的渗碳体片变形时容易脆裂形成微裂纹；渗碳体片越薄，不但相界越多、强化作用越大，而且在变形时越容易随铁索体一起变形而不发生脆裂。索氏体中的渗碳体片极薄，因此索氏体组织的钢丝经过拉拔后可获得较高的综合力学性能。

1.1.5 盘条的管理

高质量的盘条要辅以严格的管理，才能在稳定的工艺条件下，生产出高质量的产品。盘条从验收到投料，都要有一整套严密的规章制度。

（1）盘条供应商应提供盘条的质量保证书（简称质保书）或出厂检验合格证。质保书上一般应标明盘条的钢号、线径、数量、盘重、炉号、力学性能（屈服点、抗拉强度、伸长率、断面收缩率）、化学成分（碳、硅、锰、磷、硫及其他微量元素）等；内在质量（夹杂、偏析、脱碳、晶粒度等）和表面质量（缩孔、裂缝、折叠、耳子等）一般是在购销合同中规定的，质保书上不一定标明。

（2）盘条在运输过程中应有防雨、防湿措施。每捆盘条都应扎牢，防止搬运时变松、使用时变乱。每捆盘条应拴有标牌，标有制造厂商名称、钢号、炉号、线径、质量、生产日期等。盘条应批量供货，并应按钢号、炉号分别装运。

（3）必须严格按照验收制度对盘条的化学成分、力学性能、内部质量和表面质量进行取样检验，检验合格后才能入库。应有完整的检测报告，合格盘条应按质保书分类登记建账。

（4）盘条库要清洁干燥，通风良好。防止盘条垛下积水、潮湿，致使盘条产生黄锈。防止排放的酸雾及其他有害气体进入盘条库，致使盘条发生腐蚀。

（5）盘条按生产厂家、用途、炉号分区堆放，并有明显标志。

（6）收、发盘条一律过磅并做好记录，一般应先来料者先用，及时清垛。

（7）跟踪每一工序的盘条消耗及其他质量信息，做好记录。

问题讨论

（1）简述钢丝原料的生产工艺流程。

（2）普通碳素结构钢线材通常用于生产哪些钢丝产品？

（3）优质碳素结构钢线材通常用于生产哪些钢丝产品？

（4）对于线材的质量有哪些指标要求？

（5）盘条中有害元素有哪些？

（6）钢丝拉拔生产中，对于盘条的组织状态有什么要求？

任务1.2 原料的表面清理

知识准备

钢丝生产通常以直径5~22 mm的热轧线材为原料，热轧线材表面留有0.3%~0.5%的氧化铁皮。另外，拉拔后经过中间热处理的钢丝表面也会产生氧化铁皮，这种附着在钢料表面的氧化铁皮将对拉拔产生严重的不良后果。氧化铁皮的硬度很高又没有塑性，夹在钢丝和模具之间，拉拔时增大摩擦系数，使拔制力增加，严重时会发生断丝，影响拉拔生产的正常进行；此外，氧化铁皮还会黏附在模孔中划伤钢丝表面，降低模子使用寿命，增加模具消耗。因此，拉拔前必须对线材和钢丝表面进行清理，除去氧化铁皮，为下一工序润滑或涂层做好准备。

对线材表面进行清理的方法很多，按照清除氧化铁皮的方法不同，一般可以分为机械除鳞法（如反复弯曲、喷丸、刷除等）、化学除鳞法（酸洗、碱浸等）和电解酸洗除鳞法三种。

（1）机械除鳞法对环境污染较轻，废弃物质的处理难度不大，反复弯曲和刷除生产成本最低，喷丸处理成本略高于酸洗；该法仅适用于中低碳钢丝，很难彻底清除合金钢丝的氧化铁皮。

（2）化学除鳞法使用效果最好，成本也比较低，但污染环境，废弃物要进行环保处理。

（3）电解酸洗除鳞法通常用在连续生产线上。

微课 机械除鳞

课件 机械除鳞

视频 钢绞线机械除鳞

1.2.1 机械除鳞

因为钢和合金都具有一定的延展性，而氧化铁皮无延展性，所以可以通过施加机械力的方法使钢丝表面的氧化铁皮剥离脱落的方法称为机械除鳞法。与化学法相比，这种除鳞方法具有下列优点：

（1）金属材料损耗较少；

（2）可避免钢丝产生氢脆；

（3）可省去酸洗槽废酸处理等许多设备，并且除鳞时间较短，可降低生产成本；

（4）改善了劳动条件，不会造成环境污染等公害，清除下来的氧化铁皮也好回收利用。

机械除鳞法的缺点是表面氧化铁皮清除不够干净，铁屑散失易污染工作场地，工人劳动强度很高，有待进一步研究改进。

机械除鳞法常用来处理对钢丝表面要求不高的钢种或作为清除手段中辅助方法使用，常用的机械除鳞方法有反复弯曲法、喷丸处理法、组合式处理法等。

1.2.1.1 反复弯曲法

反复弯曲法是利用氧化铁皮的特性，使热轧盘条连续通过不同方向的弯曲时，因弯曲而造成盘条表面的反复延伸和压缩促使表面铁皮疏松剥落，图 1-3 和图 1-4 所示分别为六辊、八辊剥壳机。用此法只能除去盘条表面铁皮量的 80%左右，剩余的必须经酸洗或其他机械方法除去。生产上用此法处理后的盘条再经酸洗，能大大缩短酸洗时间，降低酸耗和防止过酸洗。

图 1-3　六辊剥壳机

图 1-4　八辊剥壳机

反复弯曲法去氧化铁皮的工艺，主要由弯曲辊的设计所决定，应从以下几个方面考虑。

A 弯曲辊辊径

可以根据不同碳含量的盘条变形值确定弯曲辊辊轮的直径。如图 1-5 所示，D 为辊轮直径（mm），d 为盘条直径（mm），δ 为变形值（%）。盘条通过弯曲辊时的变形，盘条内外层变形不完全一样；外层表面受拉伸，内层表面受压缩。中心层视为不变形区，则盘条外层的变形值为：

$$\delta = \frac{(D+2d)-(D+d)}{D+d} \times 100\%$$

$$= \frac{d}{D+d} \times 100\% \qquad (1\text{-}1)$$

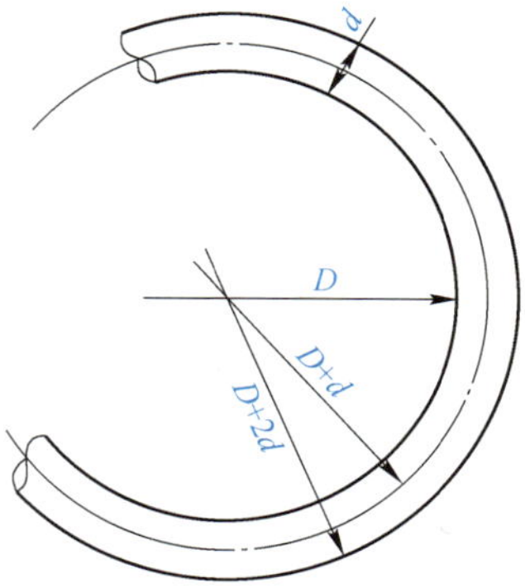

图 1-5 钢丝弯曲示意图

当该段盘条进入下一个弯曲辊时，变形情况正好相反。这样造成盘条内外表面层处在反复拉压状态之中，延伸极小的氧化铁皮经不起这种变形而被撕裂破碎。

低碳钢盘条的伸长率可取大些，一般为 8%～10%，对中、高碳钢盘条的伸长率应小于 8%为宜。尤其对高碳钢盘条应注意这一点，以免影响钢丝的表面质量。

B 弯曲辊布置形式

假如盘条反复拉压是在同一平面上的一组弯曲辊之间完成，那么盘条中心层处的氧化铁皮就不易除去。所以必须将弯曲辊布置在不同平面上或两组弯曲辊布置在相互垂直的平面上方能收到较好的效果，如图 1-6 所示。

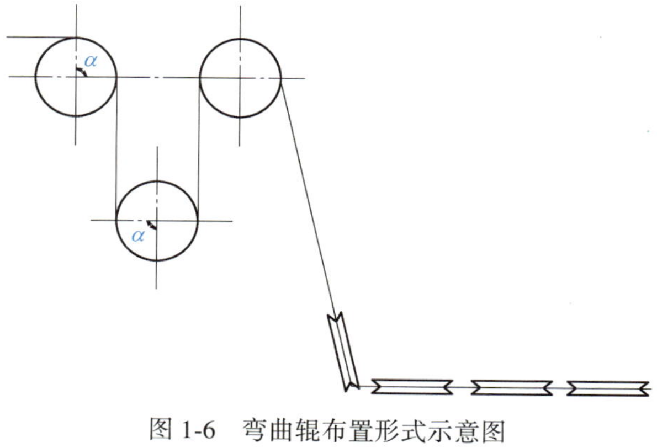

图 1-6 弯曲辊布置形式示意图

C 包角

如图 1-6 所示，盘条与辊轮间的包角（α）越大，盘条承受弯曲变形量也就越大，且通过弯曲辊作用的时间也越长，去氧化铁皮效果就越好。

D 牵引力

牵引力的大小与后张力、盘条的屈服强度、盘条直径、辊轮直径和辊轮个数有关。

$$P = Q + \frac{0.668\sigma_s \cdot d^3}{D + d} \cdot n \tag{1-2}$$

式中　P——牵引力，kg；

Q——后张力，取 30～50 kg；

σ_s——盘条的屈服强度，kg/mm²；

d——盘条直径，mm；

D——辊轮直径，mm；

n——辊轮个数。

1.2.1.2　喷丸处理法

喷丸处理的作用原理是由高速旋转的摔轮将金属弹丸高速地射向钢丝（或盘条，见图 1-7），靠金属弹丸的动能打碎氧化铁皮并除去，处理后表面的粗糙程度与所用喷丸型号有关。

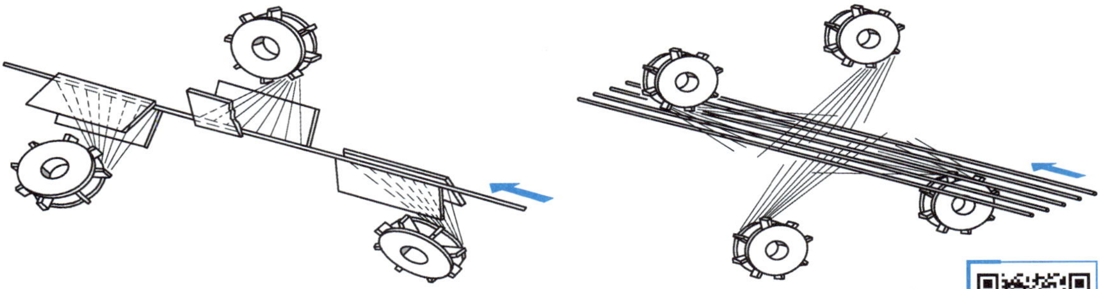

图 1-7　喷丸原理图

视频 线材喷丸

喷丸处理法的效率与去皮效果取决于摔轮的性能。摔轮的转速要求在 2000～4000 r/min，每分钟摔出的金属弹丸最多达 1000 kg，射出金属弹丸的速度为 65～75 m/s。摔轮要求布置在不同方位上，使射向钢丝表面的弹丸能形成均一的扇形面，为此在弹丸抛射处应设置导板并附有弹丸和氧化铁皮的回收分离器。按碳含量、氧化铁皮性质、盘条尺寸等不同，喷丸处理钢丝的线速度一般在 2～100 m/min。盘条喷丸前应预先进行矫直。

1.2.1.3　组合式处理法

视频“反复弯曲+砂带打磨”作业

组合式处理法是指几种机械去皮装置联合组成一套完整的去铁皮机，以完全替代酸洗的方法，还可与水洗、涂层、烘干、收线形成一条连续作业线。

A　反复弯曲+钢丝刷机械去氧化铁皮

这一方法可将钢丝经弯曲辊后残余的氧化铁皮再经钢丝刷除去。钢丝刷压力可以按需要进行调整，处理直径 5.0～7.0 mm 钢丝的最大工作速度可达 200 m/min，处理直径 1.5～4.5 mm 钢丝的最大工作速度达 150 m/min。经此法处理后的钢丝可直接进行涂层处理，但钢丝刷不耐磨，要经常更换。

B　反复弯曲+喷砂机械去氧化铁皮

喷砂处理与喷丸处理的作用原理基本相同，不同的是弹丸大小种类以及产生动能的装置不同。喷砂处理装置是把 400~650 μm 干的金刚砂借助压缩空气的动力喷射到盘条表面，去氧化铁皮是靠磨料在喷嘴内纵向走动所产生的紊流使磨料与表面多次冲击来完成。喷砂处理的优点是能耗小，仅为喷丸能量的 1/3~1/4；缺点是粉尘大，要有密封好的防护罩。

1.2.1.4 除锈质量的判断

根据卷筒上线材的颜色加以判断，颜色呈青灰色表示除锈干净，呈黑色表示锈不净，呈花黑色表示线材有斑点，没有剥清。

除锈不净的原因：

（1）线材本身质量不佳，如线材表面有阳坑，除锈后线材表面有斑点；

（2）线材在轧制时，因冷却不当，造成表面氧化层致密，不易剥落下来；

（3）盘条储运不当，如表面有黄锈、油污等，使除锈效果不佳；

（4）弯曲辊轮相互距离调整不当。

因此，要具体分析原因，保证去锈质量。

1.2.2 化学除鳞

对金属进行酸洗或碱洗，靠酸或碱与之发生化学变化，达到去除表面氧化铁皮目的的方法称为化学除鳞法。与机械法相比，这种除鳞方法具有以下特点：

微课 化学除鳞

（1）表面氧化铁皮清除比较干净，保证了清理质量；

（2）清洗速度较快，生产效率较高；

（3）容易产生酸雾或碱雾，污染环境，恶化劳动条件，对人员和设备造成伤害；

课件 化学除鳞

（4）需要有酸洗和处理废酸等设备，增加了车间投资，产品成本高；

（5）处理不当，会造成线材表面麻点和氢脆等缺陷。

因此，化学除鳞主要用于表面质量要求较高的情况和合金钢丝生产中。化学除鳞的方法很多，酸洗是常用的化学除鳞方法，应用最为广泛的是硫酸酸洗，其次是盐酸酸洗、电解酸洗和超声波酸洗等。只有在氧化铁皮十分难洗的情况下，才考虑选用其他溶液进行清理（如不锈钢采用硝酸+氢氟酸）。

目前国内大多数金属制品厂家由于受到技术条件的限制，多采用间隙式酸洗方式。随着钢丝生产向连续化、高速化和高效化方向发展，我国线材生产面貌的巨大变化和钢丝生产技术的不断进步，已经出现了不少包括酸洗在内的各种连续生产作业线。

1.2.2.1 酸洗原理

A 酸的溶解作用

视频 酸洗

照片 企业酸洗生产线实拍

酸洗时，把线坯全部浸入酸溶液中。当浸入酸液中时，其表面的氧化铁皮就与酸接触而起化学反应。同时，酸溶液也通过氧化铁皮中的裂缝和孔隙而与其中的所有三层氧化物及铁基体接触而起反应。

在硫酸溶液中酸洗时进行下列反应：

$$FeO + H_2SO_4 = FeSO_4 + H_2O$$
$$Fe_2O_3 + 3H_2SO_4 = Fe_2(SO_4)_3 + 3H_2O$$
$$Fe_3O_4 + 4H_2SO_4 = Fe_2(SO_4)_3 + FeSO_4 + 4H_2O$$
$$Fe + H_2SO_4 = FeSO_4 + H_2\uparrow$$

在盐酸溶液中酸洗时进行下列反应：

$$FeO + 2HCl = FeCl_2 + H_2O$$
$$Fe_2O_3 + 6HCl = 2FeCl_3 + 3H_2O$$
$$Fe_3O_4 + 8HCl = 2FeCl_3 + FeCl_2 + 4H_2O$$
$$Fe + 2HCl = FeCl_2 + H_2\uparrow$$

由于发生了以上化学反应，线坯表面上氧化铁皮都变成了略溶于水或溶于水的铁盐及亚铁盐，因而从线坯表面上被去除，这样的作用一般就叫作化学溶解作用。

B　氢气的机械剥离作用

酸进入有裂缝的氧化铁皮里与金属铁直接作用，生成大量的氢气。在有限空间的裂缝中难以逸出，于是在裂缝中越积越多，造成极大的压力把氧化铁皮自线坯表面剥下来，靠压力剥除氧化铁皮，因此称作氢气的机械剥离作用。

C　氢的还原作用

氢除了能起机械剥离作用外，还能使不易溶解于酸的高价氧化铁及四氧化三铁还原成易溶解于酸的低价氧化亚铁，从而加速线坯表面氧化铁皮的溶解，这种作用称为氢的还原作用。

$$Fe_3O_4 + 2[H] = 3FeO + H_2O$$
$$Fe_2O_3 + 2[H] = 2FeO + H_2O$$

同时，氢也能把高价铁盐 $Fe_2(SO_4)_3$和 $FeCl_3$还原成溶于酸的低价铁盐 $FeSO_4$和 $FeCl_2$，这是氢的还原作用，使附加氧化铁皮上的残渣减少，使酸与氧化铁皮能更充分接触，从而加速酸洗过程。其还原过程如下：

$$Fe_2(SO_4)_3 + 2[H] = 2FeSO_4 + H_2SO_4$$
$$FeCl_3 + [H] = FeCl_2 + HCl$$

1.2.2.2　影响酸洗速度的因素

A　浓度和温度对酸洗的影响

酸液的浓度与温度对酸洗效率有很大影响。对于硫酸，当浓度不大于 23%时，随浓度的增加，酸洗速度加快；但当浓度大于 23%后，随浓度的增加，速度反而下降。如图 1-8 所示，这是因为硫酸溶液在 23%时具有最高的氢离子浓度，硫酸浓度再增加时氢离子浓度反而下降，氢离子浓度将影响到酸洗作用的大小。

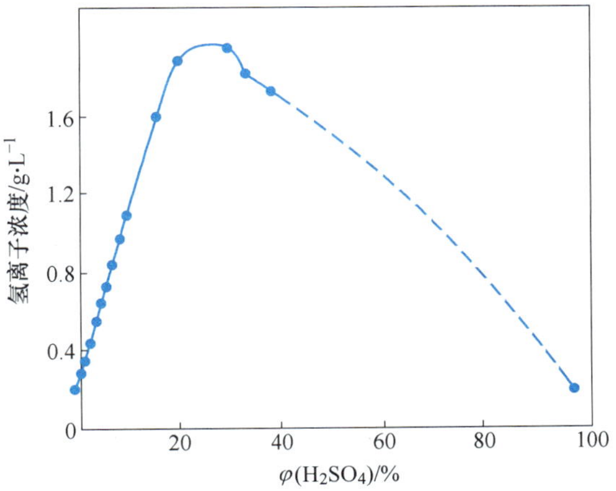

图 1-8　硫酸溶液中的氢离子浓度

温度对酸洗的影响如图 1-9 所示。由

该图可知，随着酸液温度的升高，硫酸、盐酸的酸洗速度都是增加的。对于硫酸，当溶液温度为20℃时，3%硫酸溶液的酸洗时间约为170 min；将浓度升至8%，酸洗时间可缩短至100 min（即缩短了40%）。若将3%硫酸溶液的温度升高到82℃时，酸洗时间降低至12 min，酸洗速度比20℃快了13倍之多。这就充分说明采用硫酸酸洗，酸液温度对于酸洗速度的影响大大超过了其浓度对于酸洗速度的影响。因此，实际生产中硫酸酸液温度常控制在50~70℃的范围内，浓度则在10%左右为好。

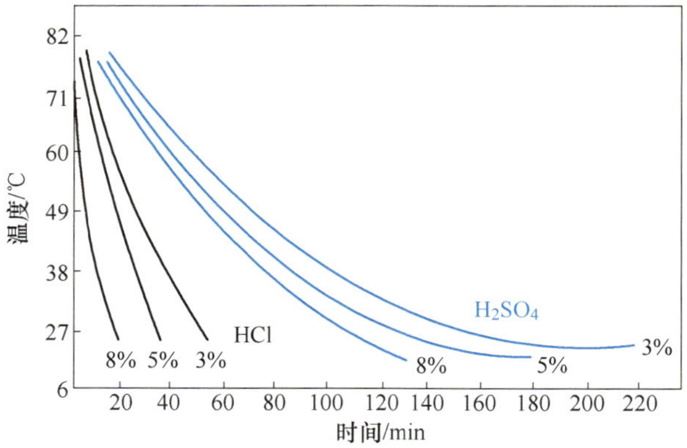

图1-9 硫酸、盐酸的温度和浓度与酸洗时间的关系

对于盐酸而言，提高酸液浓度是加快酸洗过程、提高酸洗效率的重要手段。例如，盐酸在酸液温度为27 ℃时，3%盐酸溶液的酸洗时间为40 min；浓度提高到8%，酸洗时间只需8 min左右；增加浓度使酸洗速度加快了5倍之多，说明浓度对酸洗速度的影响是十分明显的。同样，如果将3%盐酸温度提高到82 ℃，酸洗时间为6 min左右；虽然酸洗速度也提高了将近7倍，但较硫酸而言仍不如温度对硫酸酸洗的影响那么明显。因此对盐酸而言，提高酸液浓度对加快酸洗过程是至关重要的。另外，盐酸容易挥发，常温下即有酸雾逸出影响作业环境。所以在实际生产中通常也不采用提高盐酸温度的办法来加快酸洗速度，比较合适的浓度为15%~20%。

表1-3和表1-4分别给出了酸液浓度和温度对酸洗时间的影响。

表1-3 酸液浓度与酸洗时间的关系

盐酸浓度/%	酸洗时间/min	硫酸浓度/%	酸洗时间/min
2	90	2	135
5	55	5	135
10	18	10	120
15	15	15	95
20	10	20	80
25	9	25	65
30	—	30	75
40	—	40	95

表 1-4 酸液温度与酸洗时间的关系

盐酸溶液浓度/%	在不同温度下的酸洗时间/min			硫酸溶液浓度/%	在不同温度下的酸洗时间/min		
	18 ℃	40 ℃	60 ℃		18 ℃	40 ℃	60 ℃
5	55	15	5	5	135	45	13
10	18	6	2	10	120	32	8

B 铁盐含量对酸洗的影响

酸洗过程中，硫酸或盐酸与金属及其氧化物发生反应，生成硫酸亚铁或氯化亚铁，随着酸洗数量的增加，溶液中酸的浓度不断下降，铁盐含量则不断增加。这对酸洗过程将产生不利影响，而且对于不同酸液的影响是不相同的。

a 对硫酸酸洗的影响

硫酸酸洗中的铁盐主要以 $FeSO_4$形成存在。当溶液中 $FeSO_4$含量超过溶解度时，就会结晶出铁盐，沉积在钢丝表面，致使酸洗速度大大降低，并沾污钢丝表面。

硫酸亚铁对酸洗速度影响一般的规律是：浓度为 20%～22%的硫酸中，不论 $FeSO_4$含量多或少，酸洗速度均可达到最大值。硫酸的浓度从 20%～22%开始增大或减少，都会使酸洗速度明显降低，而且随着 $FeSO_4$含量的增加，温度越低，酸洗速度降低越多。

为保证酸洗效果，酸液中的铁盐含量不能超过其溶解度。例如：酸液温度 80 ℃、浓度为 10%的硫酸溶液中铁盐的溶解度为 250 g/L，因此在实际生产中铁盐的含量一般都规定不超过 200 g/L。

b 对盐酸酸洗的影响

由于氯化亚铁（$FeCl_2$）极易溶于水，所以在盐酸溶液中增大氯化亚铁含量不会明显地影响酸洗速度。相反，$FeCl_2$含量适当增大，有利于提高酸洗速度，这是因为氯化亚铁易溶于水使酸洗后的金属表面比较洁净的缘故。与硫酸酸洗一样，虽然 $FeCl_2$易溶于水，其在盐酸溶液中的溶解度也是有一定限制的。实际生产中，盐酸溶液中 $FeCl_2$的含量一般规定不超过 250 g/L。

C 酸液种类对酸洗的影响

硫酸与盐酸酸洗效果对比见表 1-5。线材在盐酸中酸洗时要比在硫酸中酸洗速度快得多。在浓度较高的盐酸溶液中酸洗，主要是靠溶解作用除去氧化铁皮。在硫酸酸洗时，则主要靠机械剥离作用去除氧化铁皮。盐酸酸洗钢丝的表面质量较好，缺陷少。

表 1-5 硫酸与盐酸酸洗效果比较

酸类	优 点	缺 点
硫酸	（1）对氧化铁皮有良好的剥离作用； （2）提高温度可增加酸洗效果； （3）废酸中铁盐利用价值高； （4）价格比较便宜，成本较低； （5）酸雾刺激性小； （6）酸洗表面比较粗糙，拉拔时容易吸附润滑剂	（1）必须加热方能使用； （2）对金属侵蚀较大，容易产生氢脆缺陷； （3）酸洗表面较暗，铁盐不易被水冲刷干净； （4）酸洗速度较慢

续表 1-5

酸类	优　点	缺　点
盐酸	(1) 不必加热，室温即能酸洗； (2) 酸洗速度快时间较短； (3) 钢丝表面光洁，铁盐容易用水冲刷掉； (4) 不易造成过酸洗，不易产生氢脆缺陷	(1) 酸洗成本较高； (2) 析出酸雾有强烈的刺激和腐蚀性，应设有安全防护装置； (3) 废酸利用困难，利用价值也低

D　搅拌对酸洗的影响

实践经验证明，对酸液进行搅拌能加快酸洗过程，提高酸洗效率。因为搅拌可以除去钢丝表面凝结的蒸气以及附着的氢气泡，加速酸液的循环，保持酸洗溶液的成分均匀，并使新鲜酸液能及时更好地与金属表面接触，使酸洗更快、更好、更均匀地进行。因此，许多企业都设法采取多种方法对酸液进行搅拌，加速酸洗过程。例如，将要酸洗的制品装入筐篮中，筐篮做每分钟达 30 次的往复运动，可提高 7%的酸洗效率。

酸洗时通入热空气或蒸气，比机械搅拌的效果更明显。现场试验表明：采用热空气搅拌酸液，可缩短酸洗时间达 20%，降低酸耗量约 7.5%。

E　钢铁产品类别及其状态对酸洗的影响

钢的化学成分、钢铁产品的加工过程以及表面光洁程度都会对酸洗效果产生影响。

a　钢的化学成分

钢的化学成分不同，耐酸蚀程度也不一样。就碳素钢而言，由于钢中所含的合金元素甚少，一般不会形成合金化合物，对酸洗的影响主要是碳含量高低，碳含量高，基体铁的溶解速度加快。因此，高碳钢酸洗时，不仅容易产生氢脆，金属与酸的损耗也较大。碳含量对溶解速度的影响见表 1-6。

表 1-6　碳含量对溶解速度的影响

钢中碳含量/%	0.11	0.22	0.63	0.89	1.22	1.6
溶解速度/mg·$(cm^2 \cdot 24\ h)^{-1}$	3.7	6.2	23.4	40	197.7	277.9

硅能降低铁的溶解度，如果含量过多能形成氧化硅。由于氧化硅致密而且与基体结合牢固，酸液不易渗透而造成酸洗的困难。

钢中含铬（Cr）、铝（Al）较多时，同样也会形成一层细而薄的氧化膜给酸洗带来不良影响。

b　加工过程

钢铁产品经过冷加工后（如冷拔、冷轧、冷冲压等），由于内能的提高而使其在酸中的溶解速度加快；经退火处理溶解速度又重新降低。钢中碳含量越高，冷加工对金属铁溶解速度的影响也就越加明显，因此为了减少过酸洗的危险，经冷加工后的产品，酸洗时应先进行退火处理。表 1-7 给出了压力加工状态对金属铁溶解速度的影响。

c　制品表面状况

金属表面光洁程度对金属铁在酸液中的溶解速度也有较大影响。表面粗糙的制品，酸洗时金属铁的溶解速度比表面光洁的速度大得多。此外，加工过程中黏附在钢丝表面的污物，对酸洗时金属铁的溶解速度也有一定的影响。例如，在铅槽中等温淬火的钢丝，表面氧化铁皮的裂纹及小孔被铅堵塞，减少了酸液与基体金属接触的机会，减慢了酸洗时金属铁的溶解。在盐槽中等温淬火的钢丝，由于表面上粘有硝酸盐，在酸洗时与酸作用而产生硝酸，大大提高了基体铁的溶解速度。因此，表面状况对金属铁溶解速度的影响也是不可忽视的。

表 1-7 加工状态对金属铁溶解速度的影响

制品加工状态	铁的溶解速度 /g·(cm^2·24 h)$^{-1}$	制品加工状态	铁的溶解速度 /g·(cm^2·24 h)$^{-1}$
退火	0.0296	热轧	0.255
冷轧—退火	0.0332	冷轧	0.282
常化	0.111		

1.2.2.3 酸洗缺陷及防治方法

A 氢脆

钢丝酸洗时，由于酸液与金属基体的化学反应生成原子氢，这些新生成的原子氢一部分化合成氢分子，逸出槽外；另一部分原子氢向金属内部扩散，随着基体氢含量的增加将使钢的力学性能急剧下降。这种在酸洗过程中由于氢气扩散进入钢丝基体而引起力学性能恶化的缺陷称为氢脆。

在实际生产中，氢脆严重的线坯几乎无法进行拉拔。即使是轻度氢脆，也会使钢丝的断面收缩大幅度下降，防止氢的扩散是酸洗操作中解决氢脆的关键。如果能提供这样一种条件，使已扩散到金属基体内部的氢气重新逸出，则氢脆现象即可消失，在生产中常用人工时效（烘烤）的方法来去除氢气。表 1-8 给出了低碳钢经人工时效处理后性能变化的情况，伸长率和断面收缩率随脱氢时间的延长得到恢复。在实际生产中时效处理的方法有两种：一是将有氢脆的原料线坯置于原料场摆放 48 h 以上；二是将有氢脆的原料线坯重新返回干燥炉置放 0.5 h 以上。

表 1-8 低碳钢酸洗渗氢及时效脱氢后力学性能的变化

拉力试验指标	900 ℃退火	在 1：10 硫酸溶液中酸洗渗氢					酸洗渗氢 10 h 然后时效脱氢					
							100 ℃烘烤			200 ℃烘烤		
	1 h	30 min	1 h	3 h	5 h	10 h	30 min	3 h	10 h	30 min	3 h	10 h
屈服强度/MPa	256	270	265	270	270	270	365	253	248	248	254	279
抗拉强度 σ_b/MPa	367	370	372	370	372	372	372	368	368	365	367	263
伸长率 δ/%	34.0	28.2	25.4	22.4	19.3	18.9	20.9	26.9	29.7	31.3	33.9	35.0
断面收缩率 ψ/%	72.8	65.1	53.5	40.3	29.6	28.0	37.0	37.0	67.6	63.5	70.0	72.0

防治钢丝氢脆的方法是严格掌握酸洗时间，特别是在采用硫酸酸洗时更要严格控制在加温条件下的酸洗时间。另外，高碳钢丝氢脆敏感性较大，氢向基体金属扩散的速度也快，更应注意酸洗操作。

B 欠酸洗

欠酸洗是指钢丝表面氧化铁皮清除不净的缺陷。由于酸洗时间过短、酸液的浓度或温度偏低引起的，或者由于线材在热处理时表面挂铅或者表面有油污引起。

防治这些缺陷产生的措施主要是加强企业管理，严格遵守酸洗工艺进行操作。在铅淬火时控制挂铅现象，或者酸洗前应注意除掉油污。在酸洗过程中，如果发现欠酸洗可依据具体情况进行二次酸洗，但二次酸洗时间要掌握好，以防造成过酸洗。

C 过酸洗

酸洗后钢丝表面有凹坑、麻点等腐蚀缺陷称为过酸洗。由于线坯在酸中浸渍时间过长，或酸液的浓度、温度过高引起，这一缺陷常常发生在整批钢丝中。这类缺陷在随后的拉拔过程中无法清除，最后保留到成品，影响钢丝的表面质量及力学性能。过酸洗产生后通常无法清除，严重的只能报废。

防治方法：严格控制工艺参数，按工艺制度进行酸洗，适量添加缓蚀剂可以较好地防止过酸洗。

D 表面残渣

表面残渣是指操作过程中的搅动使沉积物漂浮、沉积于线材表面，或各种盐类在酸洗液中形成过饱和，在线材表面结晶析出。酸洗后残留在线材表面上的铁盐会使线材很快生锈。当进行镀层处理时，铁盐会降低镀层与钢基体的结合强度，使镀层容易脱落而降低耐腐蚀性。

防治方法：加强水洗去除表面残渣。如酸液中铁盐含量过高，则应更换酸液。

1.2.2.4 其他酸洗方法

A 连续式酸洗

与常用的间隙式酸洗不同，连续式酸洗是将生产过程中前后相关的热处理、酸洗、涂层、拉丝等许多工序组合起来，组成一条生产作业线的酸洗过程称为连续式酸洗。

组成连续式酸洗的优点是减少场地面积和车间投资费用，提高劳动生产率，由于采用展开式酸洗使钢丝与酸液均匀地接触，保证了钢丝酸洗的质量。因为连续式酸洗多用于连续化的作业生产线上，所以要求酸洗工序的生产能力必须与其他工序的生产能力相适应，同时要能满足各工序的质量要求。为提高酸洗效率，控制酸洗槽的长度不至过长，连续式酸洗通常采用盐酸做酸洗液，浓度一般控制在10%~20%。由于盐酸极易挥发，污染环境，连续式酸洗机组都设有抽风装置。现代化的连续酸洗作业线则采用密封式装置使酸气和蒸汽都密封在风罩中，以保证工厂的设备和人员不受伤害。

B 电解酸洗

电解酸洗的基本方法就是把有氧化铁皮的钢丝作为阴极或阳极，并与直流电源连接起来，依靠外电动势加剧在酸液中的电化学反应，从而除去氧化铁皮。

电解酸洗的特点是酸洗速度快，金属损耗多，表面质量好，同时酸洗的速度与电解液中酸的浓度及铁盐含量的变化关系很小。

电解酸洗的主要方法有阴极法、阳极法、阴极-阳极交替法三种。

a　阴极法

在硫酸液中，把线坯接电源负极作为阴极，而以铅极或含锑 6%～10%铅合金极接电源正极作为阳极，通电后酸液中的 H^+移向阴极，发生阴极反应，即 $2H^+ + 2e = H_2\uparrow$，初生态氢可使 Fe_3O_4或 Fe_2O_3还原为 FeO 或 Fe，而易溶于酸，更主要的是生成的 H_2对氧化铁皮起机械剥离作用。通电后 SO_4^{2-}同时向阳极迁移，与铅生成不溶性的 $PbSO_4$覆盖层，此时 SO_4^{2-}在阳极发生电极反应：$2SO_4^{2-} + 2H_2O - 4e \rightarrow 2H_2SO_4 + O_2$。

一般工艺为：10%～15%硫酸做电解液，电流密度取 3～10 A/cm^2，电压 2.5～3.5 V。

阴极法缺点是产生氢脆的可能性较大。

b　阳极法

在硫酸液中，钢丝为阳极，主要电极反应是 $Fe - 2e \rightarrow Fe^{2+}$，铁溶解下来，使表面上的氧化铁皮被剥离下来，次要的电极反应是 $2SO_4^{2-} + 2H_2O - 4e \rightarrow 2H_2SO_4 + O_2$。

阴极为铅极或铁极，电极反应是 $2H^+ + 2e = H_2$。

阳极法的优点是可避免钢丝产生氢脆，缺点是钢丝容易产生过腐蚀及表面有残留泥渣。

c　阴极-阳极交替法

阴极-阳极交替法不需要钢丝接外电源，而是在各个绝缘隔开的槽内放置铅板间隔接外电源正负极，则相应槽内钢丝为负正极。这样就避免了线坯与导电辊接触时，在较高的电流密度下被烧灼的危害。该法可采用较大的电流密度，并且具有阴极和阳极法的优点，阴极-阳极交替法的电解酸洗装置如图 1-10 所示。某厂使用的工艺参数见表 1-9，阴阳极交替电解酸洗可以降低酸耗并可用来清除合金钢表面的氧化铁皮（如不锈钢丝等）。

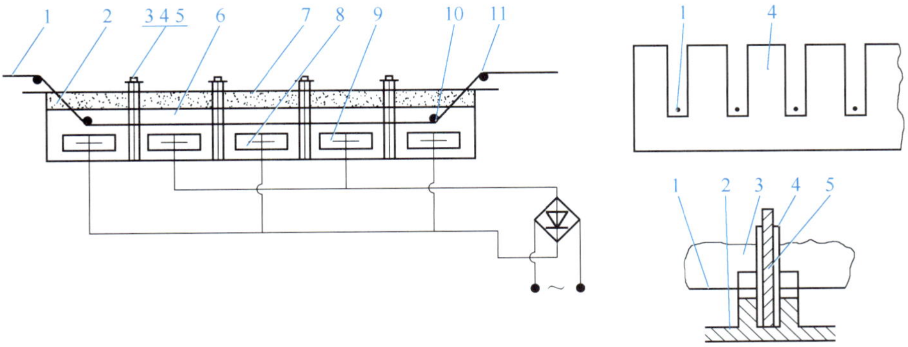

图 1-10　阴极-阳极电解酸洗法

1—钢丝；2—电解槽；3—两箱间隔板；4—电解槽侧挡板；5—中间隔板；6—电解液；7—盖板；8—电极（+）；9—电极（-）；10—压辊；11—导辊

表 1-9 阴极-阳极交替法的工艺参数

参数	钢丝状态	
	冷拉	热处理
硫酸含量/$g \cdot L^{-1}$	150~250	250~350
温度/℃	≤40	≤40
电流密度/$A \cdot cm^{-2}$	10~15	20~50
在槽时间/s	10~30	20~80
极区布置	+ − +	+ − + − +
钢丝对应极区	− + −	− + − + −

C 超声波酸洗

人耳能听到的声音频率为 16 Hz~20 kHz。频率在 18000 Hz 以上的声波称为超声波，超声波是一种超出人的听觉范围的高频率弹性波。

使用超声波发生器产生超声波。在连续作业中，超声波导体放在酸槽两侧或底部向溶液发射超声波，以溶液中溶解的气体为核心，产生无核气泡，声波每振动一次各气泡随之受一次膨胀和压缩作用，瞬间在溶液内将以很大的能量互相撞击，超声波能产生达 500 MPa 逐点交替的负高压和正高压。于是，使钢丝表面的氧化铁皮由酸疏松后，迅速均匀地被清除掉。同时，超声波作用还可以使残留在线坯表面凹坑内的固体污物除净。

超声波酸洗的主要优点：可以用低浓度的酸液进行酸洗；可以降低酸液的使用温度；能缩短酸洗时间，提高酸洗效率；可以利用弱酸进行酸洗；由于降低了酸液的温度和浓度，减轻了酸液的挥发，使酸洗带来污染环境的程度有所缓和。

1.2.2.5 合金钢丝的表面清理

某些合金钢丝表面氧化铁皮很难去除，主要是由于钢中合金元素使钢的氧化铁皮形成某些特殊氧化物的缘故。例如，奥氏体不锈钢中含有铬、镍、钛合金元素，在氧化性气氛中加热后，就生成相应的金属氧化物。特别是铬与镍的氧化膜致密、坚韧，并牢固地与基体金属结合在一起，故极难溶于硫酸或盐酸溶液。要去除这类氧化物，必须要用硫酸、硝酸和盐酸等混合酸，并配以熔融碱预处理才行。

在一些中、高合金钢丝中若含有这些金属元素，则钢丝表面的氧化铁皮必须用混合酸和熔碱来去除。

A 混合酸洗法

用盐酸、硫酸和硝酸组成的混合酸，主要用于酸洗不锈钢。混合酸（三酸溶液）溶液的配制，可加入食盐（NaCl）及硝酸钠（$NaNO_3$）于硫酸溶液中来得到盐酸、硝酸和硫酸的三酸溶液。只加入食盐于硫酸溶液中可得到硫酸和盐酸的两酸溶液，这样既简化操作又降低成本。

注意：食盐和硝酸钠的比值 K 对酸洗有很大影响，其值应随使用温度的变化加以控制。一般使用的 K 值见表 1-10。

表 1-10　*K* 值使用情况

使用温度/℃	80	90
$K = \frac{NaCl(质量)}{NaNO_3(质量)}$	>1.2	>2.5

如果 K 值过小（即 $NaNO_3$ 过多），则硝酸含量过多，引起硝酸的强氧化作用。其结果虽然钢丝表面容易发白，但会造成钢丝的点腐蚀，故必须严格控制。

当硝酸与铁发生强氧化作用后，生成 N_2O 气体：

$$4Fe + 10HNO_3 = 4Fe(NO_3)_2 + 5H_2O + N_2O\uparrow$$

N_2O 是白色的气体，在空气中进一步氧化成橙色的 NO_2 气体。NO_2 有毒，对人危害很大，因此要特别注意废气的排除和治理，以改善劳动条件。

为避免 NO_2 的危害，采用氢氟酸、重铬酸替代硝酸作混合酸，也能较好地去除奥氏体不锈钢丝的氧化铁皮。其配方之一（质量分数）：硫酸 H_2SO_4 20%，食盐 NaCl 0.5%～1.0%，重铬酸钾 K_2CrO_7 3%，H_2O 76%～76.5%，使用温度 40～50 ℃。

B　熔融碱处理

熔融碱处理用来去除金属表面的氧化铁皮时，主要是依靠下列作用：

（1）机械剥离作用。由于合金钢的氧化铁皮较致密，牢固地黏着在线坯基体上。当线坯在熔碱中保温后立即浸水时，由于钢基体与氧化铁皮的膨胀系数不一样，且氧化铁皮可塑性又小，在加热时被胀裂的氧化铁皮，在浸水急冷后便松动剥落。

（2）化学作用。如钼、钨、钒、钛、铝的金属氧化物能与碱发生作用，它们在浸渍过程中会逐渐地被清洗掉。

对于具有回火脆性倾向的高铬钢若采用熔碱处理，其熔液工作温度必须慎重考虑，如具有“475 ℃脆性”倾向 Cr17、Cr25 等高铬钢，必须提高碱液温度（550～600 ℃），以避开“脆性”温度区。

对于某些具有沉淀硬化性质的合金钢丝，也应考虑熔碱温度对性能的影响，切勿在该钢种的时效硬化温度范围内使用。

熔融碱的配方较多，主要由 $NaNO_3$（或 $NaNO_2$）、KNO_3、Na_2CO_3、NaOH 等组成，见表 1-11。由于 Na_2CO_3 资源较丰富，价格便宜，因此编号 6 的配方应用较多。

表 1-11　熔融碱常用配方

编号	组成（质量分数）/%				熔化温度/℃	正常使用温度/℃
	$NaNO_2$	NaOH	KNO_3	Na_2CO_3		
1	96～98	2～4	—	—	317	325～600
2	100	—	—	—	281	300～550
3	—	100	—	—	322	350～500
4	—	—	100	—	337	350～600
5	50	—	50	—	140	150～550
6	—	70～80	—	20～30	285	450～600

在熔碱使用过程中，必须注意下列事项：

（1）浸碱钢丝必须先烘烤去水，以免碱洗引起爆炸；

（2）钢丝不得有过量的油脂和易燃物质，以免引起火灾；

（3）浸碱后的制品应消除污物，否则钢丝存放时产生腐蚀。

C 苛性钠-高锰酸钾溶液浸洗处理

对不锈钢等高合金钢去氧化铁皮，一般要用熔融碱再配以三酸（或两酸）酸洗。但这种表面处理方法操作条件恶劣，线坯表面质量很难控制，易出现过酸洗缺陷。若采用苛性钠-高锰酸钾溶液浸洗一定时间，经冲洗后再在盐酸或硫酸中酸洗，也可将合金氧化铁皮顺利去除。这一方法的优点是既可使钢丝表面洁净，又不会出现麻坑和氢脆等酸洗缺陷。

在强碱（NaOH）溶液中高锰酸钾能自动分解，其最终产物是二氧化锰和氢氧化钾：

$$4KMnO_4 + 2H_2O \longrightarrow 4MnO_2\downarrow + 4KOH + 3O_2\uparrow$$

上述溶液经长期使用后，MnO_2沉淀将会逐渐增加，但只要捞渣后，再添加 $KMnO_4$便可继续使用。

苛性钠-高锰酸钾溶液清除氧化铁皮的机理：溶液中放出的氧能把低价的金属氧化物氧化成高价金属氧化物（前者不溶于非氧化酸，后者则可溶），因而可改善氧化铁皮在酸中的可溶性。随后在盐酸（或硫酸）溶液中酸洗，使线坯的氧化铁皮去除。此外，在金属表面生成的氧气还对氧化铁皮具有积极剥离作用。

一定条件下，苛性钠-高锰酸钾溶液本身也具有溶解金属氧化铁皮的作用。

低价金属氧化物被氧化成高价的金属氧化物：

$$2Cr_2O_3 + 3O_2 \longrightarrow 4CrO_3$$

铬酐与碱作用而溶解：

$$CrO_3 + 2KOH \longrightarrow K_2CrO_4 + H_2O$$

高锰酸钾在溶液中起主要作用。据统计，当其在溶液中含量保持在约 50 g/L（近似5%），就能使反应顺利进行。当浓度再增加时，则去除氧化铁皮速度增加极少。

溶液中的氢氧化钠仅仅在反应开始时起作用，即利用其 OH^- 与高锰酸钾的 K^+ 形成 KOH。此后的中间反应为：

$$4KMnO_4 + 4KOH \longrightarrow 4K_2MnO_4 + 2H_2O + O_2\uparrow$$

绿色的 K_2MnO_4逐步分解为不溶于水的棕色 MnO_2，并再生成 $KMnO_4$和 KOH：

$$3K_2MnO_4 + 2H_2O \longrightarrow 2KMnO_4 + 4KOH + MnO_2\downarrow$$

最后得到前面所述的最终反应式。

因此，对于碱浓度仅在最初需加以控制，以后则不再需要添加碱。碱的配比按 NaOH 含量不大于 100 g/L（近似 10%）为标准，超过时要加水稀释，否则会减慢去除氧化铁皮速度。

苛性钠-高锰酸钾溶液的配比为：苛性钠（NaOH）5%～10%，高锰酸钾（$KMnO_4$）5%～10%。

问题讨论

（1）拉拔前为什么要对线材表面进行清理，有哪些方法？

（2）机械去除氧化铁皮法弯曲辊的布置形式？
（3）酸洗的原理，影响酸洗速度的因素有哪些？
（4）比较盐酸与硫酸在酸洗效果方面的优缺点。
（5）酸洗缺陷有哪些，应分别采取怎样的防治方法？

应知训练

1. 单选题

（1）用硫酸酸洗时，提高温度会使酸洗速度（　　）。
A. 加快　　B. 不变　　C. 降低

（2）磷化液游离酸过多时，磷化膜（　　）。
A. 粗糙多孔　　B. 薄而细密　　C. 薄厚均匀

（3）磷化液锌离子浓度的提高，磷化速度（　　）。
A. 加快　　B. 不变　　C. 减慢

（4）用盐酸酸洗时采用（　　）来加快酸洗速度。
A. 提高浓度　　B. 提高温度　　C. 降低浓度

（5）用硫酸酸洗时，随着亚铁的含量增加，其酸洗速度（　　）。
A. 升高　　B. 下降　　C. 不变

（6）从酸洗成本考虑，（　　）酸洗成本最低。
A. 硫酸　　B. 盐酸　　C. 硝酸

（7）不锈钢丝进行酸洗一般采用（　　）。
A. 盐酸　　B. 硝酸　　C. 混合酸

2. 判断题

（1）钢丝的化学成分对酸洗的速度没有影响。（　　）
（2）酸洗时，硫酸溶液浓度越高越好。（　　）
（3）去锈机弯曲辊直径越大，则对去除氧化铁皮越有利。（　　）
（4）对钢丝进行磷化，主要是为了防止生锈，便于钢丝储存。（　　）
（5）合金钢丝表面的氧化铁皮必须用混合酸和熔碱来去除。（　　）
（6）为了防止氢脆，在操作时应严格掌握酸液温度和酸洗时间。（　　）
（7）硫酸的浓度越高，酸洗速度越快。（　　）
（8）电解酸洗的特点是酸洗速度慢，金属损耗少，表面质量好。（　　）
（9）化学法表面处理使用效果最好，成本也比较低，但污染环境。（　　）
（10）用盐酸、硫酸和硝酸组成的混合酸，主要用于酸洗不锈钢。（　　）

任务 1.3 润滑涂层

知识准备

为保证润滑剂能牢固地黏附在丝材表面，能顺利地进入拉拔变形区，达到预期的润滑

微课 润滑涂层　　课件 润滑涂层

效果，拉拔前要对丝材进行涂层处理，即在丝材表面覆盖一层润滑剂的载体膜。涂层也是拉丝润滑膜的组成部分，一定粗糙度的涂层将润滑剂载入模孔内，和润滑剂一起组成足够厚的润滑膜，通常称为润滑涂层。润滑涂层的作用是钢丝拉拔时涂层可黏附润滑剂载入模内。钢丝的涂层种类繁多，常用涂层有黄化、磷化、镀铜、皂化、涂石灰、涂硼砂、涂硅酸盐、涂盐石灰和涂特种涂料等。按其种类和方法的不同可分为非金属涂层和金属镀层，见表1-12。

表1-12　钢丝涂层分类

润滑涂（镀）层	非金属涂层	物理方法	石灰涂层
			硼砂涂层
			水玻璃涂层
		化学方法	磷酸盐涂层
			草酸盐涂层
			黄化涂层
	金属镀层	合金	紫铜、青铜、黄铜、锌铝合金
		纯金属	锌、铬等

黄化、磷化、镀铜、皂化等涂层依靠化学反应在钢丝表面形成一层载体膜，称为转换型涂层。

涂石灰、涂硼砂、涂硅酸盐、涂盐石灰等涂层依靠物理黏附在钢丝表面形成一层载体膜，称为非转换型涂层。

特种涂料往往是两者兼备。一般说来，转换型涂层的附着效果优于非转换型涂层；非转换型涂层只适用干式润滑涂层；黄化和涂石灰生产成本最低，磷化和特种涂料生产成本最高。具体使用哪种涂层，需根据丝材的种类、变形抗力、拉拔工艺流程、减面率的大小及道次减面率的分配、选用的润滑方式确定。

涂层的性能要求：

（1）要求与钢基体具有一定的结合强度，不会在进入拉丝模前或在模内被破坏或刮掉；

（2）要求具有一定的抗热性，不致被高速拉拔发出的热量破坏；

（3）要求具有足够的塑性，能随同钢基体一起延展变形，从而始终覆盖住整个钢丝表面；

（4）要求易于黏附润滑剂，涂层表面应较粗糙，从而提高润滑效果；

（5）用于半成品拉拔的润滑涂层，最好在热处理前除去，以免发生堵塞热处理炉孔或引起挂铅等弊病；

（6）要求具有防锈性能，并且无其他对性能的有害影响；

（7）最好具备对线坯表面的残留酸有中和作用，有的涂层能满足产品其他方面的特殊要求。

1.3.1 磷酸盐涂层

1.3.1.1 磷化涂层的特点

视频 盘条酸洗磷化

照片 企业磷化生产线实拍

磷酸盐处理又称为磷化，是把线坯浸入特定成分的磷酸盐溶液中，经一定时间在线坯表面得到一层不溶性的磷酸盐膜，此过程称为磷化。一些厂家又根据产品的不同要求，即磷化层的厚薄不同，分别采用厚磷化和薄磷化工艺。

磷酸盐膜的特点：

（1）化学稳定性好，且有防锈能力；

（2）与钢基体结合牢固，且含有微孔，吸附性能好，拉丝时利于带入润滑剂，但是磷化层在钢丝镀层前的处理中不易被清除掉；

（3）磷化层有良好的延展性，拉丝时它始终覆盖在钢丝表面；

（4）在高温下为半固态，因此热处理时极易与钢丝表面的氧化铁皮黏结并淤积下来，这样往往堵热处理炉孔以及铅淬火时易挂铅。

1.3.1.2 磷化工艺原理

磷化处理的一般工艺过程为：酸洗→高压水冲洗→热水洗→磷化→高压水冲洗→浸渍肥皂水、石灰水或其他涂层→烘干→拉拔。

A 磷化液的主要成分

磷酸盐处理液分为锌系、锰系、钙系及复合系。目前采用最多、最有代表性的是磷酸锌系处理液，它是以含磷酸二氢锌、硝酸锌、磷酸为主剂的弱酸性溶液。

B 生成磷化膜的成分

线坯表面磷化膜的成分有磷酸一氢铁、磷酸铁、磷酸一氢锌、磷酸锌。

C 工艺原理

铁的磷酸盐膜磷酸一氢铁、磷酸铁生成过程如下：

（1）钢基体铁与磷酸作用，得到磷酸二氢铁及氢气。

$$Fe + 2H_3PO_4 = Fe(H_2PO_4)_2 + H_2\uparrow$$

（2）钢基体铁与生成的磷酸二氢铁反应，得到磷酸一氢铁和氢气。

$$Fe + Fe(H_2PO_4)_2 = 2FeHPO_4 + H_2\uparrow$$

（3）钢基体铁与磷酸一氢铁反应，得到磷酸铁和氢气。

$$Fe + 2FeHPO_4 = Fe_3(PO_4)_2 + H_2\uparrow$$

（4）电化学反应过程。除了化学反应外，由于钢丝表面存在不同的电极电位，因此组成了许多原电池，其中较活泼部位，即铁为负极，失去电子被氧化成 Fe^{2+}，电极反应是 $Fe-2e = Fe^{2+}$。随后，Fe^{2+} 与溶液中的 HPO_4^{2-} 和 PO_4^{3-} 分别结合为 $FeHPO_4$ 和 $Fe_3(PO_4)_2$。而较不活泼的部分，如渗碳体区，发生 $2H^+ + 2e \rightarrow 2H \rightarrow H_2\uparrow$，放出氢气。

在上述各反应中由于放出氢气，所以正常现象是出现乳白色泡沫，这意味着铁的磷化盐膜已生成。

锌的磷酸盐膜磷酸一氢锌、磷酸锌生成过程如下：

$$Zn(H_2PO_4)_2 = ZnHPO_4 + H_3PO_4$$

$$3ZnHPO_4 = Zn_3(PO_4)_2 + H_3PO_4$$

$$3Zn(H_2PO_4)_2 = Zn_3(PO_4)_2 + 4H_3PO_4$$

以上式反应中生成的 H_3PO_4 因电离得到 HPO_4^{2-} 和 PO_4^{3-}，反应式为：

$$H_3PO_4 \longrightarrow H^+ + H_2PO_4^-$$

$$H_2PO_4^- \longrightarrow H^+ + HPO_4^{2-}$$

$$HPO_4^{2-} \longrightarrow H^+ + PO_4^{3-}$$

生成的 $H_2PO_4^-$ 和 PO_4^{3-} 补充前述反应消耗的 $H_2PO_4^-$ 和 PO_4^{3-}。

磷化液中硝酸锌的作用：

（1）起催化作用，加快磷化反应。硝酸锌促进 Fe^{2+} 的生成，使铁基转化为 Fe^{2+}，因 Fe^{2+} 含量的增多，使磷化膜中铁盐结晶的核增多，使膜层与钢基体牢固结合，且结晶致密，反应过程为：

$$Zn(NO_3)_2 \longrightarrow Zn^{2+} + 2NO_3^-$$

$$2NO_3^- + 12H^+ + 5Fe \longrightarrow N_2\uparrow + 5Fe^{2+} + 6H_2O$$

（2）由于 NO_3^- 的存在，使多余的 Fe^{2+} 被氧化为 Fe^{3+} 并沉淀下来，以防止磷化液变色发黑而失效，反应式为：

$$Fe^{2+} \longrightarrow Fe^{3+} + e$$

（3）$Zn(NO_3)_2$ 有利于生成磷酸二氢锌，反应式为：

$$Zn(NO_3)_2 + 2H_3PO_4 \longrightarrow Zn(H_2PO_4)_2 + 2HNO_3$$

1.3.1.3 磷化工艺控制

A 工艺参数

点数是指中和 5 mL 磷化液所需 0.05 mol/L NaOH 的毫升数。游离酸度一般标志着游离磷酸的浓度，主要来源于磷酸盐。总酸度则来源于磷酸盐和硝酸盐，是酸的总和，磷化工艺参数举例见表 1-13。

表 1-13 磷化工艺参数

总酸度	35～60 点
游离酸度	3～7 点
ZnO	28～38 g/L
HNO_3	30～40 g/L
H_3PO_4	8～14 g/L
温度	80～90 ℃
时间	3～5 min

B 控制因素

（1）磷化液组分的影响及其控制。

1）酸比的影响：磷酸盐溶液的主要参数是酸比，它是指总酸度的点数和游离酸度的点数之比，记为：酸比=总酸度/游离酸度。在 60~80 ℃时酸比以 6~10 为宜。总酸度偏高可加速磷化，使磷化膜薄而细密；过高使磷酸与铁反应变慢，反而不易成膜；若偏低则磷化速度慢，且易使膜粗糙。游离酸度偏高达 10 点以上会使磷化膜粗糙多孔，并使槽内沉积物增多。若游离酸度偏低会使磷化反应变慢，膜易破裂，得到的 $Zn_3(PO_4)_2$ 量少，色泽不好，且不好拉丝。

总之，在磷酸盐处理中，严格控制总酸度与游离酸度的比值是磷化的关键。在调整酸比时，下列经验数值可供参考：$Zn_3(PO_4)_2$ 5~6 g/L，可使游离度升高 1 点，总酸度升高 5 点左右；加入 ZnO 0.5 g/L，可使游离酸度降低 1 点左右；加入 $Zn(NO_3)_2$ 20~22 g/L，总酸度可升高 10 点。降低总酸度可用加水稀释的方法。

2）Zn^{2+} 的影响：含 Zn^{2+} 多可加快磷化，使磷化膜致密，晶粒饱满闪光。而 Zn^{2+} 含量少，会使磷化膜疏松发暗。

3）NO_3^- 的影响：NO_3^- 含量高可加速磷化，使磷化膜致密均匀，厚度变薄。NO_3^- 含量高可降低 Fe^{2+} 含量，防止磷化液变色。而 NO_3^- 含量偏低时，会使磷化膜附着力下降。

4）Fe^{2+} 的影响：Fe^{2+} 过多会使液变黑失效，也可使磷化膜结晶粗大、弹性低。

（2）温度的影响。温度高有利于加速磷化，使膜增厚，结晶也较粗大，同时升温促进 Fe^{2+} 的氧化，从而减少 Fe^{2+}，不过温度过高会使游离酸度不稳定；温度偏低，会使磷化膜变薄且结晶细致，但低温下易使磷化膜发黑。

（3）磷化时间的影响。磷化时间较长，可增厚磷化膜。

（4）钢丝的成分和状态的影响。高碳钢丝比低碳钢丝易于磷化，冷拔后的钢丝不易磷化，抛丸处理后的钢丝易于磷化。

（5）磷化液中杂质的影响。磷化液中渗入杂质会影响磷化膜的形成，抗腐蚀性能也有所变化，其中硫酸根离子（SO_4^{2-}）和盐酸根离子（Cl^-）影响最大。磷酸盐溶液中硫酸含量不能超过 3 g/L，盐酸含量不能超过 5 g/L。因此，在磷化时，把线坯从酸中吊进磷化槽前，必须将残酸冲洗干净。

1.3.1.4 钢丝磷化方法

钢丝磷化工艺有浸渍磷化、在线磷化、电解磷化三种方法。

A 浸渍磷化

（1）工艺流程：盘条上料→集中酸洗→水洗→高压水冲洗→浸渍磷化→水冲洗→硼化→烘干。

浸渍磷化主要去除盘条储运过程中产生表面氧体铁皮，方便后续拉拔。

（2）磷化过程：浸渍磷化一般采用中温（70±5）℃锌盐磷化，时间一般为 12 min。磷化液有 3 个指标：总酸度、游离酸度、酸比。正常过程中最佳酸比为 5~8；磷化膜厚度一般为 8~12 μm。

B 在线磷化

（1）工艺流程：放线→热处理→酸洗→水洗→热水洗→磷化→皂化→烘干。

（2）磷化过程：一般磷化温度为 70~85 ℃。要合理控制总酸度、游离酸度，不要过高或过低。添加适量的磷化液会使浓度保持在一定范围，循环可使各部分溶液浓度均匀一致，可使用自动添加系统和搅拌循环泵实现。

C 电解磷化

（1）工艺流程：放线→热处理→酸洗→水洗→表面调整→电解磷化→皂化→烘干。

（2）质量控制：氧化锌、磷酸、硝酸对磷化膜涂层有明显影响，其中氧化锌为主要因素。生产中密切监控磷化槽溶液体系的锌含量是控制磷化膜涂层质量的关键。

根据磷化钢丝用途来选择不同的磷化处理方式：

（1）对于盘条的表面处理，选择浸渍磷化；

（2）对于后续加工是水箱拉拔类产品的 ϕ1.5~2.5 mm 半成品钢丝，可选择在线磷化；

（3）对于后续加工是直进式干拉类产品的 ϕ2.5~4.0 mm 半成品钢丝，可以选择电解磷化。

1.3.1.5 磷化的质量缺陷及其防治方法

肉眼观察磷化膜应是均匀、连续、致密的晶体结构，表面不应有未磷化的残余空白或锈渍。

A 磷化液发黄

原因：硝酸含量过高，磷化速度快，造成磷层粗粒，拉拔时润滑差，出现“叫模”。拉拔过程中由于表面润滑性能急剧下降，钢丝产生剧烈震动，发出周期性的尖叫声，俗称“叫模”。

对策：兑水或加 ZnO 调整。

B 钢丝拉拔时易“叫模”

钢丝磷化后表面黏附白色、灰色粉末，拉拔时易“叫模”。这是由于磷化液中沉渣过多，应及时清渣。另外操作时由于搅动，使沉渣泛起或线坯与槽底沉渣接触也能引起这种缺陷，所以操作时应静置且不得接触槽底。

C 磷化液变为“酱油汤”色

磷化液变为“酱油汤”色，这是由于 Fe^{2+} 与 NO 结合生成 $Fe(NO)^{2+}$ 离子引起的，防治方法有：

（1）酸洗后充分水洗，除清残酸及 Fe^{2+}；

（2）通过空气或加入 HNO_3，使 Fe^{2+} 氧化为 Fe^{3+}，或升温到 90 ℃以上使 $Fe(NO)^{2+}$ 分解，采取上述措施使溶液恢复到草绿色。

D 磷化膜很薄或生不成膜

磷化膜很薄或生不成膜，这是由于磷化时间短，或磷化温度偏低，或由于游离酸度偏低引起的。根据不同原因可采取升温、延长磷化时间，或者调低酸比来补救。

E 磷化膜生黄锈

磷化膜生黄锈，这是由于线坯表面有残酸，或磷化液中磷酸液减少及游离酸度过高引起的。应通过加强磷化前的水冲洗，或者补充 $Zn(NO_3)_2$，调高酸比。

F 磷层粗糙

原因：总酸度低，游离酸度过高，温度太高。

对策：加入硝酸锌，降低温度。

G 磷层松硫易脱离

原因：锌离子含量低，硝酸根离子含量不足，温度太低。

对策：加入硝酸锌，提高温度。

H 钢丝表面黏附白色或灰色沉淀物

原因：池底沉淀物浮起。

对策：按时除渣，提高酸洗水洗质量，钢丝不与槽底接触。

1.3.2 硼砂涂层

1.3.2.1 硼砂涂层的特点

硼砂是强碱和弱酸形成的盐，常温下含 10 个结晶水（$Na_2B_4O_7 \cdot 10H_2O$），在温度达 60.6 ℃时生成 5 个结晶水的硼砂（$Na_2B_4O_7 \cdot 5H_2O$），温度不低于 88 ℃，变成 2 水硼砂，温度继续升高，则变成 1 水、无水硼砂。随着温度的升高，它在水中的溶解度也提高，硼砂水溶液呈弱碱性。10 水硼砂对钢丝润滑没有好处，甚至有腐蚀性。一般认为 5 水硼砂最好，不但润滑性能好，而且对钢丝腐蚀性最小。硼砂在空气可缓慢风化。

线坯经酸洗后，浸涂一定浓度的硼砂溶液，使线坯表面获得一定厚度的硼砂层，称为硼砂涂层。

使用硼砂涂层应有良好正确的烘干措施，否则对其使用性能有很大影响。烘干温度太高、时间过长，则涂层失水、起泡、剥落，使拉拔难以进行；烘干温度太低，钢丝表面发黏，拉拔困难，模具容易磨损。

A 硼砂涂层的优点

（1）与钢丝黏着性好、不易剥落，消除了粉尘污染；

（2）作为润滑载体，适宜于较高拉拔速度的需要（拉拔速度可达 400 m/min）；

（3）比较易于黏附润滑剂，降低了拉拔力，节省拉拔时的能量消耗；

（4）硼砂溶液呈碱性，能中和线坯表面的残酸，起到一定程度的防锈作用。

B 硼砂涂层的缺点

（1）吸湿性强，极易吸潮，吸潮了的硼砂涂层丧失良好的润滑性能；

（2）硼砂属于无机盐，用于半成品拉拔热处理时可能堵塞炉孔。

1.3.2.2 硼砂溶液的工艺控制

A 浓度

根据线坯的碳含量、部分压缩率和拉拔速度、拉拔道次、钢丝软硬的不同而确定硼砂溶液的浓度。对于低碳钢，部分压缩率 $q \leqslant 25\%$时，硼砂溶液浓度取 5%～10%；若 $q > 25\%$时，浓度取 15%～20%。对于高碳钢，硼砂溶液浓度控制在 10%～30%，并加入 2%～5%的磷酸三钠，以改善涂层性能。一般钢丝碳含量越高，拉拔道次越多，所用硼砂溶液浓度越大，涂层厚度越大。

B 温度

硼砂溶液温度的控制极其重要。因为硼砂在不同的温度下有不定的溶解度，当温度下降时会有部分硼砂结晶析出，如欲再使其溶解，将需很长时间而影响生产。所以当硼砂溶液暂不用时，必须予以保温，溶液温度控制在 80 ℃以上。生产中往往控制硼砂溶液温度在 90~95 ℃，这样的操作方法可将线坯表面附着的残酸充分中和。

C 时间

浸渍时间一般在 1~3 min，在连续作业线上细钢丝如能经过预热则只需几秒钟即可。

1.3.3 石灰涂层

石灰溶液是用充分消化的石灰浆配制，主要成分是 $Ca(OH)_2$。石灰浆是用块状生石灰（CaO）经过消化、过滤后在湿润状态停留足够的时间，一般应在 7 d 以后再使用。块状生石灰中氧化钙含量应大于 80%，石灰：水 = 1：(8~10)（质量比）。

钢丝经酸洗后，浸涂一定浓度的石灰溶液，随后使其干燥，则在线坯表面黏附一层熟石灰，这便是石灰涂层。石灰涂层主要用于低碳钢丝拉拔和生产半成品钢丝时使用。

石灰溶液可以中和钢丝表面的残酸。在石灰溶液中加入一定量的肥皂或动物油，构成复合石灰浆，从而提高拉丝时石灰涂层的润滑性和减少石灰粉尘。

A 石灰涂层的优点

(1) 原料来源方便，成本低廉；

(2) 涂层成分容易控制，工艺方法简单；

(3) 石灰液呈碱性，能中和残酸；

(4) 石灰涂层耐热性能好，在较高温度下也不会失去其载体和润滑作用；

(5) 石灰涂层的线坯经拉拔后，表面的残余层极易去除，因此通常适用于拉拔后需镀层的钢丝，同时它不存在堵塞热处理炉孔的弊病。

B 石灰涂层的缺点

(1) 石灰涂层和线坯的结合强度低，拉拔后的残余层变得很薄，故不宜于高速拉拔；

(2) 石灰粉尘会严重污染环境。

1.3.4 镀铜层

铜层作为载体主要用在轮胎钢丝和二氧化碳保护焊丝生产中，这时铜层除作为载体外，对焊丝可提高其导电性，对轮胎钢丝可提高与橡胶的结合力。此外，也可用于优质碳素钢丝及弹簧钢丝等产品，以改善其润滑性能。

作为润滑载体的铜层，一般用化学方法镀在钢丝表面，化学镀铜是一种置换反应。镀铜时把钢丝浸入加有一定量硫酸和骨胶的硫酸铜溶液中，当钢丝表面和硫酸铜溶液接触后，发生化学变化，铜会在钢丝表面上沉积，经过一定时间后就可镀上一层铜，完成镀铜过程。骨胶的作用是使镀层的结晶致密及其与基体结合得牢固，但是骨胶的加入量也不宜过多，否则铜层将发黑发暗。化学镀铜前，钢丝表面的氧化铁铁皮必须清除干净，因为它是影响镀层质量的重要因素。

1.3.5 润滑剂

课件 润滑剂

1.3.5.1 润滑剂的性能要求

（1）黏附性好，能有效地、牢固地黏附在钢丝表面。

（2）耐压及耐高温，有一定的稳定性。

（3）应具有良好的延展性和润滑性。

（4）化学稳定性好，易于消除。

（5）不会污染环境，对人体无害，并且资源丰富、成本低廉，易于保存。

视频 拉丝盒内润滑粉自动搅拌

1.3.5.2 常用润滑剂的种类

A 固体润滑剂

目前在中、高碳钢丝拉拔中，所用的固体润滑剂为各种单一的金属皂类或添加某些添加剂的复合皂类和拔丝粉。在低碳钢丝和低碳镀锌钢丝的拉拔中，常使用自制的“炒灰”或拔丝粉。

a 金属皂

拉丝所用的皂粉可分为两大类：钠皂和钙皂。皂可以形成较厚的且延展性较大的润滑膜，能够承受大的压缩率、较高的拉拔速度和温度。肥皂润滑所形成的润滑膜，可在多道次连续拉拔过程中保持不破裂，是一种较好的润滑剂。

钠皂是苛性钠（NaOH）与饱和脂肪酸甘油化合而成的硬脂酸钠，并可加入碳酸钠、偏硅酸钠等添加剂作填充料。其特点是溶于水，易于清除，适用于中速且温度不太高的干拉及细丝湿拉，或后续有镀层的钢丝拉拔。

钙皂是氢氧化钙［$Ca(OH)_2$］或氧化钙（CaO）与硬脂酸化合而成的硬脂酸钙，还有硬脂酸钡、硬脂酸锌、硬脂酸铝等金属皂。钙皂不溶于水，有较好的润滑性能，不能用于镀锌前钢丝的拉拔。

b 添加剂

在润滑剂中加少量的添加剂，其目的是提高润滑性能，以适应高速拉拔与其他特殊要求。添加剂分子与金属表面易生成极性基，以利于吸附在金属表面上，能与金属迅速地形成极性膜，该膜具有高熔点、高塑性、高稳定性。

（1）极压添加剂：用于提高润滑剂在拉丝时高温、高压下的润滑性能。常用的极压添加剂有：

1）二硫化钼（MoS_2）：是鱼鳞片状晶体，沿着分子层很容易产生滑动，它的作用是把钢丝与模壁的摩擦转变为二硫化钼内部的摩擦，其摩擦系数很小，在 0.02 左右，接近流体润滑。同时，它对钢丝及模壁的金属面有较强的附着性，形成很薄的润滑膜，即形成耐接触压力高的极压膜。但是，使用温度不得高于 350 ℃，否则在空气中易发生氧化分解而失效。

2）石墨：是耐高温的极压添加剂，温度可达 1000 ℃，鳞片石墨为层状晶体，摩擦系数较小，为0.12~0.20。

3）二硫化钨：与MoS_2有相似的特性，使用温度在510 ℃以下。

4）高分子化合物：如聚四氟乙烯、聚乙烯、聚酰胺，摩擦系数小，能承受高温并且在高温时熔融，其黏附性好，在-250~+260 ℃时性能无变化。它本身既是润滑剂，又可做极压添加剂，但价格昂贵。

（2）油性改善剂：又称油性添加剂，油性是在工作面上形成润滑膜的能力。油性越高，吸附性越好，亲和力越大，如各类高级脂肪酸、高级油精、脂、胺等类。

（3）增稠剂：如纯碱、石灰、氧化锌、硫酸钡等。

（4）防腐剂：又称阻蚀剂，防止钢基体锈蚀，如亚硝酸钠、磺酸盐等。

B 液体润滑剂

a 液体润滑剂种类

（1）肥皂液：有钠皂或钾皂，浓度为0.5%~3.0%，在水箱拉丝机中，可起润滑、冷却及清洁钢丝表面的作用。

（2）乳化液：又称可溶性油，由矿物油和水，加入适量乳化剂配成。浓度为2%~3%，与皂液相比，它的消泡性好，与水易混合，冷却性能好，并可在钢丝表面保留一层防锈薄膜。

b 添加剂

添加剂的目的是耐高压、高温、稳定性好，以及防腐蚀。

（1）极压剂：有氧化石蜡、硫化油、磷酸二甲酚脂等。

（2）消泡剂：有金属皂、硅树脂。

（3）乳化剂：使乳化液性能稳定，长期放置不分离，可加入甲醇作乳化剂。

（4）杀菌剂：使乳化剂不受细菌、微生物的侵害，如酚类等。

问题讨论

（1）润湿涂层在钢丝拉拔过程中的作用是什么？

（2）润滑涂层应具备哪些性能要求？

（3）磷化处理的一般工艺过程有哪些？

（4）简述磷化工艺原理及磷化膜的组成。

（5）石灰涂层的优缺点有哪些？

（6）简述润滑剂的种类及作用。

（7）简述润滑剂的性能要求。

实训任务

实训任务1-1 线材表面准备操作

1. 实训目的

（1）掌握用盐酸（或硫酸）酸洗线材方法。

（2）掌握磷化操作方法。

2. 操作步骤

（1）用盐酸（或硫酸）酸洗线材，去除表面氧化铁皮。

（2）用高压水冲洗，再用热水洗。

（3）磷化操作。

（4）高压水冲洗。

（5）浸渍石灰水（肥皂水、其他涂层）。

（6）烘干。

3. 训练结果评价

（1）学生自评，总结个人实训收获及不足。

（2）小组内部互评，根据学生实训情况打分。

（3）教师根据训练结果对学生进行口头提问，给学生打分。

（4）教师根据以上评价打出综合分数，列入学生的过程考核成绩。

课程思政

弘扬民族精神、奋斗精神

谢铁桥：甘为工匠四十年 苦研钢丝付一生

谢铁桥自河北省沧州市河间市北张庄的小院创业，沿着“一根钢丝”发展成市值 50 亿元的 A 股上市公司。出身农家、只有高中文化水平的他，由于对国家金属制品、水利民建、高铁轨道事业做出的突出贡献，成为享受国务院政府特殊津贴的教授级高级工程师。

谢铁桥高中毕业后，到河北邯郸参与修铁路。工程结束后，他回到北张庄，先在村办企业当业务员，后与兄弟们在小院做拉丝模具，从此再也没离开钢丝。谢铁桥说：“我骨子里喜欢‘瞎琢磨’，没有最好，只有更好。”他边干边学，边研究边改进，用 4 年时间把模具做精，大大提升了拉丝速度和品质。

1988 年，谢铁桥带领 20 名工人，乘中巴车北上，承包天津一家国营钢丝工厂拉丝模具车间，一年后成功研发出直线型高速拉拔模具。钢丝是其下游产品，预应力钢丝更是高技术产品，广泛应用于铁路、桥梁、电力建设，当时许多产品依靠进口。

“国外的技术吃不透嚼不烂，不好消化吸收，如果只是追赶他们，永远只能当第二、第三。现成的技术资料，从来不点破那层窗户纸，核心的东西只能自己悟。”谢铁桥立志走自己的技术路线，研发中国的预应力钢丝。

1991 年，谢铁桥研发成功螺旋拉拔模具和螺旋肋预应力钢棒、钢丝，填补了国内空白。曾经遍布城乡的水泥电杆、空心楼板采用了这种钢丝，这项发明也应用于铁路轨枕，助力 1997 年我国六次铁路大提速。

1998 年，谢铁桥创办天津银龙预应力钢丝有限公司。喜欢“瞎琢磨”的他，沿着钢丝越走越长，越钻越深。上至原料钢的炼钢、浇坯、轧制，下至拔丝机械设备、强弱电控制，没有一样他不精通，九成以上都是自主研究。

“原料钢没有我的技术参与不能用。”为开发合格原料钢，谢铁桥先后与 17 家钢厂合作，受尽冷眼，有的不信这个“土专家”。每到新品研发，他经常三更半夜在钢厂盯着炼钢，便于观测数据。

2000 年，银龙预应力钢材开始大量出口国外，后拿到德国铁路认证。谢铁桥到德国出差，经常与慕尼黑大学教授讨论技术问题，还被邀请到大学讲课，同时密切关注国外高铁轨道技术。2006 年，银龙大直径螺旋肋钢丝替代国外传统产品，应用在我国首条高铁——京津城际铁路的轨道板中。

从此，谢铁桥向高铁轨道板的整体自主研发进军。2012 年，作为核心成员参与铁路系统 CRTSⅢ型先张法预应力混凝土无砟轨枕板及系列研发；2013 年，具有完全自主知识产权的轨道板试验成功，并陆续在多条高铁中全面应用，打破日本、德国技术垄断。

追逐热点，迎接风口，一夜暴富……谢铁桥不为各种诱惑所动，始终坚守预应力钢丝领域，凭技术占领高地，用实业报效国家。他用近乎大半生的心血和 40 年的技术经验积累，把公司打造成掌握合金钢水冶炼、浇坯，高端线材轧制，预应力钢材及金属制品，预应力混凝土制品全产业链领先技术企业，自己也成长为全产业链权威专家。

谢铁桥带领团队获得 80 多项国家专利，参与起草 7 项预应力系列国家标准，公司拥有 3 个国家实验室。“我从站起来的那一天起就不想爬着走，每天都在研究、进步、提升，总是被模仿，但从未被超越。”谈起技术，谢铁桥总是底气十足。

生命不息，事业不止。很多人都说他做得太辛苦，谢铁桥这样回应：“做实业心里踏实，能找到价值所在。人一辈子能把一件事做好，就是对社会有贡献，我一辈子就做一根钢丝。回首 40 年前的小院，再看今天的成功，没白辛苦，我充实，我幸福！”

谢铁桥四十年如一日“苦研一根钢丝”的非凡历程，正是对党的二十大报告所擘画的宏伟蓝图和习近平新时代中国特色社会主义思想的生动实践与有力诠释。他的故事深刻体现了“科技是第一生产力、人才是第一资源、创新是第一动力”的战略思想。他的人生轨迹，正是无数在习近平新时代中国特色社会主义思想指引下，踔厉奋发、勇毅前行，依靠顽强拼搏打开事业发展新天地的中国奋斗者的缩影，其所凝聚的创新精神、实干精神、奉献精神，是奋进新征程、建功新时代不可或缺的强大力量。

项目 2 钢丝的热处理

学习目标

知识目标：

（1）掌握钢丝热处理的目的和种类；
（2）掌握钢丝热处理工艺参数的确定方法；
（3）了解钢丝热处理的常见缺陷与防治方法；
（4）掌握钢丝热处理炉的种类与结构特点；
（5）了解热处理—酸洗—涂层连续作业线工艺参数。

技能目标：

（1）会选择正确的热处理方式，并制定热处理工艺参数；
（2）能够判断钢丝的热处理缺陷，并调整工艺参数；
（3）能够熟练地操作热处理设备进行退火、正火、调质等热处理操作。

素质目标：

（1）培养学生的工程实践能力；
（2）培养学生的方案设计能力。

任务 2.1 钢丝热处理工艺制定

知识准备

2.1.1 热处理的目的和种类

2.1.1.1 钢丝热处理的目的

钢丝生产过程中常常需要进行热处理。在生产中钢丝热处理的目的概括来说有三个，下面做简单介绍。

（1）为了提高热轧线材的塑性及消除其组织的不均匀性，以利于拉拔的预先热处理，如对盘条进行退火或正火处理。

微课 钢丝热处理工艺

课件 钢丝热处理工艺

（2）为了消除冷加工造成的加工硬化现象，以利于进一步冷加工。钢丝的拉拔过程是在室温下进行的，金属在再结晶温度以下的这种加工处理，称为冷加工。各种金属有各自的再结晶温度，对于钢来说，其再结晶温度为450~500 ℃。因此，凡低于此温度的变形加工，均属于冷加工的范围。所以，拉丝属于冷加工的一种。

在钢丝拉拔过程中，钢丝变得越来越硬、强度也越来越高，而塑性、韧性下降；压缩率越大，这种现象越明显。金属由于冷加工变形，使其强度、硬度增高，而塑性与韧性降低的现象，称为冷加工硬化。与此同时，钢丝的晶粒形状也沿延伸方向逐步拉长，晶粒界面也趋向模糊不清，以致完全消失，出现所谓形变织构。此外，晶内出现位向不同的亚结构等。

加工硬化现象是由于晶格歪扭、晶粒破碎等原因所致，用现代金属塑性变形理论来解释是由于晶体内部形成“位错”（在金属晶体结构中，原子本来呈规则的排列，由于某些原因，晶体中某处有一列或若干列原子的位置发生了有规律的错排现象，称为位错）所造成的。随着金属变形量的增加，其位错密度也将增加，因此金属变形阻力增加，这就表现在金属的强度、硬度随之增加，形成了金属的冷加工硬化现象。加工硬化达到一定程度以后，金属将产生脆断，无法再继续加工。

钢丝经过冷加工后，具有纤维状组织，随着变形量的增加，这种纤维状组织就更加明显，金属的许多物理特性与其组织的方向性有关。

冷加工硬化对于冷加工过程是不利的，它阻止形变进一步进行。但有利的是，可以利用加工硬化提高金属材料的强度，例如：热处理后冷拉钢丝强度的提高，就依赖于加工硬化。因此，加工硬化也是工件能够成型的重要因素。

拉拔钢丝到一定变形程度时，由于加工硬化现象严重，而变形抗力增大，塑性下降，不能再继续拉拔。若要进一步拉拔，必须进行热处理，借以降低其变形抗力和恢复它的塑性。

（3）为了确保成品钢丝的最终力学性能或物理性能。属于这一目的的钢丝热处理，大体上有两种情况：

1）成品钢丝的最终热处理，即成品钢丝以热处理状态交货的。例如，针对钢丝以淬火-回火状态交货，合金工具钢丝、低碳钢通信架空线钢丝要以退火状态交货，预应力钢丝要回火状态交货，故上述钢丝最终都要进行热处理。

2）为拉拔成具有高综合力学性能的成品钢丝，对线坯进行显微组织准备的热处理。例如，拉拔制绳钢丝或轮胎钢丝，对成品的坯料进行索氏体化处理，从而经拉拔后使成品钢丝具有高强度和良好的韧性。

2.1.1.2 钢丝热处理的种类

根据钢丝的用途、品种以及对钢丝的物理性能和力学性能的不同要求，碳素钢丝的热处理大致可以分为以下几类。

A 正火处理

将钢丝或线材加热到 A_{c3}（亚共析钢）或 A_{cm}（过共析钢）以上一定的温度，保温一段时间，随后在空气中进行冷却，以获得珠光体组织的热处理方式，称为正火处理。

正火处理往往作为碳素钢丝的中间处理过程，而不作为钢丝拉制的成品处理。它是拉制半成品钢丝而进行的处理，主要目的在于软化钢丝。

B 等温淬火处理

将钢丝或线材加热到 A_{c3} 或 A_{cm} 以上的温度（850~1000 ℃），保温一段时间，随后在熔融的铅、盐、碱、沸水中或沸腾粒子床等恒温介质中进行冷却转变，以获得索氏体组织的热处理称为等温淬火处理，又称为索氏体化处理。

由于目前国内大多数厂家冷却介质仍采用熔融的铅，所以工厂中习惯称为铅淬火。也有用熔盐或沸水作为淬火介质的，俗称盐淬火或沸水淬火。

等温淬火的目的：获得索氏体组织。等温淬火时，过冷奥氏体实际上并不是在恒定温度下，而是在连续降温区间内转变的。因此严格说来，等温淬火并不是真正的等温转变过程。

生产高碳钢丝时，一般采用索氏体化处理作为拉拔成品前的热处理。例如，生产制绳钢丝、轮胎钢丝、预应力钢丝、碳素弹簧钢丝和琴钢丝等。

C 退火处理

退火处理的目的是：消除热轧线材中组织缺陷、非平衡组织和粗大晶粒，使力学性能均匀；消除由于拉拔过程所引起的硬化和脆性，提高其塑性和韧性，以利于加工过程继续进行；保证成品钢丝获得所需要的力学性能和金相组织。

退火作为软化钢丝的一种有效手段，通常可分为球化退火、再结晶退火、低温退火等。

a 球化退火

钢丝加热到一定的温度（通常取 A_{c1} 与 A_{c3} 或 A_{cm} 之间的温度），保温一段时间后，再以不大于 50 ℃/h 的冷却速率随炉冷却到 550~600 ℃，然后出炉空冷，使片状碳化物变为颗粒状，即得到所谓球化组织。

球化退火处理不仅使钢丝的硬度下降，有利于冷加工和切削加工，而且能为钢丝再加工成零件而需淬火时，做原始组织准备。因为这种组织淬火时产生过热和淬裂的倾向性较小，粒状渗碳体溶解较慢，淬火时被保存下来的较多，可以增加钢的硬度与耐磨性，使淬火后的性能均匀，故球化退火多用于工具、仪器仪表、滚珠轴承、缝纫机针、医疗器械等高碳钢丝与合金钢丝的生产。

凡是装料密集、线径较粗、保温或冷却时间偏短、以拉拔再加工为目的钢丝，加热温度都应偏高。对于坯料质量不好，难以拉拔和无缓冷坑的井式炉则以完全退火为宜。加热温度与钢丝的粗细有很大关系，直径大的，温度应较高；直径小的，温度应较低。具体数据参见表 2-1。

表 2-1 低碳钢丝再结晶退火的加热温度

钢丝直径/mm	加热温度/℃
0.4~0.7	600~650
0.8~1.2	600~680
1.2~1.4	620~700
>1.5	650~800

b 再结晶退火

将冷拉钢丝加热到再结晶温度以上（碳钢的再结晶温度为450~500 ℃），通常取略低于A_{c1}点（或在A_{c1}点），稍加保温，然后根据钢种不同，进行缓冷或急冷，使冷拉钢丝组织转变成新的等轴结晶（再结晶），即为再结晶退火。

通过再结晶退火，可消除加工硬化，利于继续拉拔。使钢丝软化的中间退火以及某些软状态交货的低碳钢丝最终热处理，常用再结晶退火。

钢丝再结晶退火也有采用连续作业方式进行的，此时钢丝在连续炉内加热到低于A_{c1} 10~15 ℃保温数10 s，随后空冷即可，这种处理称为钢丝连续式再结晶退火。

c 低温退火

低温退火是将钢丝或线材加热到适当温度（通常在A_{c1}温度以下），经保温后直接空冷，以消除内应力，恢复塑性。这种退火多用于合金钢丝生产，例如合金弹簧钢丝、合金工具钢丝等。

D 回火处理

将钢丝加热到A_{c1}以下某一温度，保温一定的时间，然后以一定的冷却速率冷却到室温的处理，称回火处理。用于钢丝处理时，将冷拉后钢丝加热到250~370 ℃（预应力钢丝是拉拔后回火，通常用铅浴加热，铅浴温度为400~440 ℃），保温短时间，再进行冷却。

回火处理的目的：清除不均匀残余应力，使钢丝的抗拉强度、屈服极限和伸长率增加，并增大抗蠕变性能。

钢丝的回火分为下列三种：

（1）低温回火。回火温度为150~250 ℃，适用于经淬火后要求保持高硬度、高强度和耐磨性的工件或钢丝。

（2）中温回火。回火温度为350~450 ℃，这是为保证高的屈服强度和一定的韧性得到回火屈氏体。

（3）高温回火。回火温度为500~650 ℃，得到回火索氏体。高温回火几乎完全消除淬火内应力，并使钢丝可得到高强度和高韧性最良好配合的力学性能。

应当指出，在回火时碳素钢丝的韧性并不总是随回火温度升高而增加。如果淬火钢丝在230~370 ℃范围内回火时，往往冲击韧性值远比低于230℃回火的韧性值要小，这一现象称为第一类回火脆性（以区别于某些合金钢丝在500~600 ℃回火时产生的第二类回火脆性）。引起韧性降低的原因：一是与残余奥氏体向马氏体转变有关；二是与碳化物从马氏体析出有关。因此在实际应用中，淬火的钢丝应避免在上述温度范围内回火，以免降低钢丝的韧性。

E 调质处理

调质处理就是淬火加高温回火，即钢丝加热到 A_{c3} 或 A_{cm} 以上的适当温度，在淬火介质中（钢丝一般用油）急冷，然后在熔盐或熔铅以及其他中性介质中加热到低于 A_{c1} 以下的某一温度进行回火。因调质处理常采用油作为淬火介质，故工厂中经常称为油淬火。

调质处理采用的回火温度较高（400~500 ℃），以便获得回火索氏体组织，具有较高的强度、弹性和良好的韧性、耐疲劳性能。调质处理常作为成品钢丝的最终热处理，它广泛用于各种弹簧钢丝，如发动机阀门弹簧、压缩机气阀弹簧、汽车离合器和油泵嘴弹簧，以及纺织用弹性针布钢丝的最终热处理。

经过这一热处理的成品钢丝在高的抗拉强度下具有良好的弹性、平直度、韧性、耐疲劳性能，并且组织和性能稳定，承受的工作温度也优于冷拔钢，使用这种钢丝的阀门弹簧使用寿命大大提高。

F 感应加热处理

感应加热处理的原理是将工件放入由空心铜管绕制的感应器中，然后向感应器通入一定频率的交流电以产生交变磁场，于是工件内就会产生频率相同的感应电流，使工件迅速加热到要求的温度。电流频率分为工频（50 Hz）、中频（50~1000 Hz）、高频（10^5~10^6 Hz），制品行业多数使用中频感应加热。

感应加热的特点：加热速度快，氧化铁皮少，温度控制相对准确。加热过程中，钢丝由外向里温度逐渐降低。

2.1.2 钢丝热处理工艺参数的确定

通过对钢在一定温度的加热、一定时间的保温并以一定速率的冷却，改变钢的内部结构（组织），以期改变钢的物理、化学和力学性能的方法，称为钢的热处理。

钢丝热处理工艺参数主要有：钢丝的加热温度、钢丝的加热时间，淬火介质（如铅浴）的温度、淬火时间（在铅时间）。下面以铅淬火为例说明。

2.1.2.1 钢丝加热温度的确定

加热目的是得到均匀一致的奥氏体。在连续式索氏体化处理中，钢丝的加热温度（即线温）通常高达 A_{c3}+(100~150 ℃）范围。其主要原因有：

（1）钢丝的断面都比较小，因此要加热到规定温度所需时间较短。为了在较短时间内使奥氏体均匀化，应尽可能采用较高的加热温度，以加快碳在奥氏体中的溶解和扩散速度，缩短奥氏体化时间，从而在确保产品质量的前提下，提高连续式索氏体化处理速度。

（2）较高的线温使奥氏体晶粒成长速度加快，从而增大奥氏体稳定性，以便在冷却时奥氏体能接近于等温分解，得到均匀一致的索氏体。

（3）在普通连续式铅淬火时，由于采用了较高的线温，故可确保钢丝出炉后到进入铅槽前不致冷却到 A_{r3} 以下温度，从而避免或减少亚共析钢中先共析铁素体的析出。

A 影响钢丝加热温度的因素

a 钢丝的碳含量

由铁-碳相图可知，在亚共析钢中，随着碳含量增加，则 A_{c3} 温度降低，因而钢丝加热温度降低。但是其降低值并不等于 A_{c3} 点降低的数值（碳含量每增加 0.1%，A_{c3} 降低 23.5℃）；而碳含量每增加 0.1%，加热温度降低约 5 ℃。这是因为碳含量越高，奥氏体均匀化越困难（碳含量越高，渗碳体量则越多，故加热时在奥氏体的形成过程中，渗碳体溶解到奥氏体内以及奥氏体成分的均匀化，都较碳含量少时要困难一些）。因此，当碳含量增高时，尽管 A_{c3} 点下降较多，而规定钢丝的加热温度降低有限。

b 其他合金元素

钢中含有锰、铬、镍等会降低 A_{c3} 点，从而也会影响钢丝的加热温度。但是，对碳素钢丝来说，一般合金元素含量较少，故其影响可忽略不计。锰含量可达 0.3%~0.8%，甚至更高，锰还有促使奥氏体晶粒长大的倾向。所以当锰含量超过 0.5%时，应考虑锰的影响（当锰含量每增加 0.3%时，相当于增加 0.1%碳含量的作用）。

c 钢丝的直径

随着钢丝直径的增大，钢丝的加热温度也要相应升高，这主要是考虑较粗钢丝的热透性和确保奥氏体的均匀化。

d 原始组织

钢的原始组织不同也会影响钢丝的奥氏体化过程。T8、T9 钢的大规格线材经球化处理和拉拔后，由于球化物较片状碳化物难溶解，此时需要适当升高加热温度或相应增加保温时间，以保证奥氏体均匀化充分进行。

钢丝加热温度计算的经验公式很多，常见的有下列几种：

$$T_D = 930 - 50w(C) + 5D \tag{2-1}$$

$$T_D = 938 + 20\arctan\frac{D - 1.25}{1.75} - 50w(C) \tag{2-2}$$

式中 T_D——钢丝的加热温度，℃；

$w(C)$——钢丝碳含量（质量分数），%；

D——钢丝直径，mm；

$\arctan\dfrac{D-1.25}{1.75}$——以弧度表示的角度。

式（2-1）和式（2-2）都考虑了钢丝碳含量和直径对加热温度的影响。其中碳含量的影响按每增加 0.01%碳含量，线温降低 5 ℃计算。至于钢丝直径的影响，式（2-1）按钢丝直径每增大 1 mm，线温升高 5 ℃计算，故丝径与加热温度呈直线变化关系；式（2-2）丝径增大与线温升高呈曲线变化的关系，如图 2-1 所示。

例题 2-1 已知钢丝直径 3.0 mm，碳含量为 0.7%，需要进行索氏体化处理，求加热温度。

解： 由式（2-1）可知：$T_D = 930 - 50 \times 0.7 + 5 \times 3 = 910$ ℃

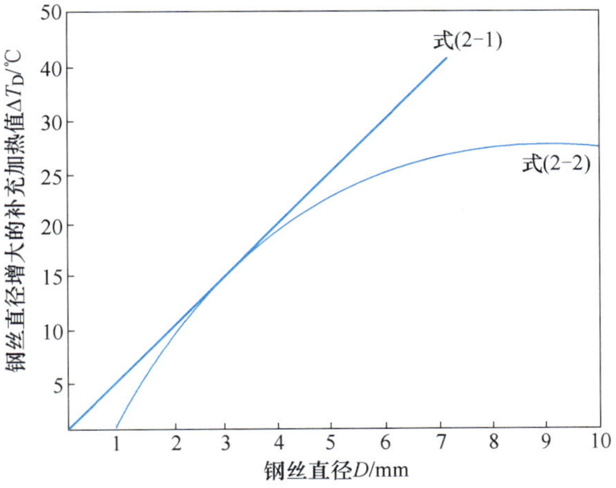

图 2-1　钢丝直径对加热温度规定值的影响

由式（2-2）可知：

$$\begin{aligned}T_D &= 938 + 20\arctan\frac{D - 1.25}{1.75} - 50w(\mathrm{C})\\ &= 938 + 20\arctan\frac{3 - 1.25}{1.75} - 50 \times 0.7\\ &= 938 + 20 \times 0.7845 - 35\\ &\approx 918\ ℃\end{aligned}$$

当钢丝直径为中、小规格（小于 6.5 mm）时，采用式（2-2）计算出的钢丝加热温度略大于式（2-1）的计算值。当钢丝粗大（大于 6.5 mm）时，式（2-1）的计算值要略大于式（2-2）的计算值。

B　加热温度对钢丝性能的影响

加热温度对钢丝性能的影响，主要是通过对奥氏体晶粒大小和淬火时的过冷度改变实现的。加热温度对钢丝铅淬火后强度的影响如图 2-2 所示。

从图 2-2 可以看出：钢丝加热温度在 920 ℃以下，钢丝的抗拉强度随着线温的升高而提高，这主要是由于随着线温的升高，碳溶解到奥氏体中的量逐渐增加，经铅淬火后，渗碳体的量也有所增加，故抗拉强度提高。线温超过 920 ℃后，碳的这个作用就不明显了，而是由于线温的升高，奥氏体晶粒变得愈来愈粗大，使晶界强化作用减弱，所以钢丝的抗拉强度随线温升高而降低。

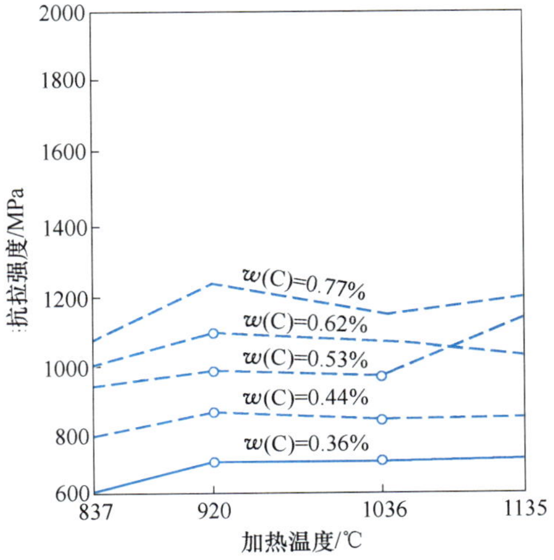

图 2-2　不同碳含量的钢丝抗拉强度与加热温度的关系（460 ℃铅淬火）

2.1.2.2 钢丝加热时间 τ 的确定

A 影响钢丝加热时间的因素

钢丝加热时间与加热方式（马弗炉加热、明火炉加热、直接导电加热）、加热温度、钢丝的化学成分、钢丝的直径大小及钢本身的导热性能等因素有关。

将钢丝加热到一定的温度，需要一定的热量，这些热量主要通过以下三种热量的传递方式获得。

（1）传导：是由于大量的分子或电子相互撞击，使能量从物体的温度较高处传至较低处，这是固体中热量传递的主要方式。

（2）对流：流体（气体或液体）的流动与温度不同的固体表面直接接触时，相互间发生热量的传递过程。对某物体受热来说，实际上是对流和传导两种基本传热方式共同作用的结果。

（3）辐射：互不接触的物体间通过热辐射而传递热量的过程，这种过程不是单方面的，而是物体间相互交换的，但其结果总是热量从高温物体传向低温物体。

钢丝加热时间首先与热量以何种传递方式供给钢丝有关。多种传热方式同时传热比单一的传热方式传热速度要快得多，钢丝加热时间相应要短一些。其次与加热温度有关，加热温度高，传热梯度大，传热速度加快，加热时间也可以缩短。钢丝直径增大，加热时间也相应加长。钢的化学成分对钢丝加热时间也有影响。合金元素含量高，奥氏体化时，合金元素溶解的时间需要较长，因此，相应的要延长钢丝加热时间。

B 钢丝加热时间确定的方法

钢丝加热时间的选择原则是：使钢丝加热后得到完全均匀一致的奥氏体，即完全奥氏体化。但是，加热时间又不宜过长，以防止奥氏体晶粒的粗大、钢丝表面氧化铁皮增多或造成表面脱碳。

钢丝加热时间的确定方法一般有理论计算法、经验归纳法（计算或查图）、实验法等，下面分别简述。

a 理论计算法

钢丝加热时间的理论计算方法，是从一般热处理观点出发，把加热时间假设为各自独立的三部分时间，即升温时间、均热时间和奥氏体形成时间。由于钢丝直径都较小，所需均热时间很短，为简便起见忽略不计。假设奥氏体形成在700~800 ℃区间进行，从而可按该温度下的给热系数计算出奥氏体形成时间；根据炉温、线温、钢丝直径与平均比热等，可计算纯加热的时间；最后得出钢丝的加热时间。

用这种方法计算钢丝加热时间，甚为烦琐，且假设条件与实际总是有一定的差异，考虑因素也不可能全面，故所得结果与实际情况误差很大。为此，工厂生产所定的钢丝加热时间，多不用理论计算法。

b 经验归纳法

钢丝加热时间主要与钢丝直径、钢丝加热温度、炉子的形式和炉温曲线等有关。为此，按不同炉型和温度制度，分析总结归纳大量实际资料，建立一些经验公式或图表，可用来估算所需的加热时间。

钢丝加热时间经验公式很多，常用的有：

$$\tau = (30 \sim 60)D \tag{2-3}$$

$$\tau = 48 + 2.18D^2 \tag{2-4}$$

$$\tau = (14 + 6D)D \tag{2-5}$$

$$\tau = (12 + 10D)D \tag{2-6}$$

式中 D——钢丝直径，mm；

τ——钢丝加热时间，s。

式（2-3）、式（2-4）适用于卧式马弗炉中加热各种碳素钢丝，式（2-5）、式（2-6）适用于卧式三段式马弗炉加热各种碳素钢丝，但式（2-5）适于粗规格、式（2-6）适于较小规格的钢丝。

采用查图表法估计钢丝加热时间，简易的有马弗拉赫图解法，如图 2-3 所示。

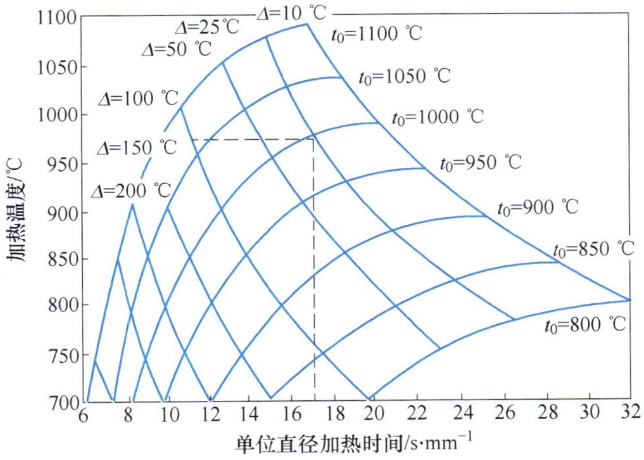

图 2-3 各种炉温下钢丝加热时间与线温的关系图解

例题 2-2 已知钢丝直径为 5.0 mm，炉温为 1000 ℃，要求线温达到 975 ℃，求所需的加热时间。又若上述条件是在 16 m 长的连续热处理炉中进行，其热处理线速度为多少？

解： 因炉温 $t_0 = 1000$ ℃

炉温与所需线温之差： $\Delta t = 1000 - 975 = 25$ ℃

查图 2-3，由纵坐标查出线温 975℃，引水平线与 $\Delta = 25$ ℃曲线相交一点，再自该点作垂线与横坐标相交，即得单位直径的加热时间 $\dfrac{\tau}{D} = 17.2$ s/mm，则所需的加热时间 $\tau = 17.2 \times 5 = 86$ s，故热处理线速度：

$$V = \frac{炉子长度}{加热时间}$$

$$= \frac{16}{86}\ (\text{m/s}) = \frac{16 \times 60}{86}\ (\text{m/min}) = 11.2\ (\text{m/min})$$

若考虑热处理时的均热、保温，可乘以一个系数 K（K 取 0.5~1.0），则热处理线速度：

$$V = KV = 5.5 \sim 11.2\ (\text{m/min})$$

在实际生产中，一般都控制炉温与加热温度相等。另外，从安全的角度来考虑，也有必要适当延长加热时间。因此通常取加热时间为丝径的 0.5~1.0 倍，如 $\phi3.0$ mm 钢丝加热时间可取 1.5~3.0 min。

c 实验法

工厂生产所定的钢丝加热时间，多为通过实验法测定的，实验法测定时的时间较可靠，且测定方便。

实验法是借助加热时间（即钢丝运行速度）与钢丝抗拉强度之间有一定的关系，从而根据钢丝强度确定最适宜的加热时间。

当钢丝以不同速度进行连续加热时，若速度太快，奥氏体未能充分形成，则钢丝强度将会降低。因此降低速度，以使碳化物充分溶解到奥氏体中，从而会使钢丝强度升高。当钢丝强度上升到最大值时，便可认为已形成均一的奥氏体。若继续减慢速度，则由于奥氏体晶粒长大，钢丝强度将再度下降。通过上述试验，获得钢丝强度最大时的速度就是最高允许速度（也就可得出最短的加热时间）。

当试验求出某一线径的最高允许速度后，则将该线径乘以其最高允许速度，并假设其乘积为一常数 K，而其他线径的速度可按式（2-7）求出：

$$D \cdot S = K \tag{2-7}$$

式中 D——钢丝直径，mm；

S——钢丝热处理速度，m/min；

K——常数，mm · m/min。

按式（2-7）计算表明，钢丝直径越大，钢丝热处理速度则越小，该式所得的炉子小时产量（即单位时间里通过炉子的钢丝质量）却与钢丝直径成正比例（因小时产量与 $D^2S=KD$ 成正比）。但是，炉子的最大小时产量取决于燃烧器的燃烧能力。因此，当炉子达到最大的小时产量后，将不再遵循式（2-7），而应当控制炉子的小时产量为恒定的方法来调整速度，即按式（2-8）计算：

$$Q = 0.375D^2 \cdot S \tag{2-8}$$

式中 Q——加热炉的小时产量，kg/h；

D——钢丝直径，mm；

S——钢丝的热处理速度，m/min。

对于小直径的钢丝，速度应有一定的限制。因为往往按照式（2-8）会得出不切实际的速度，即速度过高，以致放线速度过快，引起拉力负荷过大（大于加热钢丝的破断拉力），使钢丝发生断裂。遇到这种情况应减慢热处理速度，并适当降低炉温，以防止钢丝过热。

2.1.2.3 铅浴温度 T_B 的确定

钢丝从加热炉出来进入铅槽冷却，发生奥氏体分解。由于铅浴温度会强烈影响钢丝在铅槽中的冷却和组织转变，因此，正确选择铅浴温度是使钢丝经铅淬火后获得均匀索氏体的重要条件。

A 铅浴温度的确定

铅浴温度的选择取决于钢丝的碳含量、其他元素的含量以及钢丝的直径大小。

对亚共析钢来说，铅浴温度的选择与钢的碳含量和锰含量有关。因为亚共析钢中随碳含量和锰含量的增加，奥氏体的稳定性增强。当钢中碳含量（或锰含量）减少时，奥氏体稳定性相对减弱，故在冷却过程中奥氏体将在较高温度下转变，容易析出先共析铁素体（碳含量越低，先共析铁素体析出可能性越大）。为此，应适当降低铅液温度，借以增加钢丝在铅槽中的冷却速度，使其尽可能达到临界冷却速度，以避免（或减少）先共析铁素体的出现，得到均匀一致的索氏体组织。通常碳含量每减少 0.1%，铅浴温度降低约 10 ℃。对于高碳钢丝，因为过冷奥氏体较稳定，冷却过程中不易（或不会）析出先共析铁素体，因此可取较高的铅浴温度。

对于钢丝直径的影响，总的来说，钢丝直径增大，铅浴温度应降低。其主要原因如下：

（1）在连续式钢丝铅淬火时，钢丝直径越大，则带入铅浴中的热量越多，造成铅浴温度梯度越大，即靠近加热炉处 0.5～1.0 m 的过热区温度越高（当生产粗钢丝铅槽无循环铅液或降温措施时，该处温度可高达 700～800 ℃）。这样势必会减慢钢丝在铅浴中的冷却速度，造成奥氏体在较高温度下转变。

（2）粗钢丝在铅槽中散热较困难。因为当直径增加时，虽然钢丝表面积与直径呈正比增加，但钢丝需要散发给铅液的热量增大更多。因为钢丝内的热量与钢丝直径的平方成正比（即与钢丝体积成正比），故必将降低钢丝在铅槽中的冷却速度。

综上所述，钢丝直径增大时，可采取降低铅浴温度以及提高钢丝加热温度的办法，来提高铅浴的冷却能力。

计算铅浴温度的经验公式如下：

$$T_B = 445 - 40\arctan\frac{D-1.25}{1.75} + 100w(C) \tag{2-9}$$

式中 T_B——铅浴温度，℃；

$w(C)$——钢丝碳含量（质量分数），%；

D——钢丝直径，mm；

$\arctan\frac{D-1.25}{1.75}$——以弧度表示的角度。

式（2-9）适用于高线温、低铅温、快车速的热处理工艺制度。

在连续热处理马弗炉中，由于不控制加热气氛，且热处理速度缓慢，线温不许过高（以防止氧化和脱碳），故选用铅温比式（2-9）计算结果高 20～40 ℃。对于碳含量在 0.4%～0.9%碳素钢丝的铅淬火，铅液温度取 450～550 ℃。

B 铅浴温度对钢丝性能的影响

我们知道，铅浴等温温度的高低直接影响钢的组织与性能，主要是通过改变珠光体片层间距的大小和先共析铁素体的量来实现的。因此，改变铅液温度就会使钢丝铅淬火的性能发生变化。

一般说来，铅淬火时的铅浴温度越低，钢丝的抗拉强度越高，如图 2-4 所示。该图中所示为碳含量 0.6%、直径 5.5 mm 钢丝，铅液温度与抗拉强度的关系。对弯曲、扭转的影响是：铅浴温度越高，弯曲值越低、扭转值越高；铅浴温度越低，弯曲值越高、扭转值越低。

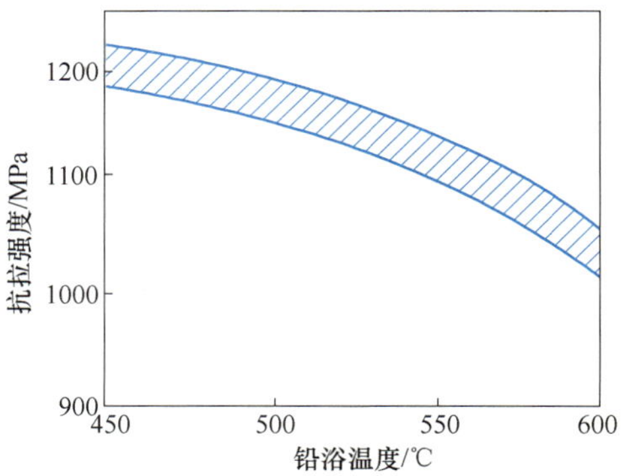

图 2-4 铅浴温度与热处理后钢丝抗拉强度的关系

2.1.2.4 铅浴停留时间的确定

钢丝在铅浴中停留的时间必须大于奥氏体分解所需时间，否则奥氏体等温转变不完全，残留的过冷奥氏体在钢丝离开铅槽以后，将在低温时转变为马氏体。于是，铅淬火后的钢丝将出现脆性，不能进行拉拔。为此，钢丝在铅浴停留时间常大大超过奥氏体完全分解时间，以防止马氏体的出现。

例如，直径 1 mm 钢丝，若其奥氏体完全分解时间需要 2.5 s，通常考虑其在铅浴时间至少应不小于 10 s，以防止意外事故（如工艺参数波动或化学成分不均等）而造成奥氏体分解不完全。影响奥氏体等温转变时间的因素有钢的成分、铅浴温度、奥氏体的实际晶粒度。

(1) 钢的成分。几乎所有的合金元素（除钴以外），都会增加钢的奥氏体稳定性，从而延缓奥氏体的分解时间。

(2) 铅浴温度。铅浴温度为 450~550 ℃，奥氏体分解所需的时间，随铅浴温度的升高而缩短，其中分解最短时间在铅温为 500~550 ℃。

(3) 奥氏体的实际晶粒度。钢丝进入铅槽时，奥氏体的实际晶粒度大小，也会影响奥氏体的分解速度。晶粒越大，奥氏体越稳定，分解速度越慢，在铅浴停留时间应越长。

奥氏体的实际晶粒度与钢的加热温度、保温时间、钢的冶炼方法有关。

钢丝的加热温度若超过 A_{c3} 点以上越多，会使奥氏体的实际晶粒度越粗大，从而会使奥氏体转变时间延缓。

综上所述，碳含量 0.4%~0.9% 的碳素钢丝，当不含有延缓奥氏体分解的元素时，其奥氏体完全分解的时间在 15 s 以内。实际生产中，为了提高热处理速度，以及考虑防止意外的因素，铅槽一般设计的较长，以确保钢丝在铅浴停留时间。

2.1.2.5 热处理后钢丝抗拉强度的确定

热处理后的抗拉强度对碳素钢丝的拉拔具有重大意义。在制定产品的拉拔工艺时，为了确保成品钢丝的最终强度，必须以拉拔产品的线坯热处理后强度作为基数来考虑。另外，热处理后钢丝的抗拉强度，常作为判断钢丝索氏体化质量的简易标准。

A 热处理后碳素钢丝抗拉强度的变化规律

（1）各种不同热处理方法，不同碳含量的碳素钢丝强度变化规律，如图 2-5 所示。

（2）不同碳含量的碳素钢丝，加热温度与抗拉强度之间的关系，如图 2-6 所示。

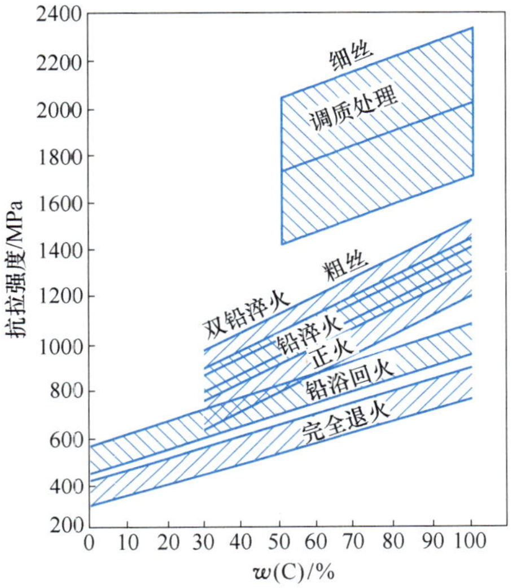

图 2-5 不同热处理方式碳素钢丝的碳含量与抗拉强度的关系

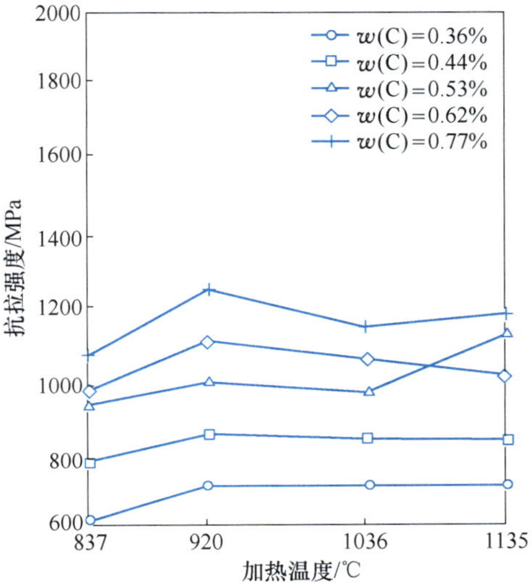

图 2-6 不同碳含量的钢丝抗拉强度与加热温度的关系（460 ℃铅浴淬火）

（3）铅浴温度与铅淬火钢丝抗拉强度的关系，如图 2-4 所示。

B 热处理后钢丝抗拉强度的经验计算公式

钢丝铅淬火后的抗拉强度计算经验公式很多，较简易的有：

$$\sigma_b = [50 + 100w(C)]K_d \times 10 \tag{2-10}$$

$$\sigma_b = [35 + 110w(C)]K_d \times 10 \tag{2-11}$$

$$\sigma_b = [30 + 110w(C) + 15w(Mn)]K_d \times 10 \tag{2-12}$$

$$\sigma_b = [53 + 100w(C) - D] \times 10 \tag{2-13}$$

式中 σ_b——钢丝铅淬火的抗拉强度，MPa；

$w(C)$——钢丝碳含量（质量分数），%；

$w(Mn)$——钢丝锰含量（质量分数），%；

K_d——线径系数，为 0.97~1.12；

D——钢丝的直径，mm。

式（2-10）、式（2-13）适合于高碳钢丝，式（2-11）适合于低碳钢丝，式（2-12）适用于不同碳含量的碳素钢丝。

2.1.2.6 热处理钢丝产量的计算

在生产计划安排中，往往要考虑热处理炉的小时产量，在已知钢丝直径、收线速度和钢丝根数的条件下，钢丝产量是容易计算出来的。

单根钢丝小时产量的计算公式为：

$$q = \frac{v \times 60 \times 100 \times \pi\left(\frac{D}{20}\right)^2 \times 7.8}{1000} \tag{2-14}$$

式中 q——单根钢丝产量，kg/h；

v——钢丝速度，m/min；

D——钢丝直径，mm；

7.8——钢的密度，g/cm^3。

简化后可得：

$$q = 0.37D^2v \tag{2-15}$$

如果同时处理线的根数为 m，则炉子小时产量为 Q，$Q = mq$(kg/h)。

2.1.3 钢丝热处理常见的缺陷和防治方法

钢丝在热处理过程中，由于工艺或操作不当，其他偶然的原因（如停电、炉子损坏等）等，会造成各种热处理的缺陷，下面分别叙述各种热处理缺陷产生的原因及其防止的方法。

2.1.3.1 钢丝的各种热处理常见缺陷及其防治方法

钢丝热处理是通过加热、保温和冷却过程来实现的，在加热、冷却过程中容易产生各种热处理缺陷。下面主要讨论几种常见的缺陷。

A 过热与过烧

过热是指加热温度过高或保温时间过长，致使奥氏体晶粒显著粗化的现象。过热的钢丝随后冷却的结果，使钢的力学性能恶化，韧性极低。

过烧是指加热温度接近于熔化温度时，由于温度过高，其表层沿晶界处被氧气侵入而生成氧化物，或在晶界处的一些低熔点相发生熔化现象。过烧后，钢的强度很低，脆性很大，无法再继续加工。

过热与过烧都是加热温度过高而引起的。因此，其预防方法为：严格按工艺规程控制钢丝加热温度，并经常检查热工仪表，控制炉温。钢丝的过热可通过正火来消除，过烧则无法补救。在一般情况下，过烧不易出现。

B 氧化与脱碳

钢丝在无控制气氛的加热炉中加热时，由于炉内含有 CO、CO_2、H_2、N_2、H_2O、O_2 和 CH_4 等气体，有些气体与钢丝表面发生反应，会使钢丝表面产生氧化和脱碳。

O_2、CO_2 和 H_2O 等氧化性气氛，能与钢中的铁发生化学反应，使钢丝表面形成一层松脆的氧化铁皮，这种现象称为氧化。其化学反应式如下：

$$2Fe + O_2 \longrightarrow 2FeO$$

$$Fe + CO_2 \longrightarrow FeO + CO\uparrow$$

$$Fe + H_2O \longrightarrow FeO + H_2 \uparrow$$

钢丝表面氧化不仅损耗金属，而且在酸洗时会增加酸耗，故在热处理时应尽量减少表面氧化铁皮的生成量。

CO_2、H_2O、O_2 和 H_2 等能与钢中表层的碳结合形成气体，使钢丝表面的碳被烧掉，这种现象称为脱碳。产生脱碳的化学反应式如下：

$$2C + O_2 \longrightarrow 2CO$$

$$C + CO_2 \longrightarrow 2CO$$

$$C + H_2O \longrightarrow CO + H_2$$

$$C + 2H_2 \longrightarrow CH_4$$

参加化学反应的碳是渗碳体中的碳。脱碳的结果，钢丝表面的碳含量降低，使其表面硬度和耐磨性下降，并降低它的疲劳强度。为了防止钢丝表面的氧化与脱碳，除控制炉气外，常采用有保护性气氛的无氧化加热炉加热等方法。

2.1.3.2 钢丝索氏体化处理的常见缺陷及其防治方法

在钢丝索氏体热处理过程中，除发生上述常见热处理缺陷外，还经常出现如下的几种热处理缺陷。

A 钢丝抗拉强度值很低，且拉拔时承受冷变形能力差

钢丝抗拉强度值很低，且拉拔时承受冷变形能力差，主要是因为先共析铁素体析出过多造成的。其产生原因主要有：

（1）加热温度过低，或在炉时间不足，奥氏体转变不完全、不稳定，从而在索氏体化处理后，有着大量铁素体存在；

（2）钢丝直径粗大，且铅液温度较高，造成冷却速度过慢，使先共析铁素体析出量过多。

其防治方法是：严格控制线温和铅浴温度，粗规格钢丝铅浴淬火，应在铅槽靠加热炉端的过热区采取降温措施，并控制热处理线速度等。

B 钢丝脆断

在生产小直径钢丝时，常易出现马氏体线段引起脆断。例如在正火时，由于线温过高，奥氏体非常稳定，或冷却过快（如室温偏低）；或铅淬火时钢中含有较多的延缓奥氏体转变的合金元素，造成钢丝在铅槽中停留时间不够；或沸水淬火时，操作不当，造成冷膜提前破裂。在上述情况下均会造成钢丝出现马氏体线段，引起钢丝脆断。

C 钢丝挂铅

铅淬火后钢丝表面局部粘着铅，即为挂铅，黏着的铅和它所覆盖的氧化铁皮，在酸洗时不易除去，拉拔时则留在模孔内，易使钢丝表面拉毛；同时，在拉拔时，由于铅在模口的不断积累，会形成一团铅锥体，将模口堵住，带不进润滑剂，造成钢丝表面质量不好，甚至钢丝被拉断；如果是镀锌钢丝，挂铅的地方不易镀上锌层。

产生挂铅的原因，主要是：

（1）钢丝存放过久，表面锈蚀严重；

（2）磷化涂层处理的线坯，由于磷化膜较厚，经拉拔、铅淬火处理，磷化膜聚集，故钢丝表面粗糙；

（3）钢丝加热温度过高，或在炉内停留时间过长，或炉内氧化气氛严重等引起钢丝表面氧化铁皮过厚、过多，表面粗糙；

（4）铅槽压线辊不光滑，表面拉出了许多沟槽没有及时更换，在处理钢丝时将其表面刮伤；

（5）在铅槽表面未覆盖木炭粉等防止铅液氧化的物质或覆盖不良，使铅液产生较为稠黏的氧化铅薄层，它容易附着在钢丝表面上；

（6）铅液温度过低（如电加热铅液时，电气出现故障），铅液黏度很大。

为此，在生产过程中应严格控制线温、铅温和热处理速度，并在钢丝进入铅槽处用木炭粉覆盖好，使钢丝不直接与空气接触；铅槽应经常保持清洁，铅槽表面经常掏渣；经常检查压辊，定期更换；避免铅淬火钢丝原料用磷化涂层处理等，以防止产生挂铅现象。

D 钢丝通条性能不均匀

热处理后，有时出现钢丝通条性能不均匀，经拉拔后局部出现强度值低、弯曲值低或脆性，而钢丝通条力学性能均匀一致是制绳钢丝及其他钢丝对钢丝性能的基本要求，这首先需要热处理后钢丝通条性能均匀一致才有可能实现。

在连续式索氏体化处理钢丝时，有时发生通条性能不均匀的原因，多为卷线机发生故障而临时停车；或下线时，操作不熟练而停车下线；或断线时更新带头以及工艺参数（线温、铅温）波动；电加热时电压波动等。

在上述情况下，炉子出口处到铅槽之间的一段钢丝，有可能在进入铅液前冷却到 A_{r1} 以下的温度，故使奥氏体转变成先共析铁素体与珠光体组织，以后该段钢丝经过铅液时，不可能再发生组织转变。为此，钢丝的部分线段具有铁素体与珠光体组织，经拉拔后其力学性能远比其他线段的差，当变形能力较大时，该线段的弯曲值较低，呈现脆性。此外，在铅槽中停留的那段钢丝，往往由于在铅槽中停留时间较长，会发生碳化物聚集长大（高碳钢丝尤为严重）而使力学性能恶化。

为了防止钢丝通条性能不均匀，应严格控制线温、铅温和车速，应尽量减少其波动；在下线操作时，必须做到不影响钢丝的正常运行速度，即不可延长钢丝在炉或在铅时间；当发生设备或操作事故而造成停车时，其停车时间不许超过该类钢丝规定在炉时间的10%；否则，应将在炉中及铅槽中的一段钢丝剪掉丢弃。

问题讨论

（1）钢丝热处理的目的是什么？

（2）钢丝热处理的种类及应用有哪些？

（3）铅浴淬火的温度与时间如何确定？

（4）钢丝热处理常见的缺陷和防治方法？

应知训练

1. 单选题

(1) 在钢丝拉拔过程中，钢丝变得越来（　　）、强度也越来（　　）；而塑性、韧性下降，压缩率越大，这种现象越明显。

A. 越硬、越高　B. 越软、越低　C. 越硬、越低　D. 越软、越高

(2) 一般用途低碳钢丝镀锌热镀锌成功与否，关键是（　　）。

A. 镀前处理　B. 锌锅操作　C. 冷却　D. 收线

(3) 低合金钢中的合金元素总含量低于（　　）。

A. 3%　B. 10%　C. 4.3%　D. 5%

(4) 生产预应力混凝土用钢丝的线材要具有较多的（　　）组织。

A. 奥氏体　B. 珠光体　C. 铁素体　D. 索氏体

(5)（　　）组织的强度和硬度最高。

A. 贝氏体　B. 托氏体　C. 马氏体　D. 珠光体

(6) 碳钢的残余奥氏体分解温度一般为（　　）。

A. 100～150 ℃　B. 200～300 ℃　C. 350～400 ℃　D. 400～550 ℃

(7) 铁碳合金结晶过程发生共晶转变的碳含量范围是（　　）。

A. 0～6.69%　B. 0.0218%～2.11%

C. 0.0218%～6.69%　D. 2.11%～6.69%

(8) 低碳钢丝调整硬度，便于切削加工采用（　　）热处理。

A. 完全退火　B. 球化退火　C. 正火　D. 调质

(9) 铁碳合金相图中，共析转变温度为（　　）。

A. 727 ℃　B. 912 ℃　C. 1148 ℃　D. 1560 ℃

(10) 生产弹簧钢丝选择（　　）钢。

A. T12　B. 08　C. 40Cr　D. 65Mn

(11) 通过（　　），可消除加工硬化，利于继续拉拔。

A. 球化退火　B. 再结晶退火　C. 正火　D. 调质处理

(12) 低温回火的温度范围为（　　）。

A. 150～250 ℃　B. 250～450 ℃　C. 300～450 ℃　D. 200～550 ℃

(13) 为了提高线材的塑性及消除其组织的不均匀性，可以对盘条进行（　　）处理。

A. 退火　B. 回火　C. 调质　D. 镀锌处理

(14) 当钢丝以不同速度进行连续加热时，若速度太快，奥氏体未能充分形成，则钢丝强度将会（　　）。

A. 降低　B. 不变　C. 增加　D. 大幅增加

（15）正确选择铅浴温度的目的是使钢丝经铅淬火后获得均匀的（　　）。

A. 马氏体　B. 贝氏体　C. 渗碳体　D. 索氏体

（16）拉拔前进行铅淬火的目的是（　　）。

A. 去除氧化铁皮　B. 获得较高硬度　C. 获得利于拉拔组织和较好的性能

2. 多选题

（1）钢丝回火处理的目的有（　　）。

A. 清除不均匀残余应力　B. 增加钢丝的抗拉强度

C. 屈服极限和伸长率增加　D. 增大其抗蠕变性能

（2）钢丝的回火可分为（　　）。

A. 低温回火　B. 中温回火　C. 高温回火　D. 超高温回火

（3）将钢丝加热到一定的温度，需要一定的热量，这些热量主要通过（　　）传递方式获得。

A. 分解　B. 传导　C. 对流　D. 辐射

（4）钢丝加热时间主要与（　　）等有关。

A. 钢丝直径　B. 钢丝加热温度　C. 炉子的形式　D. 炉温曲线

（5）铅浴温度的选择取决于（　　）。

A. 钢丝的碳含量　B. 铅锅的大小　C. 其他元素的含量　D. 钢丝的直径

（6）钢丝加热时间与（　　）等因素有关。

A. 加热方式　B. 加热温度

C. 钢丝的化学成分　D. 钢丝的直径大小及钢本身的导热性能。

（7）对亚共析钢来说，铅浴温度的度选择与（　　）有关。

A. 钢丝的碳含量　B. 铅锅的大小　C. 钢丝直径　D. 锰含量

（8）影响奥氏体等温转变时间的因素有（　　）。

A. 钢的成分　B. 铅浴温度

C. 钢丝直径　D. 奥氏体的实际晶粒度

（9）耐火材料按耐火温度分为（　　）。

A. 普通耐火材料　B. 中级耐火材料　C. 高级耐火材料　D. 特级耐火材料

（10）钢丝热处理设备一般包括（　　）。

A. 加热设备　B. 淬火设备　C. 回火设备　D. 调质设备

3. 判断题

（1）钢丝经过冷加工后，具有纤维状组织，随着变形量的增加，这种纤维状组织就会消失。（　　）

（2）一般用途低碳钢丝分类中退火钢丝用 TB 表示。（　　）

（3）加工硬化现象是由于晶格扭曲、晶粒破碎等原因所致。（　　）

（4）合金元素含量高，奥氏体化时，合金元素溶解的时间需要较短。（　　）

(5) 钢芯铝绞线用镀锌钢丝在最终热处理后成品拉拔前可以电接头。( )

(6) 低温回火的作用是经淬火后保持钢丝的高硬度、高强度和耐磨性。( )

(7) 确保预应力钢绞线具有低应力松弛性能的关键工序是稳定化处理。( )

(8) 桥梁缆索用热镀锌钢丝应以盘卷状态交货，每卷钢丝可由两根钢丝组成。( )

(9) 所有合金元素都会加大钢丝拉拔的加工硬化倾向。( )

(10) 在制定产品的拉拔工艺时，为了确保成品钢丝的最终强度，必须以拉拔产品线坯热处理后的强度作为基数来考虑。( )

(11) 高级耐火材料的耐火温度一般为 1770~2000 ℃。( )

(12) 在生产小直径钢丝时，常易出现马氏体线段引起脆断。( )

(13) 在连续式钢丝铅淬火时，钢丝直径越大，则带入铅浴中的热量越多，造成铅浴温度梯度越大。( )

(14) 粗钢丝在铅槽中散热较困难。( )

(15) 钢丝直径增大时，可采取增加铅浴温度的办法，来提高铅浴的冷却能力。( )

任务 2.2 钢丝热处理设备

知识准备

2.2.1 钢丝热处理炉

钢丝热处理大部分采用连续式热处理炉，也有部分采用间歇式炉的，如井式退火炉等。钢丝热处理设备一般包括加热设备、淬火设备、回火设备。

微课 钢丝热处理设备

目前我国金属制品厂家使用的加热炉大多是马弗炉，少数的使用明火加热炉，而且燃料以轻质柴油为主。纵观国内外各钢丝生产厂家，普遍使用的炉型主要有燃煤气明火加热炉、燃轻质柴油明火加热炉、燃煤马弗式加热炉、燃煤气马弗式加热炉、燃重油马弗式加热炉、直接接触式电加热炉。

课件 钢丝热处理设备

为了能达到上述要求，对于这种炉子的炉型结构、燃烧器、换热器、供油系统、控制系统等也就有了特殊的要求。

2.2.1.1 钢丝明火加热炉

A 明火加热炉及其种类

钢丝明火加热炉，是近十几年来在金属制品行业中新发展的炉型，它与传统的马弗式加热炉相比具有热效率高、钢丝加热速度快、炉温易于调整、操作简单、维护方便等优点，适合于大盘重的热处理、酸洗连续化生产线。

照片 明火加热炉实拍

目前明火加热炉按燃料的种类可分为燃油式和燃煤气式加热炉；按供热方式可分为端部供热逆流式及侧部供热逆流式加热炉。以使用柴油的加热炉较多，并且效果较好。

B 明火加热炉的工作原理

钢丝明火加热炉的工作原理是：根据钢丝在加热过程中，在不同的温度区域里氧化的程度不同，在炉膛内有意制造不同的加热介质（烟气）以达到将钢丝加热到工艺要求温度的目的。所谓不同的加热介质，是指燃料燃烧所产生的烟气呈氧化性气氛还是还原性气氛。经研究及实践证明：钢丝在温度低于 800 ℃的时候，即使在氧化性的气氛下加热，其氧化程度也较小可忽略不计，而在温度超过 800 ℃的时候，氧化程度随温度的升高而剧烈增加。

因此，钢丝明火加热炉的热工制度可明显分为三段：即预热段、加热段、还原性加热段。如图 2-7 所示，炉膛内的气氛可明显分为两个区域：区域Ⅰ为不控制炉膛气氛的过氧区，燃料在此区域内完全燃烧；区域Ⅱ为严格控制炉气氛的还原性加热区，燃料在此区域要求不完全燃烧，形成还原性气氛；钢丝在上述两种气氛下得到加热和保护。

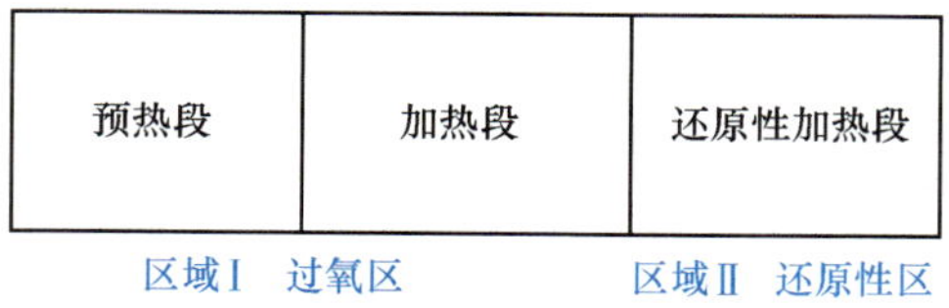

图 2-7 炉段及炉膛气氛分布示意图

C 炉型结构与特点

炉型结构如图 2-8 所示，由预热段、加热段、均热段三段组成，在加热段和均热段各布置一只亚高速烧嘴，燃烧塞下方各有 3 条环拱，以改善炉气分布和减少火焰直接冲刷钢丝，架空烟道中装有高效带插件管状换热器，烟道中的侧门用于调节炉压，均热段空气消耗系数 $a=0.5 \sim 0.8$，加热段 $a=1.1 \sim 1.5$，燃烧产物中空气含量 $V_n=3\% \sim 5\%$，钢丝在实炉底上与炉气逆流运动，这种炉型的特点是能充分利用燃料，同时又确保钢丝在高温时处于还原性气氛中。炉底采用高铝砖砌筑，炉顶、炉墙采用与工作温度相适应的耐火保温材料组成复合砌体、炉墙和烟道外包钢板，实际生产时实测炉墙温度不高于 80 ℃，炉顶温度不高于 120 ℃。

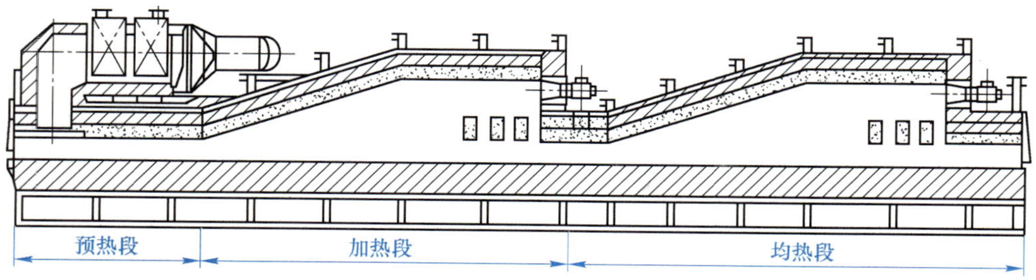

图 2-8 明火炉的炉型结构示意图

明火加热方式由于对流、传导、辐射热传递三管齐下，其加热速度要比传统的马弗砖炉快近一倍，也就是说钢丝的收线速度可以快近一倍。因此，大大缩短了钢丝在炉时间，即缩短了氧化时间，并且随着加热速度的提高，钢丝退火时再结晶温度起始点向高温偏移，避免了长时间高温而造成晶粒过分长大的现象，从而能提高钢丝热处理后的强度和韧性。

2.2.1.2 钢丝马弗式加热炉

马弗式连续加热炉结构如图 2-9 所示，以煤气或天然气为燃料的马弗式连续加热炉在我国使用较多，该炉由加热炉、铅槽和收线机三部分组成。从长度来看，该炉型有 8 m、10 m、15 m、20 m 或更长一点的；从处理钢丝的根数来看，有 14 根、16 根、24 根、28 根不等，炉膛分预热、加热和均热三段。马弗式连续加热炉的热容量大，导热性差，从室温升到 1000℃ 大约需要 20h，钢丝加热是间接的，它是借助马弗砖的辐射来加热的，因而热效率较低。

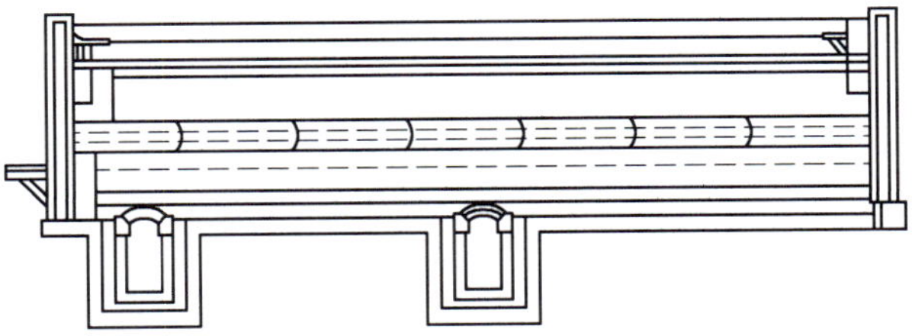

图 2-9 马弗式连续加热炉结构示意图

马弗炉主要用来对 T9A、70、T8Mn 和 65Mn 以及 10 号钢～50 号钢钢丝进行铅淬火或正火，也适合于奥氏体不锈钢的正火。若炉子采用低温，也可对碳素结构钢、合金结构钢、碳素工具钢、合金弹簧钢、冷顶锻钢等钢丝进行再结晶退火。

2.2.1.3 燃料连续热处理炉

燃料连续热处理炉结构如图 2-10 所示，燃料连续热处理炉由加热炉、铅槽和收线机三部分组成。该加热炉的结构因燃料不同而有所区别，如果用煤则要有专用燃烧室，如果用燃油或燃气则可直接向炉膛喷射燃烧。这种炉子的燃烧方法有炉顶上燃烧室和炉底下燃烧室两种，前者喷嘴装在马弗砖上部，后者在下部，两者各有优缺点，但都是使燃烧气体环绕马弗砖形成一个包围圈，以达到利用余焰来提高炉温、节省燃料的目的。

2.2.1.4 耐热钢管电加热马弗炉

耐热钢管电加热炉结构如图 2-11 所示。该炉利用电热组件加热马弗管或马弗砖，能够自动控温，并使其均匀导热，从而使所处理的钢丝通条性能比较均匀，适合于高强度弹簧钢丝的热处理。耐热钢管电热加热炉，炉体总长约 10 m，一般在炉膛内设置 16～20 支耐热钢管，功率一般为 100 kW 左右，适合于中小规格钢丝的热处理。

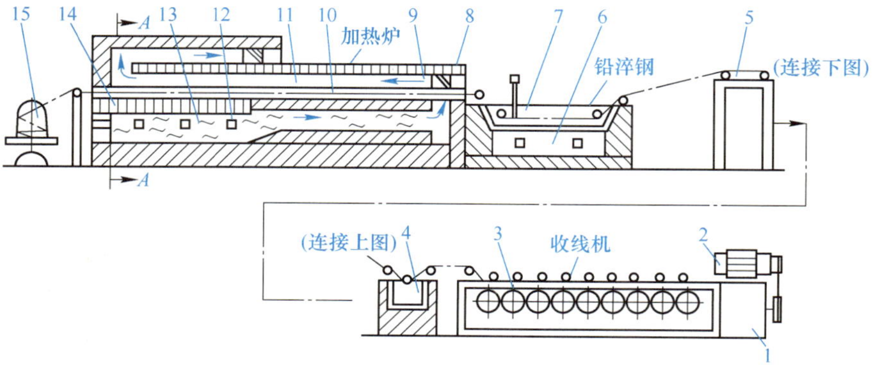

图 2-10 燃料连续热处理炉结构示意图

1—减速箱；2—调速电机；3—收线卷筒；4—水冷池；5—天桥架；6，13—燃烧室；7—铅锅；8，14—拱顶；9—气流方向；10—多孔马弗砖；11—蓄热室；12—喷油嘴；15—放线架

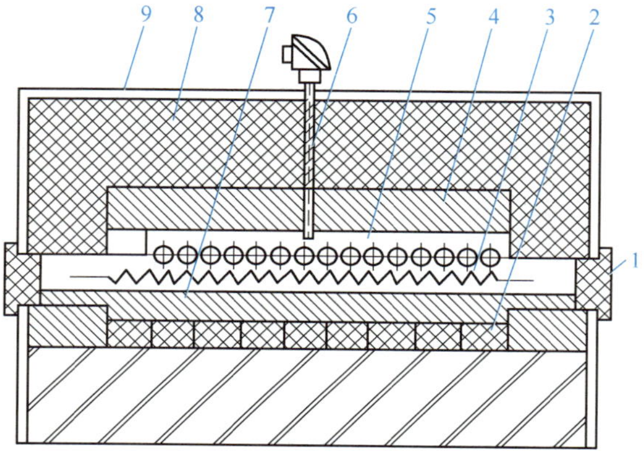

图 2-11 耐热钢管电加热炉结构示意图

1—接线口门；2—隔热炉基；3—电热元件；4—耐火平砖；5—耐热钢管；6—热电偶；7—耐火隔砖；8—绝热炉体；9—钢板外壳

视频 钢管马弗炉

钢管马弗炉用耐热钢管制作，逆流式煤气供热，炉体由预热段、加热一段、加热二段、均热段组成。预热段没有烧嘴，利用余热供热，加热一段、加热二段、均热段各设有两个燃气燃烧器。加热一段的两个烧嘴燃料消耗量最大为 80 m^3/h，加热二段、均热段的 4 个烧嘴燃料消耗量最大为 60 m^3/h，各烧嘴均顺向安装，各段供热既相对独立又互为影响。

这种炉子升温快，电热组件可做到恒温控制，因此温度比较均匀。耐热钢管加热不漏气，氧化较轻，有条件向管内通入保护气体来实现光亮退火。国内许多厂家已将这种炉型用于弹簧钢丝的铅淬火、机针钢丝的成品退火及中小规格冷顶钢丝的成品前退火，该炉的缺点是钢管在炉寿命较短，需经常更换。

2.2.1.5 铅锅

铅锅是钢丝索氏体化处理的重要设备，铅锅结构合理、技术性能良好，对提高钢丝索氏体化处理的质量极为重要。因此，必须重视铅锅的结构和安装，以满足工艺的要求。

A 对铅锅的技术要求

由于铅的密度大，又处于熔融状态下使用，故对铅锅有较高的技术要求，具体要求如下：

（1）铅锅必须具有足够的强度，并不易变形。一个长约 7 m、宽 1.6 m、高 0.4 m 的铅锅，需盛铅 40 余吨，在这样一个体积不大的铅锅中，要盛这样重的铅，就要求铅锅有足够高的强度；铅锅中的铅需要加热到 500 ℃以上的温度，在高温高压下铅锅容易变形，为了保证铅锅有足够高的强度和在高温下不易变形，要求制作铅锅的钢板厚度要在 30 mm 以上，才能达到这个要求。

（2）铅锅接缝处必须严密，绝对保证不漏铅。由于铅锅是由多块钢板焊接而成的，所以就有多条焊缝；由于铅的密度很大（铅的密度为 11.4 g/cm^3），又处于高温熔融状态，因此只要焊缝中有一极小孔洞，熔铅就会很容易流出，孔洞会越来越大。所以，焊接铅锅必须由焊接技术较高的焊工担任，并需经过严格检查。为了保证焊缝牢固可靠，焊口必须开较大的坡口，以保证焊缝的强度。

（3）铅锅升温快。由于生产上的需要，铅锅有时需要透线，有时又不要透线（烧半成品时不经过铅锅）。处理成品线时（索氏体化）希望在较短的时间里，铅温达到工艺规程的要求。这就要求有足够的热量来供给铅液，一个 40 余吨的铅锅，如果用电来加热；一般需要功率为 80~120 kW，如果用煤气加热，每小时应供给 1500 kJ 的热量。

（4）整个铅锅中铅液温度均匀。铅温对钢丝性能有较大的影响，如果铅锅中铅温不均匀（中心线两侧或铅锅入口与出口有温差），就会造成钢丝铅淬火性能的不均匀，这对要求性能均匀一致的钢丝是不允许的。因此，在铅锅加热时，必须保证受热均匀。

（5）过热区能冷却。由于高温钢丝带进大量的热量，在铅锅入口区 1 m 左右的距离，铅温比规定值要高，这就称为铅锅的过热，它对钢丝热处理后的性能是不利的。为了避免这一缺陷，必须使过热区能得到冷却，使其铅温与规定铅温接近或一致。所以在安装铅锅时，必须考虑并安装过热区的冷却系统。

目前，铅锅过热区的冷却一般采用铅液循环，安装冷却水管、冷却水包或采用风冷等措施，均有一定的效果，但以铅液循环效果最佳。

B 铅锅的结构类型

国内采用的铅锅结构均比较简单，常采用的是单层单槽结构，一般采用煤气、天然气、煤或用电管式加热器加热。

这里着重介绍具有铅液循环特性的铅锅，如图 2-12 所示。铅锅为双层结构，铅液由管式电加热器加热，铅液由出口 a 流入铅锅下层，由冷却风机 4 通过入口 b 给冷风到风道，热风由出口 c 排出。使流入下层的热铅液得到冷却，由循环铅泵 1 抽上送入铅锅上层，使铅液均匀一致，并保持在规程规定的铅温范围内。由于铅温均匀一致，铅液表面不需洒水降温，故大大减少了铅的氧化，使铅渣生成量大幅度减少，从而降低了铅的消耗和钢丝成本。

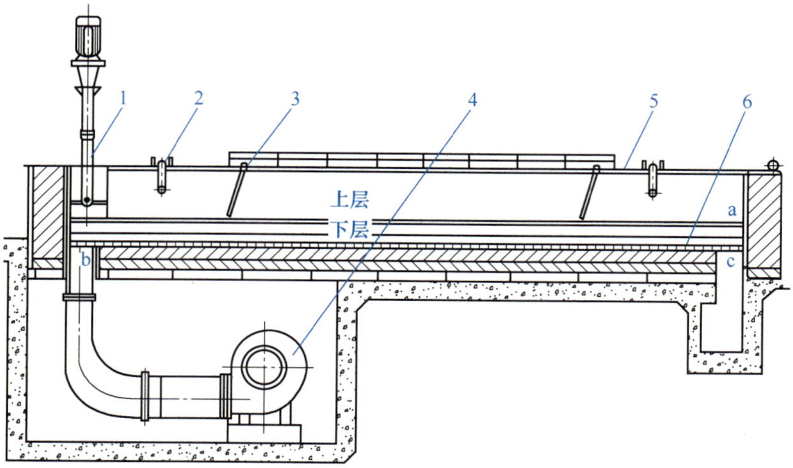

图 2-12 铅液循环冷却铅槽结构示意图

1—循环铅泵；2—压辊；3—管式加热器；4—冷却风机；5—铅槽；6—风道

这种铅锅较为复杂，一次性投资较高，由于提高钢丝质量、产量和降低铅的消耗所获得的经济效益使投资能很快收回。

虽然采用电加热（可以自动控制铅温），只是在铅液升温过程中耗电较多，在正常铅淬火时，由于加热的钢丝带进来大量的热量，电加热管时常处于停电状态，故耗电也很少。因此，此种铅锅改用电加热并不会增加电能消耗。

C 消除铅尘的措施

由于 500 ℃高温的铅液向外散发出铅蒸气，所以在铅锅上部及周围空气中含有大量的铅尘，大量吸入铅尘，会造成人体铅中毒，对身体危害极大。

国家规定，凡有铅尘的作业点，铅尘含量不得超过 0.01 mg/m^3。如果超过了这一标准，就要积极治理。

采用的除尘措施有密封自吸滤布除尘、自吸洗涤除尘。

（1）密封自吸滤布除尘，就是在铅锅上用珍珠岩粉覆盖，并通冷却水降温，铅锅全部密封，采取微负压下的诱导方法，以收集必要的和尽量少的气量为原则。通过滤布除尘，借烟囱的吸力将废气排除。

钢丝从连续炉出来后进入铅锅，在进入铅锅前为防止钢丝氧化、线温降低，需用木炭覆盖，为方便木炭的添加，以及钢丝的测温、拉头等，安装有6块炉前活动盖板，盖板的一侧有一个吸尘孔，通往除尘器；两扇活动盖板是铅锅内第一道压辊的罩，在它下面有一组冷却水管，有两块固定盖板、两扇活动盖板、四块活动尾部盖板，都是为操作方便而设置的。

从整体来说，铅锅是密封的。这种除尘方法，设备简单，投资少，操作方便，除尘效果好，锅内用冷却水降温，不但降温快而且均匀。因为铅锅上覆盖一层珍珠岩粉，罩内贴上一层陶瓷纤维毡，减少了铅的氧化及热量的散发。据测定，这种方法除尘效果可达 90%。

（2）自吸洗涤除尘就是在自吸抽风罩排风管的房顶以上，安装洗涤除尘装置，铅尘通过洗涤后排出。

消除铅尘还有其他方法，但总的原则是防止铅尘在车间内扩散，减少铅尘对操作工人的危害，操作方便，结构简单投资少。

2.2.1.6 钢丝沸腾粒子等温淬火及沸水淬火

A 钢丝沸腾粒子等温淬火的工艺原理和方法

沸腾粒子炉（沸腾床或流化床）的基本原理是依靠一定速度的气流，使固体颗粒层流态化（颗粒层浮动，并具有流体运动的特性），如图 2-13 所示。例如，在一隔热容器中装入一定直径的细小锆砂（ZrO_2）、刚玉（Al_2O_3）或石英砂（SiO_2）等固体颗粒，再从容器底部可透气绝热板的细孔中通过速度适当的气流。这时，固体颗粒即被气流翻起，全部处于悬浮的运动状态，形成一个固体颗粒呈悬浮运动的空间，如同液体沸腾（又称沸腾床）。当底部通入煤气和空气的混合气时，可依靠煤气在流化床中燃烧使流化的粒子层（即流态层）具有一定的温度。这样一来，流态层就可供热处理加热或者作为冷却介质。

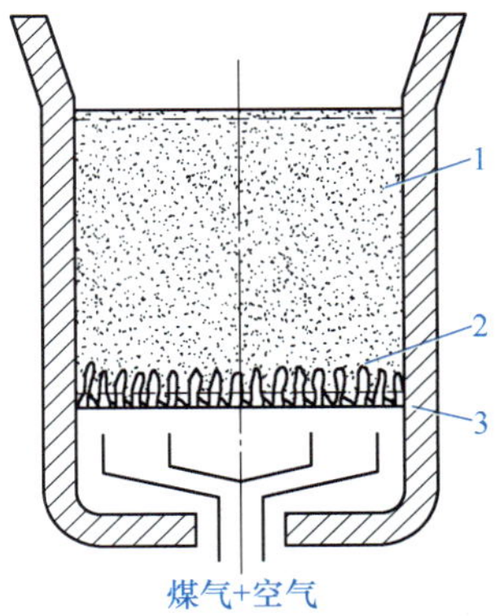

图 2-13 铅液循环冷却铅槽结构简图

1—加热区；2—燃烧区；3—鼓风区

由于沸腾粒子炉内固体粒子流态化，粒子不断搅拌和流动，若利用固体颗粒在这种状态下传导热量，则其传热系统相当于普通炉子的 10 倍左右，即接近了铅槽或盐槽的传热速度。由于流态层具有流体的一些特征（动性、水平性、低黏性等），但不是流体（无熔点、沸点、黏着性等），因此，采用流化床取代铅浴淬火，既可消除粗钢丝的温度梯度，又不会出现挂铅等缺陷。

流化床不仅可作为钢丝索氏体化处理的冷却介质，还可用作钢丝奥氏体化的加热炉。

B 钢丝沸水淬火的工艺原理和方法

高温金属浸入静止水中的冷却过程可分为五个阶段（见图 2-14），即：Ⅰ冷却初期阶段、Ⅱ稳定的膜沸腾阶段、Ⅲ不稳定的膜沸腾阶段、Ⅳ核沸腾阶段、Ⅴ对流传热阶段。显然，水的冷却能力以第Ⅳ阶段最强，第Ⅲ阶段次之，第Ⅱ、Ⅴ阶段最小，第Ⅰ阶段冷却虽快，但作用时间太短，对冷却能力影响不大。

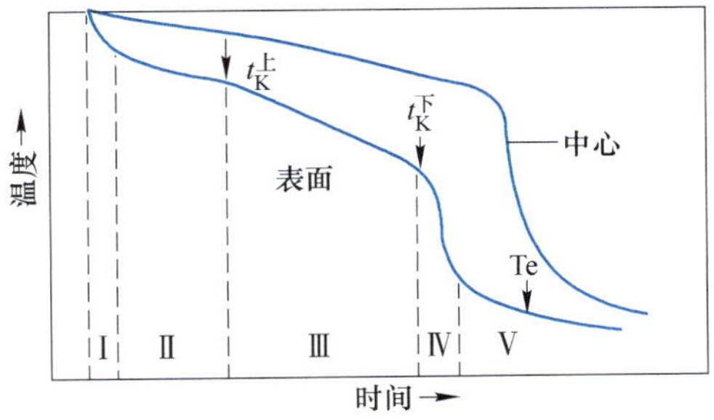

图 2-14 高温金属浸入静止水中的典型冷却曲线示意图

据研究：当水温升高，第Ⅰ阶段时间缩短，乃至消失（如水温 80 ℃以上）将不出现这一阶段；而且，会使不稳定膜沸腾阶段在较低温度时出现（图 2-14 中上临界点 $t_K^上$ 下降），同时又会使核沸腾阶段也有较低的温度下出现（下临界点 $t_K^下$ 下降）。

热水浴淬火就是利用热水会扩大膜沸腾阶段存在的温度范围，使加热后奥氏体化的钢丝在蒸气膜的保护下，通过蒸气膜在水中进行散热，得到适合于钢丝索氏体化处理的冷却速度，从而得到索氏体组织。

为了完成过冷奥氏体的全部分解，实现钢丝的索氏体化，防止出现马氏体，都是依靠提高水温和加入添加剂（肥皂、硬脂酸、石蜡皂等）来增大蒸气膜的稳定性，延长膜沸腾维持的时间，以保证在核沸腾之前完成奥氏体的分解。

水浴淬火虽然是一项有生命力的新工艺，但是存在着一些缺点：水淬火钢丝强度比铅淬火强度低，操作较难掌握，钢丝容易产生脆断，钢丝质量不稳定，通条性能不均匀等。为了解决这些问题，某钢绳厂试验了双段水浴处理（水冷 500～600 ℃保温炉气），添加新的添加剂聚丙烯酸钠的新方法，收到了提高质量、稳定工艺的明显效果。

2.2.2 热处理→酸洗→涂层连续作业线

热处理、表面准备是钢丝生产的必要环节，钢丝热处理→酸洗→涂层连续作业线如图 2-15 所示。

视频 连续作业线

图 2-15 钢丝热处理→酸洗→涂层连续作业线

钢丝通过热处理→酸洗→涂层连续作业线处理后，不仅使钢丝在磷化处理前得到了一个完全洁净的表面，同时还可以满足高速磷化生产的需要，确保了经过在线处理后获得细而致密的厚磷化膜，为后续高速拉丝提供了保证。

2.2.2.1 连续作业线生产的两大因素

A 热处理是钢丝生产的第一大要素

热处理是使钢丝内在组织上为拉拔提供良好的塑性和使成品获得所要求的力学性能。

对盘条（原料）或钢丝加热主要目的有四个：一是索氏体化（细化晶粒），提高抗拉强度，增加韧性和延展性；二是球化退火，得到合理的显微组织，增加塑性和延展性；三是再结晶退火，使变形晶粒重新结晶为均匀的等轴晶粒，消除冷加工硬化，有利于再次冷加工；四是软化退火，无显微组织变化，仅仅是消除加工应力，满足力学要求（多用于成品钢丝）。

B 表面处理是钢丝生产的第二大要素

表面处理是钢丝表面上净化与涂敷润滑层，使钢丝拉拔得以顺利进行，并为提高拉丝速度创造有利条件。

表面处理有四个程序：一是去除热处理产生的氧化铁皮（氧化膜）；二是中和，目的是防止残留酸性物质对钢的基体产生腐蚀；三是涂层，为增加载体保证润滑，有利于冷加工变形，确保钢丝表面质量；四是去除表面有害杂质（包括去涂层），确保钢丝无腐蚀、表面光滑洁净。

热处理→酸洗→涂层连续作业线，经过多年来实践证明，这一工艺较间歇式的作业方式具有许多优点，主要体现在生产效率的提高。

连续作业线及结构：由于热处理→酸洗→涂层连续作业，只是将热处理和酸洗两个工序有机地结合起来，因而所遵循的理论与间断式操作仍然是一致的。

钢丝热处理连续作业线的主要炉型结构有两种，因此有两种连续作业线。

(1) 电接触加热炉→淬火→酸洗→磷化连续作业线；

(2) 明火加热炉→铅淬火→酸洗→磷化连续作业线。

此外，按照连续机组上的涂层性质不同，又可分为连续涂硼砂、水玻璃、镀紫铜、镀青铜等。

这些连续作业线在国内已大量应用于实际生产中，下面以国内的热处理→酸洗→涂层连续作业线为例进行介绍。

2.2.2.2 适用于线材、半成品拉制的酸洗方法

以线材为例，叙述几种常用酸洗工艺。至于经过热处理的半成品，一般不另行剥壳去锈即直接进入酸洗，其他操作顺序则与线材相同。

(1) 以剥壳、上石灰糊为主的酸洗工艺，其工艺流程为：线材→剥壳去锈→酸洗→水洗→高压水冲洗→上油脂石灰糊→干燥。

这种工艺过去应用很广，适用于普碳钢丝、结构钢丝、钢芯铝绞线钢丝、一般弹簧钢丝的毛坯和半成品的拉拔；缺点是粉尘多，已有被其他酸洗工艺取代的趋势。

(2) 以剥壳、锈化为主的酸洗工艺，其工艺流程为：线材→剥壳去锈→酸洗→水洗→高压水冲洗→锈化→沾薄石灰水→干燥。

此种拉丝粉尘较少，是目前采用较多的一种，适用于普碳钢丝、结构钢丝、制绳钢丝、钢芯铝绞线钢丝、一般弹簧钢丝等的毛坯和半成品的拉拔。有的单位还省去锈化工序，冲洗后直接沾灰。

(3) 以剥壳、磷化为主的酸洗工艺，其工艺流程为：线材→剥壳去锈→酸洗→水洗→高压水冲洗→磷化→冲洗→皂化→干燥。

有的单位将此种工艺用于一般弹簧钢丝的毛坯和半成的拉拔。但在热处理时，仅适用

于电接触炉，而不适用于燃料热处理炉，因其会引起马弗砖炉孔的堵塞（电接触炉则无此弊病）。

此种工艺并不适用于毛坯的酸洗，对于粗规格的线材，由于拉拔后残留的磷化层较厚，还会引起挂铅，尤其不利于高级钢丝，并且成本较高。

（4）以正火、锈化为主的酸洗工艺，其工艺流程为：线材→正火→酸洗→水洗→高压水冲洗→锈化→沾薄石灰水→干燥。

这种工艺与上述不同，它不剥壳去锈而需经过正火，适用于较高强度弹簧钢丝的毛坯和其他钢丝半成品的拉拔。

2.2.2.3 适用于成品前钢丝的酸洗工艺

成品前钢丝，一般是指最后一道热处理的钢丝。

（1）以石灰糊涂层为主的酸洗工艺，其工艺流程为：热处理钢丝→酸洗→水洗、高压水冲洗→浸涂油脂石灰糊→干燥。

目前，这种酸洗工艺仍广泛用于普碳钢丝和一般中碳钢丝成品的拉拔。

（2）以硫酸铜涂层为主的酸洗工艺，其工艺流程为：热处理钢丝→酸洗→水洗冲洗→浸涂硫酸铜→冲洗→中和→干燥。

此种工艺适用于普碳钢丝、一般中碳钢丝和普通弹簧钢丝成品的拉拔，但不适用于表面镀锌的钢丝。

（3）以磷化涂层为主的酸洗工艺，其工艺流程为：热处理钢丝→酸洗→水洗、冲洗→浸涂磷化层→水洗、冲洗→皂化→干燥。

这种酸洗工艺能得到良好的拉拔表面，适用于中碳以上钢丝和高强度弹簧钢丝等成品的拉拔。磷化层的厚度根据拉拔道次而定。

钢铁零件一般在10%~20%（体积分数）硫酸溶液中酸洗，温度为40 ℃。当溶液中铁含量超过80 g/L、硫酸亚铁超过215 g/L时，应更换酸洗液。常温下，用20%~80%（体积分数）的盐酸溶液对钢铁零件进行酸洗，不易发生过腐蚀和氢脆现象。由于酸对金属的腐蚀作用很大，因此需要添加缓蚀剂。清洗后金属表面呈银白色，同时钝化表面，提高不锈钢的抗腐蚀能力。采用浓度为5%~20%的硫酸水溶液，清除工件表面氧化铁皮和黏附盐类的工艺称为硫酸酸洗法。

为了消除硅藻土载体表面吸附，减少色谱峰拖尾，载体在使用前需进行酸洗或碱洗处理。酸洗是把载体用6 mol/L盐酸浸煮2 h或浓盐酸加热浸煮30 min，过滤，用水洗至中性，烘干。酸洗可除去表面上的铁、铝、钙、镁等杂质，但不能除去硅醇基。酸洗载体适宜于分析酸性样品。

2.2.3 钢丝感应热处理

视频 钢丝感应热处理

国内最早出现的弹簧钢丝热处理生产线由加热炉（燃气炉或电炉等）、铅浴冷却槽、传动设备等组成。该类生产线通过加热炉将钢丝加热到奥氏体化温度，然后进行铅浴冷却，生产出铅浴弹簧钢丝，钢丝金相组织主要为细珠光体。从钢丝金相组织来看，这种生产线与“淬火+回火”弹簧钢丝热处理生产线有很大差异，且这种工艺仅适用于生产直径较小的弹簧钢丝。

20 世纪 90 年代，我国从国外引进了弹簧钢丝热处理生产线，引进生产线中的钢丝淬火加热、回火加热等均是由感应加热设备完成。自此，国内才开始在同一生产线上完成弹簧钢丝的淬火、回火全过程。2000 年前后，国内感应加热设备企业参照进口弹簧钢丝热处理生产线，开发研制了早期的国产生产线，并很快获得成功，如图 2-16 所示。国产生产线在生产较大直径钢丝（>8 mm）时，设计产能为 1 t/h 左右。由于当时钢丝淬火加热后采用油冷，因此该类生产线也称为油淬火弹簧钢丝生产线。

图 2-16　弹簧钢丝感应热处理

目前国产弹簧钢丝生产线可用于生产直径 3~20 mm 弹簧钢丝，部分较大规格钢丝生产线也开始采用“水淬火”工艺，产能也有了大幅度提高。2021 年，国内某企业设计生产了全新的弹簧钢丝热处理生产线，采用先进的“感应保温技术”及“水淬火”工艺，在生产直径 8 mm 以上规格钢丝时，实际产能 2~2.5 t/h，吨钢丝电耗指标小于 400 kW·h，且钢丝的金相组织、力学性能等完全符合《淬火-回火弹簧钢丝》（GB/T 18983—2017）要求。

2.2.3.1　钢丝的淬火和回火

弹簧钢丝感应热处理生产线如图 2-17 所示。加热奥氏体化采用两种频率装置，由 8 kHz的中频加热到 750~760 ℃，再由 50 kHz 的高频加热到 900 ℃左右；然后空冷一段时间后进入喷射淬火冷却，再感应加热回火，经保温后水冷。

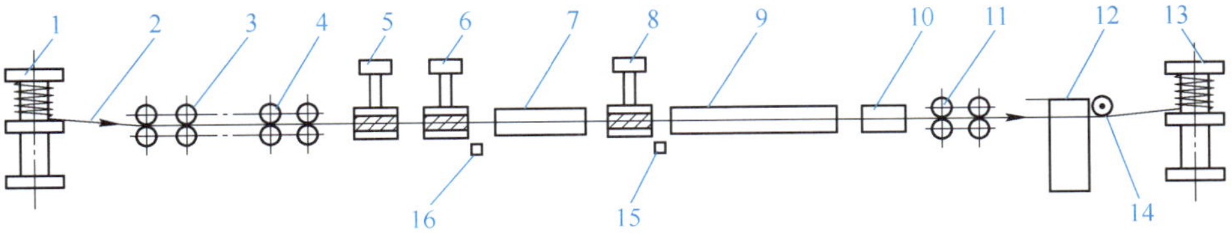

图 2-17　弹簧钢丝生产线

1—双轮放线机；2—钢丝；3，11—夹送辊；4—拉直辊；5—感应加热预热（f=8 kHz）；6—感应加热奥氏体化（f=50 kHz）；7—淬火冷却；8—感应加热回火（f=8 kHz）；9—回火保温室；10—冷却室；12—切割器；13—收线机；14—转向轮；15，16—红外测控仪

高频加热奥氏体化和回火感应加热后，出口处有红外测温控温，驱动电动机为无级调速，在感应器前后的校直辊之间采用张力控制（钢丝通过感应器时应无跳动，可防止钢丝在行走中因跳动而损坏感应器）。

喷水液冷却器如图2-18所示。冷却液沿钢丝行走方向喷射，不产生回水现象，钢丝在喷射后的套管中持续冷却，套管有内套和外套，内套可以移动，根据钢丝直径来调控套管长度，即调控冷却时间。

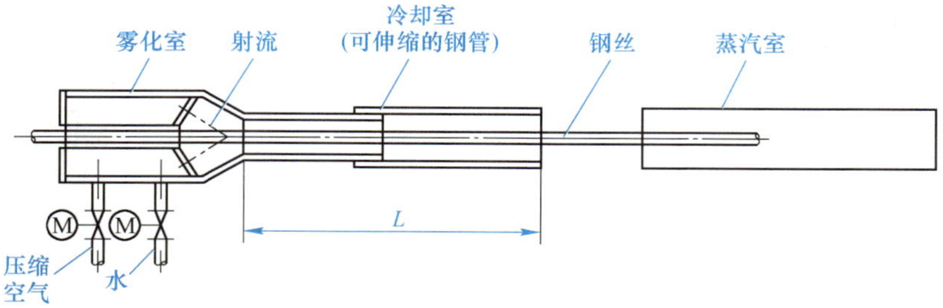

图2-18 喷水液冷却器

弹簧钢丝的 $w(C)$ 一般在0.5%以上，采用合成冷却液淬火，设置循环冷却系统，PC钢筋则采用水冷。生产中主要为65Mn钢、60SiMn钢、55CrSi钢及60SiCr钢等。奥氏体化温度在 A_{c3} 以上50~100 ℃，加热速度为100~150 ℃/s。回火温度以Hollomon-Jaffe公式换算，加热速度为100 ℃/s左右。

弹簧钢丝处理后的力学性能见表2-2。

表2-2 弹簧钢丝处理后的力学性能

材 料	直径/mm	抗拉强度/MPa		断面收缩率/%	伸长率/%
		标准值	实测值		
65Mn	6.5	1373~1520	1530	45	13
55CrSi	7.0	1667~1814	1810	45	12
60Si2Mn	11.0	1569~1716	1620	46	9
65Mo	12	1275~1422	1400	63	9

快速感应加热处理后的晶粒度为12级左右，细晶粒组织不仅提高了强度，还能降低低温脆性的温度，有利于在低温条件下工作的车辆弹簧。感应回火的时间仅为5~6 s，以提高回火温度的方法弥补回火时间短，而快速短时间回火使析出的碳化物来不及扩散积聚，细小的碳化物有助于提高钢丝的强韧化，回火加热速度与硬度及冲击之间的关系如图2-19所示。

2.2.3.2 钢丝感应加热等温处理

在中高碳钢丝生产中，应广泛应用等温处理来实现组织索氏体化，以索氏体组织为基体进行拉拔成型。

奥氏体等温处理后的索氏体是由细片状的渗碳体和铁素体组成的，拉拔变形时，片状渗碳体沿受力方向扭转、破碎、引伸，有利于钢丝的延伸变形，由于渗碳体间距减小、破碎渗碳体及部分碳原子向铁素体扩散，使钢丝的强度增加，等温索氏体化的钢丝在具有高强度的同时，又有很好的延展性。

19 世纪中叶，英国人 Jecme Hossfoll 首先将加热奥氏体化的钢丝浸入 500 ℃左右的铅熔液中冷却并保温，由此获得索氏体，作为拉拔前的准备组织，从此使高强度的中碳钢、高碳钢丝得以生产和应用。强度 4000 MPa 以上的超高强度帘子线就是采用高碳钢丝索氏体化后经多次拉拔成型的。

图 2-20 所示为 0.75%高碳钢的等温索氏体分解图，高碳钢在 900 ℃左右奥氏体化后，在 500 ℃左右等温分解，钢丝在铅浴中等温 10 s 左右分解为索氏体，铅浴既是冷却介质，又是保温系统。这项技术在工业生产中应用了近 200 年，但是铅浴的致命缺点是对环境的污染，铅的熔点为 310 ℃，不能用于较低温的等温分解。

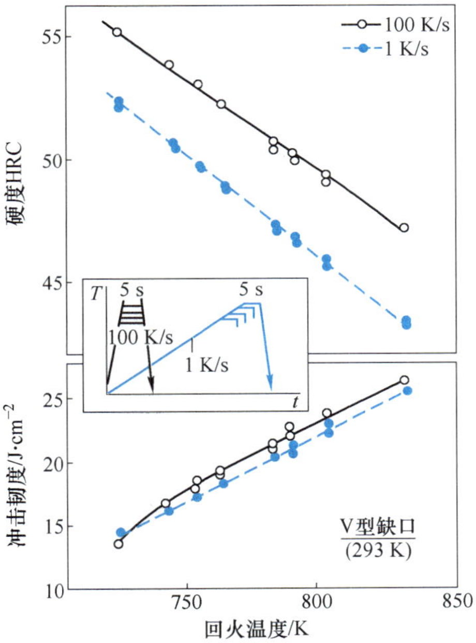

图 2-19 回火加热速度与硬度及冲击值之间关系

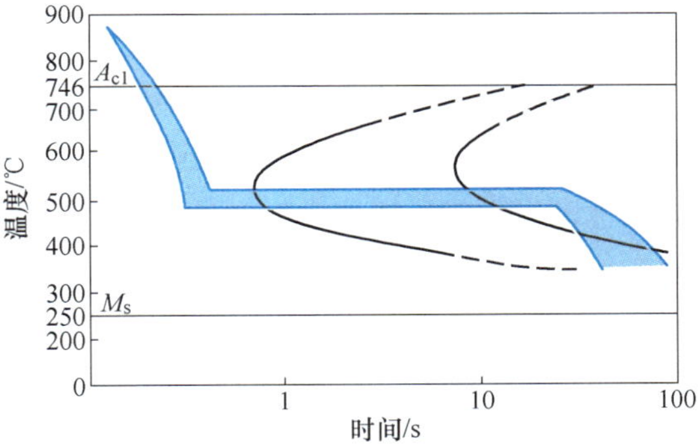

图 2-20 0.75%高碳钢奥氏体等温转变索氏体化的温度和时间参数

我国开发了单根钢丝感应加热、喷水雾冷却的技术，图 2-21 所示为钢丝常温水喷射冷却索氏体化等处理温度曲线。

具体过程参数为：（1）ϕ2.17 mm 的钢丝由辊轮夹送通过感应器加热到 900 ℃左右，走丝速度 v=100 m/min。（2）空冷时间 1 s。（3）喷射冷却时间 1 s。（4）空冷时间 1 s。（5）水雾冷却时间 1 s。（6）进入保温室 5~6 s 处理后检测显示，索氏体化达 90%以上。索氏体的片间距为 0.15~0.3 μm，抗拉强度为 1199 MPa，断面收缩率为 55%，伸长率为 13.5%，晶粒度 12~14 级，钢丝由 ϕ2.17 mm 拉拔至 ϕ0.55 mm，再拉拔至 ϕ0.42 mm 后的抗拉强度为 3030 MPa。

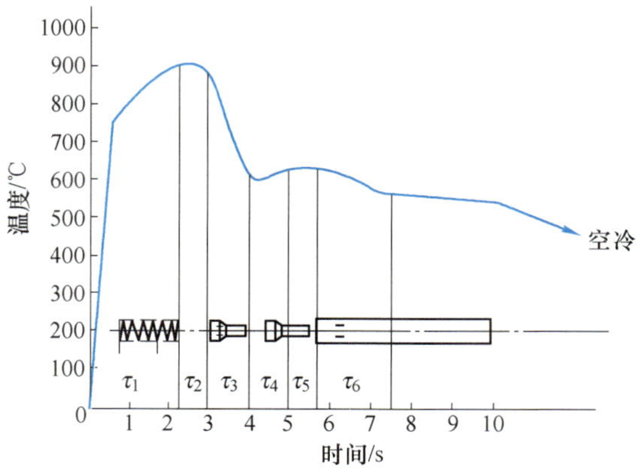

图 2-21 钢丝常温水喷射冷却索氏体化等处理温度曲线

τ_1—感应加热时间；τ_2—空冷时间；τ_3—喷射冷却时间；

τ_4—空冷时间；τ_5—水雾冷却时间；τ_6—保温时间；钢丝直径为 2.17 mm

该工艺的特点如下：

（1）感应加热速度 500~600 ℃/s。快速加热导致晶粒细化为 12~14 级，强度和塑性综合性能提高。

（2）水雾中的水与空气比例可以无级调控，当水最大时，空气为零，喷射的是压力水，冷却速度最大；当空气最大时，水为零，喷出的空气，冷却速度最小。由于其冷却能力在压力水和压缩空气之间无级可调，因此可适应不同直径和不同成分的钢丝。

（3）将冷却和保温分离，先由水雾冷却，然后进入保温室等温转变，不仅可以用于索氏体，也可以用于贝氏体和马氏体的冷却，更适应于等温转变时间要求长的工艺。如下贝氏体等温转变，下贝氏体的等温区为 300~400℃，等温时间长达数十分钟，铅浴显然是无法应用的，只有分离的保温室可以实现。

采用 T8 钢和 80Si2Cr 钢两种试样，分别进行索氏等温处理、调质处理和下贝氏体等温处理后，其强度和断面收缩率，见表 2-3，T8 钢经 600 ℃等温 60 min 下贝氏体等温处理，抗拉强度 σ_b = 1420 MPa，而经 520 ℃等温 15 min 的索氏体，抗拉强度 σ_b = 1080 MPa，两者的断面收缩率相近，可见下贝氏体的强度要比索氏体高 30%左右。经过加工变形 80%后，下贝氏体的 σ_b = 1900 MPa，索氏体的 σ_b = 1470 MPa，仍然保持 30%的差距。由此启示，采用下贝氏体为基体经拉拔加工后，可生产超强度的钢丝、如轮胎帘子线、高强度预应力钢丝等，是一条新的技术路径。

表 2-3 不同热处理后钢丝的力学性能

钢号	热处理方法	热处理后		变形 80%后	
		σ_b/MPa	Z/%	σ_b/MPa	Z/%
T8	索氏体等温处理 520 ℃15 min	1080	54	1470	40

续表 2-3

钢号	热处理方法	热处理后		变形 80%后	
		σ_b/MPa	Z/%	σ_b/MPa	Z/%
80Si2Cr	索氏体等温处理 600 ℃ 20 min	1190	52	1760	28
T8	淬火和回火 600 ℃ 60 min	1030	42	1420	20
80Si2Cr	淬火和回火 600 ℃ 60 min	1130	28	1760	10
T8	下贝氏体等温处理 600 ℃ 60 min	1420	55	1960	42
80Si2Cr	下贝氏体等温处理 300 ℃ 60 min	1470	55	1900	18

问题讨论

（1）钢丝热处理设备有哪些，我国钢丝生产企业使用的加热炉有哪些？

（2）简述明火加热炉的结构与特点，如何控制钢丝不氧化？

（3）简述马弗式加热炉的结构与加热方式，适用于哪些钢丝加热？

（4）简述钢管马弗炉的结构特点与应用。

（5）简述钢丝沸腾粒子等温淬火的工艺原理。

（6）简述钢丝热处理连续作业线的主要炉型结构。

实训任务

实训任务 2-1　钢丝退火处理

1. 实训内容

（1）制定出表 2-4 中所列材料的热处理工艺规范。

表 2-4　退火实操工艺卡

材料	工艺要求	退火工艺参数				硬度（HB）
		加热温度/℃	等温温度/℃	保温时间/min	冷却方式	
45	完全退火					137~207
20Cr	完全退火					120~164
T12	球化退火					163~207
GCr15	球化退火					207~229

（2）分组进行热处理操作。

（3）磨制试样，测定经退火处理后试样的硬度值。用金相显微镜观察退火后试样的金相组织，将测得的硬度值与相应得到的显微组织一起填入实验报告。

2. 学习目标

（1）根据不同成分的钢丝制定相应的退火工艺。

（2）通过退火操作后达到相应钢丝的力学性能指标。

（3）技能实操指标见表2-4。

1）根据热处理工艺要求，制定退火加热温度或等温温度、保温时间、冷却速度等工艺参数；

2）采用热处理装置对不同材质、规格的钢丝进行退火操作；

3）操作洛氏硬度计，正确测量热处理后钢丝的硬度值。

实训任务2-2 钢丝正火处理

1. 实训内容

（1）制定出表2-5所列材料的热处理工艺规范。

表2-5 正火实操工艺卡

材料	工艺要求	正火工艺参数			硬度（HB）
		加热温度/℃	保温时间/min	冷却方式	
45	正火				170～217
20Cr	正火				143～197
T12	正火				269～341
GCr15	正火				270～390

（2）分组进行热处理操作。

（3）磨制试样，测定经热处理后试样的硬度值。用金相显微镜观察正火后试样的金相组织，将测得的硬度值与相应得到的显微组织一起填入实训报告。

2. 学习目标

（1）根据不同成分的钢丝制定相应的正火工艺。

（2）通过正火操作后达到相应钢丝的力学性能指标。

（3）技能实操指标见表2-5。

1）根据热处理工艺要求，制定正火加热温度或等温温度、保温时间、冷却速度等工艺参数；

2）采用热处理装置对不同材质、规格的钢丝进行正火操作；

3）操作洛氏硬度计，正确测量热处理后钢丝的硬度值。

实训任务2-3 钢丝等温淬火处理

1. 实训内容

（1）制定出表2-6所列材料的热处理工艺规范。

（2）分组进行热处理操作。

（3）磨制试样，采用金相结合硬度法测定经热处理后试样的索氏体化率。用金相显微镜观察调质后的金相组织，将测得的索氏体化率与相应得到的显微组织一起填入实训报告。

表 2-6　钢丝等温淬火处理实操工艺卡

材料	钢丝直径/mm	等温淬火处理工艺参数					最终组织
		加热炉加热温度/℃	加热炉保温时间/min	铅锅加热温度/℃	铅锅保温时间/min	*DV* 值	
40Cr	5.0						索氏体
82B	7.1						索氏体
60Si2Mn	8.5						索氏体

2. 学习目标

（1）根据不同成分的钢丝制定相应的等温淬火工艺。

（2）通过热处理操作后达到相应的组织要求。

（3）技能实操指标见表 2-6。

1）根据热处理工艺要求编制等温淬火工艺参数，作出等温淬火工艺曲线图；

2）选择热处理装置，并对不同材质、规格的钢丝进行等温淬火操作；

3）研磨试样，利用金相显微镜观察金相组织，利用定量金相软件测出索氏体化率。

实训任务 2-4　钢丝调质处理

1. 实训内容

（1）制定出表 2-7 所列材料的热处理工艺规范。

表 2-7　钢丝调质处理实操工艺卡

材料	工艺要求	调质工艺参数			硬度（HRC）
		加热温度/℃	保温时间/min	冷却方式	
45	调质				22~33
20Cr	调质				28~35

（2）分组进行热处理操作。

（3）磨制试样，测定经热处理后试样的硬度值。用金相显微镜观察调质后试样的金相组织，将测得的硬度值与相应得到的显微组织一起填入实训报告。

2. 学习目标

（1）根据不同成分的钢丝制定相应的调质工艺。

（2）通过调质操作后达到相应钢丝的力学性能指标。

（3）技能实操指标见表 2-7。

1）根据热处理工艺要求，制定调质加热温度或等温温度、保温时间、冷却速度等工艺参数；

2）采用热处理装置对不同材质、规格的钢丝进行调质操作；

3）操作洛氏硬度计，正确测量热处理后钢丝的硬度值。

课程思政

大国工匠周家荣

26个研发项目转化落地，6项发明专利，13项实用新型专利……这是贵州钢绳股份有限公司国家级周家荣技能大师工作室自2013年成立以来取得的成绩。

周家荣职业生涯的前半段始终潜心钻研技术、精进工艺，攻克一项又一项难题。如今，专注研发“高精尖”项目、传授技术带徒弟、检查钢绳的捻制质量是他的主要工作。

从一名学徒成长为国家级工匠，周家荣每一步都走得很踏实，“热血青年”是工友们对他的评价。从踏上工作岗位开始，周家荣除了吃饭睡觉，其余大多数时间都“泡”在工位上，追着老师傅请教工作中的难点、疑点，仅用3个月就能独立上机操作，而新工人通常要花半年时间。

2003年初，公司确定开发模拉面接触产品。这在当时是一种钢绳中钢丝数量多、钢丝接触面大、破断拉力高、使用寿命长、技术含量很高的新产品。这个任务落到了周家荣和他的团队身上。如何进行模子选型，怎样提升韧性，如何将钢丝从出口小的模子里穿过……这些都是摆在周家荣团队面前的难题。开会讨论、制作方案、反复实践检验，不断钻研、不断改进，最终周家荣和他的团队耗时1个月通过改进模子、加入机油冷却等方法攻克难题，研发出产品。

“最细的钢丝绳和头发丝差不多，要用在国之重器上，责任重大，不敢有一丝马虎。”周家荣感慨，细致入微、精益求精是每一个钢绳人的座右铭。

常年精益求精、一丝不苟的工作态度，让周家荣在技能上有了质的提升，但随着研发项目愈加复杂，新的指标、参数让他眼花缭乱，周家荣意识到自己需要学习更多理论知识。于是他利用业余时间自修大专课程，加强对钢丝绳制造关键设备和关键技术的学习，报名参加公司和分厂组织的高难度、高附加值产品生产工艺技术专题培训。

而后，周家荣一直秉承着“实用与实践相结合”的教学原则，采用“股绳工培训课堂+实践”综合教学法，培养了数百名技术骨干。

工匠精神，在于传承。“通过我们的努力，贵州生产了三分之一以上的中国高端钢丝绳，希望我们老一代人的技艺、精神能被传承下去，涌现出更多的大国工匠，谱写贵州更加辉煌的十年。”周家荣说。

周家荣的奋斗历程，正是对党的二十大报告中“加快建设国家战略人才力量”要求的生动实践。他以执着专注、精益求精、一丝不苟、追求卓越的工匠精神，攻克“高精尖”技术难题，助力国之重器建设，正是千千万万劳动者在习近平新时代中国特色社会主义思想指引下，以团结奋斗凝聚力量，以自立自强突破封锁，以实干担当服务国家的缩影。

项目 3 拉　丝　模

学习目标

知识目标：

（1）了解拉丝模的材质与分类；
（2）掌握硬质合金拉丝模的结构与制造工艺流程；
（3）掌握金刚石拉丝模的结构与加工工艺；
（4）掌握拉丝模的孔型结构。

技能目标：

（1）能够辨别拉丝模的材质与类型；
（2）能够设计硬质合金拉丝模的镶套工艺；
（3）能够采用拉丝模测径仪测定拉丝模的孔型尺寸。

素质目标：

（1）培养学生的观察、辨别能力；
（2）培养学生的设备操作与数据分析能力；
（3）培养学生精益求精的工匠精神。

任务 3.1 拉丝模分类

知识准备

拉丝模是钢丝生产最重要的工具。在拉丝过程中，钢丝是通过模孔变形达到预定尺寸精度和表面质量的，模具材质、模孔几何形状拉丝模的结构及工作方式直接影响钢丝质量和生产效率，现代拉丝正朝高速化、连续化和自动化方向发展。

3.1.1 按材质分类

根据拉丝模的材料可以分为钢拉丝模、硬质合金拉丝模、金刚石拉丝模、金属陶瓷拉丝模（见图 3-1），它们加工线材的种类和直径以及拉丝模的加工方法是有区别的。

课件 拉丝模分类

3.1.1.1 钢拉丝模

钢是早期的拉丝模制造材料，钢拉丝模的材料主要是碳素工具钢和合金工具钢。但是，由于钢拉丝模的硬度和耐磨性差、寿命短，不能适应现代生产的需要，所以钢拉丝模很快被淘汰，已被硬质合金拉丝模取代，在目前的生产加工中已几乎看不到合金钢拉丝模。

3.1.1.2 硬质合金拉丝模

1923 年德国的施勒特尔往碳化钨粉末中加入 10%～20%的钴作为黏结剂，发明了碳化钨和钴的新合金，硬度仅次于金刚石，这是世界上人工制成的第一种硬质合金，其可抛光性能、摩擦系数、导热性和对金属的黏附性都适于制造拉丝模，如图 3-2 所示。绝大多数的硬质合金拉丝模通常属于钨钴类合金，这些合金是由碳化钨和钴等组成。碳化钨是整个合金的“骨架”，主要起坚硬耐磨作用，钴是黏结金属，是合金韧性的来源。为提高其耐磨性，有时添加少量 TiC、TaC、NbC 等碳化物，称为含微量碳化物的硬质合金模。含微量碳化物的硬质合金模硬度和耐磨性虽有所提高，抗弯强度却有所降低，只能制造小规格的拉丝模，目前钢丝生产用模具 95%以上是硬质合金拉丝模。

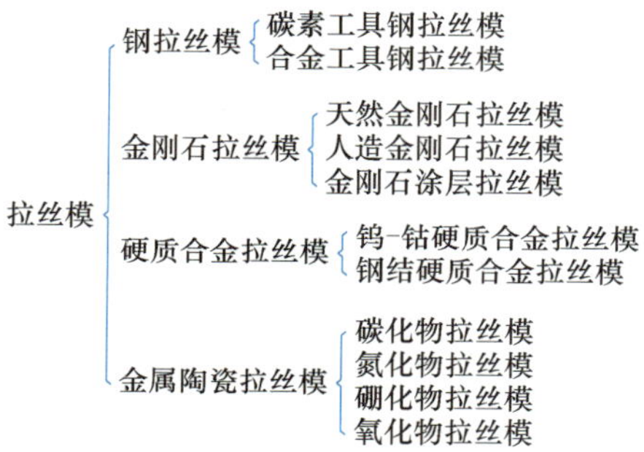

图 3-1 拉丝模分类

照片 拉丝模

图 3-2 硬质合金拉丝模

3.1.1.3 金刚石拉丝模

金刚石拉丝模是由天然金刚石或人造金刚石经研磨加工而成。天然金刚石价格昂贵，大多用于直径 0.5 mm 以下钢丝，如不锈钢丝和电热合金丝的生产。人造金刚石拉丝模是用天然金刚石或人造金刚石微粉，加入少量的金属钴或镍作为黏结剂，在高温高压下聚合而成的，所以又称为聚晶拉丝模，如图 3-3 所示。人造金刚石拉丝模尽管硬度不及天然金刚石模，但耐均匀磨损性能优于天然金刚石模，价格相对便宜。

图 3-3 金刚石拉丝模

3.1.1.4　金属陶瓷拉丝模

金属陶瓷拉丝模是由金属和陶瓷原料烧结成的新型耐温耐磨材料，兼有金属的韧性与陶瓷的高硬度耐高温抗氧化的特点，目前已开发了各种碳化物、氮化物、硼化物、氧化物为硬质相的铁基、镍基等金属陶瓷拉丝模。

陶瓷拉丝模在拉丝过程中不容易与金属线材发生黏附，有利于提高金属丝材的表面性能，尤其是在高温下拉制有色金属的硬质材料（如 W、Mo 丝等）。用陶瓷拉丝模拉拔有色金属材质可以避免硬质合金拉丝模的缺陷，并且可以延长拉丝模寿命、提高材质的表面质量。

高性能的陶瓷材料具有硬度高、耐磨性好、化学稳定性强、高温力学性能优良和不易与金属发生黏结等特点，因此逐渐成为良好的拉丝模材料。

3.1.2　按拉拔特性分类

按照拉拔时钢丝与拉丝模的摩擦状态可分为滑动拉丝模和滚动拉丝模。

3.1.2.1　滑动拉丝模

钢丝拉拔时绝大多数是处于滑动摩擦状态，钢拉丝模、硬质合金拉丝模、金刚石拉丝模、金属陶瓷拉丝模都属于滑动接触模。滑动拉丝模的优点是尺寸精度高、稳定性好、操作方便。因滑动摩擦的摩擦力大、能耗高，所以钢丝温升快，若润滑不当，易造成表面划伤，降低拉丝模的使用寿命。

3.1.2.2　滚动拉丝模

滚动拉丝模的摩擦力比滑动拉丝模要小得多，主要有辊拉模与旋转模两种形式。

A　辊拉模

辊拉模由两个或两个以上模辊组成，属于滚动摩擦型模具（见图 3-4），几个模辊组成各种形状，模辊是平面的或者开有异形槽，因此可以生产各种截面形状的钢丝。拉拔时，模辊可以是主动的，也可以是被动的。辊拉模摩擦系数低、能耗低、温度低，可有效防止金属与拉丝模黏附，适合生产高碳钢丝、不锈钢丝、钛合金丝等。

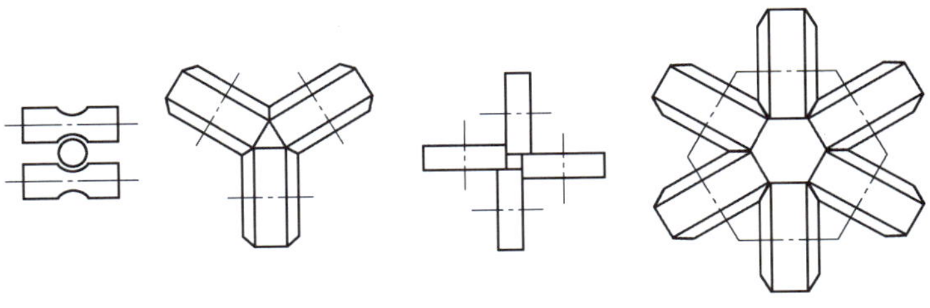

图 3-4　辊拉模示意图

B　旋转模

为延长模具寿命，提高钢丝尺寸精度，在中、高碳钢丝的拉拔中普遍使用旋转模，如图 3-5 所示。旋转模结构及工作特性是：将模具安装在特制模套内，在内套和外套之间装上滚柱轴承，拉拔时通过旋转机构带动模具旋转，改变摩擦力方向使钢丝与模具间压力分配均匀；当旋转速度达到一定值时，拉拔力下降，同时达到节能和降低模耗的效果。

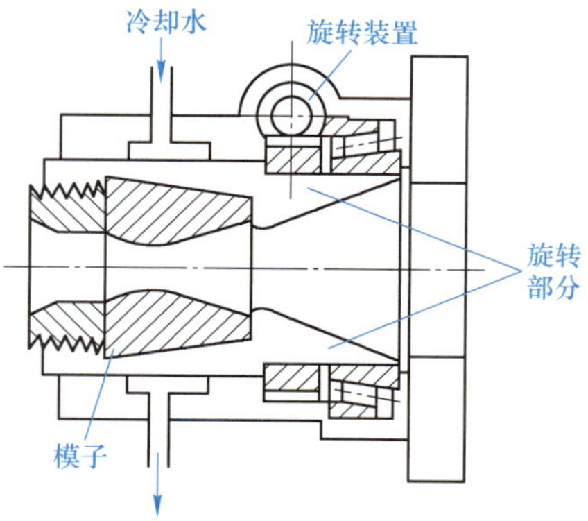

图 3-5 旋转模示意图

视频 旋转拉丝模

问题讨论

（1）根据材质，拉丝模可以分为哪几类？
（2）不同材质拉丝模的特点及适用范围？
（3）根据摩擦状态，拉丝模可以分为哪几类？

任务 3.2 硬质合金拉丝模

知识准备

微课 硬质合金拉丝模

课件 硬质合金拉丝模

3.2.1 硬质合金的特性

硬质合金的硬度仅次于金刚石，具有优异的耐磨性和一定的韧性，其室温硬度（HRA）可达 86~93，有很好的红硬性。在拉拔过程中，在 500 ℃以下其硬度可维持不变，温度大于 500 ℃时硬度稍有降低；抛光性强，黏附性小，可加工出表面粗糙度 0.2 以上；导热率高，线膨胀系数小；导热率为 0.5~0.8 J/(cm·s·℃)，比高速钢高 2 倍，可较好地把拉拔时的热量传递出去；线膨胀系数低，在拉拔发热的恶劣条件下，可保证钢丝的尺寸精度；抗蚀性能好，可长期使用，不被氧化腐蚀。我国钨钴合金的牌号、化学成分及物理性能见表 3-1。

表 3-1 我国钨钴合金的牌号、化学成分及物理性能

合金牌号	化学成分（质量分数）/%			物理性能						
	WC	TaC (NbC)	Co	密度 /kg·cm^{-3}	抗弯强度 /MPa	硬度 (HRA)	冲击韧性 /J·cm^{-2}	导热率 /W·(m·K)$^{-1}$	线胀系数 (10~300 ℃) /℃$^{-1}$	抗压强度 /MPa
YG3X	96.5	0.5	3	15.0~15.3	1080	91.5			4.1×10^{-6}	

续表 3-1

合金牌号	化学成分（质量分数）/%			物理性能						
	WC	TaC（NbC）	Co	密度 /kg·cm^{-3}	抗弯强度 /MPa	硬度（HRA）	冲击韧性 /J·cm^{-2}	导热率 /W·(m·K)$^{-1}$	线胀系数（10~300 ℃）/℃$^{-1}$	抗压强度 /MPa
YG3	97		3	15.0~15.3	1175	91.0				
YG4C	96		4	14.9~15.2	1420	89.5				
YG6X	93.5	0.5	6	14.6~15.0	1370	91.0		0.795×10^4	4.4×10^{-6}	
YG6A	92.0	2	6	14.7~15.1	1370	91.5				
YG6	94.0		6	14.6~15.0	1420	89.5	2.55	0.795×10^4	4.5×10^{-6}	4510
YG8N	91.0	2.2	8	14.5~14.9	1470	89.5				
YG8	92.0		8	14.5~14.9	1470	89.0	2.45	0.754×10^4	4.5×10^{-6}	4380
YG8C	92.0		8	14.5~14.9	1715	88.0	2.94	0.754×10^4	4.8×10^{-6}	3820
YG10C	90.0		10	14.3~14.6	1765	86.0				
YG15	85.0		15	13.9~14.2	2060	87.0	3.92	0.580×10^4	5.3×10^{-6}	3585
YG20	80.0		20	13.4~13.7	2550	85.5	4.70		5.7×10^{-6}	3430
YG20C	80.0		20	13.4~13.7	2155	82.0	6.86	2.93×10^4		
YG25	75.0		25	12.9~13.2	2645	84.5	5.39			3235

注：X—细颗粒碳化钨；C—粗颗粒碳化钨；A—添加少量碳化钽；N—添加少量碳化铌。

这些特性使得拉丝模对润滑剂具有广泛适应性。硬质合金拉丝模制作简单、抗腐蚀、抗冲击力强，价格低廉是本产品的显著特点。这些特性使得硬质合金拉丝模具有广泛的加工适应性，成为当今应用最多的拉丝模模具，适用于直径 25~40 mm 的黑色金属、大尺寸线材的拉制，以及拉丝条件较差的场合使用。

3.2.2 硬质合金拉丝模的制造

硬质合金拉丝模主要使用机械研磨加工法，工序为：模芯坯的制造→选择坯料→镶套→模套定心→工作锥磨光→润滑锥磨光→出口锥（区）磨光→定径带磨光→过渡区磨光→工作锥抛光→定径带抛光→精车外套→检查验收→标识包装。

此外，还有化学-机械研磨加工法、超声波加工法、电火法加工法、电解液加工法等。在拉丝过程中，硬质合金模的模孔因磨损产生沟痕、椭圆形、表面黏金属等缺陷，需要重磨，可以扩大模孔直径到邻近的模孔尺寸继续使用。重磨可进行多次，直到模壁减小到引起裂纹为止。

3.2.2.1 模芯坯的制造

硬质合金模芯坯是由硬质合金粉末经过成型和烧结制成的，其工艺流程如图 3-6 所示。

A 钨粉的制取

以钨酸 H_2WO_4 为原料在高温下（850 ℃以上）脱水分解制得钨酐 WO_3，反应式如下：

$$H_2WO_4 \longrightarrow WO_3 + H_2O$$

WO_3经高温下氢气还原得到钨粉 W，反应式如下：

$$WO_3 + 3H_2 \longrightarrow W + 3H_2O$$

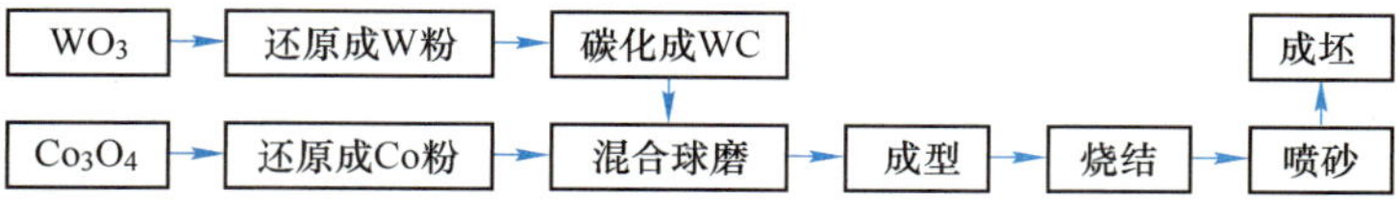

图 3-6 硬质合金模芯坯制造流程

B 钴粉的制取

以氧化 Co_3O_4 为原粉经高温下氢气还原制得钴粉 Co，反应式如下：

$$Co_3O_4 + 4H_2 \xrightarrow{550 \sim 600\ ℃} 3Co + 4H_2O$$

C 碳化钨的制取

碳化钨粉 WC 是由 W 粉与炭黑均匀混合后在碳管炉中进行反应得到，反应式如下：

$$C + O_2 \longrightarrow CO_2$$

$$CO_2 + C \longrightarrow 2CO$$

$$W + 2CO \longrightarrow WC + CO_2$$

D 混合球磨

碳化钨粉占整个硬质合金配比中的 90%以上，是提高硬质合金耐磨性的主要成分。作为黏结剂的钴粉仅占百分之几，钴能改变硬质合金的脆性。两种粉末的作用不同，但含量相差大，必须把它们放进球磨机中研磨、混合均匀，并达到一定标准的颗粒度要求，这一工序对影响硬质合金的质量关系较大，否则会造成模子的局部磨损加快或掉皮等缺陷，因而要求操作精细、配比准确。

E 成型

使混合好的粉末经压力机压制模坯形状。这一工序主要使成型的模坯在压力作用下达到一定的强度和均匀的密度，避免在烧结过程中产生不均匀收缩、弯曲或破裂。模坯压制成型前，混合的碳化钨粉和钴粉中需加一定量的汽油橡胶（由丁钠合成橡胶和航空汽油制得）作为黏合剂以提高混合料的可塑性。

F 烧结

烧结是最终获得要求性能的工序，烧结后的成型模坯强度达到规定要求。烧结工序是把模坯放到有氢气保护下的炉内加热到 1350~1490 ℃下完成，高温下汽油橡胶被烧，碳化钨晶粒相互联结成骨架并消除了成型时的应力，使模坯性能符合要求。

G 喷砂

烧结后的模坯内外表面不平整，有污物黏附会影响镶模套和机械研磨等加工，为此必须按要求进行喷砂清理。

3.2.2.2 模芯孔型

拉丝模孔型结构主要有曲线型模（R 型）和直线型模（锥型）两类。

A 曲线型模（R 型）

曲线型模（R 型）孔型是在“圆滑过渡”的理论指导下设计出来的，其孔型结构按工作性质可分为入口区、润滑区、工作区、定径区、出口区五个部分，各部分的交界处要求倒棱、圆滑过渡，把整个孔型研磨成一个很大的、具有不同曲率的弧面，如图 3-7 所示。

R 型模芯孔型由入口锥、润滑锥、工作锥、定径带和出口锥五部分组成。

a 入口锥

它使钢丝顺利进入工作锥，其高度为 0.1 H（H 为模芯总高）。

b 润滑锥

其作用是积蓄润滑剂，在钢丝前进时，该锥体有一定的油楔作用，使钢丝表面形成致密均匀的润滑膜，并压入工作锥，其高度为 $h_3=(0.2\sim0.5)H, \beta=40°\sim60°$。

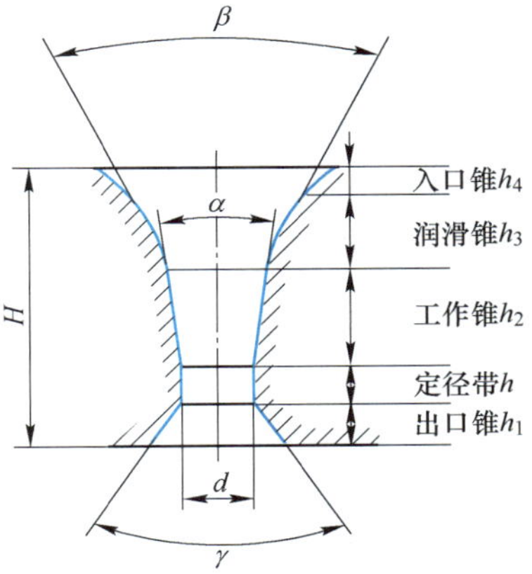

图 3-7 R 型模芯孔型示意图

c 工作锥

工作锥是钢丝生产塑性变形的区域，从拉拔理论得知，工作锥角度过小，则钢丝与模壁的接触面大，增大了摩擦阻力，使拉拔力增大。若工作锥过大，一方面在同一拉拔速度下，使变形程度大，金属晶格严重扭曲，造成钢丝的力学性能下降；另一方面造成模壁正压力过大，于是产生摩擦高热而恶化润滑条件。

工作锥角度选取原则：碳含量高或较硬的钢丝，取较小值；反之取较大值。压缩率大的钢丝取较大值，拉拔钢丝直径大时取较大值。

工作锥高度 $h_2=(1.0\sim1.4)d$，d 为钢丝直径。选取工作锥角度最佳值，可参照表 3-2。

表 3-2 工作锥角度 α 的选用值

部分压缩率/%	w(C)<0.4%		w(C)>0.4%	
	湿 拉	干 拉	湿 拉	干 拉
>5~8	9°	7°	8°	6°
> 8~12	11°	9°	10°	8°
>12~16	13°	11°	12°	10°
>16~25	16°	14°	15°	12°
> 25~35	19°	17°	18°	15°
>35		20°		18°

d 定径带

定径带要求为圆形直筒、无锥度。其作用是：控制钢丝的尺寸和表面光洁度，补偿工作锥末端的磨损，控制出线时钢丝尺寸的稳定性，不致发生摇晃振动和竹节变形；还能影响拉拔力的大小和拉拔模寿命的长短。定径带过长，会使摩擦力增大、温度升高，影响模具寿命；过短，则拉丝模使用寿命不长。

定径带的选择原则是：

（1）钢丝性能柔软（低碳）可较短。若钢丝硬而不黏，应选长些；

（2）用于粗规格钢丝较细规格可选定径带长些；

（3）湿式润滑拉拔较干式润滑拉拔的定径带要短些。

一般定径带高度 $h=(0.1\sim1.0)d$，通常选 $h=(0.3\sim0.5)d$，其中 d 为线径。

e 出口锥

出口锥开口为圆锥形。其作用有：散发变形热，保护定径带不致破裂，钢丝出线时不被拉伤，易于排除模孔内失效拉拔粉。长度 $h_1=(0.15\sim0.2)H$；角 γ 取 60°，为了提高散热效果，现已取 90°。

B 直线型（锥型）

在拉拔速度不高（低于 200 m/min）的条件下 R 型拉线模使用效果良好，但随着拉拔速度的提高，R 型拉线模润滑建立不稳定、润滑效果差的缺陷就暴露出来了。到 20 世纪 70 年代末至 80 年代初，为了适应高速拉线的要求，美国的 T. Maxwall 和 E. G. Kennth 提出了“直线型”理论，该理论着重考虑了拉拔过程中的润滑作用和磨损因素，直线型拉丝模在美国、日本、意大利、瑞典、德国和丹麦等国家很快得到认可，在硬线拉拔和高速拉拔（高于 500 m/min）时效果更为显著，经改进后的直线型拉丝模孔型应具有以下几个特点：

（1）拉丝模孔由入口区、工作区、定径带和出口区 4 个区组成，取消了润滑锥，把建立润滑膜的功能分给了入口锥和工作锥，如图 3-8 所示。入口角 $\beta=20°\sim40°$，入口区高 $H_3=2\sim5$ mm，工作角 $\alpha=3°\sim15°$，工作区高 $H_2=(0.45\sim2.52)d$，定径带高 $H=(0.2\sim1.4)d$；出口角 $\gamma=25°\sim30°$，出口区高 $H_1=2\sim4$ mm。

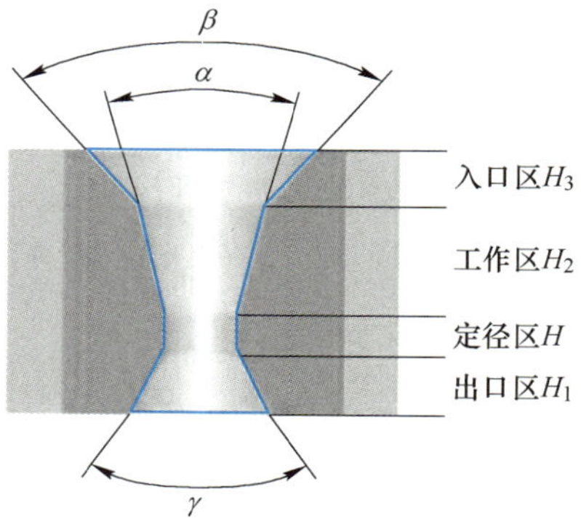

图 3-8 直线型模芯孔型示意图

（2）孔型的每部分均呈直线形，每两条相邻直线交接部分呈折线状，各区交接部位不能倒棱，甚至不可以是尖锐的。

（3）延长入口区和工作区高度，使线材进入模孔工作锥的中间段，利用入口锥角和工作锥角上半部分形成的楔形区，建立“楔形效应”；在线材表面形成更致密牢固的润滑膜，减少磨损，适合于高速拉拔。

（4）拉丝模定径区必须平直且长度合理。定径区过长，拉线摩擦力增大，线材拉出模孔后易引起缩径或断线；定径区过短，难以获得形状稳定、尺寸精确和表面质量良好的线材，同时模孔还会很快磨损超差。

经实践应用，采用直线型理论设计出的拉线模，其使用寿命比 R 型拉线模提高 3～5 倍以上。

3.2.2.3　镶套工艺

硬质合金拉丝模由硬质合金模芯和钢制模套组装而成，如图 3-9 所示。硬质合金模芯虽有很高的硬度和抗压强度，但其抗拉强度和抗冲击性能差，脆性较大。为了使模芯在工作中不易破碎，必须在模芯工作前施加一定的预压应力，以抵消工作时所受的张应力，因此硬质合金模芯必须紧密而牢固地镶在模套中，要求模套具有高的导热性，以保证拉丝产生的热量能迅速地传递出去；膨胀系数应尽量与硬质合金接近，若模套的膨胀系数过大，由于拉拔发热会使模套孔径增大，于是模芯与模套之间连接松弛，因此失去加固模芯的作用。

对于模套的要求：应具有低的弹性系数，这样才能抵抗模芯尺寸的增大和拉拔时模套出现的弹性变形；应有较高的屈服极限，模套材料多用 45 钢、50 钢或粉末冶金材料碳钢制造，也有的用 T8A、T9A、T12 碳素工具钢制造。

A　模套的技术要求

a　几何尺寸

模套的几何形状如图 3-10 所示。

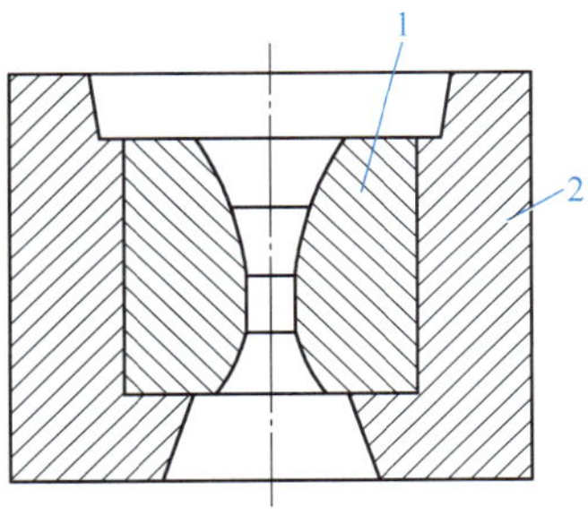

图 3-9　硬质合金拉丝模
1—硬质合金模芯；2—模套

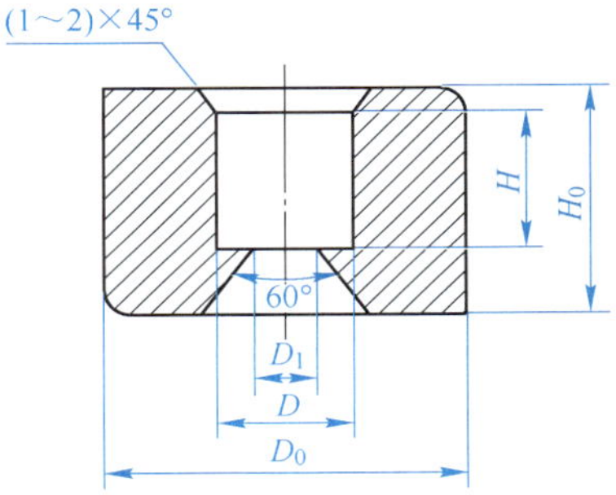

图 3-10　模套

拉丝模套尺寸的经验公式为：

$$D_0 = D/K,\ H_0 \geqslant 2H \tag{3-1}$$

式中　D_0——模套外径，mm；

K——与材料强度和内压力大小有关模具几何的系数，取 0.4~0.75；

D——模套内径，mm；

H——模芯高度，mm；

H_0——模套高度，mm。

推荐的模套尺寸见表 3-3。

表 3-3　推荐的模套尺寸　（mm）

硬质合金模芯尺寸		模套尺寸	
D	H	D_0	H_0
6	4	25	10

续表 3-3

硬质合金模芯尺寸		模套尺寸	
D	H	D_0	H_0
8	6	30	16
13	8~10	30	20
16	14	40	25
20~26	12~18	50	30
30	21~22	70	40
35~50	15~28	100	50

采用钢模套，加工后模套尺寸公差符合下述规定，即 D_0 ± 0.2 mm，H_0 ± 0.1 mm。

b 同心度

同心度要求模套的中心线与模芯的中心线必须重合，模套中心线应垂直出口端面，否则会使钢丝拉拔后出现“8”字形等质量缺陷。

c 不圆度

模套配合孔的不圆度要尽量小，一般不大于 0.02 mm。配合孔不圆度过大会影响模套与模芯的紧密配合，造成模套受力不均。

d 表面粗糙度

为保证模套与模芯配合紧密，工作时模套受力均匀，要求模套内壁及底面必须光滑平整，表面粗糙度应为 0.8~3.2。

e 过盈量

一般要求模套内径应小于模芯外径的 0.2%~0.4%，有的厂家规定为 0.10~0.15 mm，见表 3-4。

表 3-4 模套装配的过盈量 (mm)

模坯直径	热压法过盈量		冷压法过盈量（钢套）
	钢套	粉末合金套	
<8	0.05~0.10	0.4~0.5	0.015~0.02
12~16	0.10~0.20	0.8~1.0	0.02~0.025
20~25	0.20~0.30	1.0~1.5	0.025~0.03
25~30	0.30~0.35		
>30	0.40~0.50		

f 配合孔高度

模套配合孔高度应比模芯高度大 1~3 mm。

g 出口孔径

模套出口最小孔径大于模芯孔径 3~5 mm。

h　倒角

模套配合孔在出口端应加工成一定的倒角，以便模芯嵌入。

B　镶套方法

模套装镶有热压法和冷压法两种。冷压法过盈量小，获得的预加压应力也小，多用于制造规格较小、拉拔软金属用的拉丝模。

a　冷压法

工艺：冷压法是将模芯在室温下，借助压力机压入具有一定过盈量的模套中，外径不大的模芯坯常用此法。

要求：冷压前，模芯坯外径表面要预先磨光，模套要先经过热处理达到较高的强度。

优点：能准确地计算与调整配合的过盈量，可避免模芯坯中产生过大的内应力。

b　热压法

热压法常用于大直径（大于 16 mm）模芯坯与模套的装配。

工艺如下：

(1) 热压法是将模套加热到 850~900 ℃，保温 15~20 mm 取出，再把经预热（400~450 ℃）的模芯坯平整缓慢地压入模套中，并置于干砂或木屑、木炭中缓冷至室温。

(2) 模芯坯在 400~450 ℃预热可避免热装时出现裂纹。与冷压法比较，该法模芯坯的外径无须预先加工。

特点如下：

(1) 优点。冷却后安装于车床找正中心，车削模套外圆与端面，这样可保证模套与模芯坯的中心线重合。

(2) 缺点。模套冷却收缩后会对模芯坯产生较大的内应力，故使拉丝模承受较大的拉拔应力。

采用热压法装配应注意：

(1) 模套加热温度不能超过 900 ℃，否则会产生大量的氧化铁皮，使模芯坯压入时发生倾斜而不易找正中心；

(2) 加热温度必须均匀，否则造成模套不均匀收缩，引起局部位置紧固不牢；

(3) 压装好后的拉丝模必须缓冷，避免用水或冷空气强迫冷却。

3.2.2.4　模套定心

定心就是确定模芯与模套同心，保证模孔中心线垂直于模套的两个端面。定心使用特制卡具在车床上进行，先定心再研磨可以防止模孔偏斜变形，减少研磨量。

3.2.2.5　机械研磨

机械研磨是借助机械的高速旋转，磨针携带磨料在一定压力下对模孔接触面进行快速磨削，如图 3-11 所示。机械研磨是拉丝模加工普遍采用的一种方法，拉丝模的研磨量不宜过大。机械研磨工序分为粗磨、精磨、抛光三个步骤。

A　研磨剂

研磨剂由磨料、矿物油、植物油和水按一定比例配制而成，常用的磨料有金刚石粉、

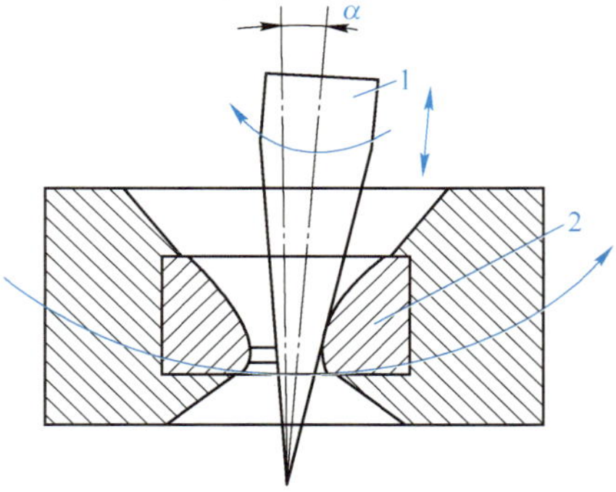

图 3-11 机械研磨示意图

1—磨针；2—模芯

动画 拉丝模
机械研磨

碳化硼、刚玉粉等。磨料除需要有硬度外，还需要有棱角，研磨时磨料自身也被磨损，当校角变圆时其磨削性能减弱。

（1）金刚石粉：颜色为灰色或黄白色，由于天然金刚石价格昂贵，目前大多使用人造金刚石粉，与油调和作抛光用。

（2）碳化硼粉：分子式为 B_4C，颜色有灰色、黑色等，化学稳定性好，硬度仅次于金刚石，具有高耐磨性、耐压性等特点，是目前应用最广泛的原料，常用矿物油或水与其调制而成研磨剂，是硬质合金研磨最常用的磨料，粗磨粒度 240～400 号，精磨时粒度 600～800 号。

（3）碳化硅粉：分子式为 SiC，常见的碳化硅品种有黑色碳化硅、绿色碳化硅和立方碳化硅，硬度与碳化硼接近，但价格比碳化硼便宜许多，常用于硬质合金粗磨。立方碳化硅颗粒完整性好、韧性高，可用于抛光。

（4）刚玉粉：分子式为 Al_2O_3，优质刚玉粉含氧化铝在 99%以上，因所含夹杂不同呈不同颜色，刚玉硬度略高于硬质合金，多用于精磨和抛光。配制成研磨剂：高锰酸钾 8%、刚玉粉（800～100 号）52%、蒸馏水 40%，用于抛光时，抛光面表面粗糙度可达 0.05～0.025，甚至可达 0.012。

B 研磨工艺

a 粗磨

硬质合金模具研磨的第一道工序是粗磨，传统的粗磨顺序为：入口锥→润滑锥→出口锥→定径带。直线型拉丝模最重要的部位是工作锥和定径带，粗磨顺序为：工作锥→出口锥→定径带→入口锥。为保证模孔有足够的光洁表面，粗磨时必须为细磨和精磨预留一定的余量，选用 240～400 号碳化硼研磨剂。

（1）出口锥和入口锥。为防止钢丝出模时划伤及钢丝很好地散热和穿模方便，拉丝模出、入口部分的角度必须大，一般为 60°，磨针也应为 60°。

（2）润滑锥。润滑锥角度大小主要从有利于润滑剂的填充考虑，一般为 40°～45°，磨针角度应取 30°～40°。

(3) 工作锥。工作锥角度见表 3-5，选用磨针角度可比规定值大 1°~2°。粗磨工作锥时，按表 3-6 留出精磨余量。

表 3-5　拉丝模的参数

模孔直径/mm	≤0.28	>0.28~0.5	>0.5~1.0	>1.0~2.0	>2.0~4.5	>4.5
工作锥角度/(°)	8~9	9~10	9~10	10~12	12'14	14~16
工作锥高度/mm	1.2d	1.2d	1.3d	1.3d	1.4d	1.4d
定径带长/mm	0.4d	0.4d	0.5d	0.5d	0.6d	0.6d
润滑锥角度/(°)	40~60	40~60	40~60	40~60	40~60	40~60
出口锥角度/(°)	60	60	60	60	60	60
出口锥高度/mm	0.3~0.5	0.5~0.7	0.8~1.0	1.0~1.5	1.5~2.0	2.0~3.0

表 3-6　粗磨工作锥时的精磨余量　(mm)

模孔直径	0.2~0.5	0.5~1.0	1.0~2.0	2.0~3.0	3.0~4.5	>4.5
精磨余量	0.01	0.02~0.04	0.03~0.05	0.04~0.06	0.05~0.07	0.05~0.07

(4) 定径带。定径带是保证所拉钢丝获得精确尺寸的部分，磨针角度为 2°~3°。粗磨该部分时按表 3-7 留出精磨余量。

表 3-7　粗定径带时的精磨余量　(mm)

模孔直径	0.2~0.5	0.5~1.0	1.0~2.0	2.0~3.0	3.0~5.2	>5.2
精磨余量	0.01	0.02~0.04	0.1~0.15	0.15	0.15~0.2	0.2

(5) 过渡部分。粗磨过渡部分是使模孔各部分经粗磨后的棱角磨去，成为圆滑的过渡部分。

b　精磨

粗磨后会在模孔表面出现一些微观的划痕、环纹，精磨的目的是消除粗磨或细磨留下的划痕，精磨料粒度标号为 600 号~800 号碳化硼，并留出 0.008~0.015 mm 的抛光余量，见表 3-8。

精磨的顺序：对直径 d<1.5 mm 的，工作锥→定径带→出口锥；

对直径 d>1.5 mm 的，定径带→工作锥→出口锥。

表 3-8　精磨时留出的抛光余量　(mm)

模孔直径	0.2~0.5	0.5~1.0	1.0~3.0	>3.0
抛光余量	0.005	0.005	0.01	0.01~0.015

c　抛光

抛光的目的是完全消除细磨和精磨留下的划痕、环状纹，使模孔粗糙度达到 0.025 μm 的精度。抛光多使用 F500(M10/20) 以下的金刚石粉和油调成糊状或直接使用研磨膏，以硬质毛毡或竹、木磨针蘸取金刚石研磨剂进行抛光。

拉丝模经过粗磨、精磨、抛光后各部分尺寸应符合表3-8的规定。

3.2.2.6 电解研磨

电解研磨常用于机械磨模的预先加工，一般用于扩孔和粗磨。它的效率比机械磨模高，但光洁度不高，尺寸精度难以控制。对研磨量大、难以磨削的新模坯用电解加工。

电解研磨是利用电化学加工技术，对模孔进行快速电腐蚀，以提高对拉丝模的加工效率。

工作原理：硬质合金模为阳极、磨针为阴极，通过阳极溶解使模孔成型。

推荐电解液工艺参数如下：

（1）Na_2CO_3 4%、NaCl 5%、水 91%，温度 65 ℃~85 ℃；

（2）NaOH 8%、酒石酸 7%、水 85%，温度室温；

（3）NaCl 3.5~4 kg、水 100 kg，温度 30~40 ℃；

（4）NaCl 20 g/L、NaOH 122 g/L、酒石酸（$C_4H_6O_6$）185 g/L、水 673 g/L，温度 25~29 ℃。

工作压为 6~12 V，电流 15~30 A，电极采用 45 钢。

电解研磨的特点：

（1）研磨效率比机械研磨快 10~30 倍；

（2）孔型的加工光洁度及尺寸精度高；

（3）加工成本及设备投资低。

3.2.3 硬质合金拉丝模孔型尺寸的测量方法

为了对拉丝模孔型进行必要的改进和修复，生产出高质量的拉丝模具，就必须要准确地测量出生产和使用过程中的孔型参数。常用的拉丝模内孔结构的测量方法包括液体浇注成像法、接触法和光学法等。

3.2.3.1 液体浇注成像法

浇注成像法测量孔型是使用熔化的塑料胶状液体、熔铅、石蜡或硅胶浇注到模孔内，待凝固后取出，在投影仪下测量具体参数。这种方式的缺点是速度慢、精度差、操作复杂。天津市钢丝厂改进了此种方法，采用橡皮泥来制取孔型模型，在降低成本的同时也避免了液体冷凝造成的尺寸收缩问题。但由于脱模困难，速度较慢，因此依然不适用于生产过程中进行测量。

3.2.3.2 接触法

接触法是拉丝模孔型参数测量中应用较为广泛的方法（见图3-12），测量时，将模具放于稳定的平台上，探针置于拉丝模入口锥的边沿，启动电机带动模具匀速移动，被测拉丝模孔型的微小变化，会引起探针的位移变化，由位移传感器转化为电压信号输出。通过测量这一电压，拉丝模的孔型结构参数被测量出来。

这种方法测量简便，精度较高，可以满足不同截面的孔径、圆度、直线度等项目的测量，缺点是对于使用环境要求较高，同时测量器具的活动空间受到限制，操作调整很不方便，不适合小孔及深孔的测量。

3.2.3.3　光学法

光学测量是一种非接触式测量方法，包括投影放大、扫描、散射以及衍射等。在国外，如美国 OGP 和德国 Mahr 等公司已经将适当的光学成像技术与数字图像处理技术相结合，从而达到较高的测量精度。在国内，天津特鲁斯科技有限公司生产的拉丝模测径仪测量范围广、精度高、速度快，适合微小孔径、小孔孔径的测量，模具放置在测量点后，几毫秒的时间内便可获得测量结果，所有测量结果均可以以数值的形式或者以图像的形式显示在计算机屏幕上，如图 3-13 所示。除圆形内孔以外，还可以测量方形、六边形等其他形状的内孔孔径。

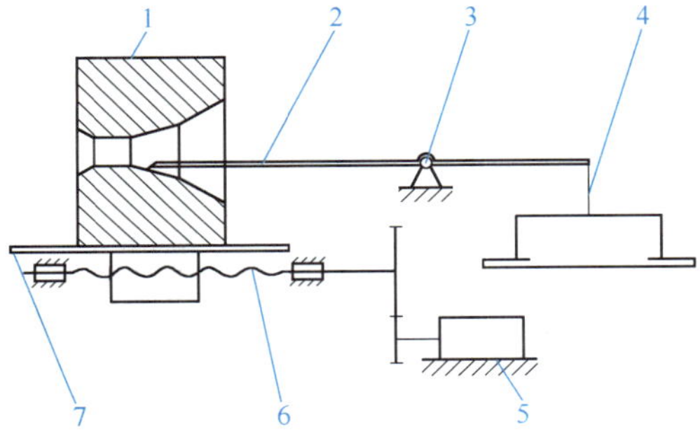

图 3-12　拉丝模孔型参数测量机构结构图

1—拉丝模；2—探针；3—支点；4—位移传感器；5—电机；6—传动轴；7—平台

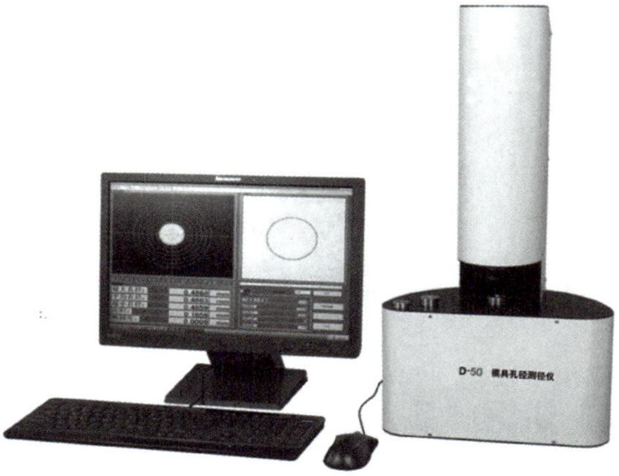

图 3-13　拉丝模测径仪

问题讨论

（1）简述硬质合金拉丝模的材质、特性与适用场合。

（2）简述硬质合金拉丝模制造的工艺流程。

（3）硬质合金拉丝模为什么采用镶套工艺，针对不同直径的拉丝模应采用怎样的镶套工艺？

（4）比较 R 型拉线模与直线型拉丝模的结构特点与应用范围。

（5）简述拉丝模的机械研磨加工的步骤，各步骤采用的研磨剂种类有哪些？

（6）简述电解研磨的工艺原理、特点及应用范围。

（7）如何测量硬质合金拉丝模的孔型尺寸？

应知训练

1. 单选题

（1）拉丝模模套与模芯的装配是（　　）配合。

A. 间隙　　　　　　B. 过渡　　　　　　C. 过盈

（2）线材拉伸时，断面的压缩是在模孔的（　　）区内完成的。

A. 入口　　　　　　B. 工作　　　　　　C. 定径

（3）钢丝与模孔的摩擦属于（　　）摩擦。

A. 动　　　　　　B. 静　　　　　　C. 滚动

（4）在一定压缩率下，增大拉丝模工作锥角度，拉力（　　）。

A. 减小　　　　　　B. 增大　　　　　　C. 不变

2. 判断题

（1）拉丝模质量的好坏仅取决于拉丝模材质。（　　）

（2）“缩丝”主要原因是成品模孔润滑不良。（　　）

（3）直线型拉丝模具由入口区、工作区、定径带和出口区组成。（　　）

（4）湿式拉拔时，模孔入口锥角应比干式拉拔时大。（　　）

（5）拉拔同材质钢丝时，压缩率越大，工作锥角度越小。（　　）

任务 3.3 金刚石拉丝模

知识准备

微课 金刚石拉丝模

课件 金刚石拉丝模

金刚石拉丝模有两种：天然金刚石拉丝模和人造聚晶金刚石拉丝模。天然金刚石具有硬度高、耐磨性好的特点，拉制的线材表面光洁度很高，图3-14所示为天然金刚石模芯及拉丝模。由于天然金刚石在结构上具有各向异性，导致其硬度也呈各向异性，使模孔的磨损不均匀，制品不圆整，加之价格昂贵、稀少，一般用作表面质量要求高的细线（ϕ< 0.3 mm）拉线模或成品拉线模。天然金刚石价格昂贵，货源紧缺，因此天然金刚石拉丝模并不是人们最终寻求的既经济又实用的拉丝工具。

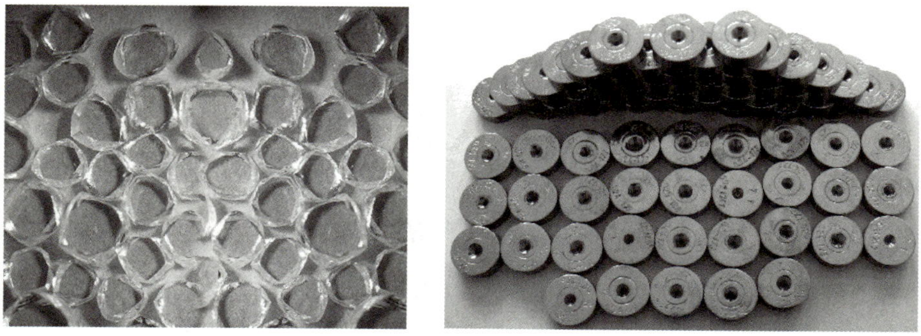

(a)　　　　　　(b)

图 3-14　天然金刚石拉丝模

（a）天然金刚石模芯；（b）拉丝模成品

聚晶金刚石是由经过筛选的人造金刚石微粉添加少量结合剂（或不添加结合剂）在高温高压条件下烧结而成的复合材料，聚晶金刚石模芯如图 3-15（a）所示。聚晶金刚石具有硬度高、耐磨性好、导热率高、工效高、使用寿命长和加工质量好等特点，由于金刚石晶粒无序排列，相较于单晶金刚石表现出各向同性，且无解理面，应用范围更加广泛。人造聚晶金刚石拉丝模价格相对便宜，主要用于不锈钢和电热合金细丝拉拔。

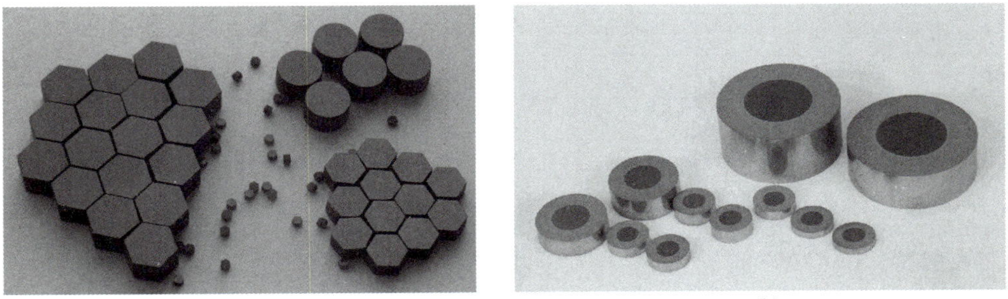

(a)　　(b)

图 3-15　人造聚晶金刚石拉丝模

（a）聚晶金刚石模芯；（b）拉丝模成品

3.3.1　金刚石拉丝模的结构

金刚石拉丝模由模芯、外套和补强环三部分组成，如图 3-16 所示为天然金刚石拉丝模结构。金刚石模芯被铜铁等金属粉末烧结固定在模套中，烧结金属的作用是对金刚石施加预应力，补充模芯的强度，提高抗冲击能力。在烧结金属的外面再装镶不锈钢或黄铜外套也起到补强作用，更主要的是便于安装使用。如图 3-17 所示为聚晶金刚石拉丝模结构，不同之处是在聚晶模芯外又加了个硬质合金环套，这样模芯就有环套、烧结金属和外套三重补强。

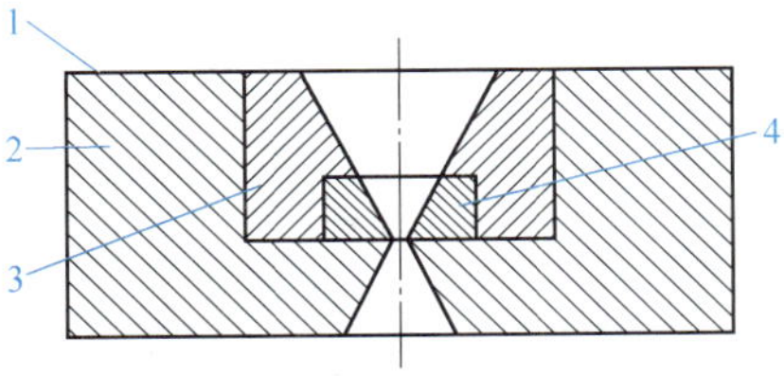

图 3-16　天然金刚石拉丝模结构

1—入门端面环槽；2—外套；3—烧结金属；4—金刚石模芯

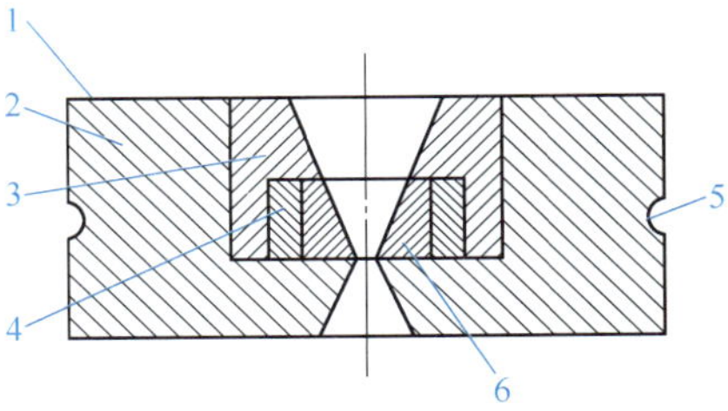

图 3-17　聚晶金刚石拉丝模结构

1—入口端面环槽；2—外套；3—烧结金属；4—硬质合金环套；5—聚晶模侧环槽；6—聚晶金刚石模芯

我国金刚石拉丝模尚无国家标准，现行标准是原机械工业部制订的行业标准，对模具的技术参数（孔径偏差和外形）规定得比较宽松，见表 3-9 和表 3-10。

表 3-9 我国金刚石模具技术参数

模孔直径/mm	JB/T 3843.2—1999 天然金刚石模具			JB/T 5823—1991 聚晶金刚石模具		
	定径带长/mm	压缩区角度(2α)/(°)	压缩区长/mm	定径带长/mm	压缩区角度(2α)/(°)	压缩区长/mm
≤0.04	0.5~1.0*d*	12~16	1.5~2.0*d*			
0.041~0.2	1.5~1.0*d*	12~16	1.5~2.0*d*			
≥0.2~0.6	1.0~0.8*d*	12~16	1.0~0.8*d*	0.4~0.8*d*	8~18	>0.6*d*
>0.6~0.8	0.8~0.7*d*	12~16	1.0~0.7*d*	0.4~0.8*d*	8~18	>0.6*d*
>0.8~1.0	0.7~0.6*d*	12~16	0.8~0.6*d*	0.4~0.8*d*	8~18	>0.6*d*
>1.0~1.2	0.6~0.5*d*	12~16	0.8~0.5*d*	0.4~0.8*d*	8~18	>0.6*d*
>1.2~3.0				0.4~0.8*d*	8~18	>0.6*d*
其他各区的技术参数	入口区角度：40°~80° 润滑区角度：20°~60° 安全倒角：10°~40° 出口区角度：40°~80°			入口区角度：60°~80° 润滑区角度：30°~40° 安全倒角：10°~40° 出口区角度：60°~80°		

表 3-10 我国金刚石模具的直径偏差及外形尺寸

模孔直径/mm	天然金刚石模具/mm				聚晶金刚石模具/mm			
	允许偏差	不圆度	模具外径	模具高度	允许偏差	不圆度	模具外径	模具高度
≤0.10	0.001	0.001	16或25	5~6				
>0.10~0.20	0.002	0.001	16或25	5~6				
>0.20~0.30	0.003	0.002	25	6~8	0.004	0.002	25或28	8~10
>0.30~0.50	0.004	0.002	25	6~8	0.004	0.002	25或28	8~10
>0.50~0.70	0.005	0.003	25	8~10	0.005	0.002	25或28	8~10
>0.70~1.00	0.006	0.003	25	8~10	0.006	0.003	25或28	8~10
>1.00~1.20	0.007	0.004	25	8~10	0.008	0.004	25或28	10~12
>1.20~2.00					0.008	0.004	25或28	10~12
>2.00~3.00					0.010	0.005	25或28	12~14

3.3.2 金刚石拉丝模的孔型

金刚石拉丝模的孔型由入口区、预变形区（润滑区）、压缩区、定径带、安全倒角和出口区6个部分组成，如图3-18所示。与硬质合金拉丝模相比，金刚石拉丝模的孔型多出预变形区和安全倒角两个部分。另外，与R系列硬质合金模一样，金刚石拉丝模各区之间圆滑过渡。

金刚石拉丝模的孔型结构与其材质特性和工作条件相关。金刚石拉丝模是在湿式润滑条件下工作润滑液可以直接进入压缩区，无须考虑润滑剂带入的“楔形效应”问题。相反，保留开口角度逐步加大的润滑区，有利于润滑液的流动和模具的冷却，无论是天然金刚石还是人造金刚石都是硬脆型材料，其抗冲击性能都比硬质合金差，使用中应尽量避免应力高度集中，降低冲击力。在压缩区前增加一个预变形区可以分散工作面上的应力，在定径带和出口区之间增加一个安全倒角，以及各区之间的圆滑过渡都可以避免应力高度集中，防止产生角部崩裂现象。

3.3.3 金刚石拉丝模具加工

3.3.3.1 电火花加工

A 加工原理

电火花加工是一种直接利用电能和热能进行加工的方法，如图 3-19 所示是基于工具和工件之间脉冲性火花放电时的电腐蚀现象来蚀除多余的金属，以达到对加工工件的尺寸形状及表面质量预定的加工要求。实现电火花加工必须满足 3 个条件：(1) 必须在一定的介质中进行，该介质起绝缘、冷却、排屑、压缩火花放电通道等作用；(2) 工具与工件之间始终保持一定的放电间隙；(3) 火花放电为瞬时的脉冲性放电。

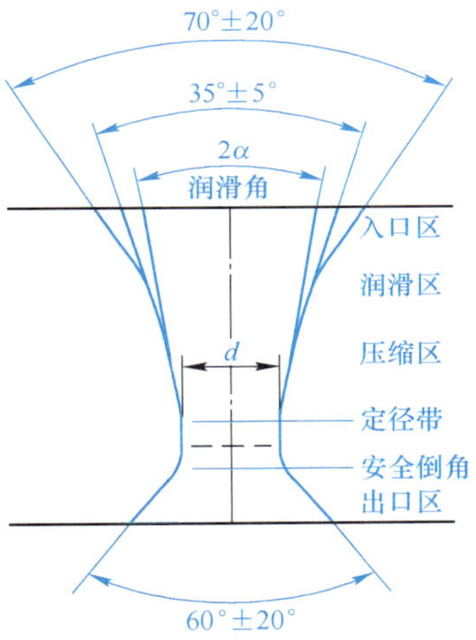

图 3-18　金刚石拉丝模的孔型

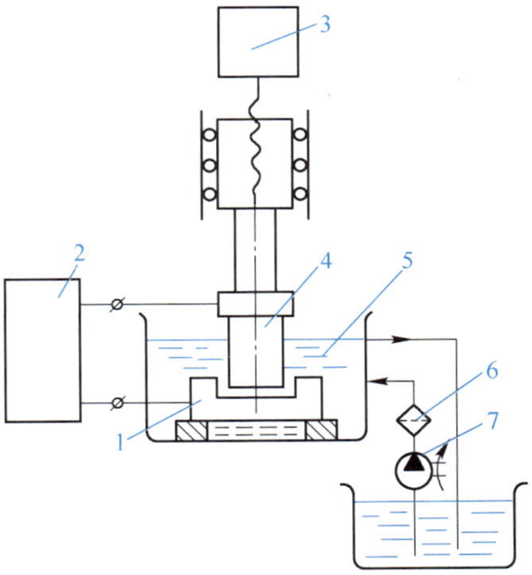

图 3-19　电火花加工原理示意图

1—工件；2—脉冲电源；3—自动进给调节装置；4—工具；5—工作液；6—过滤器；7—工作液泵

电火花加工通常以导电材料作为加工对象，而聚晶金刚石是由不导电的金刚石单晶和金属添加剂在高温高压下烧结而成，其电阻率、熔点、硬度均较高；聚晶金刚石中在各单晶晶粒交错生长之间形成一个个导电的“网络”，它们主要是由添加剂中的金属及一些碳化物组成的，电火花加工首先在这个“网络”上放电，放电产生的热量使周围金刚石腐蚀和碳化。金刚石碳化后，则形成导电的碳化物，使放电加工继续进行。电火花加工用脉冲电源的作用是把工频交流电流转换成一定频率的单相脉冲电流，以供电火花放电间隙所需的能量来蚀除金属。

B 电极材料的选择

在进行电火花加工前，一般根据加工工件的特点和技术要求选择加工电极的材料。按电火花加工工件的难易程度分，适用的电极材料排序为钨、铜、银、铂、铬、钼、铁、镍、不锈钢等金属。导电的聚晶金刚石属于难加工的材料，一般是根据工件材料的技术要求来选择电极材料，同时还要考虑选用价格便宜、耐腐蚀性能高、加工方便、导电性能好的金属材料。研究表明：加工聚晶金刚石常用石墨、紫铜、铜钨合金、银钨合金等熔点、气化点高的材料做电极，综合考虑，用来加工聚晶金刚石拉丝模具的电极材料是紫铜。

C 工作液的选择

电火花加工时工作液作用有：(1) 压缩放电通道；(2) 加速电极间隙的冷却和消电离过程；(3) 及时排除间隙的电蚀产物；(4) 有助于加强电极表面的覆盖效应。工作液可采用煤油或电火花加工专用液。

D 加工步骤

以加工 ϕ2.0 mm 孔径聚晶金刚石拉丝模具为例，先后加工定径区、入口区、润滑区、压缩区、出口区。各区段的电极直径和角度如下：

入口区 ϕ8.0 mm，60°~90°；

润滑区 ϕ6.0 mm，30°~40°；

压缩区 ϕ4.0 mm，10°~20°；

定径区 ϕ1.8 mm（紫铜管）；

出口区 ϕ6.0 mm，50°~70°。

合适的脉冲电源和合理的加工工艺解决了聚晶金刚石拉丝模具的打孔问题，具有效率高、成本低的特点。但电火花加工只能完成聚晶金刚石拉丝模具的穿孔及各个区域角度的粗加工。因为电火花常规加工之后，其孔表面的最佳表面粗糙度 Ra 为 1.25~0.32 μm，而且表面有一层烧伤的变质层，会影响模具寿命。如果进一步降低表面粗糙度就比较困难，要达到聚晶金刚石拉丝模具要求的表面粗糙度 0.4~0.025 μm，还必须配备特殊的光整脉冲电源，但这样效率较低。采用电火花加工到 Ra 为 2.5~0.63 μm 之后，再用其他研磨抛光的方法降低其表面粗糙度是非常有效的。超声研磨抛光是一种既简便又经济的加工方法，其表面粗糙度可达 1~0.1 μm，再经粗精抛光结合工艺就能满足拉丝模具的抛光要求。

3.3.3.2 超声波加工

A 超声研磨机

超声研磨设备一般由超声发生器（电源）、换能器（振动子）和变幅杆及研磨、抛光工具等组成，图 3-20 所示为 UPM-150 型超声研磨机。

拉丝模具在超声研磨时，工具做超声振动，工件做旋转运动，工具与工件之间加磨料悬浮液；加工过程中大磨粒在工具与工件之间做高速旋转运动，相当于铣削作用，在小磨粒的冲击下，大磨粒很快粉碎，使磨粒均匀化，这些均匀的磨粒急剧地转动和滚动，降低了切削力，形成均匀细小的刻痕，提高了加工精度，降低了加工表面的粗糙度。

B 影响超声研磨质量的因素

(1) 加工速度及其影响因素。加工速度是指单位时间内去除材料的多少，影响加工速度的主要因素有：工具振动频率、振幅，工具和工件间的静压力，磨料的种类和粒度，磨料悬浮液的浓度、供给及循环方式，工具与工件材料，加工面积和深度等。振幅般在 0.01～0.1mm，频率在 16～25 kHz，实际加工时应调至共振频率，以获得最大的振幅。加工时，工具对工件应有一个合适的进给压力：聚晶金刚石打孔时，如孔径在 0.5～5 mm，其静压力为 2000～4000 kPa；聚晶金刚石打孔必须采用金刚石磨料，悬浮液采用水或机油，磨料粒度越粗，加工速度越快，精度和表面粗糙度越差。

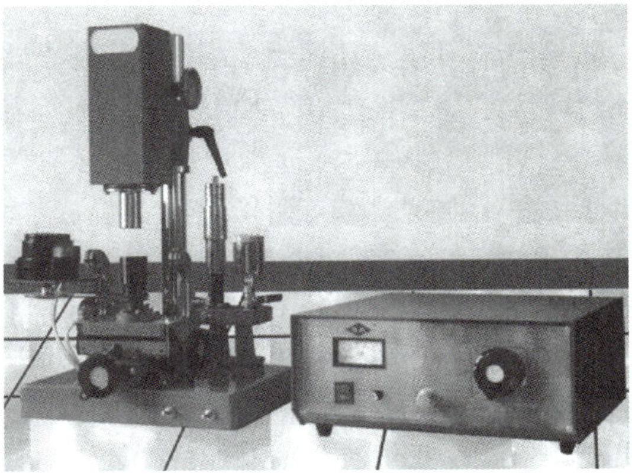

图 3-20 UPM-150 型超声研磨机

（2）加工精度及其影响因素。超声加工的精度，除受机床、夹具精度影响外，主要与磨料粒度、工具精度及其磨损情况、工具横向振动大小、加工深度、被加工材料的性质等有关。

（3）表面质量及其影响因素。超声波加工的表面粗糙度取决于磨料撞击工件表面后留下的凹痕大小，它与磨料颗粒的直径、被加工材料的性质、超声振动的振幅以及磨料悬浮工作液的成分等有关，一般 Ra 可在 1～0.1 μm，经特殊工艺可达更高。

C 超声波研磨工艺

加工孔径范围在 0.1～6 mm 之间的聚晶金刚石拉丝模具的超声设备主要技术参数：最大输出功率 250 W，工作频率（20±1）kHz，输出阻抗 12.5 Ω，电源 220 V、50Hz。

针头一般选用弹簧钢（T9A）或轴承钢（GCr15），经淬火制成钢针，研磨针一般磨成 4 种类型：（1）开角针主要用来研磨入口区和润滑区，根据各区形状要求设计角度，角度为 30°～90°；（2）角度针用来研磨压缩区，角度为 12°～20°；（3）直径针用来研磨定径区，工作部位角度为 0°；（4）圆头针用来研磨出口区，针头近似圆球形。

超声波加工聚晶金刚石拉丝模具所用磨料为金刚石微粉，粒度为 W40～W0.5。磨料粒度及对应的尺寸见表 3-11。

表 3-11 磨料粒度对应的直径 （μm）

粒度	W40	W28	W20	W14	W7	W5	W2.5	W1.5	W1.0	W0.5
直径	40～20	28～14	20～10	14～7	7.0～3.5	5.0～1.5	2.5～1.0	1.5～0.5	1.0～0.5	0.5 以内

当针头尺寸一定时，加工出来的孔的尺寸将比工具尺寸稍大，其规律是加工出孔的最小直径 D_{min} 约等于针头直径 D 加上所用磨料磨粒平均直径 d 的 2 倍，即：$D_{min} = D+2d$。

粗加工时一般用 W40～W28 的微粉，中加工时用 W20～W14 的微粉，精加工时用 W7～W1 的微粉，最后研磨抛光时用 W2.5～W0.5 的微粉。

D 研磨与抛光

在进行研磨与抛光时，先将输出功率旋钮旋到最大，并调节“频率调节”旋钮，使机床变幅杆工具头振幅为最大，此时电流表指示为 300 mA 左右，调谐指示器的电压表应为最大，然后将功率旋钮回到最小，增减砝码质量，调节液压；放上工件，滴入事先混合好的磨料数滴，根据需要调节功率旋钮达到所需功率。在整个加工过程中，必须注意磨料不能缺乏，需随时添加。抛光是研磨的后续阶段，使用较软的锥针和较细的金刚石磨料，加工时间较长，抛光锥针可用 45 钢针来完成各区域抛光，也可使用超出模孔直径 6%~7%的金属丝进行抛光。国产机抛光定径区、压缩区时，电流表指示约为 100 mA，甚至更小；使用较小的振幅，磨料粒度选用 W2.5~W0.5。

问题讨论

（1）简述金刚石拉丝模的种类、特点及应用。
（2）比较金刚石拉丝模与硬质合金拉丝模的生产制造过程。
（3）金刚石拉丝模的孔型与硬质合金拉丝模相比有什么异同点？
（4）简述金刚石拉丝模的加工步骤。

课程思政

黄伯云院士团队攻克了高性能纳米硬质合金规模化制备及应用关键技术

高性能纳米硬质合金具有高硬度、高强度和高耐磨性，是可用于高效率、高精度的钻孔、切削、铣削等高端加工技术领域的先进材料。

2022 年，由中国工程院院士、中南大学教授黄伯云领衔的校企联合科研团队，经多年持续研究攻克了高性能纳米硬质合金规模化制备及应用关键技术，并成功实现产业化。

经国际权威机构英国国家物理实验室检测，高性能纳米硬质合金的碳化钨平均晶粒尺寸仅 0.11 μm，硬度可达到 2060 HV30（HV30 为硬度单位），抗弯强度达到 5710 MPa。该类新材料已成功应用于印刷线路板、航空行业轻质高强复合材料、高温合金、钛合金等难加工材料高效精密加工中，提高了刀具加工效率，降低了加工成本。

在黄伯云院士的带领下，学校科研团队聚焦国家航空航天新材料研发重大战略需求，瞄准碳/碳复合航空刹车材料这一前沿研究领域，走出了一条与国外完全不同的技术路线，改写了中国飞机依赖进口碳/碳复合航空刹车材料才能落地的历史。

长期以来，团队坚持不断地加强关键核心技术攻关，为国家载人航天、大飞机、高超声速飞行器、高速轨道交通等领域提供了一大批高性能先进材料及构件，为满足国家重大需求作出了重要贡献。

党的二十大报告把“实现高水平科技自立自强，进入创新型国家前列”确立为 2035 年我国发展的总体目标之一。黄伯云院士团队数十年如一日攻克高性能纳米硬质合金关键核心技术，正是对习近平总书记关于“把关键核心技术掌握在自己手中”“着力提升产业链供应链韧性和安全水平”重要论述的生动实践。

项目 4 钢丝拉拔与质量检测

学习目标

知识目标：

（1）了解钢丝拉拔的塑性变形原理；
（2）掌握拉拔过程的建立条件；
（3）掌握影响拉拔的工艺因素；
（4）掌握拉丝缺陷的产生原因与防治方法；
（5）掌握常用钢丝质量检测的检测方法和手段。

技能目标：

（1）能够对拉拔力、拉丝机功率、抗拉强度、伸长率进行计算；
（2）能够进行钢丝拉拔工艺设计；
（3）能够辨别与分析拉丝缺陷；
（4）能够完成钢丝化学成分、力学性能的检测操作。

素质目标：

（1）培养学生的工程实践能力；
（2）培养学生的工艺设计与计算能力；
（3）培养学生的设备操作与数据分析能力。

任务 4.1 钢丝拉拔参数确定

知识准备

4.1.1 钢丝拉拔时受力分析

可塑性是金属材料的基本属性，当金属材料承受的外力超过一定限度就会产生塑性变形，塑性变形的起点和深度取决于外力状况和金属的组织结构。把丝材穿过拉丝模拉拔，丝材承受一向拉伸应力、两向压缩应力，其截面在压缩应力作用下均匀减少，长度方向在拉伸应力作用下不断伸长，实现冷加工塑性变形。拉拔时，丝材在模孔变形区所承受的外力有以下三种：

(1) 拉拔力 (P)。拉拔力是拉丝机加在丝材出模孔端的轴向拉力，它在丝材内部产生拉应力，并使丝材沿轴线方向通过模孔，完成拉拔过程。

(2) 正压力 (N)。当丝材受拉拔力 (P) 作用向前运动时，模孔壁产生阻碍丝材运动的反作用力 (N)，因为它的方向是垂直于模孔壁的，故称为正压力。正压力在丝材内部产生主压应力，其数值大小取决于丝材的减面率大小和模孔的几何形状、尺寸等。

(3) 摩擦力 (T)。拉拔时模孔壁与丝材表面之间产生摩擦，由于正压力作用，就产生摩擦力。摩擦力方向总与丝材运动方向相反，与模孔壁成切线方向。摩擦力在丝材内部产生附加切应力，其数值大小与丝材及模孔的表面状况、润滑条件及拉拔速度等有关。

正压力 N 和摩擦力 T 是伴随拉拔力 P 而产生的，如图 4-1 所示。反作用力方向总是垂直于模壁并对钢丝起压缩作用，而摩擦力则是钢丝前进的阻力。摩擦力可按式 (4-1) 计算：

$$T = fN = F\tau \tag{4-1}$$

式中 f——摩擦系数 ($f=\tan\beta$)；

β——摩擦角（合力与正压力之间的夹角）；

F——接触摩擦面积；

τ——单位摩擦力。

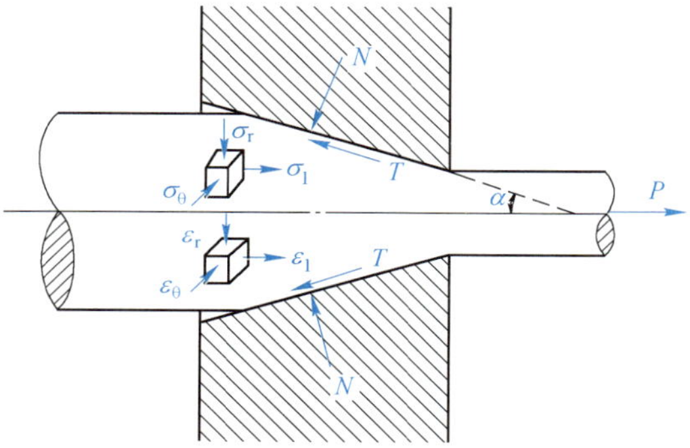

图 4-1 钱钢丝拉拔时的受力状态

拉拔力 P 作用于被拉金属的前端。在拉拔力的作用下，金属在变形区内产生相应的内力，轴向则分别为压应力 σ_r 和 σ_θ。因此，在拉拔过程中，金属在变形区处于一向受拉和两向受压的应力状态。作用力为拉力，变形时金属处于一向受拉、两向受压的应力状态是拉拔过程的基本力学特征。这些力学特征决定了拉拔这种压力加工方式的特点。主要表现在：由于拉拔时金属受到一向受拉、两向受压的应力状态，使拉拔时金属变形抗力较低。根据塑性方程式，有

$$\sigma_1 - \sigma_3 = \beta\sigma_s \tag{4-2}$$

式中 σ_1——最大主应力；

σ_3——最小主应力；

β——中间主应力 σ_2 影响的系数，一般取 1~1.15；

σ_s——金属单向拉拔时的屈服极限。

由于拉拔时 σ_1 是拉应力，σ_3 是压应力，变形过程中任一方向的主应力，其绝对值均不会大于 $\beta\sigma_s$，所以拉拔时变形抗力比轧制、挤压等其他压力加工方式的低。

4.1.2 冷拉钢丝的塑性变形

拉拔时在拉丝模变形区内，轴向拉力和正压力都作用于变形金属的每一个质点上。但对于接触表面间的外摩擦力，却主要作用在沿整个接触表面的变形金属上。为此，拉拔线材时，越靠近线材的中心轴线，外摩擦力的影响越弱，甚至为零。

为了研究拉拔材料在模孔中所进行的塑性变形过程，通常采用坐标网格的方法来观察分析，即将圆棒在拉拔前沿中心线剖开，在其中的一个剖面画上坐标方格，然后将两个半圆棒合起来进行拉拔，如图 4-2 所示。拉拔后再揭开圆棒的两半仔细观察研究坐标网格的变化，从而分析圆棒在模孔中变形的情况。

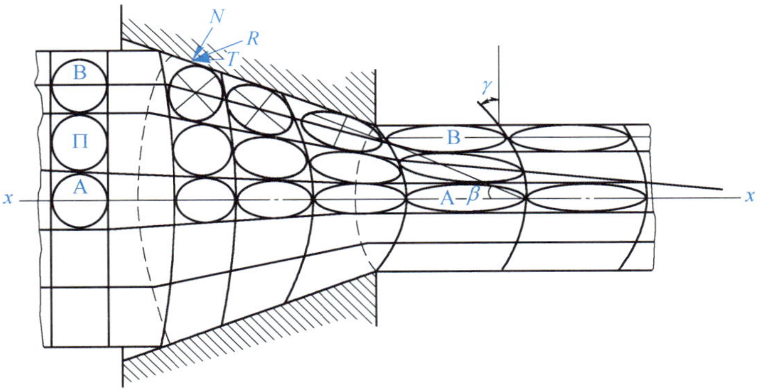

图 4-2　圆棒拉拔时截面坐标网格的变化

（1）轴向网格的变化情况。拉拔后轴线上的正方形格子 A 变成了矩形，内切圆变成了正椭圆，其长轴和拉伸方向一致。根据格子的变化情况可以认为：金属轴线上的变形是轴向延伸，在径向和周向方向上则被压缩。

拉拔后在周边上的正方形格子 B 变成了平行四边形，在拉拔方向上被拉长，在径向上被压缩，内切圆变成了斜椭圆，其长轴与拉伸方向交成 β 角，该角度变化的情况是由入口端向出口端逐渐减小。由此可见，周边上的格子除受到轴向拉伸、径向和周向压缩外，还发生了切变形。切变形的大小与模孔角、减面率、摩擦系数等因素有关。当模孔角增大、减面率加大以及摩擦系数增加时，切变形也将增大。

（2）横截面网格变化。网格的横截面在拉拔前是直线，进入变形区后开始变成弧形线，凸向钢丝拉拔方向，实际上成一球形弧面。由图 4-2 可知，这些弧形线的曲率由入口端到出口端面逐渐增大，直到出口端后才不发生变化。这种网格变化表明：在拉拔过程中周边层的金属流动速度小于中心层，并且随着模角的增大和摩擦系数的增加，这种截面上金属流动速度的不均匀性更加明显，这是因为周边层金属流动阻力较大的缘故。在实际生产中经常能见到拉拔后的圆棒端部呈燕尾形，这就是横截面上金属流动速度差异的例证。由上述网格变化还可以看到，在同一横截面上椭圆长轴与拉拔方向交成β角，由中心层向周边层逐渐增大。这就清楚地说明，在同一横截面上切变形也是不同的，周边的切变形大于中心的切变形。

总之，拉拔时拉拔应力的不均匀分布，导致了丝材的不均匀变形，离中心部位越远，附加切变形和弯曲变形程度越大，从而造成丝材横截面各处变形量不等，越靠近表层变形量越大，致使冷拉丝材表层的硬度和强度明显高于中心层。

通过上述分析，可以得出以下三点结论：

（1）钢丝拉拔时在模具中的变形是不均匀的，这和拉拔时应力不均匀分布有关。钢丝在横截面上不均匀变形主要是由外摩擦力和模孔角度引起的，使离中心部分越远的钢丝受到越多的附加切变形和弯曲变形，从而沿钢丝直径的总变形量（包括纯变形、附加切变形和弯曲变形）分布不均匀，其他边缘部分的总变形量大于中心的总变形量，如图4-3所示。

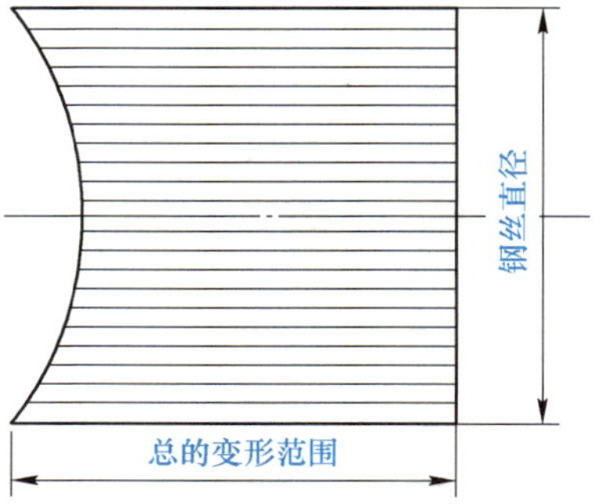

图4-3 钢丝横截面变形量示意图

（2）由于钢丝表面摩擦力的作用，且摩擦力的影响从表层至中心逐渐减弱，所以钢丝横截面上相邻两层中，内层的金属轴向流动速度总比外层的快。又由于模孔角度的影响，使表层金属进入变形区时产生弯曲变形，且越外层，弯曲变形越多，从而使表层金属变形流动的过程比内层要长，则在同一变形速度下，表层金属流动速度也要落后于内层。但是，由于钢丝本身是一个整体，其内外层通过模孔的速度又必须一致，结果便在横截面相邻两层上的外层作用有附加拉应力、内层作用有附加压应力。

（3）拉拔时钢丝沿直径方向变形不均匀的效果，会使钢丝横截面的力学性能不均匀。由于钢丝表层变形程度比中心的大，因此由钢丝中心到外层的硬度逐渐增加。

总之，拉拔时模孔角度越大，摩擦系数越高，会使钢丝在横截面的应力不均匀分布越严重和变形不均匀程度越大；造成钢丝的力学性能不均匀程度越大，残余应力越大，从而使钢丝的力学性能恶化，这种情况是必须避免的。

4.1.3 建立拉拔过程的条件

拉拔力P与金属从模具变形区引出时的横断面积F_k之比叫作拉拔应力，常以p（MPa）来表示。

$$p=\frac{P}{F_k} \tag{4-3}$$

为了使拉拔过程顺利进行，拉拔应力p必须小于金属从变形区引出时的屈服极限σ_s，以保证金属拉拔后不至于继续变形，即：$p < \sigma_s < \sigma_b$，这时拉拔过程才能建立。

σ_b是拉拔后金属的抗拉强度，显然，若拉拔应力 p 超过了拉拔后金属的抗拉强度 σ_b，则金属将被拉断。

为使拉拔金属拉断的次数尽可能少，因此拉拔应力远小于拉拔后金属的抗拉强度，通常将拉拔后金属的抗拉强度 σ_b与拉拔应力 p 的比值，称为安全系数 K，即

$$K = \frac{\sigma_b}{p} \tag{4-4}$$

正常拉拔过程中，安全系数 K 一般在 1.40~2.00 范围内，即：$p = (0.5 \sim 0.7)\sigma_b$。

如果 $K<1.4$，则拉拔时可能经常拉断，或出现缩丝现象。

如果 $K>2.00$，则表示部分压缩率取得不够大，致使拉拔道次增多，拉拔材料的塑性没有被充分利用。

表 4-1 给出了拉拔不同钢丝直径时选取的 K 值范围。

表 4-1 K 值范围

钢丝直径/mm	1.0	1.0~0.4	0.4~0.1	0.1~0.05	0.0~0.015
K	≥1.4	≥1.5	≥1.6	≥1.8	≥2.0

由表 4-1 可知，拉拔时为了合理选择压缩率，充分利用现有拉丝机功率，必须知道拉拔力大小。此外，在设计拉丝机时，拉拔力的大小又是确定拉丝机传动功率的主要因素，并随着拉拔力的增大而增大。

4.1.4 拉丝主要参数计算

4.1.4.1 经验公式计算拉拔力

拉拔力的大小是确定拉丝机传动功率和计算拉丝机零件强度的主要依据，因此，拉拔力是整个拉拔过程中主要的特性参数之一。确定拉拔力大小的方法很多，可以用测力计测定拉拔力大小，此种方法对测力装置的灵敏度要求较高，且试验过程较复杂，一般只在试验室条件下供研究用。我们也可用拉拔的消耗功率来确定拉拔力，这种方法确定拉拔力较简单，且有一定的精确度。但在生产上需要计算拉拔力时，往往是在不知道功率的情况下进行的，为此这种方法的实用价值不大。所以在生产中确定拉拔力大小，常用经验公式来计算。

(1) 加夫利林科拉拔力公式：

$$P = \sigma_{b平}(F_0 - F_1)(1 + f\cot\alpha) \tag{4-5}$$

式中 F_0，F_1——钢丝拉拔前、后的截面积，mm^2；

$\sigma_{b平}$——钢丝拉拔前、后强度的平均值，MPa；

f——摩擦系数，取 0.06 ~0.1；

α——模孔角度（半角）。

（2）克拉希里什柯夫拉拔力公式：

$$P = 0.6d_0{}^2\sqrt{q} \cdot \sigma_{b平} \tag{4-6}$$

式中 d_0——钢丝拉拔前直径，mm；

q——部分压缩率；

$\sigma_{b平}$——钢丝拉拔前、后强度的平均值，MPa。

（3）勒威士拉拔力公式：

$$P = 43.56d_K^2 \cdot \sigma_{b0} \cdot K_q \tag{4-7}$$

式中 d_K——拉拔后钢丝直径，mm；

σ_{b0}——钢丝拉拔前抗拉强度，MPa；

K_q——与压缩率有关的系数，见表4-2。

表4-2 系数 K_q 值

压缩率/%	K_q	压缩率/%	K_q	压缩率/%	K_q	压缩率/%	K_q
10	0.0054	22	0.0104	34	0.0146	46	0.0214
11	0.0058	23	0.0107	35	0.0150	47	0.0222
12	0.0066	24	0.0110	36	0.0155	48	0.0224
13	0.0070	25	0.0112	37	0.0161	49	0.0227
14	0.0072	26	0.0115	38	0.0166	50	0.0232
15	0.0081	27	0.0118	39	0.0172	51	0.0234
16	0.0082	28	0.0120	40	0.0178	52	0.0238
17	0.0084	29	0.0121	41	0.0184	53	0.0243
18	0.0090	30	0.0124	42	0.0090	54	0.0246
19	0.0092	31	0.0129	43	0.0195	55	0.0250
20	0.0097	32	0.0134	44	0.0200		
21	0.0102	33	0.0139	45	0.0206		

4.1.4.2 拉丝机功率的计算

拉丝机功率的计算是为了确定和检验拉丝机传动电机（马达）的容量大小，以选择相应的电动机，由于拉丝机作业方式和电动机传动方式的不同，因此其计算方法可分为如下几种。

A 不带反拉力的单独传动的一次或多次拉丝机

单独传动是指一台电动机通过减速箱，拖动一个卷筒进行拉拔生产，如单次拉丝机或滑轮式拉丝机，其每个卷筒的传动电动机功率（kW）可按式（4-8）计算：

$$N = \frac{Pv}{1000\eta_D} + N_{xx} \tag{4-8}$$

式中 P——拉拔力，N；

v——卷筒的线速度，m/s；

η_D——拉丝机传动机构和电动机的效率，为0.8~0.9；

N_{xx}——空载功率，通常为拉丝机总功率的10%。

B 带反拉力拉拔的多次拉丝机

活套式拉丝机是一种卷筒能自动调节，允许带反拉力工作的多次拉丝机。这种拉丝机都是单独传动，一般均由直流电动机拖动，为此调速范围很大。在拉拔时，除第一道外，其余各道拉拔时有反拉力，反拉力的大小可由弹簧的拉力来调节。

活套式带反拉力多次拉丝机各卷筒的电动机功率，可按式（4-9）计算。

第一个和中间各卷筒：

$$\begin{cases} N_1 = \dfrac{(P_1 - Q_2)v_1}{1000\eta_D} + N_{x1} \\ N_2 = \dfrac{(P_2 - Q_3)v_2}{1000\eta_D} + N_{x2} \\ \vdots \\ N_{n-1} = \dfrac{(P_{n-1} - Q_n)v_{n-1}}{1000\eta_D} + N_{x(n-1)} \end{cases} \tag{4-9}$$

式中 P_1，P_2，…，P_{n-1}——第一道、第二道、…、第 $n-1$ 道的拉拔力，N；

v_1，v_2，…，v_{n-1}——第一道、第二道、…、第 $n-1$ 道的拉拨速度，m/s；

Q_2，Q_3，…，Q_n——第二道、第三道、…、第 n 道的拉拔时反拉力，N；

N_{x1}，N_{x2}，…，$N_{x(n-1)}$——第一道、第二道、…、第 $n-1$ 道电机的空载功率，kW。

成品卷筒（最后一道）：

$$N_n = \frac{P_n \times v_n}{1000\eta_D} + N_{xn} \tag{4-10}$$

注意：上述各道拉拔力，除第一道可按前面介绍的勒威士公式求出外，其余各道的拉拔力应采用带反拉力时的拉拔力来计算。带反拉力拉拔时，一般会使所需的拉拔力增加，通常考虑其增加值为：

$$\Delta P = \frac{1}{\mu} \cdot f \cdot \cot\alpha \cdot F_k \cdot \frac{Q}{F_0} \tag{4-11}$$

式中 Q——反拉力，N；

α——模孔半角，(°)；

F_k——拉拔后钢丝截面积，mm^2；

F_0——拉拔前钢丝截面积，mm^2；

f——摩擦系数；

μ——延伸系数。

为此，计算拉拔力对应加上 ΔP，即可得到有反拉力拉拔时的拉拔力。

4.1.4.3 冷拉钢丝抗拉强度的计算

冷拉钢丝抗拉强度，对于各类钢丝都是一种很重要的指标。在制定生产工艺流程和拉拔路线、拉拔道次等，都是为了能达到标准规定的力学性能。

影响碳素钢丝抗拉强度的主要因素是：钢丝的碳含量、铅淬火钢丝的抗拉强度、钢丝拉拔时的部分压缩率和总压缩率等。

A 波捷姆金公式

$$\sigma_b = \sigma_B + \Delta\sigma_b \tag{4-12}$$

$$\sigma_B = 100w(C) + 53 - D \tag{4-13}$$

$$\Delta\sigma_b = \frac{0.6\left[w(C) + \dfrac{D}{40} + 0.01q_{cp}\right]Q}{\lg\sqrt{100 - Q} + 0.0005Q} \tag{4-14}$$

$$q_{cp} = (1 - \sqrt[n]{1 - Q}) \times 100\% \tag{4-15}$$

式中 σ_b——钢丝冷拔后的抗拉强度，MPa；

σ_B——钢丝铅淬火后的抗拉强度，MPa；

$\Delta\sigma_b$——钢丝冷拔后的抗拉强度增长值，MPa；

$w(C)$——钢丝的碳含量，%；

Q——钢丝的总压缩率，%；

q_{cp}——钢丝平均部分压缩率，%；

D——钢丝铅淬火后或冷拉前直径，mm；

n——拉拔道次。

B 彼得洛夫公式

（1）不考虑原料铅淬火后奥氏体晶粒度大小：

$$\sigma_b = \sigma_B + \frac{\sigma_B\left(1.7 + \dfrac{17}{Q}\right)(1 - \lg\sqrt{100 - Q})}{0.135\sqrt{100 - 1.5q_{cp}}} \tag{4-16}$$

当 $Q>50\%$时，式（4-16）可简化为：

$$\sigma_b = \sigma_B + \frac{1.9\sigma_B(1 - \lg\sqrt{100 - Q})}{0.135\sqrt{100 - 1.5q_{cp}}} \tag{4-17}$$

（2）考虑原料铅淬火后奥氏体晶粒度大小：

$$\sigma_b = \sigma_B + \frac{\sigma_B\left(1.8 - 0.03N + \dfrac{17}{Q}\right)(1 - \lg\sqrt{100 - Q})}{0.135\sqrt{100 - 1.5q_{cp}}} \tag{4-18}$$

式中 N——奥氏体晶粒度。

C 屠林科夫公式

圆形截面碳素钢丝：

$$\sigma_b = \sigma_B\sqrt{\frac{D}{d}} \tag{4-19}$$

异形截面碳素钢丝：

$$\sigma_b = \sigma_B \sqrt[4]{\frac{F_0}{F}} \tag{4-20}$$

式中 F_0，F——拉拔前、拉拔后原料的横截面积，mm^2；

D，d——拉拔前、拉拔后原料的直径，mm；

σ_b——钢丝冷拔后的抗拉强度，MPa；

σ_B——钢丝铅淬火后的抗拉强度，MPa。

4.1.4.4 钢丝拉拔时的变形程度表示法

为了表示钢丝拉拔时变形程度的大小，经常用到下列变形程度指数。

A 延伸系数

延伸系数又称拉伸系数，是指钢丝拉拔后的长度与原长度的比值，常用 μ 表示。

$$\mu = \frac{L_k}{L_0} \tag{4-21}$$

对圆形钢丝有：

$$\mu = \frac{d_0^2}{d_k^2} \tag{4-22}$$

式中 L_0——钢丝拉拔前的长度，m；

L_k——钢丝拉拔后的长度，m；

d_0——钢丝拉拔前的直径，mm；

d_k——钢丝拉拔后的直径，mm。

对异形钢丝，计算 μ 时则需用 $\mu = \frac{F_0}{F_k}$ 来求。

这里的 μ 通常表示钢丝的总延伸系数，即由坯料到成品钢丝，经过 n 次拉拔后长度的总延伸系数，又可用“$\mu_{总}$”表示。

经过每一次拉拔，钢丝的延伸系数称为部分延伸系数，通常表示为 μ_1，μ_2，…，μ_n。计算方法相同，即：

$$\mu_n = \frac{L_n}{L_{n-1}} = \frac{F_{n-1}}{F_n} \tag{4-23}$$

对于圆形钢丝任意道次（第 n 道）的延伸系数：

$$\mu_n = \frac{d_{n-1}^2}{d_n^2} \tag{4-24}$$

B 减面率

减面率又称压缩率，是指钢丝拉拔后截面积减小的绝对量（压缩量）与拉拔前钢丝截面积的比值，以 Q 来表示，减面率总小于 1。

$$Q = \frac{F_0 - F_k}{F_0} \times 100\% \tag{4-25}$$

对圆形钢丝有：

$$Q = \frac{F_0 - F_k}{F_0} \times 100\% = \frac{d_0^2 - d_k^2}{d_0^2} \times 100\% = \left(1 - \frac{d_k^2}{d_0^2}\right) \times 100\% \tag{4-26}$$

这里的 Q 通常表示钢丝的总减面率。

钢丝经过每一道次拉拔的减面率称为道次减面率，通常以 q_1、q_2、…、q_n 来表示。对于圆形钢丝有：

$$\begin{aligned} q_n &= \frac{F_{n-1} - F_n}{F_{n-1}} \times 100\% \\ &= \frac{d_{n-1}^2 - d_n^2}{d_{n-1}^2} \times 100\% \\ &= \left(1 - \frac{d_n^2}{d_{n-1}^2}\right) \times 100\% \end{aligned} \tag{4-27}$$

此处的 q_n 表示为任一道次（n 道）的道次减面率。

减面率 Q 和延伸系数 μ 之间的关系为：

$$\begin{cases} Q = 1 - \dfrac{1}{\mu} \\ \mu = \dfrac{1}{1 - Q} \end{cases} \tag{4-28}$$

C 伸长率

伸长率是指钢丝经拉拔后的绝对伸长与原长度之比值，用 λ 表示，即：

$$\lambda = \frac{L_k - L_0}{L_0} \times 100\% \tag{4-29}$$

对于圆形钢丝有：

$$\begin{aligned} \lambda &= \frac{L_k - L_0}{L_0} \times 100\% \\ &= \frac{F_0 - F_k}{F_k} \times 100\% \\ &= \frac{d_0^2 - d_k^2}{d_k^2} \times 100\% \end{aligned} \tag{4-30}$$

伸长率（λ）与压缩率（Q）和延伸系数（μ）的关系为：

$$\lambda = \mu - 1 = \frac{Q}{1 - Q} \tag{4-31}$$

D 截面减缩系数

截面减缩系数是指钢丝拉拔后截面积与拉拔前截面积之比，通常以 ψ 表示，即：

$$\psi = \frac{F_k}{F_0} \tag{4-32}$$

对于圆形钢丝有：

$$\psi = \frac{F_k}{F_0} = \frac{d_k^2}{d_0^2} \tag{4-33}$$

截面减缩系数（ψ）与减面率（Q）和延伸系数（μ）关系为：

$$\psi = \frac{F_k}{F_0} = \frac{L_0}{L_k} = \frac{1}{\mu} = 1 - Q \tag{4-34}$$

为了计算方便，将拉拔过程变形程度指数 μ、Q、λ、ψ 关系列于表 4-3。

表 4-3 变形程度指数相互之间的关系

指　数	直径 d_0 和 d_k	截面积 F_0 和 F_k	长度 L_0 和 L_k	延伸系数 μ	减面率 Q	伸长率 λ	截面减缩系数 ψ
延伸系数 μ	$\frac{d_0^2}{d_k^2}$	$\frac{F_0}{F_k}$	$\frac{L_k}{L_0}$	μ	$\frac{1}{1-Q}$	$1+\lambda$	$\frac{1}{\psi}$
减面率 Q	$\frac{d_0^2-d_k^2}{d_0^2}$	$\frac{F_0-F_k}{F_0}$	$\frac{L_k-L_0}{L_k}$	$1-\frac{1}{\mu}$	Q	$\frac{\lambda}{1+\lambda}$	$1-\psi$
伸长率 λ	$\frac{d_0^2-d_k^2}{d_k^2}$	$\frac{F_0-F_k}{F_k}$	$\frac{L_k-L_0}{L_0}$	$\mu-1$	$\frac{Q}{1-Q}$	λ	$\frac{1-\psi}{\psi}$
截面减缩系数 ψ	$\frac{d_k^2}{d_0^2}$	$\frac{F_k}{F_0}$	$\frac{L_0}{L_k}$	$\frac{1}{\mu}$	$1-Q$	$\frac{1}{1+\lambda}$	ψ

E 平均延伸系数和平均压缩率

在生产中钢丝经过一系列模子拉拔，其总的变形程度称为总压缩率或总延伸系数。经过每一个模子拉拔的变形程度，称为部分压缩率或部分延伸系数。

由于各个模子变形程度往往是不一样的，为了计算方便，特别在制订拉拔工艺时，常假定各道变形程度一致，即所谓的平均部分压缩率和平均部分延伸系数。

(1) 平均部分延伸系数 μ_{cp} 和总延伸系数 $\mu_{总}$ 的关系：

$$\begin{aligned}\mu_{总} &= \frac{F_0}{F_n} = \frac{F_0}{F_1} \times \frac{F_1}{F_2} \times \frac{F_2}{F_3} \times \cdots \times \frac{F_{n-1}}{F_n} \\ &= \mu_1\mu_2\mu_3 \times \cdots \times \mu_n \\ &= \mu_{cp}^n\end{aligned} \tag{4-35}$$

所以

$$\mu_{cp} = \sqrt[n]{\mu_{总}} \tag{4-36}$$

(2) 平均部分压缩率 q_{cp} 和总压缩率 Q 的关系：

$$Q = \frac{F_0 - F_n}{F_0} = 1 - \frac{F_n}{F_0} = 1 - \frac{1}{\mu_{总}} = 1 - \frac{1}{\mu_{cp}^n} \tag{4-37}$$

又因为

$$q_{cp} = \frac{\mu_{cp} - 1}{\mu_{cp}}$$

所以

$$Q = [1 - (1 - q_{cp})^n] \times 100\% \tag{4-38}$$

$$q_{cp} = (1 - \sqrt[n]{1 - Q}) \times 100\% \tag{4-39}$$

（3）平均部分压缩率 q_{cp} 与平均部分延伸系数 μ_{cp} 的关系：

$$q_{cp} = \left(1 - \frac{1}{\mu_{cp}}\right) \times 100\% \tag{4-40}$$

（4）拉拔道次 n 与总压缩率 Q、平均部分压缩率 q_{cp} 之间的关系：

$$Q = 1 - (1 - q_{cp})^n \tag{4-41}$$

$$n = \frac{\lg(1 - Q)}{\lg(1 - q_{cp})} \tag{4-42}$$

4.1.5 拉丝工艺的制定方法

4.1.5.1 总压缩率和部分压缩率的确定原则

A 总压缩率的确定原则

成品钢丝拉拔的总压缩率确定，应根据它所需要的力学性能来选取。通常都要求钢丝具有较高的综合力学性能，既有足够的强度，又要有一定的韧性；对不同碳含量钢，其最佳韧性在某一总压缩率条件下所对应的强度也是不同的。因此从理论上讲，应根据不同强度选择钢种。但在实际生产中，由于钢种过多，给生产管理带来了大量的困难，而且在同钢种的化学成分范围内也可能有所选择，因此碳素弹簧钢丝生产都是在既定钢种的条件下，确定线坯直径、铅淬火强度和总压缩率，以满足成品钢丝强度的需要。此外，拉拔钢丝直径不同，选择的总压缩率也有所不同。

总压缩率超过一定值后，会使钢丝韧性急剧下降达不到产品标准要求，因此总压缩率的选择是既使钢丝强度达到要求，又得到较高的韧性前提下，使中间热处理次数最少，工艺循环周期最短。

B 部分压缩率的确定原则

在总压缩率既定的前提下，提高生产率，缩短生产周期，力求采用大的部分压缩率，采用固定速比的拉丝机生产，部分压缩率往往又被设备条件所限制。因此，在实际生产中对于低碳钢丝根据理论计算的部分压缩率，一次可能的最大值为45%~47%，但在实际生产中很难采用高于40%的部分压缩率。对于制绳钢丝和高强度弹簧钢丝，由于其强度要求高，在增加总压缩率、提高强度的同时，必须考虑表面质量以及对扭转性能的影响。为确保韧性，必须根据工艺条件（水冷却、润滑），采用多道次较小的部分压缩率。这是由于较小的部分压缩率（如13%~15%）拉拔，可以使钢丝的索氏体内渗碳体片能进行塑性弯曲及沿钢丝轴向旋转，直到90%时仍可保证原索氏体形态沿拉拔方向伸长，而不会破裂；若较高的部分压缩率（如30%）进行拉拔时，一开始就可能在钢丝内部观察到渗碳体片的破碎，导致钢丝产生脆性，这是造成弹簧钢丝扭裂的原因之一。

部分压缩率的分配原则：从有利于钢丝拉拔中润滑及成品钢丝表面质量出发，目前普遍采用第一道及最后一道的拉拔选取较小部分压缩率，第二道或第三道取最大部分压缩率，随后平稳或随道减小的分配原则。这种分配方式对钢丝韧性有利，特别是在扭转试验时由于表面质量较好，易于获得平整断口。对成品钢丝的力学性能要求不高者，部分压缩率的分配可根据具体情况适当调整，但一般仍遵循上述分配原则。

总之，部分压缩率也要在保证钢丝韧性前提下，按钢丝品种适当选择。其中，对于力学性能要求不高的低碳钢丝，最大部分压缩率可以在 35%～40%；对于制绳用高碳钢丝，最大部分压缩率在 25%～26%；对于表面扭裂要求较高的碳素弹簧钢丝，最大部分压缩率在 19%～23%。但是，随着钢丝生产技术研究的发展，如果采用先进的冷却手段（如钢丝出模后直接水冷、卷筒喷水冷却等），亦可使中、高碳钢丝个别道次的部分压缩率提高到 30%以上，而对钢丝的力学性能无不利影响。

C 钢丝冷拉后的强度计算

当钢种确定后，决定钢丝冷拉强度的主要工艺参数是总压缩率及热处理后的强度。比较常用的是已知成品钢丝直径及所要求的强度和线坯铅淬火强度，确定线坯（半成品）直径，钢丝拉拔后的强度计算公式有许多种，现场主要应用的是简化公式。

微课 钢丝拉拔工艺的设计

课件 钢丝拉拔工艺的设计

4.1.5.2 钢丝拉拔工艺的设计

在实际生产中，如何确定拉拔次数，又怎样结合现场设备、工艺条件进行拉拔路线的计算，使产品达到所要求的技术性能呢？

例题 4-1 生产中直径 1.0 mm 的制绳钢丝，要求达到 1670 MPa 的强度级（抗拉强度控制在 1670～1911 MPa），编制生产工艺。

选用碳含量为 0.70%、直径 6.5 mm 的热轧线材。

解：(1) 确定成品总压缩率。根据冷拉钢丝强度计算公式，确定铅淬火原料的直径。

按简化公式：

$$\sigma_b = \sigma_B \sqrt{\frac{D}{d}}$$

取 $\sigma_B = 1176$ MPa，$\sigma_b = 1666$ MPa 代入式中，得

$$D = \left(\frac{\sigma_b}{\sigma_B}\right)^2 \times d = \left(\frac{1666}{1176}\right)^2 \times 1.0 = 2.0\ (\text{mm})$$

计算成品总压缩率：

$$Q_{成} = \frac{D^2 - d^2}{D^2} \times 100\% = \frac{4^2 - 2^2}{4^2} \times 100\% = 75\%$$

(2) 确定生产循环次数。因为从直径 6.5mm 的高碳线材不能直接拉拔到直径 2.0 mm 半成品钢丝，必须进行中间热处理。根据生产经验，对于 70 钢钢丝正火后坯料的总压缩率 $Q \leqslant 85\%$，现取半成品允许总压缩率为 70%，则中间热处理次数为：

$$n = \frac{\lg\mu_{总}}{\lg\mu_{允}} = \frac{\lg\left(\frac{d_0}{d_k}\right)^2}{\lg\frac{1}{1-Q}} = \frac{\lg\left(\frac{6.5}{2.0}\right)^2}{\lg\frac{1}{1-0.7}} = 1.96(次)$$

式中 $\mu_{总}$——线材到半成品的总延伸系数；

$\mu_{允}$——正火半成品允许的延伸系数。

因为 1.96 近似于 2，故取 2 次热处理。

半成品需拉拔两次，某厂采用线材拉拔的压缩率取 62.2%，则中间热处理钢丝直径为：

$$d = d_0\sqrt{1 - Q} = 6.5 \times \sqrt{1 - 0.622} = 4.0(\text{mm})$$

制定工艺过程：

1）ϕ6.5 mm 线材→表面处理→第一次拉拔（ϕ6.5 mm）→ϕ4.0 mm，Q=62.2%；

2）ϕ4.0 mm 正火→表面处理→第二次拉拔（ϕ4.0 mm）→ϕ2.0 mm，Q=75%；

3）ϕ2.0mm 铅淬火→表面处理→第三次拉拔（ϕ2.0 mm）→ϕ1.0 mm，Q=75%。

到 ϕ1.0 mm（成品），共计拉拔 3 次。

（3）制定半成品拉拔路线。在原材料允许的条件下，半成品部分压缩率应尽量取大值，但高碳钢较硬，往往受润滑、工艺设备等条件限制。

1）ϕ6.5~4.0 mm 的拉拔路线。根据盘条情况，为实现顺利拉拔选平均部分压缩率 $q_{均}$=21.6%，而 $Q_{总}$=62.2%，则拉拔道次 n 为：

$$n = \frac{\lg(1 - Q_{总})}{\lg(1 - q_{均})} = \frac{\lg(1 - 0.622)}{\lg(1 - 0.216)} = 4(\text{道})$$

求各道的直径：按表 4-4 分配的部分压缩率代入下列公式即可求得。

$$d_{n-1} = \frac{d_0}{\sqrt{1 - q_n}}$$

表 4-4 部分压缩率的道次直径（一）

道 次	1	2	3	4
部分压缩率/%	24.4	23.0	20.2	18.5
各道直径/mm	5.65	4.96	4.43	4.00

因此，ϕ6.5 ~ 4.0 mm 钢丝的拉拔路线为：ϕ6.5 mm→ϕ5.65 mm→ϕ4.96 mm→ϕ4.43 mm→ϕ4.00 mm。

2）ϕ4.0~2.0 mm 钢丝的拉拔路线。选平均部分压缩率 $q_{均}$=29%，计算总压缩率。

$Q_{总}$=75.0%，则拉拔道次 n 为：

$$n = \frac{\lg(1 - Q_{总})}{\lg(1 - q_{总})} = \frac{\lg(1 - 0.75)}{\lg(1 - 0.29)} = 4.05 \approx 4(\text{道})$$

再计算平均部分压缩率：

$$q_{均} = (1 - \sqrt[4]{1 - Q_{总}}) \times 100\% = (1 - \sqrt[4]{1 - 0.75}) \times 100\% = 29.29\%$$

遵循部分压缩率分配原则：第一道最小，第二道最大，然后逐渐减少。故已知第四道钢丝直径为 2.0 mm，求各道的直径：按表 4-5 分配的部分压缩率代入下列公式即可求得。

$$d_{n-1} = \frac{d_n}{\sqrt{1 - q_n}}$$

表 4-5　部分压缩率的道次直径（二）

道　次	1	2	3	4
部分压缩率/%	26.5	31.0	30.3	29.4
各道直径/mm	3.43	2.85	2.38	2.00

因此，ϕ4.0~2.0 mm 钢丝的拉拔路线为：ϕ4.00 mm→ϕ3.43 mm→ϕ2.85 mm→ϕ2.38 mm→ϕ2.00 mm。

3）ϕ2.0~1.0 mm 的成品拉拔路线。上面介绍的是确定了总压缩率，并假定各部分压缩率之后进行计算道次直径和分配各道压缩率。在现场实际生产中，通常是拉丝机台已固定，在总压缩率已定的条件下，再核算部分压缩率。但无论哪一种方法，最后都必须满足两个要求，即通过强度计算在总压缩率一定条件下，部分压缩率既要满足常规的要求，又要满足生产现场对这些道次分配的可能。

以下结合在已定机台条件下，制定拉拔程序的方法：有 6/450 积线式拉丝机，其卷筒是不可调速的，卷筒转速分别为 174 r/min、139 r/min、110 r/min、87 r/min、69 r/min、55 r/min，按配模系数法计算各道直径。

（1）求各道 K 值。由 $K_N=\sqrt{\dfrac{n_n}{n_{n-1}}}$，求得：

$$K_6=\sqrt{\frac{n_6}{n_5}}=\sqrt{\frac{174}{139}}=1.12$$

同理可求得：$K_5=1.12$，$K_4=1.13$，$K_3=1.13$，$K_2=1.12$。
其中，K_1 为无连拉关系。

（2）求各道直径（取第二、第三道卷筒的积线系数为 0.02）。

$$d_6=1.0(\text{mm})$$
$$d_5=K_6\times d_6=1.12\times1.0=1.12(\text{mm})$$
$$d_4=K_5\times d_5=1.12\times1.12=1.25(\text{mm})$$
$$d_3=K_4\times d_4=1.13\times1.25=1.42(\text{mm})$$
$$d_2=K_3\times d_3=(1.13+0.02)\times1.42=1.63(\text{mm})$$
$$d_1=K_2\times d_2=(1.12+0.02)\times1.63=1.85(\text{mm})$$

核算各道部分压缩率，见表 4-6。

表 4-6　各道次的部分压缩率

道次	1	2	3	4	5	6
部分压缩率/%	14.4	22.4	24.1	22.5	19.7	20.3

可见，各道部分压缩率均在正常范围内，但因受设备限制，分配方式不太符合先小后大再依次递减的原则，故所求的拉拔路线为：ϕ2.00 mm→ϕ1.85 mm→ϕ1.63 mm→ϕ1.42 mm→ϕ1.25 mm→ϕ1.12 mm→ϕ1.00 mm。

由于线材生产过程中，采用了控制冷却和线材表面处理新工艺：线材的表面质量、内部组织、力学性能、尺寸公差等综合性能均较普通线材有很大的提高。其承受深加工的变形程度和拉拔后钢丝的力学性能均有较大的提高，有的生产厂家仅通过线材直接拉拔（生拉）成成品钢丝，且生拉成品钢丝的比例也逐渐增加；有的拉丝厂甚至根本就没有热处理设备。因此，在设计具体生产工艺时，应充分利用高速线材的优势和潜力，合理地确定总压缩率、部分压缩率，在保证产品质量的前提下，尽可能减少工艺循环次数，提高生产效益，降低生产成本。

问题讨论

（1）影响金属塑性变形的主要因素有哪些？

（2）简述钢丝拉拔工艺的制定内容。

（3）述试总压缩率与部分压缩率的确定原则。

应知训练

1. 单选题

（1）钢丝与模孔的摩擦属于（　　）摩擦。

A. 动　　B. 静　　C. 滚动

（2）在一定压缩率下，增大拉丝模工作锥角度，拉力（　　）。

A. 减小　　B. 增大　　C. 不变

（3）线材拉伸时，断面的压缩是在模孔的（　　）区内完成的。

A. 入口　　B. 工作　　C. 定径

（4）拉拔前进行铅淬火的目的是（　　）。

A. 去除氧化铁皮　　B. 获得较高硬度　　C. 获得利于拉拔组织和较好的性能

（5）拉丝的“三点一线”中，“三点”不包括（　　）。

A. 卷筒中心　　B. 拉丝模孔　　C. 卷筒圆周切点

（6）具有反拉力拉拔的拉丝机，其所需的拉拔力比普通拉拔时高，所增加的拉拔力（　　）反拉力。

A. 等于　　B. 大于　　C. 小于

（7）钢丝的碳含量越高，其焊接性能（　　）。

A. 越好　　B. 不变　　C. 越差

（8）延伸系数 μ 与压缩率 Q 的关系是（　　）。

A. $\mu = \frac{1}{1-Q}$　　B. $\mu = Q$　　C. $\mu = \frac{Q}{1-Q}$　　D. $\mu = 1 - Q$

（9）中、高碳钢丝完成对焊后需进行回火，其目的是（　　）。

A. 去除氧化铁皮　　B. 获得利于拉拔的组织C. 获得较高的强度

（10）一般说，焊缝过薄，结合牢度差，这是由于（　　）造成的。

A. 温度高、冲压速度过大　B. 温度低、冲压速度慢　C. 温度高、冲压速度慢

2. 判断题

（1）压缩率是指钢丝拉拔前后截面积之比。（　　）

（2）金属在塑性变形过程中，其密度和体积变化不显著。（　　）

（3）拉拔时钢丝在模孔变形区内所受的外力有拉拔力、正压力、外摩擦力。（　　）

（4）摩擦力大小取决于三要素：正压力、摩擦系数和接触面积。（　　）

（5）在带反拉力拉拔时，模座上的压力随反拉力的升高而升高。（　　）

（6）拉丝润滑方式可分为干式润滑和湿式润滑两种。（　　）

（7）拉丝生产中，生产人员要爱护生产设备及机具，保持生产现场环境整洁。（　　）

（8）总的延伸系数等于各道次延伸系数之和。（　　）

3. 计算题

（1）钢丝拉拔前直径为 4.0 mm，拉拔后直径为 2.0 mm，求 μ、Q、λ、ψ 各是多少？

（2）采用直径为 2.6 mm 铅淬火线坯，经过 6 道拉拔，生产直径为 1.3 mm 成品钢丝，求 Q、q_{cp}、$\mu_{总}$、μ_{cp}，并验算拉拔道次。

（3）用 ϕ2.4 mm 的铅淬火钢丝，R_{σ_B} = 1225 MPa，拉拔 ϕ1.0 mm 成品钢丝，试估算冷拉钢丝的强度 R_m。

（4）用 ϕ5.0 mm 半成品钢丝，拉拔 ϕ2.0 mm 成品钢丝，请制定合理的拉拔路线。

任务 4.2　钢丝拉拔质量控制

知识准备

4.2.1　拉拔时钢丝性能的变化

热轧线材在冷拔加工后除获得所需要的外形及断面尺寸的钢丝产品外，钢丝的力学性能、工艺性能、物理性能也发生较大的变化。

微课 钢丝拉拔质量控制

课件 钢丝拉拔质量控制

4.2.1.1　力学性能

随着总压缩率的增加，钢丝产生“冷加工强化”：抗拉强度、弹性极限和屈服极限增高，硬度增大；断后伸长率和断面收缩率随压缩率增大而减小。不同钢种、不同牌号钢丝的冷加工强化系数不一样，一般说来，随碳含量增大，钢丝的冷加工强化系数成正比增大。

4.2.1.2　工艺性能

A　成型性能

反复弯曲、缠绕和扭转通常称为韧性指标，是弹簧钢丝的重要考核指标。反复弯曲次

数、缠绕性能和扭转次数是随拉拔减面率的增加而缓慢下降的，但又并非完全如此。因为这三项指标除受冷加工强化影响外，还受钢的化学成分、纯净度、组织结构的均匀性、气体含量（尤其是［H］含量）、钢丝残余应力的分布状况及应变时效脆化效应的影响，而且后者的作用往往远大于前者。通过调整化学成分和拉拔工艺，钢丝在获得预定抗拉强度的同时，可以得到不同等级的韧性指标。

不同组织结构的钢丝在冷拉过程中力学性能和工艺性能变化规律不尽相同，以索氏体组织为主的碳素钢丝为例，研究冷拉减面率对其力学性能和工艺性能的影响（见图4-4），能反映出钢丝冷拉时性能变化的基本趋势。

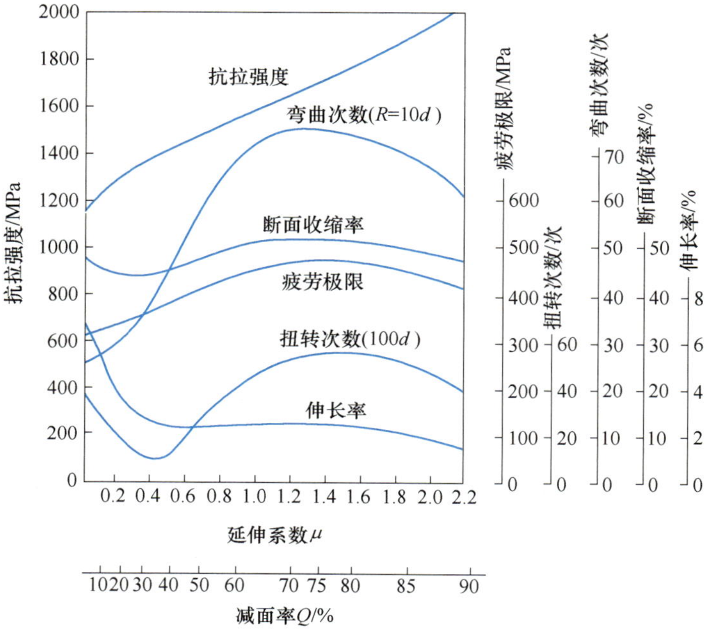

图4-4 冷拉对钢丝力学性能和工艺性能的影响

B 疲劳极限

工程中用疲劳极限衡量弹簧钢丝的疲劳性能好坏，一般将经 10^7 次循环动作，不产生断裂时的最大负载应力称为疲劳极限。弹簧钢丝的疲劳极限与钢丝的表面质量（有无裂纹、划伤、凹坑和毛刺等缺陷）、有无脱碳层、钢的纯净度和次表层夹杂物分布状况，以及钢丝横截面硬度和应力均匀性密切相关。一般说来，弹簧钢丝的疲劳极限与其屈服极限成正比，要提高疲劳极限就应设法提高钢丝的屈服强度，或提高屈强比。拉拔早期疲劳极限随抗拉强度同步上升，达到抗拉强度的30%时开始下降，与韧性指标的扭转次数有相似的变化规律。碳含量越低疲劳极限的峰值向更高减面率方向移动；在碳含量固定条件下，铅淬温度越高（抗拉强度偏低），疲劳极限的峰值也向更高减面率方向移动。

C 焊接性

焊接性是指材料在限定的施工条件下，焊接成设计要求的构件，并满足预定服役要求的能力。焊接性受材料、焊接方法、构件类型及使用要求四个因素的影响。焊丝的焊接性主要取决于化学成分，碳当量（CE）是评估其焊接性的常用指标，碳当量是把钢中合金元素的含量换算成碳的相当量，作为评定焊口金属淬硬、冷裂及脆化等性能的参考指标。当 CE<0.4%时，焊口金属硬度（HV）一般不超过 250，焊接性能良好，焊前不需要预热；当 CE>0.4%时，热影响区的硬度（HV）可能超过 350，易产生裂纹，焊前必须预热才能防止产生裂纹。碳当量常用计算公式如下：

$$CE = w(C) + w(Mn)/6 + w(Si)/24 + w(Cr)/5 + w(Ni)/15 + w(Mo)/4 + w(Cu)/13 + w(P)/2 + w(V)/10 \tag{4-43}$$

冷拉对焊接性能无直接影响，但为了保持平直度，焊丝一般以轻拉和冷拉状态交货。中细规格的气体保护焊丝和埋弧焊丝，为保证送丝顺畅，要求以较高抗拉强度交货，规格越细强度要求越高，一般要求 $\phi 2.0$mm 的焊丝，抗拉强度 σ_b 控制在 900～1150 MPa；$\phi 0.8$ mm 的焊丝，$\sigma_b \geqslant 1100$ MPa。

D　切削性能

冷加工变形对大多数钢的切削性能有所增强，易切削钢尤其是这样。当然，由于冷加工硬化引起的强度升高，致使切削困难是另一回事。

4.2.1.3　物理性能

（1）密度。一般说来，钢丝经冷加工后密度稍有下降。含碳 0.7%的碳素钢经 96.5%的减面率拉拔后，密度由原来的 7.851 g/cm^3 降至 7.822 g/cm^3。

（2）电阻率。大部分钢丝经冷加工后电阻率增加，也有部分丝材（如 Cr20Ni80、0Cr25Al5 等）经拉拔后电阻率下降，这种现象称为电阻反常变化。

（3）耐腐蚀性能。冷拉钢丝的耐腐蚀性能较原来（热处理状态）有所下降。此外，组织结构对钢丝的耐腐蚀性能有决定性的影响：碳素钢丝在索氏体状态下耐应力腐蚀性能最好，奥氏体不锈钢丝在固溶状态下耐腐蚀性能最好，马氏体不锈钢丝在淬火-回火状态下耐腐蚀性能最好。

（4）弹性模量。拉伸弹性模量（E）和切变弹性模量（G）随拉拔减面率的增加有所下降，消除残余应力处理或时效处理后，弹性模量可以恢复到原有水平。

4.2.2 影响拉拔的工艺因素

4.2.2.1　拉丝模

拉丝模是实现钢丝顺利拉拔的主要工具，模具材质、模孔几何形状、拉丝模的结构及工作方式直接影响钢丝产品的尺寸精度、表面质量、力学性能，而且还关系到能源消耗、生产效率。

A　模具材质

硬的模具材料可降低拉拔力。选用碳化钨加钴的硬质合金模可比钢模减少拉拔力 40%～50%，用金刚石模比硬质合金模拉拔力减少 20%～50%，提高模孔表面光洁度可以收到和提高模具硬度的同样效果。

B 模孔变形区的几何形状

拉丝模孔型结构主要有曲线型（R 型）和直线型（锥型）两类。

曲线型（R 型）模有入口区、润滑区、工作区、定径区、出口区五个部分，各部交界处要求“倒棱”，圆滑过渡，把整个孔型研磨成一个很大的、具有不同曲率的弧面。这种孔型的模子在当时的拉拔速度 200 m/min 条件下，还是可以适用的。到了 20 世纪 70 年代末至 80 年代初，随着拉线速度的提高，拉线模的使用寿命就成了突出问题。为了适应高速拉线的要求，设计出了直线型模。

直线型拉丝模具由入口区、工作区、定径带和出口区组成，其特点是：

（1）拉丝模孔型各部分的纵剖面线必须是直线，理论要求绝对不能研磨成弧线。

（2）模具各部分的交界部位绝对不能“倒棱”，甚至可以是尖锐的。

（3）取消“润滑锥”，把建立润滑膜的功能一部分归于入口锥，一部分归于工作锥。加长工作锥的高度，比圆滑过渡孔型约增 50%。当压缩率为 30%时，线材进入模孔时的位置，不是工作锥角的始端，而是工作锥长度的 1/2 处。运用角度更小的工作锥上半部，依靠“楔角效应”原理，在线材表面建立更致密的润滑膜，以利于高速拉拔。

（4）入口锥。入口部分的角度可适当缩小（入口倒角部的角度可大），帮助改善润滑。在实际应用中可以不用抛光。出口角度仍为 60°，其高度可大些，使拉丝模受力点向模坯中心推移。

（5）在各部分交界处，不得存在任何小的过渡角，尤其在定径带与工作锥之间，定径带必须呈平直的圆筒形，其角度应等于零。

我国现行硬质合金模全部是直线型拉丝模，《拉制模硬质合金拉制模结构型式和尺寸》（GB/T 6110—2021）规定，硬质合金拉丝模由模芯和模套两部分组成，模芯分为 A 型、B 型、C 型、D 型、E 型和 F 型，模套分为 Z 型和 K 型，如图 4-5 所示。

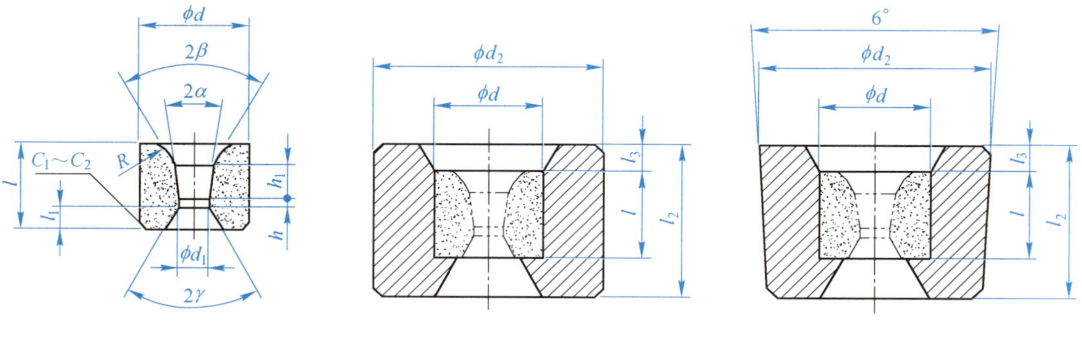

图 4-5 模芯模套结构图

（a）模芯；（b）Z 型模套；（c）K 型模套

C 模孔工作区角度

钢丝减面率较大时宜采用较大工作区角度，粗规格（直径大于 6 mm）钢丝一般道次减面率大，模孔工作区角度多选用14°~16°；中等规格钢丝一般道次减面率适中，模孔工作区角度多选用12°~14°；较细规格（直径小于1.5 mm）钢丝一般道次减面率小，模孔工作区角度多选用10°~13°。

D 模具基本尺寸

a 入口锥

为了顺利导入线材及润滑剂，入口处可以有较大的圆弧倒角。干式润滑时，为了建立线材表面的润滑膜，其角度可适当地小，一般为30°~40°；长度可以适当增加，一般为模坯高度的1/5。湿式拉拔时，为了便于润滑液顺利进入工作锥，同时起到良好的热交换作用，模孔入口锥角应比干式拉拔时大，日本、德国都采用90°~100°锥角。

b 工作锥

从入口锥已经初步建立的润滑膜，进一步在工作锥的上半部继续挤压得更为致密，金属在工作锥的下半部进行塑性变形。工作锥角度选择的一般原则是：碳含量越高，角度越大；拉拔同类材质时，压缩率越大，角度越大；拉拔线材直径越大，角度也越大；湿拉又要比干拉同一材质时的角度增加10°~20°。

工作锥要有足够的长度，始终保证线材进入工作锥时，最初接触点应在工作锥总长度的中间。若靠近工作锥的始端，易造成润滑膜建立不良，变形过程偏长，摩擦力增加；若靠近定径带，易造成变形过程偏短，模孔壁的正压力增高，磨损加快。

c 定径带

金属的全部变形过程只能在工作锥内完成，定径带仅仅起到控制直径的作用，不能进行任何小的压缩变形。因此，对于定径带：一是必须平直，不附带任何锥度，既不能有正锥角，也不能有倒锥角（但也有资料介绍，在定径带出口端设计出一较小的倒锥度，以减少钢丝拉拔出模口时对出口的压力，防止拉丝模出口崩损）；二是定径带的上下截面必须平行，保证圆周的长度一致相等；三是工作锥与定径带交界处，必须是一条明显而“尖锐”的交界线，不允许有任何过渡角。

定径带的重要参数是长度，一般用直径 d 的倍数 nd 表示。其选择原则是：拉拔软金属比拉拔硬金属要短，湿拉时比干拉时短，粗直径的定径带系数比细直径的要小。

d 出口锥

出口锥主要是为了加固模子出口处的牢度，防止模孔破裂，也可起到不擦伤钢丝表面的作用。出口锥角度与传统设计出入不大，一般为60°~75°，也有些厂家为90°；出口锥高度直接与其支撑加固出口角的强度有关，理论上认为高些比短些好，可使模具的受力点向模坯中心移动，同时在多次扩孔修磨后不必重新研磨扩大出口角度。出口锥的具体高度各国不一，一般应是模坯高度的1/3~1/5。

4.2.2.2 摩擦力和摩擦状态

A 摩擦力

降低摩擦力是提高拉拔效率的最有效途径。在拉拔过程中丝材与模具直接接触，不可避免地产生摩擦力，摩擦力大小取决于三个要素：正压力、摩擦系数和接触面积。使用反拉力是通过降低正压力来降低摩擦力，改变模具材质和提高模孔光洁度是通过降低摩擦系数来降低摩擦力，增大模孔角度是通过减小接触面积来降低摩擦力。

B 摩擦状态

改变摩擦状态才是降低摩擦力的关键措施。按摩擦理论，滑动摩擦有四种状态：干摩擦、边界润滑摩擦、混合润滑摩擦和流体动力润滑摩擦。

在滑动接触面任何无润滑的摩擦称为干摩擦，干摩擦状态的摩擦系数高达0.7~1.0。

在滑动接触面有一层很薄的润滑膜将两者分开称为边界润滑摩擦，边界润滑膜只有几个分子厚，摩擦系数为0.10~0.30。边界润滑摩擦一般在高负荷、低速滑动条件下形成，随着滑动速度增大而急剧减薄，直至失去润滑作用。

在滑动接触面间形成一层稳定的、可流动的润滑层，将两者完全隔开，则摩擦进入了流体动力润滑摩擦状态，此时摩擦系数可降到很低水平（0.001~0.005）。流体动力润滑摩擦状态下的摩擦系数在很大程度上取决于流体润滑层的平均压力，压力越大，摩擦系数越低。流体动力润滑摩擦状态只有在一定的滑动速度下才能建立，并且只要流体润滑层未失效，速度进一步增加时摩擦系数升幅很小。

混合润滑摩擦是介于边界润滑摩擦和流体动力润滑摩擦之间的一种摩擦状态，摩擦系数为0.005~0.10，绝大多数丝材拉拔均处于混合润滑摩擦状态。

C 影响摩擦系数的因素

金属压力加工时，摩擦系数f的大小与金属的性质、变形过程的条件、工具与金属相接触表面的状态、接触表面的正压力、所采用的润滑剂有关。

a 加工工具表面状态

工具表面的精度和加工方法的不同，摩擦系数在0.05~0.70范围内变化。加工精度越高，摩擦系数越小。由于工具表面加工状态不同，造成摩擦系数的不同。例如，模孔内表面因加工研磨时产生的沟纹，会使该部分摩擦系数增高；经抛光后的模孔内表面摩擦系数会降低。

b 被加工金属的表面状态

钢丝表面的氧化铁皮若经酸洗而未被完全除去，那么在拉拔时因粗糙的表面会增加与模孔壁的摩擦，促进拉丝模孔的加速磨损。因此，钢丝拉拔前经酸洗等处理就是为了得到洁净的表面，减小与模孔的摩擦。

c 变形金属与加工模具的性质

一般认为，两种不同的金属摩擦系数都是比较小的。但这不是绝对的，主要看两种金属的化学亲和力大小。相互间不能形成合金或化合物的两种金属的摩擦系数要比能形成合金或化合物的两种金属的摩擦系数小。摩擦系数在很大程度上与金属的强度和弹性有关。金属的弹性和强度越小，韧性越大，则摩擦系数越大。

d 单位压力

单位压力是指接触表面上每单位面积所承受的正压力大小。金属变形程度越大，会造成正压力增加，使单位压力也相应地增加，摩擦系数也成比例地增加。

e　变形温度

变形温度是影响摩擦系数的一个重要因素。随着相互接触表面间的温度变化，可能产生两种相反的结果：一方面，变形温度的升高可能加剧表面的氧化，反而会增加摩擦系数；另一方面，由于温度的升高，使变形金属强度降低，导致单位压力降低，使摩擦系数减小。在低的温度范围内，随温度的升高，摩擦系数是成比例的增加；当温度达到 750～800 ℃时，随着温度的升高，摩擦系数又急剧减小。

钢丝在模孔内变形时，当模子冷却不好的情况下，模子温度的升高是由于钢丝变形及其与模孔间的摩擦系数增大引起的。这里摩擦系数的增大，是因为润滑剂在高温下氧化烧焦造成的。

f　变形速度

在低速范围内，变形能使摩擦系数增加。这可以解释为：在较低速度时，金属与模具接触时间长，表面塑性变形能及时发展形成新的表面起作用。由于新的表面干净而粗糙，导致了摩擦系数的增加。另外，也因接触时间长，塑性变形表面相互咬合的紧度有所提高，也导致摩擦系数提高。

在高速范围内，因表面来不及咬合，使摩擦系数有所降低。

g　润滑剂

为了降低摩擦系数，常选用一定的润滑剂使变形金属与工具之间形成一定厚度的隔离层，以减少接触面之间的咬合。

4.2.2.3　润滑方式和润滑剂

A　润滑方式

拉丝润滑方式可分为干式润滑和湿式润滑两种，湿式润滑又分为油性润滑和水性润滑两种。如果使用得当，干式润滑的润滑效果优于湿式润滑，油性润滑优于水性润滑。按冷却效果排列，水性润滑优于油性润滑，湿式润滑优于干式润滑。但是，无论哪种润滑方式都要依赖丝材表面处理、润滑剂和模具三者配合才能达到降低摩擦力的效果。在润滑正常条件下，干式润滑拉拔的丝材表面呈雾面状态，湿式润滑拉拔的丝材表面呈光亮状态。

表面处理是保证润滑剂吸附量适度最重要的因素，良好的润滑效果往往是通过表面处理和润滑剂之间恰当的组合来实现的。表面处理包括去除丝材表面氧化铁皮和涂敷适当的润滑涂层两道工序。

要实现流体动力润滑除选用适当涂层和润滑剂外，还必须采取适当的技术措施，在模具入口处建立高压区，防止润滑剂回流。目前干式润滑选用压力模（哈夫模），即在拉丝模前套装一个孔径稍大于丝材直径的拉丝模，两个拉丝模之间留出一个空间，拉拔时借助于涂层的携带作用和压力模的“楔形效应”，在拉丝模前形成一个高压润滑剂储留区，为流体动力润滑的建立奠定基础。选用油性润滑剂时大多数选配压力管，即孔径稍大于丝材直径的金属，其作用与压力模相同；也有在拉丝模装配一个储油腔，采用压力泵将高压油打入腔中的方式润滑，称为流体静力润滑。

B 干粉状润滑剂

干式润滑通常选用干粉状皂类润滑剂。拉拔时首先需借助变形热使拉丝粉软化，才能均匀地涂敷在丝材表面，形成润滑膜；在变形区润滑膜必须能承受高温和高压，保持良好的延展性，不破裂、不分解、不焦化。

干粉状润滑剂的软化点必须与拉拔工艺相匹配。软化温度太高，在拉拔初始阶段产生的热量不足以使干粉转化为胶体，无法形成有效润滑膜；软化温度低意味着焦化温度必然低，进入变形区后，润滑膜在高温和高压条件下失去润滑作用。对于选用软化温度多少的润滑剂，取决于丝材的材质、变形抗力、道次减面率、涂层及拉拔速度，说到底是取决于变形的功率消耗，或模具变形区的温度和压力。

干粉状润滑剂的主要成分是脂肪酸（牛油脂、羊油脂、油酸、棕榈酸、硬脂酸）与碱金属（K、Na、Li）或碱土金属（Ca、B、Zn、Mg）的化合物，即金属皂。

皂类润滑剂的软化点与脂肪酸中碳-氢链的长短和金属离子种类密切相关。为改变软化点，特别是加宽软化点到焦化点的温度范围，通常根据需要，在润滑剂中添加一定量的极压添加剂（S 系、Cl 系、P 系有机或无机添加剂），在拉拔过程中，极压添加剂借助变形热与涂层和金属表面发生化学反应，形成 FeS 等有一定润滑性能的化合物，显著地提高了润滑剂的耐热耐压性能，为建立流体动力润滑奠定基础。

提高润滑膜的厚度也是建立流体动力润滑的必要条件。为此，要根据拉拔工艺和拉拔道次选择合适的涂层，在润滑剂中添加适量的黏附添加剂（硼砂、元明粉、磷酸盐等）也能有效增加润滑膜的厚度。

此外，干粉状润滑剂中有时还含有一定量层状无机物，如滑石、胶体石墨、云母、二硫化钼，以及防锈剂（亚硝酸钠、苯甲酸钠）和着色剂等。

C 油性润滑剂

油性润滑剂通常由矿物油（机油、锭子油、透平油）、动植物油（鱼油、猪油、棕榈油、椰子油、蓖麻油、菜籽油）、合成油（聚乙烯、聚丙烯）、油性改善剂（脂肪酸、醇类、酯类）、极压添加剂（S 系、Cl 系、P 系或有机添加剂）、黏度改善剂（异丁烯、丙烯酯）以及抗氧化剂（二烷基二硫代磷酸锌 ZDDP）、防锈剂（磺酸钡、牛油脂肪酸胺）、消泡剂（硅油）组成。

拉丝用油性润滑剂所承受的压力远远大于机械润滑剂所承受的压力，再好的矿物油也无法满足拉丝的润滑要求。拉丝用润滑油必须在矿物油基础上添加极压添加剂和油性改善剂才能适应拉丝要求，极压添加剂依靠与金属表面起化学反应生成极压膜改善润滑，油性改善剂依靠极性分子吸附在金属表面改善润滑。一般说来，极压添加剂所形成极压膜的摩擦系数远大于油性改善剂所形成吸附膜的摩擦系数，但两种添加剂作用区域不同，极压膜在高温区摩擦系数低，吸附膜在低温区摩擦系数低，只有两种添加剂复合使用，才能保证油性润滑剂在高温和低温区域均有较低的摩擦系数。另外，油性润滑剂还包括油基膏状润滑剂。

D　水性润滑剂

水性润滑剂可分为乳化液和皂溶液两类。

乳化液是水中添加油组成的一种水包油型的乳浊液，通常由矿物油（机油、锭子油、透平油）、油性添加剂（硫化动植物油、氯化石蜡、油酸、酯类）、乳化剂（阴离子型的碱金属皂、环烷酸钠盐、三乙醇胺盐、磺化蓖麻油和非离子型添加剂）、防腐剂（酚化合物、氮化物）、抗氧化剂等组成。

皂溶液是由水溶性碱金属皂（钾皂、钠皂）、加入防腐剂（酚化合物、氮化物）、消泡剂（乙醇、硅酮）组成。

4.2.2.4　拉拔时的温升和冷却

A　拉拔时的温升

丝材虽然在室温下进行冷拉，但拉拔所消耗的主变形功和附加变形功 90%以上转化为热量，变形消耗的功不到 10%，最终作为潜能残留在拉拔后的丝材中，而摩擦功几乎全部转化为热量。试验表明，变形功造成钢丝温度升高使整个截面均匀地温升，而摩擦功引起的温升只限于很薄的表面，丝材整体的温升分布是不均匀的，在变形区内温升沿长度方向增大；在横截面上丝材表面温升大于心部温升。丝材的温升取决于本身变形抗力、热导率、密度、比热容，以及拉拔速度和道次减面率。

拉拔产生的热量必然导致丝材、模具、润滑剂的温度随之升高。实测证明，在一般拉拔速度（120~150 m/min）条件下，低碳钢丝拉拔一个道次平均温升 60~80 ℃，而高碳钢则达到 100~160 ℃。在连续拉丝机上，钢丝经多次拉拔后，模具变形区局部累积温升可达 350~450 ℃。总的看来，温度升高给生产带来的后果是弊大于利：温度升高金属材料的变形抗力下降是有利的一面，但对于有应变时效脆化效应的高碳钢丝，温度超过 180 ℃时，钢丝抗拉强度升高，弯曲、扭转和缠绕性能急剧下降，成为不合格品，所幸的是应变时效脆化效应除温度外还与停留时间有关。因为钢丝直径有限，出模很短时间（千分之几秒）就可达到内外温度均匀一致，研究结果表明：应变时效是钢丝出模后在高温下停留时间太长产生的，只要冷却得当完全可避免产生时效脆化。相对比较，受温度影响最大的是润滑剂和模具，温升太高，润滑剂失效，模具磨损和损坏，拉拔根本无法正常进行。拉拔产生的热量只有不足 20%传递给模具、80%以上被钢丝带走，这些热量需要通过模具和拉丝卷筒散发，长期以来模具冷却和卷筒冷却一直是连续拉拔和高速拉拔必须攻克的难关。

B　拉拔时的冷却

a　模具冷却

拉拔发热主要发生在模具变形区，实现高速、连续拉拔首先要解决模具冷却问题。模具冷却的目标是防止润滑剂因温度太高分解、焦化失效，防止模具磨损超标和损坏。日常生产中模具升温最高点也不会超过 450 ℃，模具冷却属于低温传热范畴。按热力学原理，拉拔时的冷却主要依靠固体间或固体与液体间的热传导降温，风冷只能起辅助降温作用。

目前，工业生产中的干式拉拔全部选用硬质合金模与脂肪酸皂类润滑剂。在脂肪酸皂类润滑剂中硬脂酸钠皂的耐热性能最好，是高速拉拔首选润滑剂，但硬脂酸钠皂的软化点偏高，对拉拔初始成膜不利，一般需在润滑剂配入适量的低熔点皂类（短碳链脂肪酸皂）。高速拉拔用润滑剂为了提高耐热和耐压性能，通常还配入一定量的极压添加剂，这是因为硬脂酸的沸点（焦化点）为376 ℃，润滑剂的使用温度一般不应超过300 ℃。

钨-钴硬质合金制作模具耐热、抗磨，膨胀系数低，尺寸稳定性好；但其抗压强度不如抗拉强度，抗冲击性能也远不如碳素钢，通常将硬质合金模芯嵌镶在钢质外套中，使模芯处于压应力状态来扬长避短。拉拔时模具局部高温使硬质合金抗磨性能下降，磨损加快；同时因钢质外套的膨胀系数远大于模芯的膨胀系数，造成模芯受力状态改变，容易出现模芯出口处掉肉和模芯碎裂现象，模具冷却是必不可少的工艺措施。

模具冷却方式有间接水冷、自流水冷、强制水冷、直接水冷等。间接水冷是将模具安装在冷却水套中，通过水套内的水循环实现模具冷却（见图4-6），单次拉丝机和生产低碳、低合金钢丝的拉丝机多采用这种冷却方式。自流水冷和强制水冷是对模具外套进行直接水冷，自流水冷是指将水注入外套四周空间，任其自流回储水槽中的敞开式水冷；强制水冷是指将水泵入外套四周空间，让水在压力驱动下流回储水槽中的封闭式水冷，这两种冷却方式主要用在直线式连续拉丝上，是生产中高碳钢丝必备的冷却方式。水冷可以降低模套与模芯的温差，改善模具内部温度分布状况，保证润滑剂正常工作，但即使水冷效率出色地好，也只能带走10%左右的热量，无法从根本上解决高速连拔温升太高的难题。

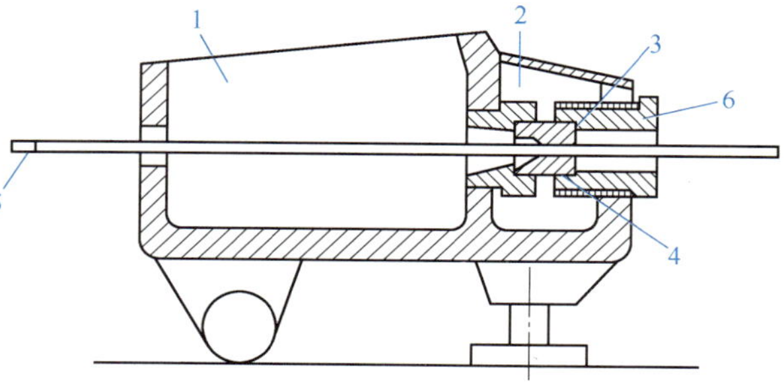

图4-6 拉丝模间接冷却

1—润滑剂室；2—冷却室；3—密封垫；4—拉丝模；5—钢丝；6—压紧螺丝

b 卷筒冷却

拉拔产生的热量80%以上被丝材带走，如何促使丝材自身热量的快速散发成为关键问题。如前所述，低温传热主要依靠传导，对流传热只能起辅助作用，丝材拉拔过程中的风冷降温仅起辅助作用，降温主要依靠拉丝卷筒的热传导。丝材与拉丝卷筒的接触面积和卷筒表面温度是决定丝材冷却速度的重要控制参数。要增加接触面积需加大拉丝卷的直径，丝材拉拔后应尽可能在拉丝卷筒多缠绕几圈；对拉丝卷筒实施强制冷却才是降低丝材温度的最有效方法。不同拉丝机的冷却效果也有差别，一般说来，单次拉丝机的冷却效果优于积线式滑轮拉丝机，积线式滑轮拉丝机的冷却效果又优于直线式连续拉丝机；拉拔速度越快，卷筒冷却方式的选择越显重要。传统的卷筒冷却方式有：喷淋水冷、溢流水冷和强制水冷，为适应高速拉拔的要求，现代化的直线式连续拉丝机几乎全部采用薄壁卷筒缝隙强制水冷的方式。窄缝冷却的卷筒设计有固定圆筒形水套，水套圆筒与卷筒内壁间留有夹缝，具有一定流动速度的冷却循环水由卷筒底部进入夹缝，将卷筒内壁附近的热水挤出，低温冷却水占据热水位置，从而对卷筒实现冷却，如图 4-7 所示。但要注意冷却水的水质问题，必须使用洁净的过滤水或净化水，以防堵塞冷却通道。现代化拉丝机常采用防锈循环水系统供水，来提高冷却效率。

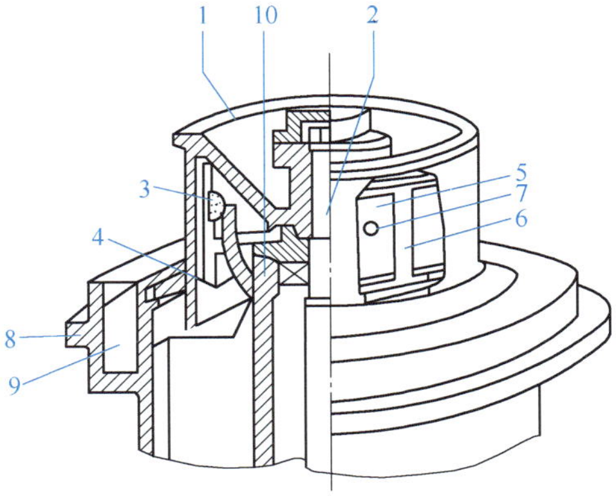

图 4-7 窄缝式卷筒冷却

1—卷筒；2—卷筒轴；3—固定圆筒；4—密封圈；5—水冷窄缝；6—筋；7—进水口；8—风盘；9—风道；10—固定座

薄壁卷筒缝隙水冷通常是多台拉丝机配备一个水循环系统集中供水，冷却水预先进行软化处理，循环过程进行多道次过滤，及时去除油污和杂物，循环压力控制在 0.4~0.6 MPa，大部分配置冷却水塔或制冷装置。使用中要定期清除卷筒和模具冷却系统水垢，疏通上回管水道，适当加大丝材在卷筒上的缠绕圈数（>10 圈）。上述冷却措施完全实施后，即使用较高速度、较大道次减面率、拉拔应变时效脆化效应显著的中高碳钢丝，也能确保成品性能。

c 钢丝的冷却

生产中钢丝的冷却方式有风冷和水冷两种。

风冷是在卷筒外壁缝隙处喷出高速空气，对卷筒上的钢丝进行冷却。

水冷的方式有以下几种：

(1) 在拉丝机卷筒周围安装水雾喷射装置，对出模孔后缠绕在卷筒下部的钢丝进行冷却，并在钢丝进入下一模孔前用橡皮滚轮和压缩空气将钢丝上的水雾擦干，如图 4-8 所示。

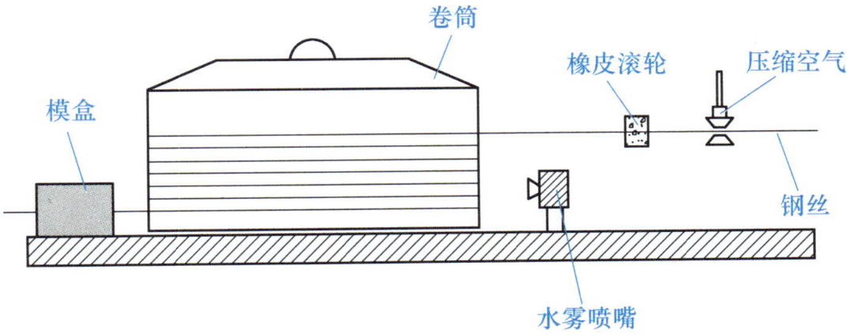

图 4-8 喷水冷却钢丝装置示意图

（2）“浸入式”的直接水冷却装置，即钢丝出拉丝模孔后，立即浸入一水槽中，出水槽时再进入一小段压缩空气管，用压缩空气在此管末端直吹钢丝表面，此压缩空气既起水封和吹干作用，又能继续冷却钢丝，如图4-9所示。此装置的优点是在断线时可以克服水倒流入润滑剂盒中的问题，其缺点是因冷却水流动性不大，出模孔钢丝表面易产生小气泡，影响钢丝散热。但是实践证明，采用此种冷却装置，比普通冷却方式为好，在拉丝速度提高30%~40%的条件下，钢丝韧性有所提高。

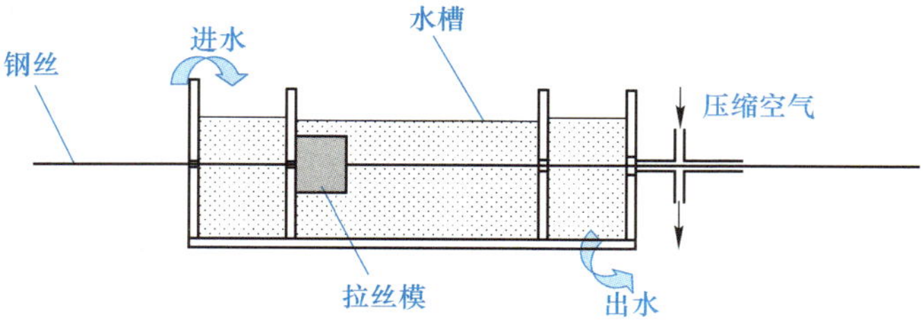

图4-9 “浸入式”直接冷却装置示意图

（3）直接冷却拉丝法，就是在拉丝机模具出口处安装一个直接水冷装置，使钢丝通过水套快速冷却。这种装置结构简单，使用方便，且冷却效果良好，如图4-10所示。

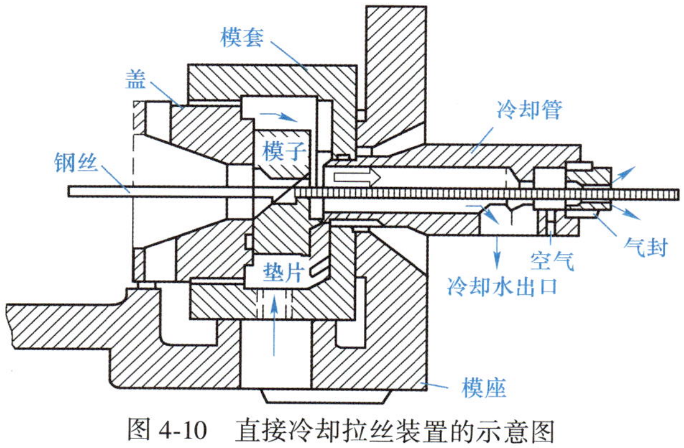

图4-10 直接冷却拉丝装置的示意图

冷却水从冷却盒下侧进入，不但可以冷却模具的外围，而且通过模具与模盒之间的沟道进入钢丝出模口处，将钢丝直接冷却，冷却水流经冷却管后从出口处排出，在此期间冷却水一直与钢丝直接接触，在冷却管端通入压缩空气，其作用既可吹去粘在钢丝表面的水膜，又可防止冷却水沿拉拔方向流动（气封作用），现代高速拉丝机广泛采用这种装置。由于其使用效果良好，且装置紧凑，在原拉丝装备上改装即可，可广泛采用在各种拉丝设备上。但是，在应用此装置过程中会遇到一个新问题，即钢丝断丝时冷却水有可能倒流入润滑剂盒中，降低润滑效果。目前，这个问题可用增加电磁阀的办法解决，即在钢丝断线时切断冷却水流通。

对于中、高碳钢丝，在活套式反拉力连续拉丝机上拉拔，针对冷却条件对钢丝力学性能影响做过三种试验，条件如下：

（1）拉丝卷筒无水冷却，但有风冷，拉丝模采用直接水冷却，拉拔钢丝直径从

3.2 mm到1.5 mm，拉拔速度240 m/min，拉拔6道；

（2）拉丝卷筒无水冷却，但有风冷，拉丝模无水冷却，其他拉拔条件同（1）；

（3）拉丝卷筒有水冷却，拉丝模采用直接水冷却，每个卷筒耗水量0.225~0.30 L/s，每个拉丝模冷却水量约0.074 L/s，其他条件同（1）。

这三种试验条件及结果见表4-7和表4-8。

表 4-7　三种冷却试验条件

试验条件编号	试验测定内容	拉拔道次					
		1	2	3	4	5	6
（1）	钢丝直径/mm	2.86	2.41	2.09	1.90	1.71	1.51
	钢丝进模端温度/℃	25	85	105	100	80	105
	钢丝出模端温度/℃	105	225	210	210	225	230
	钢丝温度计算值/℃	110.8	316	291	235.5	234	291
（2）	钢丝直径/mm	2.97	2.42	2.10	1.90	1.65	1.50
	钢丝进模端温度/℃	25	80	105	100	100	105
	钢丝出模端温度/℃	100	225	210	205	220	225
	钢丝温度计算值/℃	107.6	310	288	239	294	244
（3）	钢丝直径/mm	2.98	2.44	2.10	1.92	1.66	1.51
	钢丝进模端温度/℃	25	75	60	60	60	80
	钢丝出模端温度/℃	100	220	200	185	205	205
	钢丝温度计算值/℃	105	303	252	191	260	233

表 4-8　三种冷却条件试验对力学性能的影响

试验条件编号	抗拉强度/MPa			扭转/次			弯曲/次		
	头部	尾部	平均值	头部	尾部	平均值	头部	尾部	平均值
（1）	744.4	1896.3	1911	37	33.5	32.6	21.3	20.7	20.2
	881.6	1891，4		35.7	28.7		20.7	20.7	
	896.3	1955.1		30.3	27.5		18.3	19.8	
	881.6	1940.4		33.7	30.7		20.0	20.7	
（2）	862	1925.7	1896.3	33.8	29.7	33.0	18.3	21.3	19.5
	911	1940.4		30.2	29.7		20.1	19.5	
	920.8	1901.2		29.0	30.2		17.5	18.3	
	891.4	1827.7		30.3	41.2		19.0	22.0	
（3）	822.8	1685.6	1746.4	48	32	42.5	26	20	23.2

由表4-8可以看出，试验条件（3）的结果均比试验条件（1）和（2）要好，试验条件（3）的各项指标都比较符合生产要求。尤其是钢丝的扭转次数分别平均提高9.5~9.9

次，弯曲值亦有所提高，抗拉强度平均值降低较多。这主要是试验条件（3）冷却好，迅速降低了钢丝出模孔的温度，使钢丝进入下一道模孔的温度在 80 ℃以下，克服了时效硬化作用的结果。

产生上述现象的理论解释是：当钢丝拉拔后的温度在 230～370 ℃范围内时，存在“蓝脆”温度区域，使拉拔的钢丝呈现出强度高而塑性韧性值下降。其主要原因是某些夹杂物（如 Fe_3O_4）。在这个温度下沉淀，渗入晶粒及其晶粒间层作用的结果。

4.2.2.5 拉拔速度

拉拔速度是与丝材生产效率、能源和辅助材料的消耗、产品质量密切相关的重要工艺参数。提高拉拔速度获得的效果更多地取决于下列因素：丝材的化学成分、显微组织结构、热处理状态、盘卷单重；拉拔时的表面处理状况、润滑方式，润滑剂型号、模具材质和形状、冷却条件；拉丝机的种类、速度调控方式、运行阶段等。现代化的拉丝机正在向高速化、连续化、自动化方向发展。实践证明，在拉丝各环节采取相应措施的条件下，提高拉拔速度是可行的，确实可收到节能减耗、提高产品质量的效果。

A 拉拔速度与变形速度

拉拔速度是指丝材运动速度。在一定生产条件下，拉拔速度高，丝材的变形速度快。变形速度指的是丝材单位时间内变形程度。变形速度（u）随拉拔速度、模孔角度增大而增大，随拉拔后直径和延伸系数的增大而减小。变形速度是与拉拔功耗直接相关的工艺参数，变形速度提高将导致以下结果：

（1）随变形速度提高拉拔主变形功成正比增大，附加变形功稍有增大，而摩擦功取决于润滑状态，与变形速度没有必然关联。因此，拉拔速度增大等于变形速度提高，变形效率提高。

（2）模孔角度增大也使变形速度提高，会增大附加变形功，最终导致变形效率降低。

（3）延伸系数增大（即减面率增大），变形速度随之减小，主变形功也随之减小。也就是消耗同样的功率可以完成更大量丝材的拉拔，因此变形效率得到提高。

（4）拉拔直径较大丝材，变形速度相对较低，主变形功也随之降低，变形效率自然要提高。

（5）生产实践证明，在拉丝设备平稳、润滑状态良好条件下，适当提高拉拔速度，断线概率降低，拉拔安全系数提高。一般是因为拉拔速度提高，丝材在模具与卷筒之间停留时间短，丝材内部的显微缺陷，在张力下扩展断裂的概率也降低。对水箱式拉丝机，因存在累积滑动问题，高速拉拔断线的可能性比低速要大。

B 拉拔速度对丝材强韧性的影响

拉拔速度的提高引起钢丝温度上升，最终导致成品钢丝强度升高，韧性下降，见表 4-9。但这种现象仅为一个特例，绝不能认为这是钢丝生产的基本规律，更不能认为是丝材生产的基本规律。实际上，提高拉拔速度给丝材力学性能和工艺性能带来什么样的变化，主要取决于丝材自身特性（化学成分和组织结构），其次才是拉拔温升，而且温升带来的变化是多向的，有上升也有下降，当然也包括基本不受影响的。

表 4-9 拉拔时发热对钢丝韧性的影响

钢丝碳含量（质量分数）/%	钢丝直径/mm	部分压缩率/%	总压缩率/%	弯曲值/次		模孔有冷却时韧性增加/%
				模孔无冷却	模孔有冷却	
0.79	1.6	22	72	14	17	21
0.79	1.6	34	72	10	11	10
0.49	1.6	22	72	17	21	24
0.49	1.6	34	72	16	17	6

C 拉拔速度对拉拔力的影响

拉拔速度对拉拔力的影响主要取决于丝材变形抗力和摩擦状态。

（1）一般说来，拉拔速度的提高会带来丝材温度的上升。对于低强度材料（如低碳钢丝），温度仅上升 100 ℃，变形抗力下降，拉拔力下降。对于不锈钢丝等丝材，温度升高 100~200 ℃对变形抗力基本无影响，拉拔力基本不变。

（2）干式拉拔的润滑状态通常为混合润滑状态，即由边界润滑与流体动力润滑组成的润滑状态，流体动力润滑所占比例越大，摩擦系数越低。建立流体动力润滑状态必须在模具变形区前形成一个高压区，阻止润滑剂回流，同时适当高的温度使润滑剂处于流动状态也是必要条件。提高拉拔速度可以同时创造这两个条件，因而可以改善润滑状态，降低摩擦系数，拉拔力随之下降。

（3）对于应变时效脆化效应显著的钢种，提高拉拔速度导致钢丝屈服强度提高，拉拔力也随之提高。

4.2.2.6 压缩率的影响

A 总压缩率的影响

几乎所有的碳素钢丝强度都随着总压缩率的增加而升高。这主要是随着冷变形量的加大，金属内部晶粒不断产生滑移，随着滑移系减少及晶粒产生位错歪扭，阻止再变形进行，使塑性变形抗力增加，金属形成“加工硬化”现象，导致钢丝的抗拉强度升高。同时，随钢丝抗拉强度的升高，其屈服极限和弹性极限也增高，钢丝的塑性指标伸长率和断面收缩率下降。

由图 4-4 可以看出，伸长率在拉拔第一道后急剧减少，随后与压缩率成比例地轻微下降。

钢丝的扭转、缠绕和弯曲次数是韧性指标的表征，它与钢丝的纤维组织状态和变形时的温升有关，缠绕指标仅在有此项要求的产品中出现。

总压缩率与扭转次数的关系：变形初期扭转次数下降，不稳定，压缩率达到 80%~40%时，扭转次数降到最低，但以后随拉拔继续进行，扭转次数将会逐渐恢复上升；随后当变形量超过一定限度时，扭转次数又急剧下降，此极限值随部分压缩率与碳含量的增加而减少，对于中、高碳钢丝，总压缩率在 80%左右时可获得峰值的扭转次数。

总压缩率与反复弯曲次数的关系：和总压缩率与扭转次数的关系相似。

总压缩率与弯曲疲劳极限的关系：在达到一定总压缩率之前，大致是与抗拉强度相似，也成比例上升。但疲劳极限值与抗拉强度比值超过 30%时，将开始急剧下降。此极限值与扭转性能有相似的特性，当超过一定总压缩率时将下降。

所以在用加大总压缩率提高冷拉钢丝的强度时，一定要防止过大的冷加工硬化；否则，虽然钢丝的强度提高了，但其韧性会恶化。因此，总压缩率的选择不仅要考虑产品强度，还要考虑产品的韧性。

在实际生产中，钢丝的总压缩率主要考虑：

(1) 不同钢丝产品要求的强度极限，良好的综合韧性；

(2) 希望尽量减少生产过程中的热处理次数。

B 部分压缩率的影响

在总压缩率相同条件下，用不同的部分压缩率拉拔，所获得钢丝的力学性能将不同。一般情况下，部分压缩率增大会使钢丝的强度增加而韧性下降，如图 4-11 所示。

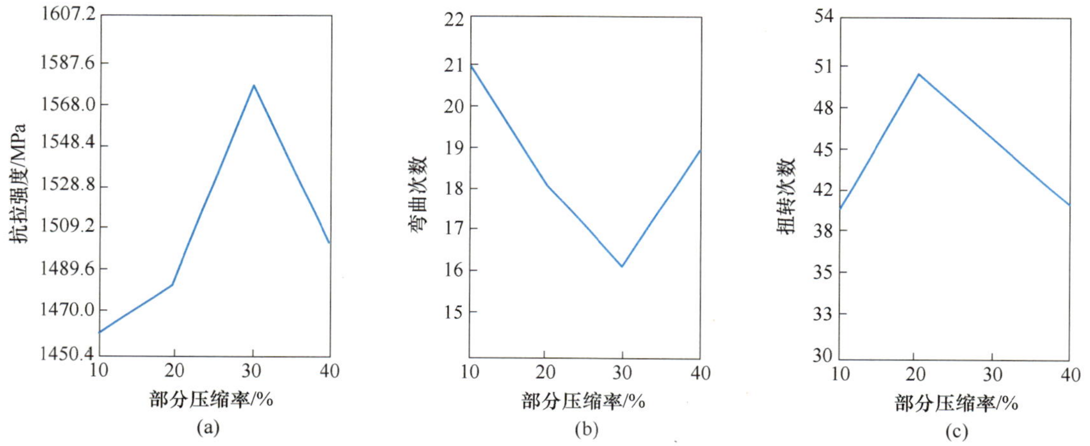

图 4-11 部分压缩率对 ϕ1.6 mm 钢丝（0.49%C）力学性能影响

（a）抗拉强度；（b）弯曲次数；（c）扭转次数

（试验条件：中 3.5 铅火，总压缩率 79%，模孔角度 $\alpha=12°$）

在拉拔高碳钢丝中，部分压缩率的选取极为重要。为了达到较高的抗拉强度，必须采用较高的总压缩率；为了保证必要的韧性，又必须采用较小的部分压缩率拉拔。

目前，普遍采用第一道及最后一道的拉拔选取较小部分压缩率，第二道选取最大部分压缩率，随后平稳或逐道减小的分配原则。这种分配方式对钢丝韧性有利，特别是在扭转试验时由于表面质量较好，易于获得平整断口。对成品钢丝的力学性能要求不高者，部分压缩率的分配可根据具体情况适当调整，但一般仍遵循上述分配原则。

4.2.2.7 反拉力

反拉力拉拔时，拉拔力随反拉力增加而增大。但是，拉拔力增大的值并不等于反拉力的值，这是因为模座上的压力不是一个常数，而是随着反拉力的增大而相应减小的。在带反拉力拉拔时，模座上的压力随反拉力的升高而降低，这样就可使模座压力减少，而提高拉丝模使用寿命。同时，由于钢丝与模壁间摩擦力的降低，可减少钢丝表面与拉丝模发热，从而能改善钢丝的力学性能。

4.2.3 拉丝缺陷

对于成品钢丝，按相应标准对钢丝表面、尺寸公差和力学性能都有严格要求。但是，在拉丝生产中，由于原料、设备、工艺条件、操作等因素会造成钢丝缺陷，使产品质量不合格，这是在钢丝生产中经常碰到的。为此，必须找出造成各种废次品的原因，及时采取措施，确保钢丝生产的正常进行。

4.2.3.1 尺寸不合格

（1）成品钢丝尺寸超出正偏差。对于新换上的拉丝模应进行测量，以防“错号”，或者模子制造误差引起的尺寸超差。拉拔过程中应根据润滑和表面色泽控制拉拔速度，并且随着拉丝模不断磨损，操作者应勤检查钢丝直径，按成品钢丝尺寸公差要求及时更换拉丝模。

（2）成品钢丝尺寸超出负偏差。成品钢丝尺寸超出负偏差，通常称之为“缩丝”，主要原因是成品模孔润滑不良。这种现象多发生于拉丝速度较高的情况下，磷化表面不佳，拉至成品时的磷化膜遭到破坏，或者拉丝模入口锥角度太小，或入口端堵塞，使润滑剂带不进去，造成“缩丝”。解决方法是：操作者应及时搅拌盒内润滑剂，注意提高钢丝表面磷化质量，若模子堵塞应及时清理或更换拉丝模。

（3）钢丝不圆度超过规定。产生原因是：一方面由于拉丝模本身制造误差；另一方面是钢丝表面局部酸洗不净，磷化不好，造成拉丝模磨损不均，变形不均所致。对此应采取的相应措施：更换拉丝模，提高钢丝表面处理质量，加强拉丝润滑效果。

4.2.3.2 刮伤

钢丝表面有划痕，明显的划痕肉眼可见，轻微的划痕用手指甲横向刮钢丝表面能感觉出来，这种划痕通常是通条连续的。产生的原因：拉丝模具加工不良，模孔表面光洁度差；或者钢丝表面氧化铁皮未洗干净；或者模子开裂损坏等。为此，应及时更换拉丝模，并加强润滑。

4.2.3.3 结疤

结疤呈“舌头形”或“指甲形”，宽而厚的部分与钢基体相连（生根结疤），经拉拔后结疤的一端翘起（翘皮），这是由于原料有结疤或翘皮而引起的。另外，钢丝表面留着没有洗净的氧化铁皮或石灰中的坚硬颗粒，在拉拔时被压在钢丝表面层，形成氧化疤或石灰疤等。

4.2.3.4 裂纹

（1）纵向裂纹。裂缝、裂纹一般出现在钢丝表面，并沿钢丝纵向产生，多与拉拔方向一致。产生原因比较复杂，多为原料有裂纹、皮下气泡、夹杂物造成；有时生产工艺过程不当，拉丝变形量过大也会引起纵向裂纹。

（2）横向裂纹。钢丝表面呈横向裂纹，大小、深度不同，分布于局部。产生原因：一方面是由于线材本身内在质量问题，如低碳钢线材表面硅偏析或表面增碳等。由于局部硅或碳元素富集，大大降低线材的塑性，拉拔后金属分层即开裂；另一方面是钢丝生产工艺的制订不合理造成的，如总压缩率或部分压缩率过大，产生过拉，也可能是热处理中过热等原因，或者由于拉丝模入口锥角太大，使变形区太短或拉拔速度太快，润滑不良产生拉丝横裂纹。因此，应根据上述不同原因采取相应改进措施。

（3）内裂。丝材在拉拔过程中金属变形不均匀，心部承受的拉应力最大，中间层次之，表面最小。如果模具工作区角度过大或润滑不良，表层与心部承受的拉应力差距将进一步增大。另外，丝材心部组织结构难免存在疏松、空穴或夹杂等个别缺陷，再加上拉拔总减面率或道次减面率偏大，丝材剩余塑性不足。上述因素结合在一起，往往造成丝材心部出现“人”字形内裂。

4.2.3.5 竹节

钢丝从最后的成品模出来后，沿长度方向产生周期性的竹节状起伏。有时由于竹节弯曲度甚小，用肉眼几乎无法辨认，要用手感来鉴别。

“竹节形”钢丝造成的原因，主要有以下三个方面：

（1）钢丝在成品卷筒上积线量过多、过重。一般多发生在细钢丝生产过程中，因为钢丝拉拔力所产生的向上分力较小，不足以克服卷筒上所储存的钢丝与卷筒间的摩擦阻力，使拉出的钢丝不易顺利地将钢丝上推。于是，被拉出的每一圈钢丝都要被卷筒底部的钢丝轧压一次，这样就形成“竹节形”。解决方法是：首先检查卷筒底部锥度是否正确，若因过度磨损，则应及时检修。如果锥度正确，仍有竹节缺陷，则应减少卷筒上钢丝储存量，使钢丝易于上升，消除钢丝受弯折的可能性。

（2）由于成品卷筒装配不紧，产生摇摆松动，使拉丝模中心线不与卷筒相切，且不成一直线，钢丝与拉拔方向偏离，则沿钢丝长度方向产生竹节。对此，应及时检修传动装置，排除卷筒摇摆现象。

（3）润滑不良造成。当成品模孔润滑剂不易被带入时，由于钢丝变形不均，也造成“竹节形”缺陷。解决方法是：将模盒内润滑剂经常搅动，增加钢丝黏附润滑剂的能力，而使变形均匀，由于润滑不良所造成的缺陷波浪形弯曲度一般很小。

4.2.3.6 扭曲

冷拉丝材的扭曲是弹性后效在长度方向上的体现，冷拉丝材在拉拔力消失后存在着长度缩短的趋势，变形程度越大，长度方向缩短的趋势也越大。如果丝材四周变形程度不均，弹性后效作用必然使盘卷丝材产生扭曲，扭曲严重时整卷钢丝呈“∞”字形或球形。

产生扭曲的根本原因是拉拔时拉拔方向与模孔轴心未重合，造成丝材变形不对称和不均匀。具体影响因素涉及模具、润滑、卷筒和操作四个方面，当然热处理性能不均也是不可忽视的重要因素。

首先，应保证模具的镶套质量，模芯与模套必须同心，模具出口端面必须与模孔轴线垂直；其次，要彻底去除丝材表面氧化铁皮，并涂敷适当的润滑载体，选用适当的拉丝润滑剂；再次，要防止因丝材与模具接触面质量的动态变化，涂层和润滑剂质量不好造成局部摩擦条件改变，使丝材外表面受力不均、变形的对称性遭到破坏。

拉丝卷筒和拉丝模盒的相对位置对防止丝材扭曲有决定性的影响，卷筒收线点与模具出口处应保持在同一水平线上；保证丝材以切线方向卷到拉丝卷筒上，即丝材运动方向与卷筒收线点到卷筒中心连线成90°角，生产中主要依靠调整拉丝模盒的高度，以及与模盒卷筒的相对角度达到上述要求。因为拉拔过程中模孔和丝材的直径不断变化，所以操作工必须适时调整模盒位置，调整原则是：丝材进入模盒点，离开模具点和卷筒收线点必须在一条水平线上，俗称“三点一线”。同时必须调整好模盒与卷筒的相对角度，保证丝材以切线方向卷到拉丝卷筒上。当然，上述调整全凭经验，以丝材盘形作为衡量标准，“三点一线”调整目标是盘卷无“元宝形”扭曲；“切线方向”调整目标是盘卷规整，无胀缩圈。

调整盘卷形状也有一些技巧，例如常用套模生产改善润滑、保证进线方向与模孔轴线重合，即在工作模前套一个模径相同，孔径比丝大 0.02~0.05 mm 的模具；又如在拉拔后迫使丝材通过一组平、立辊式矫直器再缠绕等，均能有效防止丝材产生扭转变形。

另外，为保证拉拔时丝材自动向上滑动，不会造成表面擦伤和扭曲，拉丝卷筒根部通常加工成圆弧状，圆弧 $R \geqslant 2d$（d 为最大进线丝材的直径）；卷筒积线区通常带一定锥度，锥度随丝材直径减小而增大、随丝材抗拉强度增大而减小；直径 3.0~10.0 mm 锥度一般控制在 2.0°~1.0°，直径 3.0~1.0 mm 锥度一般控制在 2.0°~3.0°。

生产较小规格（$\phi \leqslant 1.5$ mm）丝材时，拉丝卷筒直径太大，往往造成丝材的纵向不均匀增大，每一圈丝材都力求恢复其自然弯曲度，常常造成整盘丝扭成“∞”字形或球形，因此要控制卷筒直径，不得大于丝材直径的 450~500 倍，细钢丝（$\phi \leqslant 0.5$ mm）取上限倍率。

生产较小规格（$\phi \leqslant 1.5$ mm）丝材时，对卷筒直径还有一个下限要求。丝材拉拔后需在拉丝卷筒上盘绕成卷，有的需要经矫直器后重新盘绕，此时丝材均要承受弯曲变形，但应保证丝材外圈表面的伸长率不得超过丝材的均匀伸长率（屈服点伸长率）。

4.2.3.7 拉拔断裂

丝材生产的理想状态是拉拔顺畅，质量稳定，但拉拔毕竟受多种因素制约，其中任何一项因素发生变化，改变了塑性变形条件，就会出现拉拔断裂现象。引发拉拔断裂的因素有以下几种。

（1）模孔内表面不完善：包括模孔工作区角度超出最佳度范围、定径区过长、入口锥和出口锥轴线倾斜或角度偏小，上述缺陷需通过模具修整解决。

（2）丝材与模具接触摩擦力增大：包括涂层和润滑剂受潮，或模孔磨损严重、表面粗糙度高、变形区入口出现环状凹陷，无法建立有效润滑膜；润滑剂活性、黏附性差，或耐热、耐压性能不足，造成丝材与模孔内表面出现点状熔接；模具和卷筒冷却不足，丝材拉拔温升超出允许范围等。

(3) 丝材表面处理不好：包括氧化铁皮清除不尽；对氢脆敏感的钢种，酸洗后烘烤不充分，引发氢脆断裂；丝材表面有横纹、飞刺、耳子等缺陷，或丝材在进口处急剧弯曲，丝材带入油污或灰尘堵塞模孔等。

(4) 拉拔工艺问题：包括道次减面率分配不当、拉拔速度过快、反张力选配不合适等。

(5) 金属塑性不足：包括丝材热处理不均、局部塑性不足、难变性丝材拉拔过度等。

(6) 与操作有关的因素：包括轧尖不圆滑或带飞刺，启动速度太快、冲击力大、无法建立有效润滑等。

(7) 与设备有关的因素：包括拉丝机老化、传动不平稳、震动强烈，收线卷筒或水箱塔轮出沟槽夹丝等。

(8) 冶金质量因素：造成丝材断裂的冶金质量因素主要有内部夹杂和组织结构缺陷，钢中夹杂一般分为外来夹杂和自生夹杂，组织结构缺陷分低倍缺陷和显微缺陷。钢的纯净度对细丝生产至关重要，尤其是极细丝（直径 $\phi<0.03$ mm），钢的纯净度不好，拉丝时经常断线，无法正常生产。

(9) 电接不良引起断丝：电阻对焊接头操作不当引起电接处拉拔性能低劣而断丝，在断口附近可见表面擦磨痕迹（焊花打磨的痕迹）。

4.2.3.8 钢丝韧性低劣

在拉制高碳钢丝时，由于操作不当，或工艺条件差，经常造成钢丝韧性下降。最明显的表现是扭转次数极低，弹簧钢丝扭转断口不佳。钢丝韧性值低，造成废品的主要原因是：

(1) 冷却效果不好。钢丝经拉拔温度升高，引起强烈的时效硬化，使韧性低劣、扭转试样时表面分层，断口不齐或早期扭裂，扭转次数低值。这种情况多发生在冷却系统的冷却能力不足、拉丝速度高的情况下。为此，应采取积极措施加强冷却能力，目前采用的钢丝直接水冷却方法效果很明显。另外，可以适当降低拉拔速度，或采用多道次小的部分压缩率来拉拔。

(2) 润滑不佳。润滑不佳的情况下，钢丝表面光洁度较差，甚至引起表面缺陷，在扭转试验时引起扭转次数降低。因此，对于综合性能要求较高的钢丝拉拔，例如：弹簧钢丝，除了需要良好的表面涂层外，还要注意拉拔时的润滑效果。采用良好的润滑剂，或操作时经常添加、搅拌润滑剂，以达到提高润滑的效果。

问题讨论

(1) 冷拉条件对钢丝力学性能的影响有哪些，它们分别是怎样影响的？

(2) 拉拔钢丝时发热的主要原因是什么，发热给拉拔带来的危害有哪些？

(3) 钢丝强化冷却的措施主要有哪些？

(4) 拉丝常见的缺陷有哪些，试分析产生的原因，如何防止？

任务 4.3 钢丝质量检测

知识准备

对于成品钢丝的拉拔要求是使成品钢丝达到相应标准的技术条件，即获得一定尺寸精度、表面质量和一定的力学性能要求。这不但要求工艺流程和工艺制度合理，而且与操作者的技术水平、工作质量有关。操作者技术水平的高低、操作质量的优劣，不但对顺利拉拔有影响，而且还影响产品质量。因此，每个拉丝操作者应树立“质量第一”的观点，并且了解产品质量的要求。产品质量的好坏是通过检查和试验进行鉴定的。

对钢丝质量的检测要求一般以产品技术标准（国家标准、行业标准、地方标准、企业标准）、其他相关的产品设计图样、作业文件或检测规程中明确规定作为质量检测的技术依据和检测后比较检测结果为基础。经对照比较，确定每项检测的特性是否符合标准和文件规定的要求，确定每项质量特性是否合格，从而对单件产品或每批产品质量进行判定。

4.3.1 钢丝尺寸的检查

普通钢丝一般采用精度为 0.01 mm 量具（千分尺）测定钢丝的直径和椭圆度，精度要求较高的细钢丝宜用 0.001 mm 的量具（万分卡）来测量。

以《制绳用钢丝》（YB/T 5343—2009）为例，见表 4-10，标准中钢丝的名义尺寸叫作公称尺寸。由于实际生产中难以达到公称尺寸，标准中规定的实际尺寸与公称尺寸之间有一定的允许差值，叫作偏差。差值为负值叫作负偏差，差值为正值叫作正偏差。直径公差等于标准中规定的允许正、负偏差绝对值之和。椭圆度表示钢丝横断面上直径不等现象，其值等于实际最大值与实际最小直径之差。

表 4-10 直径的允许偏差 (mm)

公称直径	允许偏差	
	光面、B 级和 AB 级	A 级
$0.15 \leq d < 0.30$	±0.01	±0.02
$0.30 \leq d < 0.60$	±0.01	±0.03
$0.60 \leq d < 1.00$	±0.02	±0.03
$1.00 \leq d < 1.60$	±0.02	±0.04
$1.60 \leq d < 2.40$	±0.03	±0.05
$2.40 \leq d < 3.70$	±0.03	±0.06
$3.70 \leq d < 5.20$	±0.04	±0.07
$5.20 \leq d < 6.00$	±0.05	±0.08

4.3.2 钢丝表面质量的检查

钢丝的表面通常用肉眼检查，某些产品尚可用大于 5 倍的放大镜检查。

通常规定：钢丝表面不得有裂纹、竹节、起刺、伤痕和锈蚀等。

对于不同品种的钢丝，还有一些特殊的表面要求。例如，镀锌钢丝的锌层应连续、均匀；轮胎钢丝表面要求平滑并涂有均匀的铜层，不得有油渍等。

对于钢丝线盘要求整齐，不得有紊乱的线圈，缩圈或呈“∞”字形。有的对不同直径的钢丝，还有盘径要求。

4.3.3 钢丝物化性能的检测

4.3.3.1 化学成分检测

钢丝的化学成分一般属于对线材的技术要求，碳素钢丝的化学成分主要有碳（C）、硅（Si）、锰（Mn）、硫（S）、磷（P）等。它们对钢丝的质量和性能的影响很大，它们的含量都有一定范围要求。有的钢丝对成分要求比较严格，如焊条钢丝对成品钢丝要求做抽样检测。

4.3.3.2 机械性能检测

各种钢丝产品标准中通常要求做力学性能试验，试验项目主要有：拉力试验、反复弯曲试验、扭转试验、缠绕试验；调质钢丝还需做硬度试验。某些弹簧钢丝和表面有镀层的钢丝需要做缠绕试验。

另外，疲劳试验能正确反映钢丝承受反复应力状态工作条件下的使用性能，该项试验未列入产品标准验收内容，只用作考核钢丝质量的测试手段。

4.3.3.3 镀层质量检测

对于表面要求镀锌的钢丝，一般要求检测锌层的质量，即锌层的厚度、牢固度和均匀度。用以下方法试验。

（1）锌层重量试验：按《钢产品镀锌层质量试验方法》（GB/T 1839—2008）规定进行，以“g/m^2”为单位考核锌层的厚度，即上锌量。

（2）硫酸铜试验：按《镀锌钢丝锌层硫酸铜试验方法》（GB/T 2972—2016）规定进行，用于测定钢丝锌层的均匀性。将试样按规定浸置时间，浸入一定浓度及一定温度的硫酸铜溶液，直到试样附着铜以前，考核浸置的次数。

（3）缠绕试验：按《金属材料 线材 缠绕试验方法》（GB/T 2976—2020）规定进行，用于检查圆形有镀层金属表面镀层结合的牢固性。该试验是将试样沿螺线方向以紧密的螺旋圈缠绕在直径 D 的芯杆上，D 的大小应符合标准的规定。缠绕后用肉眼判断其镀层，不得开裂或脱落，也可用此法来考核钢丝的塑性、表面质量、内部缺陷等。

问题讨论

1. 常用的钢丝直径测量工具有哪些？精度如何？
2. 钢丝表面可能出现哪些常见缺陷？这些缺陷是如何产生的？

3. 如果钢丝的抗拉强度低于标准值，如何改进生产工艺？
4. 钢丝的主要化学成分有哪些？它们对钢丝性能的影响是什么？
5. 如何检测镀层厚度以及镀层与基体的附着力？
6. 常用的钢丝镀层耐腐蚀性检测方法有哪些？
7. 常用的钢丝力学性能检测设备有哪些？依据的标准是什么？

实训任务

实训任务 4-1　金属线材拉伸试验

1. 实训目的

（1）掌握金属线材强度和塑性指标的检测方法。

（2）认识并正确操作万能试验机。

2. 操作步骤

（1）依据相关试验标准进行试验，如《金属材料　拉伸试验　第 1 部分：室温试验方法》（GB/T 228.1—2021）。

（2）试样准备。根据检测项目的要求，在待检钢丝上随机截取，表面有磨痕或机械损伤、裂纹以及肉眼可见的冶金缺陷的试样均不允许用于试验，试样标距应按试验标准、产品标准或者协定。

（3）试验过程：

1）原始标距 L_0 标记和直径测量 d：原始标距一定要准确可靠，建议先用签字笔做好标记，然后使用小裁纸刀在试样表面轻刻出划痕，划痕长度不应超过 1/4 试样周长，选择划痕中与试样轴向垂直程度最好的部位，再用签字笔进行标记，签字笔画线的长度最好不超过 1 mm，以避免由于标距不平行造成的测量偏差。用最小分辨率为 0.02 mm 的游标卡尺精确测量试样直径。

2）试验机和引伸计要符合试验标准的要求。

3）将试样两端装上套筒，固定于试验机上端夹头。将引伸计以相对的方向固定于试样上。为避免引伸计刀口在装卸过程中对试样上原有标距的损伤，同时避免标距划痕对引伸计响应精确程度的影响，应将引伸计固定于没有划痕的两侧。

4）开动试验机，使试样受到缓慢增加的拉力（应根据材料性能和试验目的确定拉伸速度），直到拉断为止，并利用试验机的自动绘图装置绘出材料的拉伸图。观察试验过程中的强化、冷作硬化和颈缩等现象，在强化阶段的任一位置卸载后再加载进行冷作硬化现象的观察；此后，待主动针再次停止转动而缓慢回转时，材料进入颈缩阶段，注意观察试样的颈缩现象。

5）取出试样断体，观察断口情况和位置。将试样在断裂处紧密对接在一起，并尽量使其轴线处于同一直线上，测量断后标距 L_u 和颈处的最小直径 d_u（应沿相互垂直的两个方向各测一次，取其平均值），计算断后最小横截面积 S_u。

（4）结果评定：拉伸试验的强度指标和塑性指标依据试验标准（GB/T 228.1—2021）

进行数据处理。

出现下列情况之一时，试验结果无效。1）试样断在标距外或断在机械刻画的标距标记上。2）由于试样夹持装置不合理，造成试件表面咬伤致使试件过早破坏，影响试验数据的准确性；操作不当使试验数据不准时。3）试验数据采集有误，或处理有误时。4）试验前认真检查，核对试样。如有缺陷，建议立即更换并注明原因。

（5）试验报告：试验报告应包括标准编号，试样标识、材料名称、牌号、试样类型、试样取样位置和方向、所测性能结果。

3. 训练结果评价

（1）学生自评，总结个人实训收获及不足。

（2）小组内部互评，根据学生实训情况打分。

（3）教师根据训练结果对学生进行口头提问，给学生打分。

（4）教师根据以上评价打出综合分数，列入学生的过程考核成绩。

实训任务 4-2 金属线材反复弯曲试验

1. 实训目的

（1）掌握金属线材反复弯曲性能的检测方法。

（2）认识并正确操作线材反复弯曲试验机。

2. 操作步骤

（1）依据相关试验标准进行试验，如《金属材料 线材 反复弯曲试验方法》（GB/T 238—2013）适用于直径为 0.3~10 mm 的金属线材。

（2）试样准备。试样可从外观检测合格线材的任意部位截取，若有关技术条件或双方协议另有规定，按规定执行。试样长度一般为 150~250 mm。

线材试样试验前进行矫直：必要时试样可以用手，在用手不能矫直时，可在木材、塑性材料或铜的平面上用相同材料的锤头矫直。但试验时，在其弯曲平面内允许有轻微的弯曲。在矫直过程中，不得损伤线材表面，且试样也不得产生扭曲。有局部硬弯的线材应不矫直，如从绳索上取下的线材。

（3）试验过程：

1）试验一般应在室温 10~35 ℃进行，对温度要求严格的试验，试验温度应为 23 ℃±5 ℃。

2）接好反复弯曲试验机的电源线，按需要调整速度。

3）使弯曲臂处于垂直位置，将试样有拨杆孔插入，试样下端用夹紧块夹紧，并使试样垂直于圆柱支座轴线，如图 4-12 所示。

4）按“开”键，试验开始，数显表记录弯曲次数；弯曲试验室将试样弯曲 90°，再向相反方向交替进行；将试样自由端弯曲 90°，再返回起始位置作为第一次弯曲。

5）弯曲操作应以每秒不超过一次的均匀速率平稳无冲击地进行，必要时，应降低弯曲速率以确保试样产生的热不至于影响试验结果。

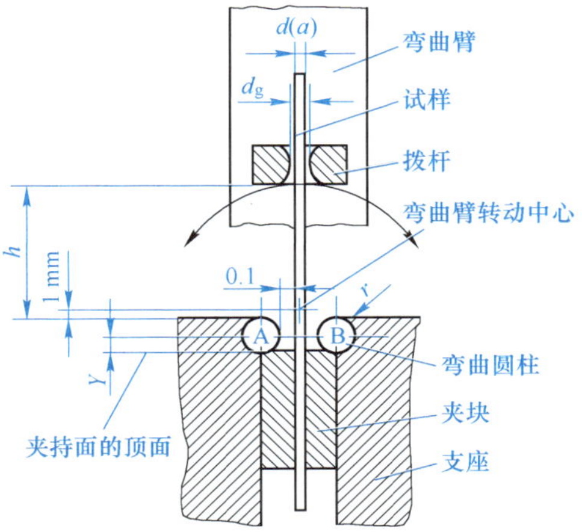

图 4-12　线材反复弯曲试验仪

d—线材公称直径，mm；a—厚度，mm；d_g—拨杆孔直径，mm；

h—距离，mm；r—弯曲圆弧半径，mm；Y—夹块面的顶面到弯曲圆柱中心的距离，mm

6）试验中为确保试样与圆柱支座圆弧面的连续接触，可以对试样施加某种形式的张紧力。除非相关产品标准中另有规定，施加的张紧力不得超过试样公称抗拉强度相对应力值的 2%。

7）按有关技术条件规定或试样断裂后，电机自动停止，数显表保持断裂弯曲次数；记录数显表中显示的次数，按标准规定，最后一次弯曲次数不计，从总数中减去一次，即为试样的弯曲次数有效值。

8）将断裂的试样取出，按“复位”键，上夹具复位，同时数显表清零。

（4）结果评定：记录线材直径、弯曲圆弧半径、弯曲次数、标准号，必要时记录试样断裂特征（如断口形貌）。

（5）试验报告：试验报告应包括标准编号、试样标识（如材料类别、炉号）、试样公称直径 d 或最小厚度 a、试样制备的详细情况（如矫直情况）、试验条件、终止试验依据、试验结果。

3. 训练结果评价

（1）学生自评，总结个人实训收获及不足。

（2）小组内部互评，根据学生实训情况打分。

（3）教师根据训练结果对学生进行口头提问，给学生打分。

（4）教师根据以上评价打出综合分数，列入学生的过程考核成绩。

实训任务 4-3　金属线材扭转试验

1. 实训目的

（1）掌握金属线材单向或双向扭转时塑性变形性能的检测方法。

（2）正确辨识线材表面和内部的缺陷。

（3）认识并正确操作线材扭转试验机。

2. 操作步骤

（1）依据相关试验标准进行试验，如《金属材料　线材　第1部分：单向扭转试验方法》（GB/T 239.1—2023）适用于直径为0.3~10 mm的金属线材。

（2）试样准备：

1）试样可从外观检测合格线材的任意部位截取。

2）线材试样应该是平直的：必要时试样可以矫直，可在木材、塑性材料或铜的平面上用相同材料的锤头矫直。在矫直过程中，不得损伤线材表面，且试样也不得产生扭曲。存在局部硬弯的线材不得用于试验。

3）除非另有规定，试验机两头中间的标距长度应符合标准的规定，试样总长度应为标距长度与夹在钳口内的试样长度之和。

（3）试验过程：

1）试验一般应在室温10~35 ℃进行，对温度要求严格的试验，试验温度应为23 ℃±5 ℃。

2）将试样置于试验机夹持钳口中，使其轴线与夹头轴线重合，并施加某种形式的拉紧力，其大小不得大于该材料公称抗拉强度相应力值的2%。

3）除非另有规定，否则按标准要求设定扭转速度，其偏差应控制在规定转速的±10%以内。

4）试样置于试验机夹紧后，以恒定的速度进行单向或双向扭转可转动夹头，计数装置自动计数，直至试样断裂或达到规定转数为止。

5）当试样扭转次数、表面及断口符合有关标准规定时，试验有效。如果未达到规定的次数，且断口位置在离夹头 $2d$（D）范围内，则该试验无效。在试验过程中发生严重劈裂，则最后一次扭转不计。

（4）结果评定：

1）试样扭转次数、断口及表面状态符合相关规定则试验合格。

2）金属线材表面和内部的缺陷，试样的扭转断裂类型、外观形貌及断口特征典型分为三类：正常扭转断裂，断裂面上无裂纹；局部裂纹断裂，试样表面有局部裂纹；螺旋裂纹断裂，试样全长或大部分长度上有螺旋形裂纹。

（5）试验报告：试验报告应包括标准编号、试样标识（如材质、牌号）、试样公称直径 d 或特征尺寸 D、试样制备的详细情况（如矫直方法）、试验条件（如标距、速度、拉紧力）、试验结果（如扭转次数、断裂类型）。

3. 训练结果评价

（1）学生自评，总结个人实训收获及不足。

（2）小组内部互评，根据学生实训情况打分。

（3）教师根据训练结果对学生进行口头提问，给学生打分。

（4）教师根据以上评价打出综合分数，列入学生的过程考核成绩。

实训任务 4-4　金属线材缠绕试验

1. 实训目的

（1）掌握镀层金属和无镀层金属线材承受缠绕和松懈变形能力及镀层结合牢固度的检测方法。

（2）认识并正确操作线材缠绕试验机。

2. 操作步骤

（1）依据相关试验标准进行试验，如《金属材料　线材　缠绕试验方法》（GB/T 2976—2020）。

（2）试样准备：

1）试样可从外观检测合格线材的任意部位截取，或按有关标准规定执行。

2）线材试样的长度一般为 500 mm±10 mm，实验前可放在木垫上用木槌轻轻打直，但不得损伤线材表面。

（3）试验过程：

1）试验一般应在室温 10~35 ℃进行，对温度要求严格的试验，试验温度应为 23 ℃±5 ℃。

2）试样应在没有任何扭转的情况下，以每秒不超过一圈的恒定速度以螺旋线方向紧密缠绕在芯棒上，必要时可以减慢速度，以避免发热造成的影响。

3）为保证紧密缠绕，可在试样自由端施加一拉力，不大于线材公称抗拉强度所对应负荷的 5%。缠绕时线圈应紧密排列，不能重叠，缠绕圈数一般为 5~10 圈，如图 4-13 和图 4-14 所示。

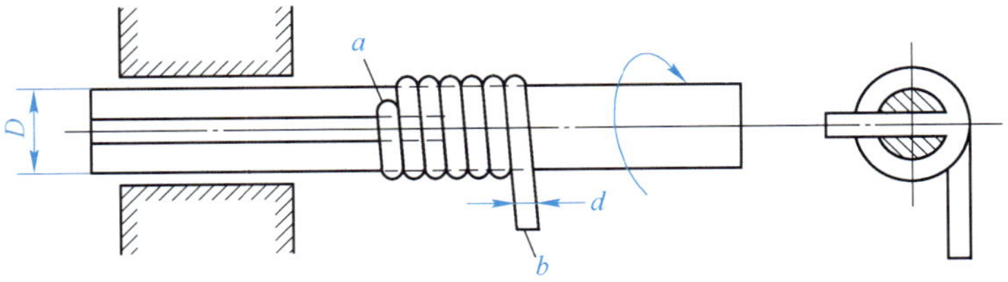

图 4-13　芯棒缠绕

D—缠绕芯棒直径，mm；*d*—圆形线材直径或异形线材公称直径，mm；

a—试样固定端；*b*—试样自由端

4）如果要求解圈或解圈后再缠绕，解圈和再缠绕的速度一定要慢，以免发热影响试验结果，解圈时，试样末端应至少保留一圈缠绕圈。

5）缠绕完成取下试样进行评定。

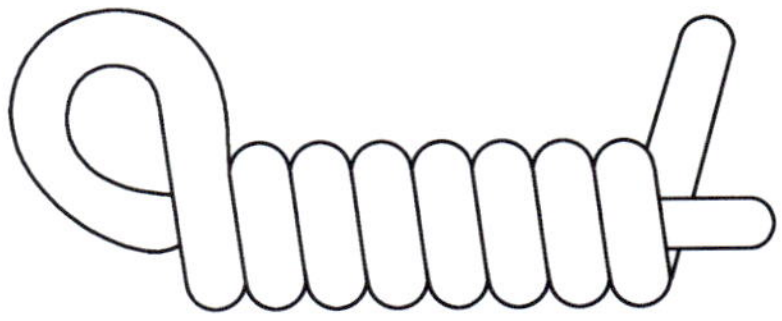

图 4-14　自身缠绕

（4）结果评定：

1）可以用肉眼观察，直径小于 0. 5mm 的线材需在大约 10 倍的情况下判断；有镀层的线材，其镀层不得开裂或脱落；无镀层的线材不得有裂缝、折断和分层，或符合有关标准规定。

2）进行松懈试验，允许试样有自然弯曲。

3）进行缠绕拉伸试验，按有关标准检查螺旋间距的均匀性。

（5）试验报告：试验报告应包括标准编号、试样标记（如材质、镀层类别）、试样直径或厚度、芯棒直径、试验条件（如圈数、缠绕长度）、试验结果。

3. 训练结果评价

（1）学生自评，总结个人实训收获及不足。

（2）小组内部互评，根据学生实训情况打分。

（3）教师根据训练结果对学生进行口头提问，给学生打分。

（4）教师根据以上评价打出综合分数，列入学生的过程考核成绩。

实训任务 4-5 硫酸铜试验

1. 实训目的

（1）掌握硫酸铜试验检测镀锌钢丝锌层均匀性的方法。

（2）熟悉化学溶液配制方法。

2. 操作步骤

（1）依据相关试验标准进行试验，如《镀锌钢丝锌层硫酸铜试验方法》（GB/T 2972—2016）。

（2）试样准备：试样长度不小于 150 mm，切取试样时注意避免表面损伤，用手调直，钢丝绳拆股可不用调直。

（3）试验溶液配置：

1）将 36 g 硫酸铜晶体溶于 100 mL 蒸馏水中，可加热至晶体溶解，但需冷却至室温。为中和溶液中的游离酸可加入过量碱中和（溶液中出现沉淀为过量）：每 10 mL 溶液加入 10 g 粉状氢氧化铜搅拌，静置 24 h 后过滤。

2）试验溶液置于不与硫酸铜反应的容器中，高度不小于 100 mm；容器内径，对于直径小于 2. 6 mm 的钢丝不小于 50 mm，对于直径大于 2. 6 mm 的钢丝不小于 75 mm，最多可以同时试验 6 根，溶解锌达到 5 g/L 时更换溶液。

（4）试验过程：试验前将试样用乙醇、汽油等溶剂清洗，必要时再用氧化镁糊剂轻擦并用水洗后迅速干燥。

将洁净试样轻轻浸置于静置的温度为（18±2）℃溶液中，不得搅拌溶液，试样不可以彼此接触，也不能和容器壁接触；按钢丝产品标准规定时间浸置，平稳地取出试样，立即用水洗净，用脱脂棉将附在锌层表面上的铜及其化合物去掉，反复操作。

终点的判断：试样的钢基上析出有光亮的附着牢固的金属铜时为达到终点。下列情况为未达到终点：

1）析出有光亮的附着牢固的铜，但其面积不大于 5 mm^2，仅适用于网片试样；

2）用钝的器件（如刀背等）能将析出的铜除去且在铜下显现出锌层（为判断铜下面是否有锌层，在此处滴上数滴含有0.16%氯化锑的稀盐酸，有锌层时有活泼的氢气产生）；

3）在距试样端部25 mm以内及离溶液面10 mm的部位有铜析出。

（5）合格与否判定：重复操作，达到钢丝产品标准规定的次数为合格，达不到钢丝产品标准规定的次数时为不合格，最后一次试验不计人次数。

3. 训练结果评价

（1）学生自评，总结个人实训收获及不足。

（2）小组内部互评，根据学生实训情况打分。

（3）教师根据训练结果对学生进行口头提问，给学生打分。

（4）教师根据以上评价打出综合分数，列入学生的过程考核成绩。

课程思政

在一根钢丝绳上争毫厘
——记天津市劳动模范、天津市全友钢丝绳有限公司技术工人高畅

2001年入行的高畅，已经在钢丝绳行业干了20余年，他在公司先后任过叉车工、车间主任、技术部长、检验科科长等。在担任车间主任期间，他带领车间骨干组织、参与研发了公司快速电梯绳的工作，率先实施了外层钢丝定尺生产、钢丝轴和股绳轴不落地生产等新的生产模式，使公司产品质量得到质的提升，100万次疲劳试验无断丝，在客户中赢得了很高的声誉。

高畅在担任技术部长期间，先后组织公司多项新产品的开发及新工艺、新装备的研发工作。2015年，公司遇到了前所未有的危机，根据国家环境治理大形势，公司要么通过提升改造满足国家环境保护的要求继续生存下去，要么就是安于现状，面临着被淘汰的风险。高畅和企业高层领导统一思想，凝心聚力，一致决定通过提升改造使企业得到生存发展的空间。在提升改造过程中，他积极配合公司技术处对热处理工艺、生产模式进行提升，但公司所购进新设备的生产工艺和生产模式与以往截然不同，他在没有任何文字资料的情况下，通过边生产、边自学、边教学的方法培养出一批技术娴熟的工人；他带领热处理车间人员突破几项行业空白技术，如无酸洗拉拔工艺等，都对公司提升改造起到了至关重要的作用。

在高畅的带领下，通过研究、试验，公司取得了多项工艺先进、产品附加值高的实用新型专利，为提升公司的经济效益做出了巨大贡献。

党的二十大提出“建设现代化产业体系”。高畅深耕一线，以创新攻克绿色工艺，正是践行习近平总书记关于“把高质量发展作为首要任务”“依靠劳动创造扎实推进中国式现代化”的重要论述。新征课上，我们要以高畅为榜样，以奋斗推进制造强国、绿色中国。

项目5 钢 丝 镀 层

学习目标

知识目标：

（1）了解热镀锌与电镀锌的原理与组织结构；

（2）掌握热镀锌与电镀锌的工艺操作流程；

（3）掌握工艺参数对锌层厚度与组织的影响；

（4）了解钢丝热镀铝工艺及应用。

技能目标：

（1）能够根据锌层厚度选择合适的工艺参数；

（2）能够制定低、中、高碳钢丝的热镀锌工艺路线；

（3）能够进行电镀锌工艺计算。

素质目标：

（1）培养学生发现问题、思考问题、解决问题的能力；

（2）培养学生严谨的工作作风。

任务5.1 钢丝热镀锌

知识准备

热镀锌是应用广泛的成品钢丝防止腐蚀的方法，钢丝经过热镀锌在表面形成锌-铁合金和纯锌层，起到防止钢丝腐蚀的作用。

5.1.1 热镀锌原理

5.1.1.1 热镀锌层的形成过程

钢丝经过酸洗、水洗、涂熔剂、烘干后进入锌池中，停留时间仅为数秒到数十秒。在如此短的时间内，钢丝与锌液之间却进行了相当复杂的物理及物理-化学作用，并随后在钢丝表面形成一层锌层。

微课 钢丝热镀锌

课件 钢丝热镀锌

照片 热镀锌

在钢丝表面形成镀锌层过程可用如下交错进行的步骤来描述：

（1）熔剂与钢丝表面互相作用：如图 5-1 所示，此时熔剂清除钢丝表面上的残余铁盐和氧化物，使其进一步清洁，这是随后能够顺利进行铁与锌间的浸润、溶解、扩散过程的先决条件，这一步骤自图 5-2 中的“1”一直延缓至“4”。

（2）当钢丝进入锌液时，由于其表面较冷，故会立即凝结一层锌壳，一直到钢丝的温度升高到锌的熔点为止，如图 5-2 中的“2”所示。

（3）钢丝表面上的锌壳开始熔化到完全熔化为止，如图 5-2 中的“3”所示。

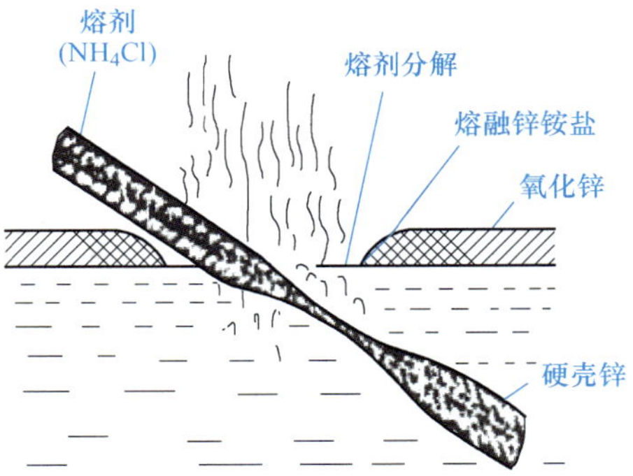

图 5-1　钢丝入锌锅熔剂的作用

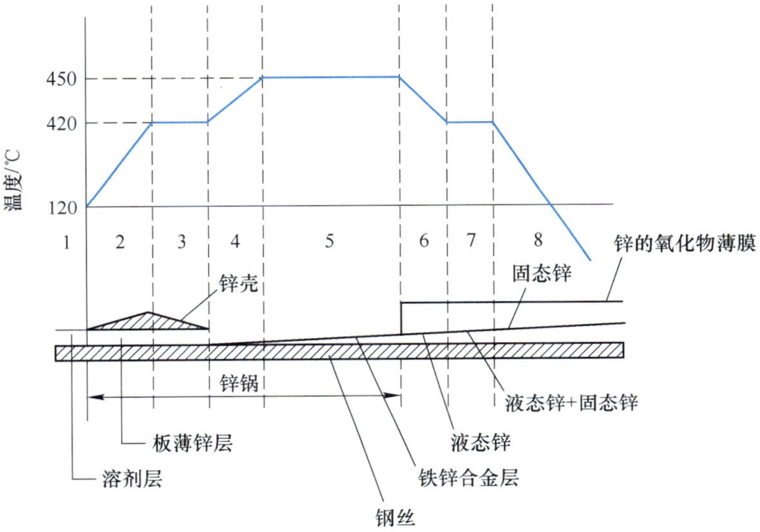

图 5-2　镀锌层形成过程原理图

（4）熔剂层自钢丝表面上脱落和锌液在钢丝表面上浸润，如图 5-2 中的“4”所示。

（5）钢基体与锌液间进行扩散反应，铁锌合金层形成并继续长大。此过程自图 5-2 中的“4”开始一直延续到钢丝冷却至 200 ℃左右才终止，即图 5-2 中的“8”。

（6）锌液在铁锌合金表面上润湿、黏附和流散，如图 5-2 中的“6”所示。

（7）锌的凝固和结晶。

（8）固态锌的冷却，如图 5-2 中的“8”所示。

（9）液态及固态锌表面氧化，锌的氧化薄膜的生成和长大，如图 5-2 中的“6”～“8”所示。

5.1.1.2　热镀锌层的组织结构

热镀锌过程即铁锌反应的过程，因此遵循铁-锌-二元平衡相图的规律，钢材表面上的热镀锌层是由多相层构成的，而这一多层结构中的各个相层，具有不同的物理和化学性能。图 5-3 所示为目前普遍采用的铁-锌二元平衡状态相图。

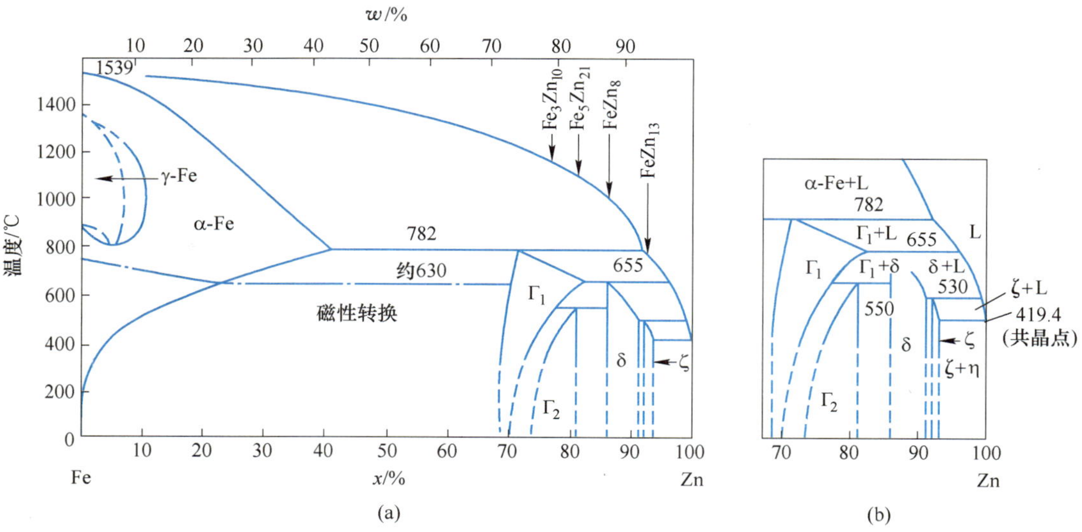

图 5-3 铁-锌二元平衡状态相图

（a）铁-锌二元合金状态图；（b）富锌端放大图

在铁-锌系二元状态图中有以下几种相层：α、γ、Γ、δ、ζ、η。

α 相——黏附层，是锌铁中的固溶体，在温度约为 250 ℃时，锌在 α 相中的溶解度是 4.5%，当温度升高到 623 ℃时，锌的溶解度约为 20%。

γ 相——中间层，是 α 相在 910 ℃时转变而成的，其分子式为 Fe_3Zn_{10}，含铁量在 21%~28%，具有反磁性，性质最脆，熔点为 672 ℃。事实上，在很短的浸锌时间内这层相是不出现的。

Γ 相——共晶转变的结果，使 γ 相变成 γ+Γ 的机械混合物，Γ 相直接黏附在钢的基体上，其化学成分相当于 Fe_5Zn_{26}，在锌-铁合金相中 Γ 层是最硬和最脆的相，其含铁量为 22.96%~27.76%。

δ 相——栅状层，是铁-锌系中含锌量增加到一定程度时出现的金属间化合物，塑性较好，其分子式为 $FeZn_7$，含铁量为 7.0%~11.5%。

ζ 相——漂走层，位于 $δ_1$ 相和纯锌层之间，含锌量在 94%，其化学成分相当于 $FeZn_{13}$，ζ 相很脆，这同它的晶体构造有关。在高温热镀锌时，ζ 相很容易从镀锌锅壁和钢管基体上脱落下来，故称漂走层。

η 相——纯锌层，是铁在锌中的固溶体，是热镀锌件上的纯锌层，其含铁量不大于 0.003%，塑性较好。

在实际热镀锌中，获得的镀层结构不一定完全像上面叙述的各个相层。普通的低碳钢在热镀锌温度为 440~465 ℃时，可能只形成 η、ζ、Γ 等几个相层。

5.1.1.3 影响镀锌层组织构造的因素

钢丝浸入锌浴中，主要依靠界面反应和扩散反应生成镀锌层。显然，它的组织及厚度，都将取决于反应条件（包括钢丝的成分影响）。为了取得符合产品技术要求的镀锌层，必须对各种影响镀锌层生成的因素要有充分的了解。以下从钢的化学成分、锌液成分及能量等几个方面来讨论。

A 钢的化学成分影响

a 碳

一般来说，碳含量高，锌与钢基体的作用越强，如图 5-4 所示。严格地说，钢中的碳存在的状态、形状和分布，对镀锌层的影响更为重要。实验证明：同一碳含量的钢基体组织不同，镀锌时铁-锌反应速度也就不同。当渗碳体相细小、弥散度较高且分布均匀时，铁-锌反应速度就慢，反之则快，见表 5-1。

表 5-1 不同组织钢基体（0.78%C）镀锌时引起的铁损失量

样品编号	组 织	铁损失量/g·(m·h)$^{-1}$
1	粒状珠光体	680
2	层状珠光体	740
3	索氏体	130
4	马氏体	92、89
5	屈氏体	118
6	回火索氏体	110

此外，碳还能影响锌层表面的外观。例如冷变形后的再结晶退火，会使钢丝组织沿晶界析出渗碳体。它能使锌在钢丝表面不均匀地流动，造成锌层厚薄不均。

b 硅

硅对铁-锌合金层生成的影响比碳还要显著。有的研究者对电机用硅钢片镀锌发现：少量的硅（如>0.2%）就会大大地增加锌对钢基体的浸蚀程度；当硅含量高达 0.8%时，浸蚀速度大幅度上升，能高出不含硅钢的 14~24 倍之多，如图 5-5 所示。

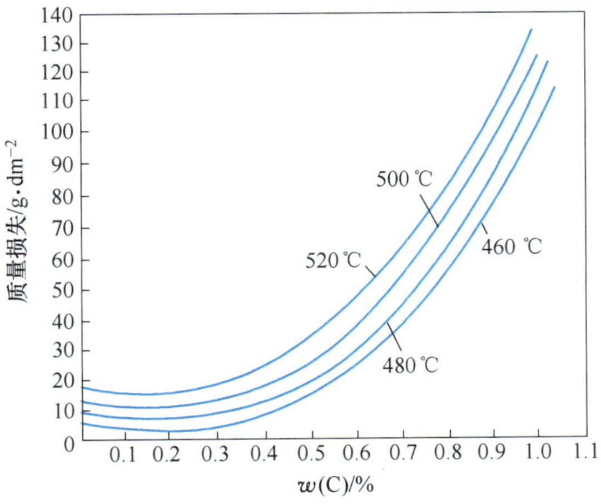

图 5-4 碳含量对锌与钢的浸蚀影响

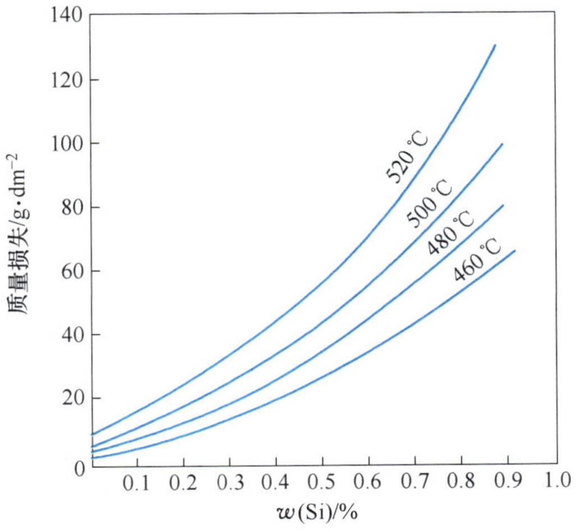

图 5-5 硅含量对铁损失量的影响

c 锰

锰含量低时，影响不大；但锰含量较高的钢，会改变锌对其最高浸蚀速度的临界温度。例如，含 0.4% Mn 的钢临界温度为 490 ℃，含 1.4% Mn 的钢却降为 450 ℃，见表 5-2。

表 5-2 锌对含锰钢的浸蚀能力

纯铁中锰含量（质量分数）/%	浸镀 2 h 后的合金层厚度/mm				
	450 ℃	475 ℃	500 ℃	525 ℃	550 ℃
0.38	0.1	0.85	0.76	—	—
1.4	2.4	0.17	0.20	0.23	0.28
0.3+1.0Cu	0.08	0.08	0.30	0.18	0.21

d 硫和磷

钢中硫、磷含量较少，只是在偏析部分积聚较多。一般认为，只有在硫、磷含量多的偏析部分，锌才有较强的浸蚀作用。

e 镍和铬

镍对镀锌的影响有不同的说法：一般说法认为钢中含 5%~6%Ni 可抵抗锌的浸蚀；另一种说法认为镍没有阻止浸蚀作用。

含少量铬会增加锌对钢的浸蚀速度，如含 0.6% Cr 时浸蚀速度将增加 1 倍。若铬含量很高（4%~9%Cr）时，会降低锌的浸蚀速度，例如耐热钢在镀锌时几乎和低碳钢一样。

另外，铜、铝、钛、氢等对锌层组织也有相应的影响。

B 锌液成分的影响

商品锌的纯度，依其品位不同而有所差别。按其制造工艺不同可分为电解锌、蒸馏锌、重熔锌三种。电解锌的纯度较高，最宜作为镀锌原料。蒸馏锌也可作镀锌原料，其质量稍次于电解锌。重熔锌是用锌渣回炉熔炼的，含锡、铝、铜、镉等杂质较多，几乎无法用于钢丝镀锌。我国商品锌的代号及成分列于表 5-3。

表 5-3 商品锌的代号及成分

品名	代号	化学成分（质量分数）/%					
		锌	铅	铁	镉	铜	杂质总量
1 号锌	2-1	≥99.99	≤0.005	≤0.003	≤0.002	≤0.001	≤0.01
2 号锌	2-2	≥99.96	≤0.015	≤0.010	≤0.010	≤0.001	≤0.04
3 号锌	2-3	≥99.90	≤0.05	≤0.02	≤0.02	≤0.002	≤0.10

采用 3 号以上品位的锌作镀锌原料，只要避免在镀锌操作中混入杂质，保持锌浴成分纯净，则锌液成分对镀锌钢丝锌层质量的影响并不大。下面介绍锌浴中常见的合金元素对锌-铁反应的影响。

a 铅

3 号锌铅含量不大于 0.05%。但在传统的热镀锌生产工艺中，为了保护锌锅底部，常采用在锅底保持厚约 10 mm 的铅液层。在锌液和铅液长期接触下，会使下层铅中含 2%左右的锌，而上层锌液中可含 1.0%～1.5%铅。对锌层成分的分析结果证明：只有在纯锌层中才有铅，而铁-锌合金层中没有铅存在。

b 铁

锌浴中铁含量一般是很低的，主要来自铁-锌反应中生成的漂走层，因其密度较大而沉入锅底。

锌浴中铁含量较高时对铁-锌反应无影响，但对纯锌层的质量有影响，纯锌层中夹有铁-锌合金夹杂物，会使锌的消耗量增加，并使锌层的挠性变差。

锌浴表面的铁含量通常不超过 0.05%。为了减少锌浴中的铁含量，应减少锌浴中漂浮的铁-锌结晶，通常每 10～15 天需要捞锌渣一次。

c 铝

铝的熔点较高（658 ℃），因此，通常制成含 5%～20%铝的锌-铝合金加入。

在锌浴中加铝的目的有两个：一是增加镀层表面光泽，在锌液中保持 0.02%的铝含量已经足够。由于铝在锌浴中很容易被氧化，为了要保持足够的铝含量，故必须按 0.2%含量加入。二是改变锌层组织，此时铝含量必须控制在 0.2%～0.3%，即至少要比增加光泽作用的铝含量增加约 9 倍。为了补偿铝在锌锅中易氧化的损失，必须按 1.5%～3.5%含量加入。

锌液中含少量铝，由于会生成 Zn-Al 合金，将有抑制 Zn-Fe 合金生成的作用。为避免合金层生长不良，锌层挠性变坏，故钢丝生产都不直接加铝。

d 铜

铜主要是由于使用重熔锌时带入的元素，当使用 1/3 的重熔锌时，往往会使锌浴中铜含量达到 0.5%，在正常的锌浴中铜含量不会超过万分之几（正常使用标准锌块规定铜含量仅十万分之几），则对锌层组织无影响。

e 锡

锌浴中的锡通常是无意中带入的，但也有有意加入的。在正常的锌浴中，锡含量一般很少超过 0.2%。有意加入的锡含量在 1.5%左右，加锡的目的是要获得大的花纹并改进光泽，使锌层显得更为白亮。

C 能量的影响

能量的供应在锌层生成中也起着重要作用。从热力学观点来说，界面反应及扩散反应都来源于一定的热能，然而热能供应的速度取决于作用的温度，供应的能量则是浸锌时间。很多试验都以反应温度及时间与铁的溶解量损失之间的关系表示能量的影响，而相互作用的强弱程度，均以铁损失的数量来表示。

a 温度影响

当纯铁在锌温为 500 ℃左右的纯锌中时，起主导作用的是两种金属间的界面反应，即钢基体被直接溶解。从图 5-6 可看出，锌温为 500 ℃以上时作用较强。当锌温在 490 ℃以下或 540 ℃以上时，纯铁与锌之间应是以扩散为主导，能生成黏附紧密的铁-锌合金层。锌温过低，流动性会变差；但过高，又会使锌层表面变得粗糙。因此，为了得到适量铁锌合金层及平滑表面的锌层，锌温应取 450 ℃为宜，图 5-7 所示为钢丝上锌量与锌温之间的关系。

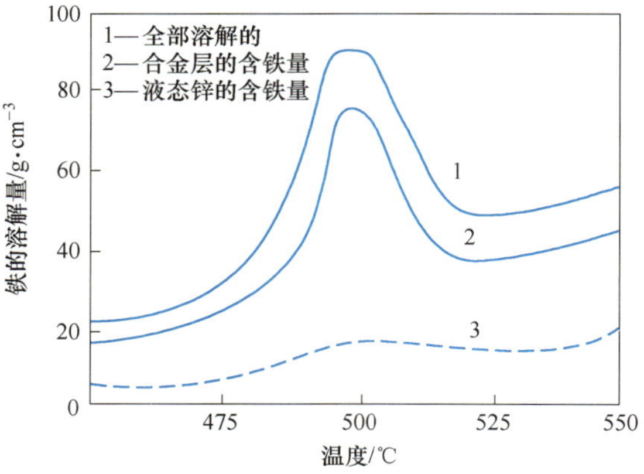

图 5-6 温度对锌浸蚀力的影响

（最高浸蚀力在 500 ℃左右）

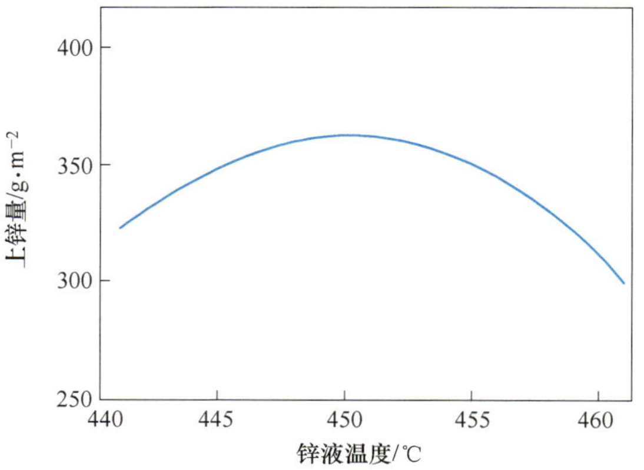

图 5-7 锌液温度与上锌量的关系

沸腾钢镀锌生成的合金层较镇静钢的少，因此可适当升高锌温，以求合金层增大。但过高的锌温又会使纯锌层减薄和合金层增厚（脆性相也相应增厚），从而使锌层挠性下降。为此，从欲得较高的纯锌层出发应控制锌温不宜过高。随温度上升，合金层的生长速度变化如图 5-8 所示，从中可见其增长速度是较快的。

b 浸锌时间

图 5-9 所示为浸锌时间与锌铁反应（铁损失量）之间的关系。由该图可知：当锌温为

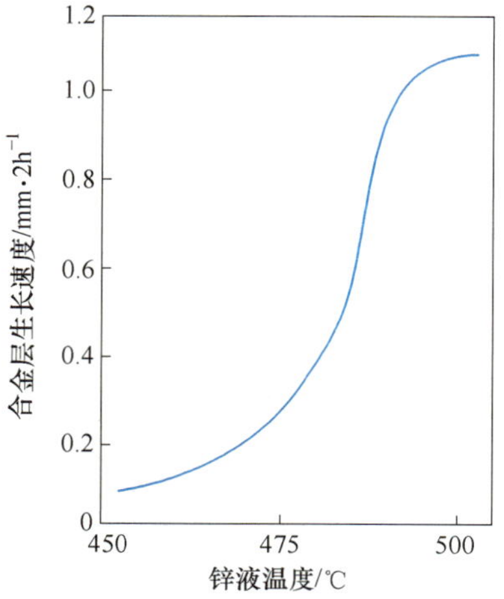

图 5-8 锌液温度与合金层生长速度的关系

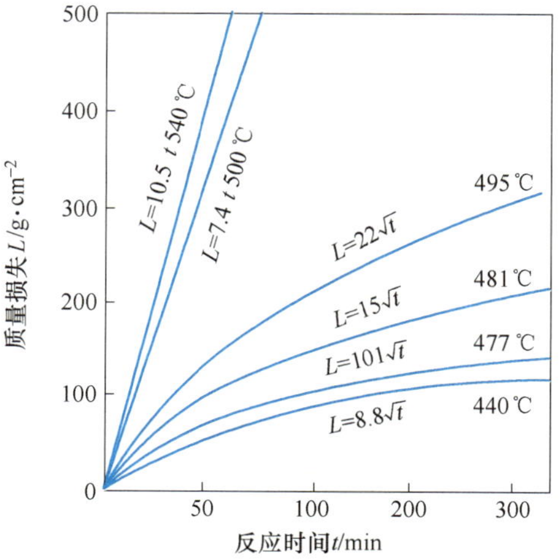

图 5-9 低碳钢在锌液中铁的质量损失

500 ℃时，铁的损失和浸锌时间成一直线上升的关系。镀锌时间越长，合金层越厚，其中栅状层增大更快。在显微镜下测出各层合金厚度见表 5-4，在连续式钢丝热镀锌中，浸锌时间随钢丝规格大小而变化，为数秒到几十秒，最长的也不会超过 1 min。因此，在正常情况下，浸锌时间稍有波动，对铁-锌合金层厚度的影响是有限的。

表 5-4 450 ℃时各合金层的厚度

浸锌时间/min	连接层/μm	栅状层/μm	漂走层/μm
1	0	5	10
4	15	13	15
30	28	38	30
240	50	125	60
480	60	190	60

浸锌时间与上锌量关系如图 5-10 所示，可见浸锌时间越长，则上锌量越多。在这种条件下，上锌量的增加主要是因为合金层增厚的结果。

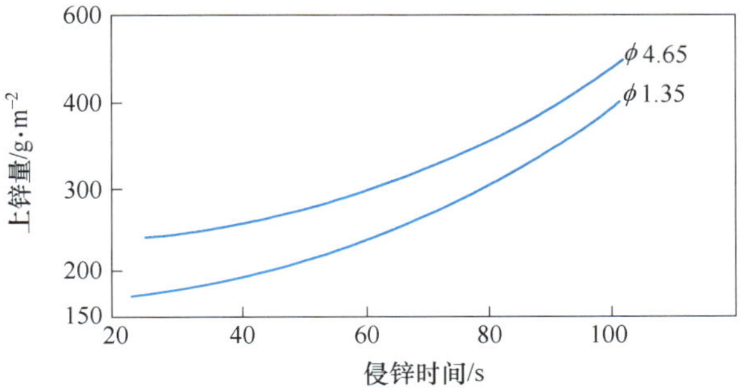

图 5-10 浸锌时间与上锌量的关系

D 钢基体的尺寸、形状、表面状态及物理性能的影响

a 钢基体的形状

铁-锌合金层总是垂直于钢基体表面成长，如图 5-11 所示。

镀锌前钢丝表面如有铁鳞存在，或者由于酸洗的不均匀浸蚀，都会引起钢基体表面凹凸不平。镀锌后镀层在凹面及凸面部分形成组织是不同的，凹下部分栅状组织生长得较致密，最外层有较多的纯锌层；在凸面部分栅状层较疏松，因而导致漂走层开裂并自由长大，使得纯锌层减薄。

b 钢基体表面清洁程度

钢基体表面不清洁，例如有污垢，就会阻碍锌-钢基体的作用，则铁-锌合金层就会厚薄不均，严重时表面局部区域无法形成镀层。

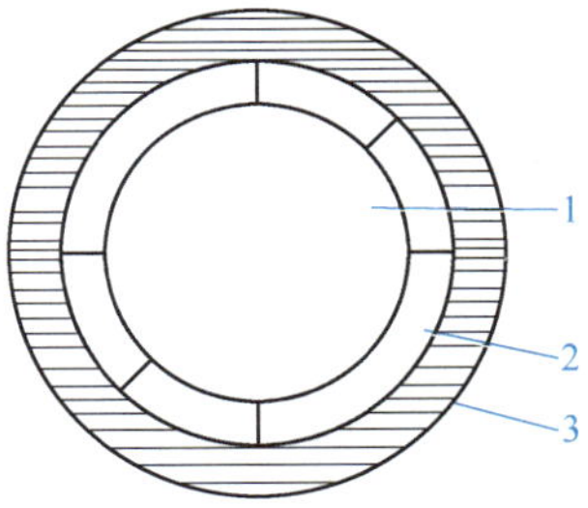

图 5-11 圆形试样表面生成的铁-锌相

1—钢基体；2—铁锌合金层；3—纯锌层

c 钢基体表面粗糙程度

钢基体表面粗糙（即表面呈一系列的凹凸点），会使锌铁合金层形成海绵状组织，从而能从锌锅中带出较多的锌液，使锌层增厚。

d 钢丝的尺寸

钢丝直径越大，浸锌时间应越长，且确保在锌锅中“锌壳”熔化，使铁-锌反应能顺利进行。粗钢丝从锌锅引出时，不仅它的热容量较大，而且能保持较长的温热时间，会促使纯锌层和铁-锌之间的反应，使铁-锌合金层继续长大。因此，对粗规格钢丝熟镀锌时，钢丝出锌锅后常采用快冷（如采用风冷、水冷等方式），以使 Zn-Fe 合金的反应迟缓，保证纯锌层有足够的厚度。

e 钢基体的内应力

当钢基体有内应力存在时，使金属内能增加，促使铁-锌合金反应，使上锌量增加。镀锌用的冷拉钢丝，在拉拔中可以认为整个断面所受应力是均匀的，并且冷拉后表面比较光滑，锌液的浸蚀可谓是相当均匀的。

5.1.1.4 影响钢丝镀锌层厚度的因素

热镀锌层的总厚度等于合金层及纯锌层厚度之和。由于这两层形成的机理不同，因此影响它们的因素也各不相同。

A 影响合金层厚度的因素

锌液温度和浸锌时间：温度越高，浸锌时间越长，则合金层越厚。

钢丝的碳含量和硅含量：特别是硅含量，当硅含量高时会增大合金层厚度。

钢丝的规格：钢丝越粗，浸锌时间应越长，则热容量越大，会促使合金层增厚。

B 影响纯锌层厚度的因素

纯锌层的生长是依靠锌液对钢丝的附着力带出，显然影响其生成的因素与合金层是不同的。

a 镀锌速度

钢丝从锌锅中引出的速度，对纯锌层厚度起决定性的作用，即速度越快，纯锌层也越厚，此时上锌量的增加是依靠纯锌层厚度取得的。前已述及：纯锌层借助锌液表面张力，当钢丝从锌浴中引出时黏附于合金层上带出的。与此同时，锌液还受到自身重力作用自动下流。当锌液的附着力起主要作用而克服重力影响时，必将增加锌层的附着量。显然，只有当速度增快时才会减轻重力的影响，而使锌液来不及下流，增加上锌量。

某厂曾对含 0.76 %C、直径 0.9 mm 钢丝，采用不同引出速度对锌层厚度进行试验，取得如下结果：在其他工艺参数相同的条件下，引出速度从 22 m/min 增加到 40 m/min 以上时，纯锌层厚度从 22 μm 增厚到 40 μm 以上，并测出它们的锌-铁合金层厚度大体相同，约为 8 μm。

b 擦拭方式

纯锌层厚度受不同擦拭方式影响，如垂直引出方式会得到较厚的纯锌层，而斜向引出方式纯锌层较薄。此外，纯锌层的厚度还和表面光洁度、擦拭的轻重程度有关。较厚的纯锌层一般是采用在锌液面覆盖厚度约为 8 cm 较厚的木炭擦拭层，并由快速垂直引出方法取得的。较薄的锌层可通过斜向引出方法获得，由于此时锌液直接受“石棉弹簧”的擦拭，故可获得非常光滑的表面。

c 锌液的黏度

锌液的黏度高会使纯锌层增厚，锌液的黏度取决于锌浴温度及其纯洁度。锌温越低，锌液黏度越高；锌液中有氧化锌或细小 ζ 相结晶体漂浮时，也会增大锌液黏度。

d 铁-锌合金层组织状态

当铁-锌合金层越厚，且以栅状层和漂走层状态存在时，将有利于带出较多的锌液，从而使纯锌层增厚。

为了确保钢丝镀锌顺利进行，钢丝直径越大，则其浸锌时间要越长，于是它的热容量也就越大。热容量大的粗钢丝，从引出到其表面锌液凝固所需的时间较长，因而会出现表面锌液流失。尤其在冷却过程中，铁与锌之间仍继续进行热扩散反应，故粗钢丝锌层相应要减薄。为此，粗钢丝镀锌后常采用水冷或风冷来加快冷却，抑制合金层的增长。

5.1.1.5 热镀锌对钢丝力学性能的影响

钢丝热镀锌时，需浸入 450 ℃左右锌液中，并保持一定时间。为此，对镀锌钢丝来说等于进行一次 450 ℃左右的热处理。对于中、高碳镀锌钢丝而言，不仅要求具有一定的抗蚀性能，而且还要求有较高的强度及韧性。因此，这类钢丝在镀锌前必须先经过索氏体化处理，随后再进行加工，以达到其所要求的力学性能。为了弥补钢丝经热镀锌后力学性能的损失，热镀锌钢丝的总压缩率均要高于普通光面钢丝的总压缩率。

钢丝经镀锌后，力学性能变化表现在以下几个方面。

A 抗拉强度

由于冷拉钢丝热镀锌时，对钢丝内部组织实际上起了一个短时间的退火作用，使钢丝的加工硬化有一定程度的恢复，因而抗拉强度会有所降低。通常冷拉铅的淬火强度减少率，随总压缩率增大而增大。总压缩率在 50%以下时，镀锌对强度影响不大。一般高碳钢丝总压缩率大于 50%时，强度损失率约 10%，如图 5-12 所示。

B 伸长率

钢丝热镀锌后的伸长率有所增大，其增大值与冷变形程度有关。总压缩率越大，伸长率增加值也就越多，此外还受锌温的影响。图 5-13 为伸长率与锌温之间的关系。

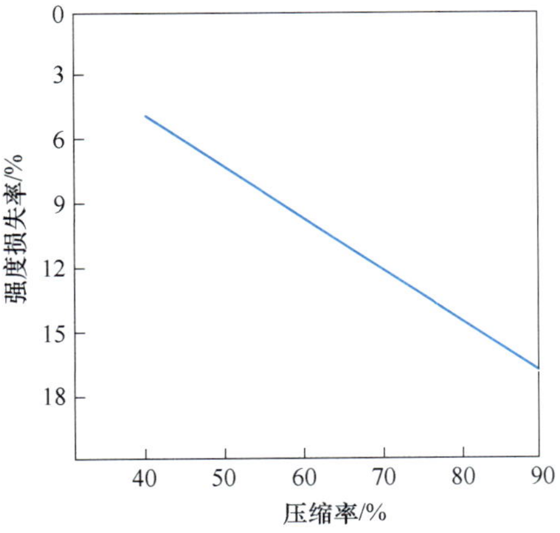

图 5-12 压缩率与强度损失率的关系

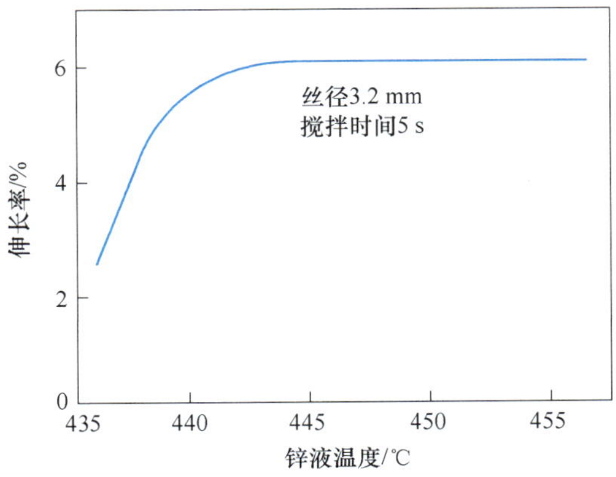

图 5-13 伸长率与锌温之间的关系

C 扭转值及弯曲值

钢丝热镀锌由于经过低温短时间受热，将使内部组织引起时效而降低韧性，特别是对经过加热脱脂的钢丝，要经过两次受热，其韧性下降得更多。

弯曲值与扭转值的下降程度随冷加工量大小、碳含量和锌液温度变化不同而变化。一般说，碳含量越高，锌温较高，弯曲值及扭转值下降得越多。为此，高碳镀锌钢丝必须更多地增加总压缩率来弥补其韧性及强度的损失。

钢丝镀锌后，扭转次数和线速、锌温之间的关系如图5-14和图5-15所示。

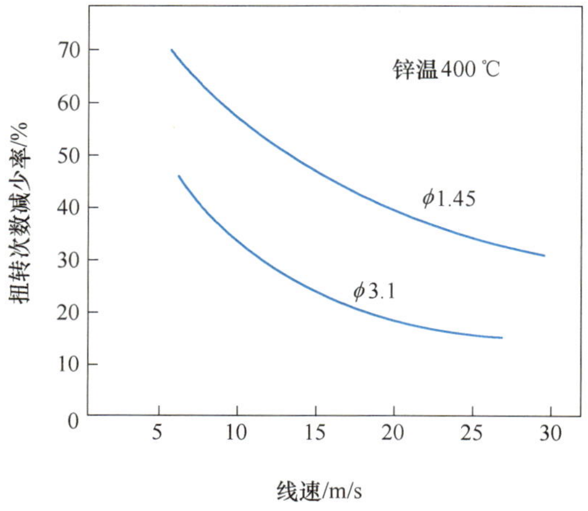

图5-14 扭转次数减少率与线速的关系（250mm）

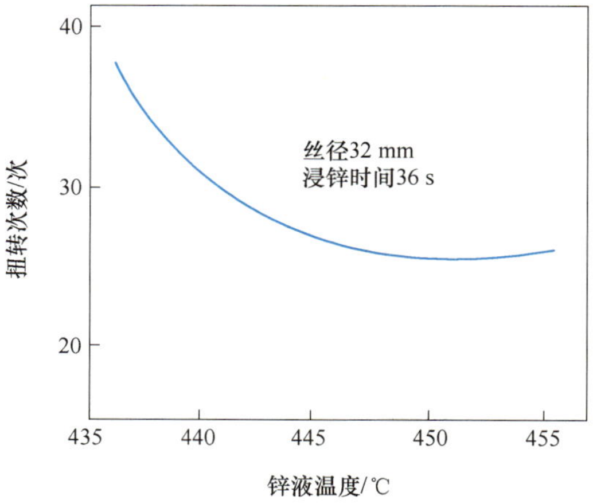

图5-15 锌温与扭转次数的关系

D 弯曲次数

钢丝经热镀锌后，它的弯曲次数比镀锌前要有所降低。这是由于镀锌前的酸洗处理和锌液对钢基体的浸蚀作用并形成一层硬脆的锌铁合金层所致。将镀锌钢丝捻制成钢绳后，其耐疲劳性能却比光面钢丝有所提高，这是由于钢绳在工作时，表面锌层起到防腐蚀和润滑作用的缘故。

E 先镀后拔钢丝的性能

镀锌钢丝绳用钢丝采用先热镀后拉拔，可获得近于光面钢丝的力学性能和光滑的表面。含0.6%C的钢丝，直径4.28mm，经热镀后取20%的部分压缩率拉拔，其力学性能变化见表5-5。

表5-5 先镀后拔钢丝的力学性能

工序	直径/mm	抗拉强度/MPa	伸长率(l=200 mm)/%	断面收缩率/%	扭转次数(100 d)/次	镀层厚度/mm
镀前	4.28	1384	2.4	53.9	38	
镀后	4.39	1274	3.3	46.0	11	0.055
第1道	3.92	1432	1.6	46.6	22	0.045
第2道	3.52	1483	1.9	47.8	28	0.041
第3道	3.12	1549	1.6	47.3	37	0.038
第4道	2.81	1599	1.6	48.6	41	0.033
第5道	2.51	1666	1.4	45.9	38	0.030

5.1.2 钢丝热镀锌工艺

5.1.2.1 热镀锌分类

按用途、性能要求和原料不同，热镀锌钢丝基本上可分为如下两大类。

(1) 低碳镀锌钢丝。低碳镀锌钢丝由碳含量较低（0.05%~0.22%）的普碳钢制造。这类钢丝通常除要求具有一定的抗腐蚀性能外，还要求抗拉强度低、伸长率高以及电阻系数低等。

低碳热镀锌钢丝的工艺过程：放线→退火→水洗→酸洗→水冲洗→熔剂处理→烘干→热镀锌→(镀后处理)→收线→试验检查与包装→入库。

(2) 中、高碳镀锌钢丝。中、高碳镀锌钢丝碳含量通常为0.37%~0.75%，某些特殊用途高碳镀锌钢丝碳含量甚至要高达0.95%左右。这类钢丝不仅需要有一定的抗蚀性能，而且还要求有较高的抗拉强度，一定的抗弯曲、扭转等综合力学性能。

中、高碳热镀锌的工艺过程：放线→脱脂→水洗→酸洗→水冲洗→熔剂处理→烘干→热镀锌→(镀后处理)→收线→试验检查与包装→入库。

低碳钢丝镀锌前要进行退火，以消除拉拔时产生的加工硬化现象，保证产品的加工性能和低电阻系数等性能。

低碳钢丝自退火炉中出炉后，自然冷却到300~500 ℃，然后进入水槽，使表面一部分氧化铁皮在水中冷却时自动爆裂脱落，以减轻酸洗工作量。

中、高碳钢丝镀锌前首先应进行脱脂处理，因钢丝拉拔后，表面不可避免地会沾有油污，以及皂粉等残余润滑剂。如果镀锌前存放不当，局部还会产生锈斑。这些铁锈、杂质与油脂、润滑剂中有机质粘在一起，并紧紧地包在钢丝表面，仅靠酸洗是难以洗净的，故中、高碳钢丝在镀锌前必须进行脱脂处理。钢丝的脱脂处理常采用：化学脱脂、电化学脱脂、低温加热烧除等方法。

中、高碳钢丝脱脂处理后也必须用水冲洗，其目的是进一步除掉残留在钢丝表面的脱脂溶液（碱性溶液），以利于酸洗工序的顺利进行。

低碳及中、高碳钢丝进入酸洗是进一步除掉钢丝表面氧化铁皮与其他污物，并可活化表面。酸洗后钢丝表面常沾有残酸及“黑灰”（酸不溶物，如Fe_3O_4、Fe_3C等），因此需再次用水冲洗，以便进一步提高钢丝表面的清洁度。

镀前处理的最后工序是进入锌锅前的溶剂处理（涂助镀剂），这是为了防止钢丝在进入锌锅前再次被氧化。

钢丝浸入熔融的锌液中，锌与钢基体进行扩散反应，生成锌铁合金层，并随后在钢丝引出时，表面将黏附一层纯锌层。

有时为了防止镀锌层在储存及运输过程中产生“白锈”，在出锌锅后还要经过铬盐钝化处理（CrO_3 30~40 g/L，H_2SO_4 19 mL，HNO_3 15 mL，温度40 ℃）。

5.1.2.2 镀前表面处理

A 镀前表面处理的要求

钢丝在进入锌锅以前以镀锌为目的进行的处理都称为表面处理。表面处理的目的在于获得洁净的钢丝表面，以便使铁和锌能顺利地扩散形成合金层和纯锌层。

钢丝通过拉拔后表面有一层润滑脂，这层润滑脂在锌锅中阻隔了铁和锌的接触，因此必须去除。去除的方法有低温灼烧、化学脱脂、电化学脱脂。低温灼烧法适合处理中高碳钢丝，化学脱脂和电化学脱脂适合处理低、中、高碳钢丝。

低碳热镀锌钢丝要求镀后柔软，有高的伸长率和低的强度，因此需进行退火处理。退火处理既能保证钢丝热镀锌后有合格的力学性能，还能将钢丝表面的润滑层灼烧掉。

不论是低碳或中高碳钢丝经过退火或灼烧后表面都有一层氧化皮，放置时间过长的钢丝表面还有锈蚀产物，这些东西附着在钢丝表面也是不能进行热镀锌的，因此要去除干净。去除的方法有化学酸洗和电解酸洗。

经过脱脂和酸洗之后钢丝表面虽然洁净了，但它们一遇空气又会氧化。为了保证钢丝在经过表面脱脂酸洗后，进入热镀锌锅之前不氧化，或者稍有氧化也能去除，必须进行溶剂处理，所用的溶剂有氯化铵和氯化锌，处理方法有水溶剂法和熔融法。目前应用最广泛的是水溶剂法，经过水溶剂处理后的钢丝表面附着了一层溶剂，还需经干燥后，让黏附在钢丝上的水分蒸发干净，方能进入锌锅镀锌。

表面处理的质量好坏是直接关系到镀层质量的重要因素，必须引起足够的重视。

B 脱脂处理

常用的脱脂处理方法有如下三种。

a 低温加热烧除法

这是最简单的一种脱脂方法，具体操作是：将钢丝通过350~400 ℃的熔融铅，经过数秒钟使表面残存的油污、润滑剂烧除；也有的用卧式马弗炉，加热到200~300 ℃，需1 min左右便可烧除。采用此法应特别注意掌握好加热温度，否则温度过高会降低钢丝的力学性能，在能起到烧除作用条件下，尽量采用低温操作。加热脱脂的钢丝必须经过热水冲洗，清除钢丝表面的残渣，以便于酸洗的顺利进行。

b 碱洗

碱洗是利用化学作用，将油脂从钢丝表面上除去，其原理如下：

（1）皂化作用。皂化油（能与碱起作用生成肥皂的油，如动物油、植物油）在碱液中分解，生成易溶于水的肥皂和甘油，从而去除钢丝表面的油污。

例如，硬脂酸甘油酯[$(C_{17}H_{35}COO)_3C_3H_3$]与苛性钠的反应生成硬脂酸钠（肥皂 $C_{17}H_{35}Na$）和甘油［丙三醇 $C_3H_5(OH)_3$］：

$$(C_{17}H_{35}COO)_3C_3H_3 + 3NaOH \rightarrow 3C_{17}H_{35}Na + C_3H_5(OH)_3$$

（2）乳化作用。非皂化油（如矿物油）不与碱液起作用，但碱液中加入乳化剂（表面活性物质，如水玻璃、动物胶、各种蛋白质、肥皂等），可使碱液与油起作用，生成乳胶体。其过程为：油膜浸入碱液时，油膜机械破裂而聚集成滴，黏附在金属表面。溶液中的乳化剂能降低油-水界面张力及减小油滴对金属表面亲和力，促使油滴进入溶液。当油滴进入溶液时，乳化剂能吸附在小油滴表面呈乳胶体状态，不使油滴再沾污金属。

加温和搅拌都会加速油滴进入溶液，加快乳化及皂化作用，从而加快脱脂速度。碱洗溶液的成分允许变化范围较宽，可根据钢丝表面沾染油污的程度合理选择。

表 5-6 列举了碱洗和电解碱洗对机械零件脱脂处理常用成分范围及工艺条件。

表 5-6 化学脱脂及电化学脱脂的成分范围及工艺条件

溶液成分及工艺条件	含量/$g \cdot L^{-1}$	
	化学脱脂法	电解脱脂法
苛性钠（NaOH）	30~50	10~15
碳酸钠（Na_2CO_3）	20~30	20~30
磷酸钠（$Na_3PO_4 \cdot 12H_2O$）	50~70	50~70
水玻璃（Na_2SiO_3）	10~15	5~10
温度/℃	80~100	70~90
时间（除净为止）/min	20~40	20~40
电流密度/$A \cdot dm^{-2}$		10~15

由于在流水作业线上的钢丝脱脂处理的时间甚短（仅几秒钟），因此往往需将苛性钠溶液浓度增加到 50 g/L 以上，电流密度也提高到 20 A/dm^2 左右。

碱洗溶液中主要成分如下：

（1）NaOH。NaOH 是溶液中的主剂。当苛性钠含量太低时，除油率低；但太高会减少肥皂的溶解度，也会影响除油效果。钢丝碱洗通常可取 50~100 g/L。

（2）Na_2CO_3。Na_2CO_3 较苛性钠的作用要小，但对胶状物质的润湿作用较大，一般可取 50 g/L 左右。

（3）Na_2SiO_3。Na_2SiO_3 主要起渗透乳化作用，并且还有一定的皂化功能。应该特别注意，如果钢丝在进入酸池前，冲洗不彻底，将会使 Na_2SiO_3 残余物质被带入酸液而生成不溶解的硅胶，会严重影响镀层的质量。

（4）$Na_3PO_4 \cdot 12H_2O$。$Na_3PO_4 \cdot 12H_2O$ 较苛性钠、碳酸钠作用还要小，对锌、铝等非铁金属较为适用。它的渗透作用虽然没有水玻璃好，但具有使硬水软化的作用，即能与硬水中的钙、镁等金属作用生成易溶于水的磷酸镁等化合物。

（5）界面活性剂。界面活性剂的分子中有疏水性的原子团和分子团，将被金属表面吸附，它又具有亲水性，它与水接触的结果是，金属表面与脱脂液进一步吸引，并被洗涤。此外，界面活性剂还能使溶液表面张力减少，并与油脂起化学作用，从而使油污向溶液中乳化分散。因此，它能保证在溶液被污染的情况下，继续将钢丝洗净，提高表面镀层的质量。界面活性剂一般分阳离子系和非离子系两种。

c 电解碱洗脱脂

电解碱洗脱脂是通过电极析出的大量气泡的两种作用去除油脂：一是激烈析出的气泡

可起到机械搅拌和剥离作用，因而加速了对油脂的皂化和乳化作用；二是细小的气泡从工作表面通过油膜析出时，其周围吸附的一层油膜会从工作表面剥离，并带进溶液中去，从而把油膜去除。

C 酸洗

a 化学酸洗

通常在连续作业线上采用盐酸酸洗，盐酸酸洗的优点是不需加温，对氧化铁皮的溶解强，不易发生氢脆；不足之处是易于挥发，酸雾腐蚀厂房和设备。为了克服这一缺点，通常在酸洗池设一抽风罩。

盐酸溶液浓度通常取10%~20%，可将市购的密度为1.16~1.18 g/cm^3（含量为31.7%~37%）的浓盐酸加水稀释到上述浓度范围使用。亚铁含量控制在低于90~120 g/L，当亚铁含量高于规定值时，酸洗效果不好，应予更换。更换新酸时，若不停产，则可将池底含杂质及氯化亚铁的酸液放出，但放酸时不得使钢丝露出液面，然后加入新酸，达到工艺要求。

检修时更换酸洗液，应将盐酸溶液全部放出，将池内刷洗干净，再将澄清的旧盐酸与新盐酸混配加入池中，达到工艺要求。酸液的浓度和铁含量应定期化验，通常是酸液浓度每班分析两次，铁含量每天分析一次。

在镀锌作业线上，酸洗时间取决于酸池长度和镀锌速度。为此，必须根据钢丝本身氧化锈蚀程度，选取适当的酸液浓度，以确保钢丝表面清洁。通常在钢丝氧化锈蚀程度轻微的条件下，取浓度10%~20%的酸进行酸洗，时间只要15 s左右便可。

b 电解酸洗

电解酸洗是将钢丝作为阴极（或阳极），用铅板作为阳极（或阴极），在酸洗液中通以电流，利用阴极产生的氢气（或阳极产生的氧气）对钢丝表面氧化铁皮的撕裂作用加快酸洗速度。

它有如下优点：缩短酸洗时间，减少酸的消耗（到5%），减少钢丝的消耗和氢脆。

有以下不足：必须仔细地控制好酸的温度和浓度，要求保持良好的电接触。

镀锌作业线广泛采用阴极电解酸洗法。电解液用100~150 g/L的H_2SO_4，电流密度3~10 A/dm^2。以铅板作阳极，一般情况下取室温操作。如需提高酸洗速度，则可采用提高温度的办法。

钢丝经酸洗后，表面黏附了酸液、亚铁及其他沉积物，在进入溶剂池之前应将它们清洗干净，以防污染溶剂池。

用清水冲洗时须保持水量充足，清水冲洗方向应与钢丝运行方向相反。清水池必须清洁，严禁油脂进入，要经常清理池内污物，防止污物黏附在钢丝上，带入溶剂池。

D 溶剂处理

钢丝经过前面工序处理后，表面应该是干净了，但还不能立即进入热镀池，因为粘有水的钢丝暴露在空气中，即使时间很短也会锈蚀。为了让这些新生成的铁锈能在锌锅中迅速清除掉，必须进行溶剂处理。

a 溶剂的作用

经过溶剂处理之后，溶剂能清除酸洗时沉积在钢丝表面上而未被完全清洗掉的铁盐，能溶解钢丝活性表面上出现的氧化物，降低熔锌的表面张力，从而促使铁的表面被熔锌润湿，形成 $FeZn_2$ 合金层。

b 涂溶剂的方法

先将钢丝浸入浓溶剂水溶液中，然后烘干，使涂有一层干溶剂的钢丝进入镀锌锅内。这种处理法消耗的溶剂少，溶剂稳定，钢丝镀锌多采用此法处理。

c 对溶剂的要求

（1）成分稳定不变。

（2）当与熔锌相接触时，溶剂必须分解出一定的氯化氢（HCl），以便溶解金属表面上和熔锌表面上铁的氧化物、锌的氧化物以及其他元素的氧化物。

（3）氯化氢溶解氧化物后的产物——铁盐（如 $FeCl_2$ 或 $FeCl_3$），应具有被熔锌还原的能力，反应式为：$FeCl_3+Zn \rightarrow FeCl_2+Fe$。

（4）溶剂应能放出挥发性的化合物（NH_3、H_2），当挥发物产生时它能促进熔锌表面污物的机械驱散作用，并且能在金属浸入镀锌锅处造成中性气氛。

（5）与溶剂所发生的一切反应，应进行得十分迅速。

（6）溶剂分解产物应当是流动的、易清除的，并对钢丝本身无残余腐蚀作用。

（7）溶剂应当能减少熔锌表面张力，改善熔锌对铁的润湿作用。

（8）采用烘干溶剂法处理，最要紧的是要求溶剂在涂覆和烘干过程中不要与铁发生反应而生成铁盐，同时要求溶剂在钢缝进入镀锌锅时易于去除，并在很短的时间内完成其反应过程。

d 溶剂作用下的反应

在钢丝热镀锌时，大多采用干法镀锌，即让钢丝通过温度为 80～90 ℃的氯化铵、氯化锌水溶液浸涂后进行烘干处理，再进入锌锅镀锌。

钢丝进入锌锅接触锌液面的反应如下：

氯化铵与锌液的反应：

$$Zn + 2NH_4Cl = Zn(NH_3)Cl_2 + H_2 \uparrow$$

氯化铵与锌液中的氧化锌反应：

$$ZnO + 2NH_4Cl = ZnCl_2 \cdot NH_3 + H_2O + 2H_2 \uparrow$$

$$ZnCl_2 \cdot NH_3 = ZnCl_2 + NH_3 \uparrow$$

生成的氨和水蒸气有驱散锌液表面杂质的作用。

溶剂与氧化亚铁的反应：

$$FeO + 2NH_4Cl = FeNH_3Cl_2 + NH_3 + H_2O$$

$$FeO + ZnCl_2 = ZnCl_2 \cdot FeO$$

溶剂与氧化铁皮的反应：

$$Fe_3O_4 + 4ZnCl_2 + Fe = 4(ZnCl_2 \cdot FeO)$$

$$Fe_3O_4 + 8NH_4Cl + Fe = 4FeNH_3Cl_2 + 4NH_3\uparrow + 4H_2O$$

$$Fe_2O_3 + 6NH_4Cl + Fe = 3FeNH_3Cl_2 + 3NH_3\uparrow + 3H_2O$$

$$Fe_2O_3 + 3ZnCl_2 + Fe = 3(ZnCl_2 \cdot FeO)$$

以上反应生成的 $ZnCl_2 \cdot FeO$ 及 $FeNH_3Cl_2$ 进一步与锌作用生成锌渣，反应式如下：

$$ZnCl_2 \cdot FeO + Zn = ZnCl_2 \cdot ZnO + Fe$$

$$FeNH_3Cl_2 + Zn = ZnNH_3Cl_2 + Fe$$

$$Fe + 13Zn = FeZn_{13}$$

e 溶剂的组成

能够在不同程度上满足上述要求的溶剂如下。

(1) 无机物：

1) 酸类——盐酸、氢氟酸、正磷酸、硼酸；

2) 盐类——氯化铵、氯化锌、氯化锌铵复盐、氯化镁、氯化钙、氯化铝、硼砂。

(2) 有机物：

1) 酸类——油酸、硬脂酸、软脂酸；

2) 胺和硫胺——苯胺、乙硫胺、乙烯二胺、松香、四氯化物、萘等。

以上这些物质，当其分解时，便可放出活性成分，此种成分既能清洗制品表面，也能清洗熔锌表面，这些物质应用最普遍的是氯化铵和氯化锌。干燥的氯化铵在 338 ℃升华，氯化锌在 283 ℃熔化、730 ℃沸腾。工厂现用的溶剂有单一溶剂氯化铵水溶液，还有复合水溶剂（按一定比例组成的氯化铵和氯化锌的水溶液）。

5.1.2.3 热镀锌工艺

热镀锌是钢丝镀锌工艺中的主工序，是关键工序。热镀锌之前的表面准备都是为了满足这道工序的要求而进行的。经溶剂处理后的钢丝，表面应干燥、不得粘有水分。钢丝浸入熔融锌液中，锌液将钢丝加热，锌液与钢丝基体便充分接触发生铁-锌扩散反应，形成合金层。合金层的结构及厚度与锌液的温度、成分、浸锌的时间、钢丝的成分、引出后的冷却方式有关，纯锌层的厚度则与锌液的黏度、钢丝引出的速度以及抹拭方式有关。

A 引出方式

按热镀锌钢丝用途不同（主要是镀层厚度的要求），钢丝从锌锅中引出方式分垂直引出法和斜向引出法两种方式。

a 垂直引出法

垂直引出法引出时可以获得较厚的锌层，如果钢丝绳架空通信线、钢芯铝绞线和先镀后拔钢丝，既适合热镀中高碳钢丝，也适合热镀低碳厚镀层钢丝。用此法是使钢丝与锌液面 90°垂直引出，如图 5-16 所示。当钢丝垂直离开锌液面时，被锌液润湿的钢丝表面黏附了一层锌液，在它尚未凝固之前，由于重力的作用它会自动沿钢丝表面向下流动，同时又由于钢丝自身有一向上移动的速度，就使得锌液不能全部倒流回锌锅。钢丝向上移动的速度越高，倒流的锌液就越少，纯锌层也就越厚。为了获得光滑的表面，通常在钢丝出锌液面处覆盖一层油木炭粒。这层油木炭粒既能擦拭钢丝表面的锌液，使其均匀，又能减少锌液的表面氧化，保持锌液的温度。

b 斜向引出法

用斜向法引出的钢丝锌层较薄，适合于热镀一般用途的低碳钢丝，其上锌量均低于200 g/m^2，例如一般用途低碳钢丝、刺钢丝、重要用途低碳钢丝或其他商品钢丝，钢丝与锌液面呈约35°角引出，如图5-17所示。由于是斜向引出，所以钢丝表面的锌液在重力作用下会向钢丝底部聚结。为了不使钢丝下部上锌量过大，通常在钢丝出锌液面后150~200 mm处采用石棉绕制的钢丝夹或瓷模作为擦拭工具，擦掉钢丝表面多余的锌。斜镀得到的锌层比垂直镀得到的锌层要光滑些，但由于擦拭力较大而钢丝各向所受的擦拭力不均，锌层较薄且不均匀，耐蚀性不如垂直引出的厚锌层。

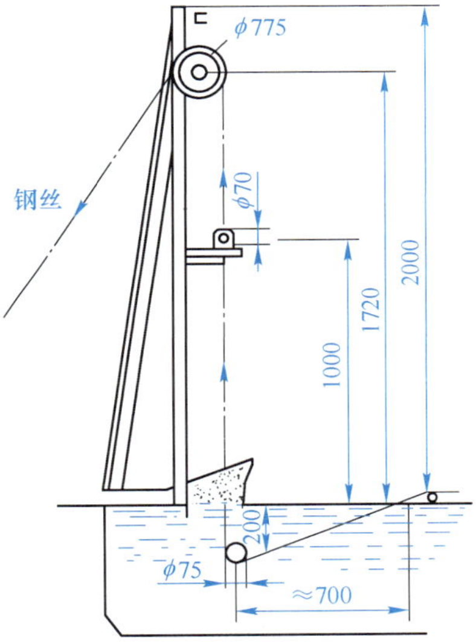

图 5-16 垂直引出法示意图

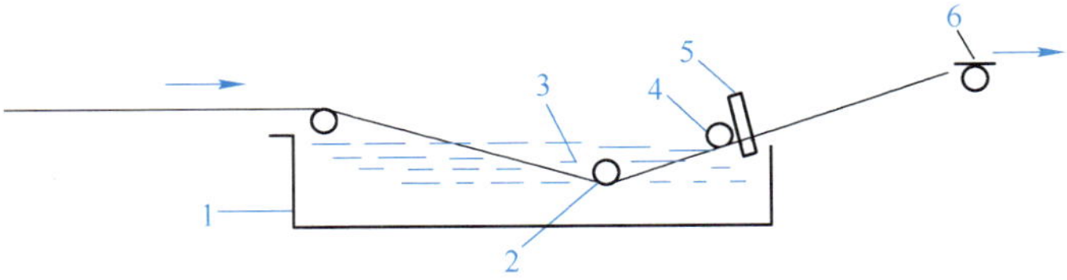

图 5-17 斜向引出法示意图

1—锌锅；2—压辊；3—锌液；4—石棉簧；5—带孔钢板；6—钢丝

B 热镀锌操作注意事项

正确的热镀锌操作是获得优良产品的保证，在锌锅的实际操作中要注意以下几个问题。

a 控制镀锌液的温度

热镀锌温度是影响合金层结构的主要因素，一般控制范围为440~470 ℃。通常情况下，粗钢丝较细钢丝的热镀锌温度高，这是因为粗钢丝的热容量大，粗钢丝达到锌液温度的升温速度要慢一些，因此可以适当提高镀锌温度来加快钢丝的升温速度。在其他条件相同时，热镀锌温度过高，则铁-锌合金层增厚，锌渣生成速度增快，这不仅会使锌层的塑性恶化，也会增加锌液中的杂质，致使纯锌层变得不纯。

应该指出的是，温度控制仪表要定期校正，使仪表显示的温度尽可能接近锌液的实际强度。

b 清理锌渣、锌灰和溶剂锌渣

由于镀锌是在高温下进行的，暴露在空气中的锌液表面时刻在与空气中的氧发生反应：$2Zn+O_2 = 2ZnO$。温度越高，这个反应进行得越剧烈，不仅要消耗掉大量的锌，而且也增加了锌液的污染，在热镀锌时占总锌耗量的10%~16%被空气氧化。为了减少锌灰的生成，通常在锌液表面覆盖一层用硼酸处理过的活性炭或煤渣碎粒，也可以在锌液的表面覆盖一层厚度25mm左右的云母片，云母片的粒度3~5 mm，这层覆盖物不仅具有隔离锌液与空气的作用，减少锌灰的生成量，而且还能减少锌液面的热能消耗。

锌渣是锌液与钢丝及锌锅作用而产生的，主要由 ζ 相和 δ_1 相组成，锌渣形成所损失的锌占总锌量的20%~35%，通常每周捞渣一次；捞渣时应降低锌温至430 ℃，并沉淀2~3 h。

减少锌渣形成的主要措施有：

（1）用陶瓷锌锅替代低碳钢锌锅，用瓷辊替代低碳钢压辊；

（2）严格控制锌液温度；

（3）减少钢丝由于运行不稳而引起的抖动。

锌渣是由钢丝带入的溶剂成分，大部分集中在钢丝入锌锅处，形成硬块，每班应清理一次。

c 添加锌锭

随着钢丝产量的增加，锌锅中的锌液会不断地减少，因此必须定期加入锌锭。锌锭的加入应使锌液温度波动尽量小，为此通常要将锌锭预热，并最好从锌锅的中心处缓缓加入，这样既可保持锌液温度不致波动太大，也较为安全。

d 抹锌

抹锌方式常用的有机械抹锌、炭末抹锌。

机械抹锌是指钢丝引出后用石棉夹或瓷片抹去多余的锌。这种抹锌方式所获锌层较薄且不太均匀，但锌层表面较为光滑，适合于斜向引出法镀锌。锌层的厚薄依靠石棉夹的松紧调整，如果用瓷片则是依靠瓷片中心孔的大小来调整上锌量。

炭末抹锌是指在钢丝引出的锌液面上用50~100 mm厚的油木炭层封闭，从而形成抹锌模孔。木炭抹锌法在垂直引出法镀锌时采用。使用要注意以下几点：

（1）木炭粒度要均匀、适当，通常在2~2.5 mm，灰分小于3%；

（2）所用机油着火点宜高，不低于180 ℃；

（3）配制油木炭时，应将油加热后浇在木炭上搅拌均匀，烘热至150 ℃方可使用；

（4）锌液表面的油木炭应随时将结块清理掉，出线孔应经常调整，保持它不被扩大。根据生产情况调换油炭渣，每班不少于两次，锌液表面油炭层不得燃烧；如遇着火时，允许用水喷其表面，但不应喷在锌液面上。

e 镀锌后冷却

将从锌液中引出的钢丝迅速地冷却下来，不仅可以及时地抑制铁-锌合金层的生长，而且还能使钢丝表面光滑，提高锌层的缠绕性能。

镀锌后冷却的方式主要有两种：一种是水冷，即在钢丝出锌液后高度 300~500 mm 处安装一喷水装置，向钢丝表面直接喷水，这种冷却方式适合于垂直引出法，尤其是中、粗线径的钢丝通常都用水冷；另一种是风冷，即向钢丝表面吹风，把钢丝的温度迅速降下来，这种冷却方法适合于细线径钢丝，通常与水冷同时配合使用。

问题讨论

（1）简述钢丝热镀锌生产工艺流程及其各环节的作用。

（2）简述热镀锌层的组织结构。

（3）钢丝热镀锌生产时为什么要定期打渣？

（4）影响钢丝镀锌层厚度的因素有哪些？

（5）热镀锌对钢丝力学性能的影响有哪些？

实训任务

实训任务 5-1　锌层质量试验

1. 实训目的

（1）掌握用质量法测试镀锌钢丝锌层质量的试验方法。

（2）会进行溶液配制，熟悉电子天平等仪器的使用。

2. 操作步骤

（1）依据相关试验标准进行试验，如《钢产品镀锌层质量试验方法》（GB/T 1839—2008）。

（2）试样准备：试样长度根据线径不同按标准要求截取，切取试样时注意避免表面损伤，局部有明显损伤的试样不能使用。

（3）试验溶液配置：用 3.5 g 六亚甲基四胺溶于 500 mL 浓盐酸（相对密度 1.18 以上）中，用蒸馏水稀释至 1000 mL 待用。

（4）试验过程：

1）试验前将试样用乙醇、汽油等溶剂清洗，必要时再用氧化镁糊剂轻擦并用水洗后迅速干燥；

2）用电子天平称量试样去掉锌层前的质量 W_1 并记录，钢丝直径不大于 0.80 mm 的至少精确到 0.001 g，钢丝直径大于 0.80 mm 的至少精确到 0.01 g；

3）将试样完全浸入溶液中，若试样比容器长可将试样适当弯曲或卷起来，试验过程中溶液温度不能超过 38 ℃；

4）当产生气泡明显减少，锌层完全溶解后，取出试样立即水洗用棉布擦净充分干燥，再次称量试样去掉锌层后的质量 W_2；

5）用游标卡尺测量试样去掉锌层后的直径 d，应在同一圆周上两个互相垂直的位置各测一次并取平均值，精确到 0.01 mm，记录数据。

(5) 试验结果计算。

1) 钢丝锌层质量计算公式：

$$W = \frac{W_1 - W_2}{W_2} \times d \times 1960 \tag{5-1}$$

2) 根据需方要求，钢丝镀锌层厚度可用式 (5-2) 计算：

$$\delta = \frac{W}{\rho} \times 10^{-3} \tag{5-2}$$

式中 δ——锌层近似厚度，mm；

ρ——镀锌层密度，g/cm^3，纯锌层的密度为 7.2 g/cm^3。

(6) 试验报告：试验报告应包括本标准编号、试验方法、试样类别和规格、试验结果。

3. 训练结果评价

(1) 学生自评，总结个人实训收获及不足。

(2) 小组内部互评，根据学生实训情况打分。

(3) 教师根据训练结果对学生进行口头提问，给学生打分。

(4) 教师根据以上评价打出综合分数，列入学生的过程考核成绩。

任务 5.2 钢丝电镀锌

知识准备

钢丝热镀锌因为要在一定温度下进行，则必然会降低其力学性能，如强度、扭转、弯曲等。电镀是在室温下处理，又不会生成合金层，因此除氢脆外，对钢丝的力学性能无影响。正是由于这个原因，高强度镀锌钢丝通常都采用电镀工艺来生产。此外，电镀的损耗较少，而热镀锌几乎有一半的锌要损耗在锌渣上面，损耗较大；但电镀的设备较复杂，维护工作量大。从整个镀锌成本来看，电镀锌远高于热镀锌。

5.2.1 电镀锌原理

电镀锌的过程实际就是电解的过程，即在外加直流电源的作用下，产生电解反应过程。阳极为金属锌板，通电后金属锌失去电子生成带正电荷的锌离子而溶解。

课件 钢丝电镀锌

锌板上的阳极反应： $Zn-2e = Zn^{2-}$

钢丝为阴极，通电后锌离子在钢丝表面上得到电子还原为金属锌。随着电解过程的进行，许多金属锌原子在钢丝表面发生电结晶过程，使其在钢丝表面上形成锌的金属晶体，即形成镀层。

钢丝上的阴极反应： $Zn^{2+}+2e = Zn$

根据法拉第电解定律，在阳极上锌失去电子溶解的量，以及阴极上锌离子得到电子发生电结晶生成锌原子的量，与电解时通过的电流强度和时间成正比（与通过的电量成正比），这说明在电解（电镀）时，通过的电流强度越大（流过的电子越多），时间越长，阳极锌溶解的量越多，阴极钢丝上电结晶的锌金属量也越多，镀层就越厚。

法拉第第一定律：电解时，电极上析出（或溶解）的物质的量与通过的电量成正比，用公式表达为：

$$W = K \cdot Q = K \cdot I \cdot t \tag{5-3}$$

式中 W——电极上析出（或溶解）的物质的重量，g；

Q——通过电极的电量，C；

K——比例常数，称为电化当量，g/(A·h)；

I——电流强度，A；

t——时间，s。

5.2.1.1 电流效率与镀层厚度的估算

A 电流效率

根据法拉第定律得知，电解时每通过 IF（法拉）电量，就应该在阴极上析出 1 mol 质量的物质，这就要求电解时，阴极上接受的全部电子都消耗在某种金属离子的还原反应上，即在阴极上只存在一种金属离子的还原反应，而没有其他副反应。但是，这在实际电镀中是不可能的，因为在离子还原反应的同时存在着其他副反应。

例如，酸性镀锌时，就存在着少量的 H^+ 获得电子还原为氢气的副反应：

$$Zn^{2+} + 2e = Zn$$

$$2H^+ + 2e = H_2$$

其中，在阴极上析出金属锌的反应称为主反应。与此同时发生的其他反应（如 H^+ 的还原则称为副反应）。由于副反应的存在，使得用于沉积金属的电流只是总电流的一部分，而其余部分将消耗在副反应上。此时，在阴极上析出的金属镀层将比计算的要少。实践证明：任何一种电镀过程，都或多或少地存在一些副反应。因此，当通过 1 A·h 的电量，在阴极上获得的镀层实际质量总是小于它的电化当量，通常称按电化当量计算出的某物质的质量（W_0）为理论计算值（即最大限度）。将镀层的实际质量（W）与理论计算质量之比，称为电流效率（η），并用百分率来表示。

例题 5-1 在镀镍槽中，以 600 A 的电流强度通电 1.7 h，在表面积为 600 dm^2 的镀件上镀出金属镍 20 μm，已知镍的密度为 8.9 g/cm^3，求电流效率。

解： 首先计算电镀过程中阴极上获得金属镍的质量：

$$600\ dm^2 \times 100 = 60000\ cm^2$$

$$20\ \mu m \times 10^{-4} = 0.002\ cm$$

则镀层实际质量： $W = 60000 \times 0.002 \times 8.9 = 1068\ g$

如果所有的电量（600×1.7 = 1020 A·h）全部用于金属镍，根据镍的电化当量（1.095 为镍的电化当量）可计算出镀镍层的理论质量应为：

$$W_0 = 1.095 \times 1020 = 1117 \text{ g}$$

故此过程的电流效率为：

$$\eta = \frac{W}{W_0} \times 100\% = \frac{1068}{1117} \times 100\% = 95.6\%$$

答：电流效率为95.6%。

对于任何一种电镀来说，由于总有一部分电流消耗在副反应上，故电流效率一般都小于100%，且各种不同电镀过程的阴极电流效率差别也很大。镀银和镀镍、酸性镀铜、酸性镀锡与酸性镀锌的电流效率都相当高，几乎近100%。氰化镀铜、氰化镀锌以及氰化镀铜锡合金的电流效率都较低，为60%~70%。镀铬时的阴极电流效率最低，仅为8%~26%。

考虑到电流效率的差别，便可了解在通过相同电量的条件下，氰化镀铜（1价反应）析出的铜不可能比酸性镀铜（2价反应）时析出的铜多一倍。

电流效率与镀液的性质、pH值、电极材料、电流密度及温度等因素有关。一般镀件（镀铬除外）的电流效率，随电流密度增大而减小。

由于阳极上进行的反应以及反应条件与阴极上不同，故其电流效率往往与阴极效率不相等，它也会由于有副反应（如氧的析出）而使电流效率大于100%的特殊现象。例如，某些无氰镀锌由于除电化学溶解外，还存在化学溶解，这就使得实际溶解的锌量比按法拉第定律计算的量还多，致使阳极电流效率大于100%。

B 镀层厚度的估算

根据法拉第定律，用 I A的电流镀 t h，则应在阴极析出 $W_0 = K \cdot I \cdot t$ g金属，此处 K 为电化当量［克/(安培·小时)，g/(A·h)］。若该电镀过程的阴极电流效率为 η，则实际析出的金属量 W(g) 应为：

$$W_0 = K \cdot I \cdot t \cdot \eta$$

假如镀上的金属为一均匀镀层，其厚度为6 cm、面积为 S cm^2，镀层的密度为 γ g/cm^3，镀层的质量应为：$W = \gamma \cdot S \cdot \delta$。

则
$$\gamma \cdot S \cdot \delta = K \cdot I \cdot t \cdot \eta$$

所以
$$\delta = \frac{K \cdot I \cdot t \cdot \eta}{\gamma \cdot S}$$

又因为
$$i = \frac{I}{S}$$

所以
$$\delta = \frac{K \cdot i \cdot t \cdot \eta}{\gamma}$$

在计算时电流密度 i 常以安培/分米^2（A/dm^2）为单位，厚度 δ 以微米（μm）为单位，t 以分钟（min）为单位，则

$$\delta = \frac{K \times i \times t \times \eta \times 100\%}{\gamma \times 10000 \times 60} \times 10^3 = \frac{10 \times K \times i \times t \times \eta}{6 \times \gamma}$$

$$t = \frac{6 \cdot \gamma \cdot \delta}{10 \cdot K \cdot i \cdot \eta}$$

式中 δ——镀层厚度，μm；

K——电化当量，g/(A·h)；

i——阴极电流密度，A/dm²；

η——阴极电流效率,%；

γ——镀层金属密度，g/cm³；

t——电镀时间，min。

例题 5-2 已知镀镍电解液的效率 $\eta = 95\%$，电流密度 $i = 1.5\ \text{A/dm}^2$，求 40 min 后的镀层厚度。

解：查表得知，镍的电化当量 $K = 1.095\ \text{g/(A·h)}$，镍的密度 $Y = 8.8\ \text{g/cm}^3$，

则镀层厚度 $$\delta = \frac{10 \times 1.095 \times 1.5 \times 0.95 \times 40}{6 \times 8.8} = 11.8 \quad (\mu m)$$

5.2.1.2 电镀的结晶过程

阴极上不仅有金属离子和电子反应生成金属原子的过程，而且还有一个由许多金属原子结晶成金属晶体的过程。因此，电镀实质上是金属的电结晶过程。

在形成金属晶体时，同时进行着两个过程：晶核的生成和成长，这两个过程的速度决定了金属结晶的粗细程度。如果晶核的生成速度较快，而晶核的成长速度较慢，则生成晶粒较细；反之，晶粒就较粗。也就是说，在电镀过程中当晶核的生成速度大于晶核的成长速度时，就能获得结晶细致、排列紧密的镀层；晶核的生成速度大于晶核成长速度的程度越大，则镀层结晶越细致紧密。

结晶组织较细的镀层，其防护性能和外观质量都较好。实践证明：提高电镀时的阴极极化作用，可提高晶核的生成速度，容易获得结晶细致的镀层。但是，不能认为阴极极化作用越大越好，因为阴极极化作用超过一定范围，将会导致氢气的大量析出，从而使镀层变得多孔、粗糙、疏松、烧焦，甚至会成为金属粉末，反而使质量下降。

5.2.1.3 影响镀层组织的因素

A 电镀液对镀层的影响

多数能电镀出来的金属可以从不同类型的电解液中镀出来。例如，铜既可以在硫酸盐溶液中沉积，也可以在焦磷酸盐溶液中沉积，又可以在氰化物镀液中沉积。在同类的镀液中，其成分和浓度也有相当大的差别。

(1) 电镀液种类的影响。依据主要放电离子存在形式，可把电镀液分为两大类：主要金属离子以简单离子形式存在的镀液和主要金属离子以络合离子形式存在的镀液。主要金属离子为简单离子的镀液，其阴极极化作用很小，因此镀层的结晶较粗，例如硫酸盐镀锌、硫酸盐镀铜等。络盐电镀中，由于络合离子在溶液中的离解能力较小，络合作用使金属离子在阴极上的还原过程变得困难，从而提高了阴极极化作用，因此镀层的结晶晶粒较

细，例如焦磷酸盐镀锌、焦磷酸盐镀铜等。

（2）电镀液中主盐浓度的影响。若其他条件（温度、电流密度）不变，随着主盐浓度的增大，阴极极化作用下降，结晶核心的生成速度变慢，因而所得镀层的结晶晶粒较粗。主盐浓度低的电解液的阴极极化作用虽比浓度高的大，但其导电性能较差，不允许有大的电流密度，同时电流效率也较低，因此不能利用这个因素来改善镀层结晶的细致程度。浓度高的镀液的好处有镀液的导电度高、电流密度的上限增大和电流效率提高等。因此，一般在尽可能的情况下，有采用高浓度电镀液的倾向，这样生产效率就能提高。

（3）附加盐的影响。若电镀溶液中除了含主盐外，还常加入某些碱金属或碱土金属的盐类。这种附加盐的主要作用是提高电镀溶液的导电性能，此外有时还能提高阴极极化作用，促进形成细晶的镀层。例如，硫酸盐镀锌液中加入硫酸钠和硫酸铝，既能增加溶液的导电性能，又能使镀层更为细致紧密。

（4）添加剂的影响。所谓添加剂是指少量的某种物质，它在镀液内不会明显地改变镀液的导电性，但会显著改善镀层的性质。凡能使镀层产生光泽的添加剂叫作发光剂（也叫作光亮剂或增光剂）；凡是能使镀层得到整平的添加剂叫作整平剂。添加剂能吸附在阴极表面或与金属离子构成“胶体-金属离子型”络合物，从而大大提高金属离子在阴极还原时的极化作用，使镀层细致、均匀、平整、光亮。添加剂可分为无机和有机两类，在使用时必须注意有机添加剂是有选择性的，不可乱用，以免造成不良后果。

B 电镀工艺参数对镀层的影响

（1）电流密度的影响。电流密度过低时，阴极极化作用小，镀层的结晶晶粒较粗，在生产中很少使用过低的电流密度。随着电流密度的增大，阴极极化作用也随之增大，镀层结晶也随之变得细致紧密；但阴极上电流密度不能过大，不能超过允许的上限值（不同的电镀溶液在不同工艺条件下有着不同的电流密度上限值），超过允许的上限值后，由于阴极附近严重缺乏金属离子，造成氢的析出，导致该处的pH值上升，形成金属碱式盐夹附在镀层内，产生空洞、麻点、疏松、发黑等现象，在阴极表面上产生形状如海绵的疏松镀层。

（2）温度的影响。在其他条件相同的情况下，升高电镀液的温度，通常会加快阴极反应速度和金属离子的扩散速度，降低阴极极化作用，因而也会使镀层结晶变粗。如果同其他工艺条件（如电流密度、电镀液浓度）配合恰当，升高电镀液的温度可以提高允许的电流密度上限值，电流密度的增加会增大阴极极化作用，以弥补升温的不足，这样不仅不会使镀层结晶变粗，而且会加快沉积速度，提高生产效率。

（3）搅拌的影响。搅拌会加速溶液的对流，使阴极附近消耗了的金属离子得到及时补充，降低了阴极极化作用，因而在其他条件相同情况下，搅拌会使镀层结晶变粗。然而，采用搅拌后，可以提高允许的电流密度上限值，从而抵消搅拌而产生的结晶粗大现象。因此，利用搅拌这个因素可以在较高的电流密度和较高的电流效率下得到紧密细致的镀层。

5.2.2 钢丝电镀锌工艺

5.2.2.1 镀前处理

视频 电镀

电镀镀前处理的好坏，将直接影响镀层质量的好坏。若镀前处理清洗不干净，将会带来的缺陷有：镀层的密着性不良，镀层的光泽不均，镀层粗糙或破裂，镀后产生脆性。

在电镀锌层不良的废品中，有60%以上是由于镀前处理原因造成的。

电镀锌前处理工艺包括脱脂、酸洗、水洗等工序。为了获得高质量的镀层，对高碳钢丝如能在酸洗水洗后，进行一次阳极浸蚀处理则可提高镀层的紧密性和均匀性。这是因为它可将钢丝前道酸洗工序带来的“污点”除掉。阳极浸蚀处理的电解液采用25%~35%的H_2SO_4，温度不高于30 ℃，并以铅板作为阴极，通入较高电流密度，缩短时间处理即可。

5.2.2.2 电镀液

锌与铜均能在酸性及碱性溶液中析出，但从酸性溶液中析出的均匀性较差，而从碱性溶液中析出的均匀性较好。因此，在镀复杂零件时，大多不采用酸性电镀。钢丝断面简单，几乎不存在镀层不均匀问题，故可用酸性镀锌法生产。

A 酸性电镀液

酸性电镀液有以硫酸锌、氯化锌等为基础的数种，但使用最广泛的是以硫酸锌为主剂的电镀液。常见的以硫酸锌为主剂的电镀液组成有以下四种。

第一种：

硫酸锌（$ZnSO_4 \cdot 7H_2O$）	240 g/L
氯化铵（NH_4C1）	15 g/L
硫酸铝［$Al_2(SO_4)_3 \cdot 18H_2O$］	30 g/L
有机物添加剂	1 g/L

第二种：

硫酸锌（$ZnSO_4 \cdot 7H_2O$）	410 g/L
氯酸铝（$AlCl_3 \cdot 6H_2O$）	240 g/L
硫酸钠（Na_2SO_4）	75 g/L

第三种：

硫酸锌（$ZnSO_4 \cdot 7H_2O$）	750 g/L
硫酸铝［$Al_2(SO_4)_3 \cdot 18\ H_2O$］	25 g/L
三氧化二铁（Fe_2O_3）	0.8 g/L
硫酸（相对密度1.84H_2SO_4）	0.8%（容积比）

第四种：

硫酸锌（$ZnSO_4 \cdot 7H_2O$）	450 g/L
硼酸（H_3BO_3）	30 g/L
光亮添加剂	18 mg/L

在室温条件下，取低的锌浓度及较低的电流密度，可获得较薄的镀锌层。对较厚锌层

需采用高电流密度，为使结晶细化及抑制树枝状结晶析出，镀液中可加入适量的葡萄糖或甘油添加剂来改善结晶形态。

工业用硫酸锌的纯度较高，而且价廉，约含金属锌 23%，其他如加入适量的氯化铵、硫酸钠等都是为了增加电镀液的导电性。加入硫酸铝、氯化铝，则是为了使锌的结晶细化及作为 pH 缓冲剂用。

使用上述第一、二、三种酸性电镀液镀锌，除可获得厚镀层外，还具有电流效率高、成本低、容易控制等许多优点；缺点是较难获得均匀及有光亮的镀层。

使用第四种硫酸盐光亮镀锌电镀液，既保留了硫酸盐镀锌高电流效率、高速度、低脆性的优点，又改善了分散能力和大大提高了光泽度，使硫酸盐镀锌进入一个新的发展阶段，在线材、管材、钢板电镀行业有广泛推广价值。

钢丝镀锌因断面简单，并且是连续电镀，故等于镀液在一直搅动条件下工作。因此，几乎不存在不均匀析出性的问题，完全可采用高电流密度进行高速电镀，常用高电流密度可取 50~100 A/dm^2。除上述以硫酸锌作为主剂的酸性电镀液之外，其他还有如氯化锌溶液，因为它会腐蚀汇流排放管道，很不经济，所以不适宜采用；硼氟化锌虽然具有可通入高电流密度及使电流分布均匀等特性，由于成本高，因此一般也不采用。

B 碱性氰化物电镀液

碱性氰化物电镀液的分散能力和覆盖能力较好，镀层结晶细致，但电镀液有剧毒。碱性氰化物电镀液以氰化钠为主剂（因氰化锌、氧化锌不溶于水），再配以适量氯化锌组成。在钢丝镀锌中，此法已逐步被无毒电镀锌取代。

C 焦磷酸电镀液

为了取代有毒的氰化电镀，采用焦磷酸无毒镀锌，近年来已取得很大进展。无毒镀锌具有如下优点：

（1）操作场所无毒，确保工人身体健康；

（2）不存在废液处理问题（指氰化液）；

（3）电镀效率高，镀层致密牢固。

焦磷酸电镀液是将磷酸钾加入不溶于水的焦磷酸锌中，使其生成可溶于水的络合物，并以此作为主剂进行电镀。其化学反应式如下：

$$Zn_2P_2O_7 + 3K_4P_2O_7 = 2K_6Zn(P_2O_7)_2$$

实际电镀液的组成及控制条件有以下两种。

第一种：

焦磷酸钾	360 g/L
焦磷酸锌	40 g/L
苦味酸钠	190 g/L
pH 值	10.0~10.5
$(P_2O_7)^{4-}/Zn^{2+}$	6/8
溶液温度	30~50 ℃

阴极电流密度	1～3 A/dm^2
阳极电流密度	1.5～3.5 A/dm^2

第二种：

金属锌	22～30 g/L
焦磷酸钾	260～340 g/L
pH 值	10.9～11.6
$K_4P_2O_7$/Zn	11/13
溶液温度	30～50 ℃
阴极电流密度	0.2～1 A/dm^2
阳极电流密度	1.5～3.5 A/dm^2

电镀液使用过程中，必须定期调整焦磷酸钾的浓度，使其保持在规定范围之内。同时，还需控制 $K_4P_2O_7$/Zn 或 $(P_2O_7)^{4-}/Zn^{2+}$的比例关系，当比值偏低时，最易产生焦磷酸锌的沉淀，使操作困难；如此值过高，会影响镀层表面的光泽及电流效率。因此，在实际电镀操作中，必须对上述焦磷酸钾及焦磷酸锌的浓度变化进行定期分析和调整。

当镀液温度偏低时，则无法提高电流密度；若采用较高的镀液温度，则可取较高的电流密度以取得光亮的镀层表面，但此时电流效率较低。

在焦磷酸锌电镀液的正常操作条件下，阴极电流效率可达 90%～100%，较氰化法有很大的提高。

焦磷酸锌的电镀液镀锌，对钢丝的前处理要求很高，这是由电镀液碱性决定的。

5.2.3 电镀锌操作

5.2.3.1 酸性镀液的配制

作为主剂的硫酸锌可以采用含有 7 个结晶水的硫酸锌（$ZnSO_4 \cdot 7H_2O$），也可自己配制：锌 80 kg 占 19%，浓硫酸 85 kg 占 20.5%，水 260 kg 占 60.5%。

除加入硫酸锌外，需加入一定量的纯净水和浓硫酸于配制槽内，并用木棍搅拌，待全部配制好后，放置 36 h 以上才可以使用。

5.2.3.2 镀液工艺控制

作为阳极的锌板全部浸入电镀液中，并与阳极汇流排相连接，与阳极对应排列出数组阴极接触棒，它们比电镀液面高出 5～10 cm，并分别与槽外阴极汇流排相接，钢丝则通过阴极接触棒按一定速度前进。

锌的电化当量理论上为 1.219 g/(A · h)。但在实际作业中，由于受各方面因素的影响，其效率不可能达到 100%，普通酸性电镀液可达 94%～99%，而碱性电镀液为 85%～90%，焦磷酸电镀则几乎可达 100%。电流密度随丝径不同而定。

硫酸锌镀液的温度一般可取 30 ℃左右，当需要进行高速处理及采用较高电流密度时，温度还可适量提高，最高可达 60 ℃左右。pH 值控制在 2～4。氰化镀液的工作温度为 40～70 ℃，高电流密度时可取较高值。

为了避免杂质进入电镀液而影响镀层质量，阳极必须采用电解锌板，锌的纯度要求在99.9%以上。

5.2.3.3 pH值控制

各种电镀溶液都规定一定的酸度或碱度，故需控制一定的pH值。pH值越大表示溶液碱性越高，pH值越小表示溶液的酸性越强。对酸性硫酸盐镀锌来说，pH值一般控制在2~4，若pH值达到4.5以上，就会因镀液中含有铁杂质生成氢氧化铁而变黄；若pH值达到6~6.5时，就会形成由氢氧化锌和锌的碱式盐所组成的沉积物，使镀层多孔、粗糙、疏松；当pH值过低时，一方面加速阳极锌自腐蚀速度而使镀液的锌离子含量不稳定，造成镀液成分波动；另一方面造成析氢严重，电流效率下降以及锌层不致密、表面发乌而没有光泽，使钢丝发生“氢脆”。

调节pH值方法大体上有两种：即当pH值高时，可加入适量的酸补充。补充酸需用硫酸加纯水配制，配制的相对密度应取得适当。高浓度可取相对密度为1.014~1.028；低浓度补充酸的浓度要低些，范围为1.014~1.02。另一种方法是加入酸性缓冲剂来进行调节，它的作用是减低电镀液的波动范围，以求得到均匀的镀层，避免质量不稳定。常用的酸性缓冲剂有硼酸（H_3BO_3）、醋酸钠（CH_3COONa）和其他有机物等。

5.2.3.4 镀液加热及冷却

在电镀锌时，电镀液必须加热，并要求保持在一定温度范围内，以加速电化反应的进行。对酸性电镀液，要求控制在30 ℃左右，而氰化镀锌液应控制在40~70 ℃。

加热的方法有直接加热与间接加热两种。热源可使用电或蒸汽，其中常用的是蒸汽间接加热，沿槽底铺设内热式电热元件的加热方式，可进行自动控制温度，效果极佳。但对电镀溶液的温度控制，一般要求并不太高，因此目前各厂采用铺设铅制蒸汽管的方法已可满足要求。将蒸汽管做成蛇形，且有回水设备，以保证蛇形管正常畅通和传热。

一般镀液不需要冷却，仅在特别炎热的地区才需要。将电镀液循环并用冷冻机冷却，则冷却效果好。一般采用压缩空气搅拌和人工搅拌冷却电镀液，也可取得满意的效果。

电镀液温度应控制在规定范围，否则会影响镀锌质量。若溶液温度过低，锌层表面发黑，但镀层结晶颗粒比较细。若溶液温度过高，则会大大提高金属离子的化学活动性，溶液的黏度相对降低，镀层表面呈现不正常的白色，并失去金属光泽，且镀层晶粒也变粗，但升高电镀液温度可减少镀层中出现的树枝状结晶。

5.2.3.5 常用的计算公式

A 电流密度

电流密度是电极上单位时间内单位面积上所通过的电量。单位为安培/分米²（A/dm^2），用符号i表示。

$$i = \frac{Q}{t \cdot A_c} \tag{5-4}$$

$$i = \frac{I}{A_c} \tag{5-5}$$

式中 I——电流强度，A；

A_c——钢丝浸镀的面积，dm^2；

t——浸渍时间，min；

Q——钢丝上通过的电量，C。

B 电镀有关的实际计算公式

浸入镀液钢丝总面积：

$$A_c = 0.1\pi \cdot D \cdot N \cdot L \tag{5-6}$$

式中 A_c——浸入镀液钢丝总面积；

N——浸入镀液钢丝根数；

D——钢丝直径，mm；

L——有效镀槽长度，m。

钢丝电镀锌中，有效槽长、钢丝根数、电流效率都是一定的，需要的上锌量若也确定，则阴极钢丝电流密度、单根钢丝电流强度、电镀速度、电镀时间、镀层厚度可按下列公式进行计算。

阴极钢丝电流密度：

$$i = \frac{60 \cdot W \cdot V}{K \cdot L \cdot \eta} \times 10^{-2} \tag{5-7}$$

单根钢丝电流强度：

$$I_0 = \frac{60 \cdot \pi \cdot D \cdot V \cdot W}{K \cdot \eta} \times 10^{-3} \tag{5-8}$$

电镀速度：

$$V = \frac{K \cdot I_0 \cdot \eta}{60 \cdot \pi \cdot D \cdot W} \times 10^{3} \tag{5-9}$$

电镀时间：

$$t = \frac{60 \cdot W}{K \cdot i \cdot \eta} \times 10^{-2} \tag{5-10}$$

镀层厚度：

$$\delta = \frac{K \cdot i \cdot t \cdot \eta}{60\rho} \times 10^{2} \tag{5-11}$$

式中 K——电化当量，g/(A · h)；

V——线速，m/min；

i——阴极钢丝电流密度，A/dm^2；

I_0——单根钢丝电流强度，A；

L——有效镀槽长度，m；

η——阴极电流效率,%；

W——上锌量，g/dm^2；

D——钢丝直径，mm；

t——电镀时间，min；

δ——镀层厚度，μm；

ρ——镀层金属密度，g/cm^3。

C　电镀锌计算的简化公式

取锌的密度 $Y=7.14\ g/cm^3$，锌的电化当量 $K=1.22\ g/(A\cdot h)$，电流效率 $\eta=95\%$，下面介绍阴极钢丝电流密度、单根钢丝电流强度、电镀速度、电镀时间、镀层厚度的计算公式简化式。

阴极钢丝电流密度：

$$i = 0.52 \times \frac{W \cdot V}{L} \tag{5-12}$$

单根钢丝电流密度：

$$I_0 = 0.162 \times D \cdot V \cdot W \tag{5-13}$$

电镀速度：

$$V = 6.15 \times \frac{I_0}{D \cdot W} \tag{5-14}$$

电镀时间：

$$t = 0.52 \times \frac{W}{i} \tag{5-15}$$

镀层厚度：

$$\delta = 0.271 \times i \cdot t \tag{5-16}$$

例题 5-3　某厂采用循环过滤和压缩空气搅拌的快速电镀锌工艺，已知作业线镀槽长 44.8 m，当生产 $\phi 2.2$ mm 钢丝时，上锌量要求大于或等于 250 g/m^2，钢丝运行速度为 11.8 m/min，试求：(1) 钢丝在槽电镀时间；(2) 单根钢丝的电流强度；(3) 镀锌层的厚度。

解：(1) 在槽电镀时间 t。

$$t = \frac{L}{V} = \frac{44.8}{11.8} = 3.8(\text{min})$$

(2) 单根钢丝最低电流强度 I_0。

$$I_0 = 0.162D \cdot V \cdot W = 0.162 \times 2.2 \times 11.8 \times 250 \approx 1051(\text{A})$$

(3) 镀锌层的厚度 δ。

$$\delta = 0.271 \times i \cdot t = 0.271 \times 0.52 \times \frac{W \cdot V}{L} \times t = 0.271 \times 0.52 \times \frac{250 \times 11.8}{44.8} \times 3.8 = 35(\mu\text{m})$$

答：钢丝在槽电镀时间是 3.8 min，单根钢丝的电流强度为 1051 A，镀锌层的厚度为 35 μm。

问题讨论

(1) 试述热镀锌和电镀锌的区别。

（2）电镀生产中如何调节 pH 值？若 pH 值过高或过低时，观察镀液将有什么现象，对镀层又有哪些影响？

（3）主盐浓度对镀层质量有什么影响？

（4）电流密度对镀层质量有什么影响？

（5）温度对镀层质量有什么影响？

应知训练

（1）已知镀锌电解液的效率为95%，电流密度为16 A/dm²，求30 min后镀层的厚度。

（2）某厂采用循环过滤和压缩空气搅拌的快速电镀锌工艺，已知作业线镀槽长 44 m，当生产 ϕ2.0 mm 钢丝，上锌量要求大于 220 g/m²，钢丝运行速度为 12 m/min。试求：1）钢丝在槽电镀时间；2）单根钢丝的电流强度；3）镀锌层的厚度。

（3）某厂采用循环过滤和压缩空气搅拌的快速电镀锌工艺，已知电流密度为 44 A/dm²，被镀钢丝直径 1.0 mm，镀锌层厚度为 22 μm，电镀槽内有效长度为 20 m。试求：1）钢丝在槽电镀时间；2）钢丝在槽的运行速度；3）镀锌层的质量；4）单根钢丝的电流强度。

任务 5.3 钢丝热镀铝

知识准备

热浸镀铝钢材具有优良的耐蚀性和耐热性，它在各种大气条件下的腐蚀性均高于热浸镀锌钢材，在重工业大气和海洋环境中抗蚀性能尤佳，其使用寿命是热浸镀锌钢材的 5~10 倍。它用于工业用水、海水和污水等环境中，比热浸镀锌钢材的耐蚀性高 10~20 倍，而且还具有耐多种化学介质水溶液腐蚀的性能，例如：耐有机酸、硝酸、氨水、氨盐、硫化氢、氯化物等水溶液腐蚀；耐高温抗氧化性相当于 18-8 耐热不锈钢，耐抗高温硫化物腐蚀性能优于 18-8 耐热不锈钢。此外，它还具有良好的耐渗碳性、耐磨性。因此，人们称热浸镀铝钢材是一种具有综合性能与特殊性能于一体的复合金属材料。

5.3.1 浸铝层的形成过程

热浸铝过程，实质上是基体材料产生界面的物理化学反应和铝原子向基体内渗透的扩散化合反应。反应的进行受浸铝温度、时间和铝液的化学成分等诸多因素的影响，铝液的黏度、钢基体的化学成分等因素也有一定的影响。

当液态 Al 与固态 Fe 接触时，由于 Fe 和 Al 之间的相界面反应，首先在 Fe、Al 的分界面上形成 Fe-Al 合金层，并产生 $FeAl_3$ 相，如图 5-18（b）所示。随着 Fe、Al 原子相互扩散，使 $FeAl_3$ 相层厚度增加，如图 5-18（c）所示。此时，由于浓度起伏，$FeAl_3$ 相层中出现了浓度相当于 Fe_2Al_5 相的微小区域。当熔体中 Fe 原子进入 $FeAl_3$ 相层继续扩散时，则形成 Fe_2Al_5，如图 5-18（d）所示。这种相变重结晶从 $FeAl_3$ 相表面开始，并使 Fe_2Al_5 相沿扩散方向长大，如图 5-18（e）所示，形成横跨若干晶粒的粗大柱状晶体，如图 5-18（f）所示。可见，浸铝层的形成主要是 Fe 与 Al 的界面反应和扩散反应的结果。

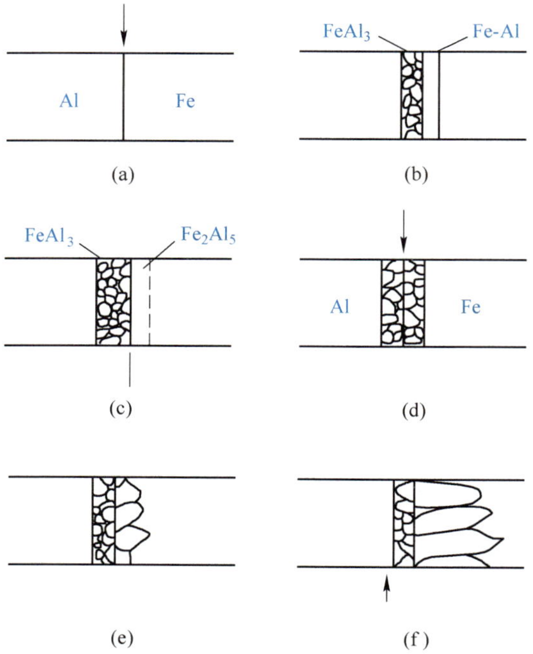

图 5-18 浸铝层形成过程示意图

5.3.2 铝保护层的耐蚀性能

5.3.2.1 抗大气腐蚀

铝镀层与相同厚度的锌镀层相比，在工业大气暴露试验中约为锌腐蚀量的 1/10，在海洋性大气条件下约为锌的 1/5。不同铝镀层厚度，在不同气氛条件下的耐用期限见表 5-7。

表 5-7 喷镀法镀铝平均厚度使用年限估定 （mm）

时 间	5~10 年	10~20 年	20~40 年	40 年以上
工业大气中	0. 12~0. 15	0. 15~0. 20	0. 25~0. 30	0. 30~0. 37
含盐大气中	0. 15~0. 20	0. 20~0. 25	0. 25~0. 30	0. 30~0. 37

5.3.2.2 抗水溶液的腐蚀

铝镀层对氧化性酸、氧化性盐具有一定耐蚀性，对一部分有机酸如酒石酸、苦味酸、乳酸等也有一定抗蚀性，但是不耐强酸及强碱，而且当有氯离子存在时，最易产生孔蚀。在 pH 值为 4~8 范围内的水溶液中，具有较高的耐蚀性能，而且长时间不失掉金属光泽。但要特别注意，在常温下的自来水、蒸馏水中经过数小时后，铝与铁的极性会相互颠倒，即铝比铁的电位还要高，因此不能起到做阳极牺牲而保护铁的作用。可是在海水中，特别

是在有 Cl^- 或 SO_4^{2-} 存在的水溶液中，此种极性颠倒的现象是不会发生的，因而铝可起到作为阳极牺牲保护钢铁的作用。此外，当铝中加入硅或钡，将会进一步改善铝的耐蚀性，可以避免发生极性颠倒现象。铝镀层在 pH 值为 4.5～5.5 的 50 ℃以下淡水中，厚度为 0.15～0.2 mm，其使用寿命为 5～10 年；厚度为 0.2～0.25 mm，使用寿命为 10～20 年。

5.3.2.3　抗高温氧化性

铝镀层可提高钢的抗高温氧化性，这是由于铝表面生成致密的 Al_2O_3 薄膜造成的。对冷轧钢板、镀锌钢板、镀铝钢板在不同温度下进行的加热试验，其氧化增量如图 5-19 所示。

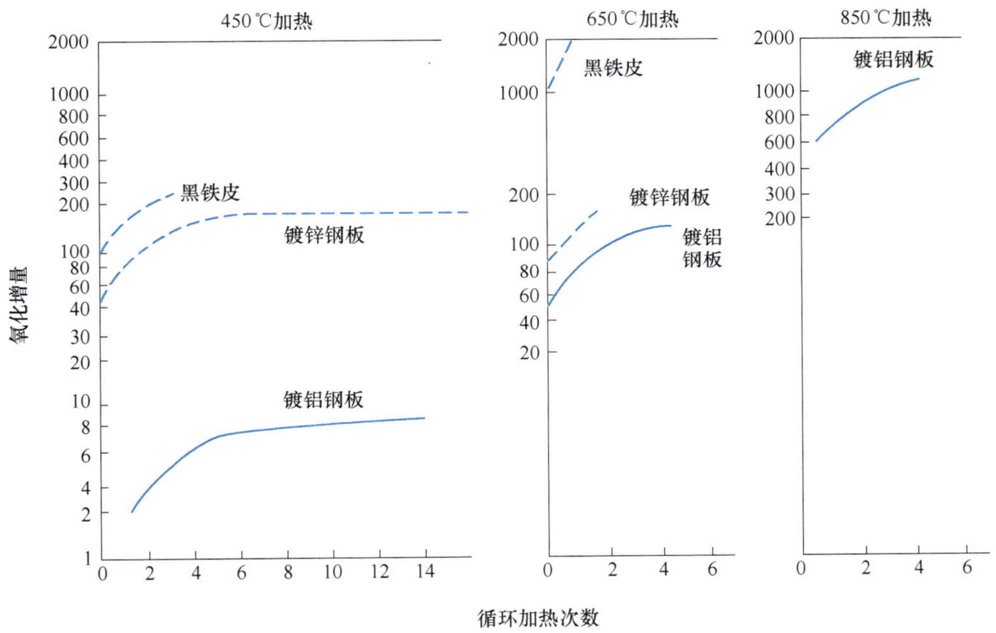

图 5-19　镀铝钢板、镀锌钢板、黑铁皮抗热试验

5.3.3　溶剂法钢丝热镀铝工艺

热浸镀铝是把预处理过的钢铁材料浸入熔融的铝浴中，保温一定时间取出，使其表面渗镀上一层铝。由于表层铝与钢铁材料间浸镀时形成 Fe-Al 合金层，该层通过扩散作用形成，因此冶金结合强度高。在溶剂法浸铝工艺过程中，常把热浸镀工序分为预处理和镀铝两部分。首先将镀件经除油、除锈处理，然后在净化的钢件表面上浸涂助镀剂，形成一层完整无隙的助镀剂薄膜，以保护镀件不被氧化污染。当钢件浸入熔融的铝液中时，钢件表面的助镀剂薄膜则自行熔化脱除，露出清洁的钢表面，并立刻被铝液所润湿，从而形成均匀连续的镀铝层。

溶剂法较多用于钢丝镀铝，溶剂法钢丝热浸镀铝的典型工艺流程如图 5-20 所示。

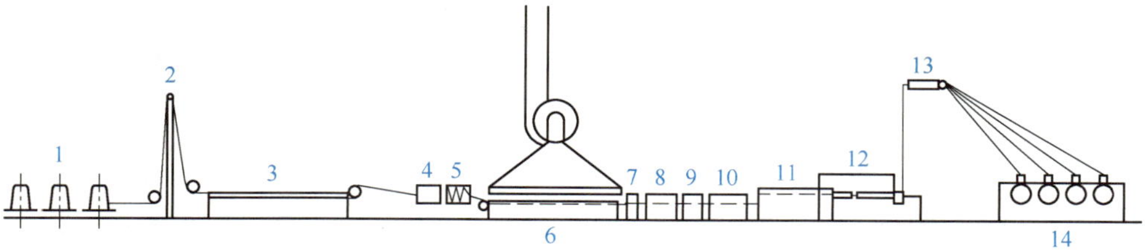

图 5-20 溶剂法钢丝热浸镀铝生产线工艺流程图

1—放线架；2—活套塔；3—铅浴槽；4—水洗器；5—拉直机；6—酸洗槽；7—水洗；8—电解酸洗槽；9，13—水洗槽；10—熔剂槽；11—干燥板；12—镀铝锅；14—收线机

预处理主要是除去钢丝表面的氧化物和油污，露出新鲜的钢表面。根据预处理工艺的不同，可分为酸侵蚀、直接加热燃烧、碱洗等方法。去除油污后，钢丝通过酸洗除掉残余的氧化膜，酸洗过程通常采用15%左右的粗盐酸在室温下进行，也可用同样浓度的硫酸在60 ℃左右处理。酸洗后再用冷水充分漂洗，以除去表面残留的酸液。经以上预处理后，钢丝表面呈灰白色无光泽的新鲜表面方能达到镀铝要求。但这种表面在空气中极易氧化，故采用熔剂处理使钢丝表面附着一层均匀无隙的熔剂膜而不被氧化。在溶剂法钢材热浸镀铝中，水溶液助镀是继除油除锈之后的关键一步，它的作用是保护洁净的金属基体在浸入铝液之前免受高温下空气的氧化，改善铁基体与铝液之间的界面润湿性，同时活化铁基体表面。钢丝镀铝较理想的助镀剂是采用氟化钛或氟化锆或采用它们与碱金属构成的复盐。试验证明，浓度为4%的氟锆酸钾水溶液并不理想，而6% KF+4% NaCl水溶液可获得满意的效果。

镀铝工序是把经过烘干的钢丝浸入到熔融的铝液中，经过沉没辊导向提出铝液，再经过冷却器后收线。

溶剂法热浸镀铝采用的水溶液助镀剂应该具有以下条件：

（1）能在钢表面形成连续完整且无孔隙的保护膜；

（2）浸铝时，助镀剂膜能立即从钢表面脱除，能显著改善铝与钢基体的浸润性；

（3）对浸铝时钢与铝液接触界面处可能出现的少量氧化物有吸附溶解作用；

（4）熔剂对铝液无污染。

溶剂法热浸镀铝的关键是使净化的钢表面在镀铝前先黏附一层助镀剂保护膜，这样可减少钢基体镀前氧化，同时在镀铝时活化钢表面，提高铝对钢的浸润性。

5.3.4 钢丝热镀锌铝合金工艺

5.3.4.1 GALFAN 合金镀层性能

锌铝合金镀层目前世界上普遍公认的、有产品标准可遵循的只有两种（质量分数）：（1）含铝55%、硅1.6%、锌43.4%的称为Galvalume。（2）含铝5%和微量稀土元素（0.03%~0.1%）的称为GALFAN。

GALFAN 合金对其配制的原材料纯度有严格要求：锌的纯度要达到 99.995%，铝的纯度应不低于 99.8%。热浸镀用的 GALFAN 合金必须用预合金化的母合金重熔。GALFAN 合金锭成分：$w(Al)=4.2\%\sim7.2\%$、$w(Re)=0.03\%\sim0.1\%$、$w(Fe)\leqslant0.075\%$、$w(Si)\leqslant0.015\%$、$w(Pb)\leqslant0.005\%$、$w(Cd)\leqslant0.005\%$、$w(Sn)\leqslant0.002\%$，余量为 Zn。

GALFAN 镀层是共晶合金，熔点只有 382 ℃，比锌的熔点 419.5 ℃低 37.5 ℃，热浸镀时的温度在 420~450 ℃范围内，镀后钢丝可保持镀锌钢丝同样的力学性能。

GALFAN 合金具有较强的耐腐蚀性能，其产品的耐腐蚀性能是普通镀锌的 2~3 倍。锌-5%铝形成两相共晶结构，建立了均匀一致的阻挡层；该阻挡层在钢构件表面起到保护作用，另外对表面划伤、裸露的边缘、打孔后轮廓边缘能提供氧化牺牲保护来阻止进一步被腐蚀。GALFAN 镀层钢丝一旦遭受腐蚀，Fe-Al-Zn 合金层就暴露出来，这一合金层比 Al-Zn 合金层性质更稳定，对防止深入腐蚀起到阳极保护作用。GALFAN 镀层比常规镀锌层出现红锈的时间晚 2~3 倍。

GALFAN 镀层的延展性能及可变形能力极强，甚至超过了它所保护的钢基体。GALFAN 镀层不产生常规镀锌 Fe-Zn 合金的脆性夹层，而它的 Fe-Al-Zn 合金有非常好的延展性能，并且与钢基体的黏附力极强。因此，经得起在强力变形工艺条件下的缠绕、弯曲考验，而不必担心镀层的龟裂与脱落。

GALFAN 镀层钢丝的可焊接性能优于普通镀锌钢丝，只要选择得当的焊接方法和操作工艺，GALFAN 镀层具有极优良的焊接性能。

GALFAN 镀层的 Zn-Al 结构提供了一个极佳的均匀表面，与其他镀层相比，GALFAN 镀层本身就是一种极好的预处理基底和涂漆黏结剂。这种优点改善了涂漆后的龟裂腐蚀和起泡，自然干燥首层底漆、面漆、烘干底漆、粉末喷涂、氨基甲酸乙酯、环氧树脂底漆等都可以很好地涂覆在 GALFAN 上。

5.3.4.2 GALFAN 合金镀层工艺

目前，GALFAN 合金镀层钢丝有单浸镀和双浸镀两种。

A 单浸镀

单浸镀的工艺流程是：放线→前处理→助镀→热浸镀 GALFAN 合金→冷却→收线。

单浸镀工艺的最大优点是工艺流程短，能耗物耗少，锌锅镀层显微组织容易控制。由于锌层薄以及表面漏镀问题，到目前为止，世界钢丝行业还很少采用这种单镀工艺。与多根钢丝同时热浸镀相反，世界上带钢和单根钢管的单浸镀 GALFAN 工艺却用得很普遍，这是因为这些产品的镀层质量要求不像钢丝那么高（一般多在 200 g/m^2 以上）。例如，电器用薄镀层镀锌钢板的镀层质量只有 25~30 g/m^2，汽车镀锌板一般也只要 45 g/m^2；还有，一根带钢或一根管子在热浸镀时，镀层漏镀不易出现，即使有也易于解决，如钢板制品采用森吉米尔法就可以避免镀层表面的漏镀问题。

B 双浸镀

双浸镀的工艺流程是：放线→前处理→助镀→热浸镀锌→冷却→热浸镀 GALFAN 合金→冷却→收线。

对钢丝来说，双浸镀工艺的优点是：（1）先镀锌后镀 GALFAN 合金表面漏镀问题可以避免；（2）得到的镀层较厚，标准镀钢丝的 A、B、C 级和钢绞线中 A、B、C、D、E 级镀层质量都可以做到和纯锌层一样，因此在实际应用时，可以实现提高 1 倍以上的耐腐蚀寿命。双镀工艺的不足之处是锌锅中的成分控制比较困难，工艺流程长，相应的物耗、能耗也高一些。

美国某公司的热镀 GALFAN 合金生产线生产工艺流程如下：放线→电热脱脂→超声波清洗→密闭式无酸雾酸洗→涂助镀剂→预热钢丝→第一次热镀→斜引出、水冷→第二次热镀→垂直引出、氮气抹拭、水冷→表面涂覆→倒立式收线。

在 GALFAN 合金镀层钢丝中，陶瓷锌锅和陶瓷压辊已成为发展趋势，与碳钢板锌锅相比，它具有使用寿命长、锌渣少、锌耗低、能耗低等优点。从加热方式上来看，由外加热方式向内加热方式发展。对于陶瓷锌锅来说，外加热可分为上加热和感应加热。上加热又可分为燃油、燃气和电阻加热，这类加热方式的锌锅必须砌筑大量的各类保温、隔热砖以形成燃烧室，对锌液表面辐射传热，这类设备造价高，热效率较低。由于锌液表面温度过高，使锌灰生成量大，锌耗较多；由于锌液以辐射传热为主，温度较难控制。外加热的另一种加热方式为工频感应，它具有能耗较低、锌耗较低、温度较易控制等优点，由于其熔锌沟与炉体结合部位易漏锌，使得熔锌沟寿命短、维修困难。内加热采用陶瓷作加热保护套管，内部用电阻丝、燃气或燃油作热源，套管垂直安装于锌锅两侧或底部中心，这类加热方式具有设备造价低、热效率高、锌耗低、能耗低、温度较易控制等优点。

在热镀 GALFAN 合金镀层钢丝时，GALFAN 合金熔融态的流动性较锌液高，为了得到表面质量符合要求的镀层产品，钢丝抹拭技术至关重要。经过大量试验证明，气体抹拭或电磁感应抹拭技术可以提高 GALFAN 合金镀层产品的表面质量。

为了克服陶瓷套管易断裂的致命缺陷，国内已开发耐锌浸蚀的合金套管，内部用电热丝加热，直接浸于锌液内，并已于多处工业应用。但是，必须在停炉前将此加热管取出，否则此管在锌凝固和再开炉升温时极易损坏。某企业配有与锌锅液面相同的上加热辅助加热炉，以供启动时熔化凝固的锌，再插入加热管后才能正常使用，因而推广受到限制。

问题讨论

（1）与镀锌钢丝相比，镀铝钢丝在性能上有哪些优点？

（2）简述浸铝层的形成过程与组成。

（3）简述溶剂法钢丝热浸镀铝生产线工艺流程。

（4）简述热浸镀工序预处理的作用。

（5）溶剂法热浸镀铝采用助镀剂需具备什么条件？

（6）简述 GALFAN 合金镀层的成分及性能。

（7）简述 GALFAN 合金镀层钢丝单浸镀与双浸镀的工艺流程。

课程思政

伶仃洋上的大国工匠
——“大湾区大通道”建设先行官代希华

广东省公路建设有限公司虎门二桥分公司副总经理代希华，1994 年本科毕业于同济大学桥梁工程专业，2003 年硕士毕业于华南理工大学建筑与土木工程专业。

“狮子洋通道”直连广州南沙自贸片区和东莞滨海湾新区两大发展平台，建成后，将成为大湾区地标建筑。代希华，不仅是“狮子洋通道”建设的总工程师，也是南沙大桥建设的总工程师。他打响了研制世界最高强度缆索钢丝的攻坚战，在面对多方障碍的技术鸿沟时，他没有选择直接使用外国材料，而是自己带领团队历时三年完成了国产 1960 MPa 镀锌钢丝主缆索股的突破。在他的带领下，狮子洋大桥创造了“主跨跨径、车道数量、主塔塔高、锚碇基础、主缆规模”五项世界第一！

党的二十大报告中提出“实现高水平科技自立自强”，习近平总书记指出“把关键核心技术掌握在自己手中”。代希华带领团队创造五项世界第一，正是把党的二十大部署和习近平总书记关于自主创新、高质量发展的重要指示写在了伶仃洋的波涛之上，在以中国式现代化全面推进中华民族伟大复兴的新征程上再立新功。

项目 6 钢丝生产设备

学习目标

知识目标：

（1）了解拉丝机的分类及表示方法；

（2）掌握单次拉丝机的工作原理、种类及结构特点；

（3）掌握滑轮式、直进式无滑动拉丝机的结构与工作原理；

（4）掌握水箱式有滑动拉丝机的结构与工作原理；

（5）掌握钢丝生产辅助设备的类型与作用。

技能目标：

（1）能够采用拉丝机型号表示法对不同拉丝机进行标记；

（2）能够进行拉丝机的配模计算；

（3）能够阐述各种拉丝机的操作方法、步骤和注意事项。

素质目标：

（1）培养学生的计算与分析能力；

（2）培养学生的设备结构分析与识图能力；

（3）培养学生的设备操作与检修能力。

任务 6.1 钢丝生产设备的分类及代号

知识准备

课件 钢丝生产设备的分类及代号

我国钢丝绳生产企业及其他有色金属丝生产企业采用的拉丝机种类繁多，且随着拉丝生产的发展和技术的进步，拉丝机的型式和结构还在不断完善和改进。钢丝生产普遍采用卷筒形式的拉丝机。各种不同类型拉丝机最主要的区别是金属丝在拉拔过程中的走向是否产生弯曲或扭转、拉拔道次的多少、润滑剂的品种以及工作原理的不同等。因此，拉丝机的分类方法也很多。

6.1.1 拉丝机的分类

（1）按拉拔道次，分为单次拉丝机和多次拉丝机。

1）单次拉丝机：钢丝在拉丝机上仅拉拔一次，即钢丝只通过一个拉丝模。

2）多次拉丝机：钢丝在拉丝机上拉拔多次，即钢丝通过多个拉丝模。

（2）按工作原理，分为无滑动式拉丝机和滑动式拉丝机。

1）无滑动式拉丝机：拉拔时钢丝与卷筒之间基本无相对滑动。

2）滑动式拉丝机：拉拔时钢丝与卷筒之间有相对滑动。

（3）按拉拔时钢丝的运动方式（按钢丝在拉拔时的走向），分为滑动式、活套式、直进式、双卷筒式、双层卷筒式和组合式拉丝机。

1）滑轮式拉丝机（也称积线式拉丝机）：卷筒之间有导线轮装置，有差动拨线机构。

2）活套式拉丝机：卷筒之间有活动张紧轮，无差动拨线机构。

3）直进式拉丝机（也称直线式拉丝机）：卷筒之间无导线轮装置，无差动拨线机构，钢丝走向呈直线。

4）双卷筒式拉丝机：具有相同直径的上、下卷筒，但只拉拔一道次，下卷筒拉拔，上卷筒积线并同时为下一道拉拔放线。与双层卷筒式拉丝机的区别在于，工作时它的上、下卷筒旋转方向相反，而双层卷筒的上、下两层卷筒同向旋转。

5）双层卷筒式拉丝机：具有不同直径（一般是上大下小，而差动式为相同直径）的上、下两层卷筒，钢丝在上、下两层卷筒上各拉拔一道次（与此相类似的成品卷筒除外，它只拉拔一次，上、下两层卷筒的上层稍大且无差动）。由于结构不同，因此双层卷筒式拉丝机又分为同一传动式双层卷筒拉丝机和差动式双层卷筒拉丝机。由于上、下两层卷筒有导线轮装置或差动机构，因此也可将双层卷筒式拉丝机归为滑轮式拉丝机之列。

6）组合式拉丝机：由上述两种或两种以上型式组合成型的拉丝机。例如，滑轮式与双卷筒式的组合，活套式与双卷筒式的组合，双层卷筒式与活套式的组合，直进式与双卷筒式的组合等。

（4）按卷筒工作位置，分为立式、卧式拉丝机。

1）立式拉丝机：卷筒轴线垂直于地平面，又可分为正立式（即立式）和倒立式两种。

2）卧式拉丝机：卷筒轴线平行于地平面。

（5）按电力驱动方式，分为交流电机传动、直流电机传动拉丝机。

1）交流电机传动的拉丝机，简称交流拉丝机。

2）直流电机传动的拉丝机，简称直流拉丝机。

（6）按机械传动方式，分为集中驱动、分别驱动拉丝机。

1）集中驱动拉丝机：由一台电机通过中间传动装置传动所有卷筒（目前很少采用）。

2）分别驱动拉丝机：分别由一台电机传动一个卷筒。

（7）按钢丝受力状态，分为无反拉力、带反拉力拉丝机。

1）无反拉力拉丝机：是一种在拉丝过程中通过优化张力控制减少或消除反向拉力的设备，通过变频器、同步控制等技术实现无反拉力操作。

2）带反拉力拉丝机：是一种在拉丝过程中主动施加反向拉力以优化材料性能或加工精度的设备，通过调整张力分布，平衡拉拔过程中的应力，从而减少断丝风险，改善表面质量或控制材料伸长率。

（8）按拉拔润滑剂，分为干式、湿式拉丝机。

1）干式拉丝机：采用固体润滑剂拉拔，如肥皂粉。

2）湿式拉丝机：采用液体润滑剂拉拔，如肥皂水。

（9）按拉拔线径分类见表6-1。

表6-1 拉丝机按拉拔线径分类 （mm）

名 称	拉拔成品直径	卷筒直径
特粗钢丝拉丝机	>8	>800
粗钢丝拉丝机	6~8	650~750
较粗钢丝拉丝机	3~6	600~700
中粗钢丝拉丝机	1.5~3	450~600
细钢丝拉丝机	0.5~1.5	250~350
较细钢丝拉丝机	0.1~0.5	200~250
特细钢丝拉丝机	<0.1	100~200

6.1.2 拉丝机的基本类型

拉丝机的基本类型有六种，见表6-2。

表6-2 拉丝机的基本类型

类型名称	代号	拉 拔 特 征	成品直径/mm
水箱（塔轮）式拉丝机	T	有滑动、无扭转、多道次拉拔	0.1~1.2
滑轮（积线）式拉丝机	W	无滑动、有积线、有扭转拉拔	0.5~4.5
双卷筒式拉丝机	S	无滑动、有积线、无扭转拉拔	0.4~3.5
活套式拉丝机	H	无滑动、无扭转拉拔，带反拉力自动调节卷筒速度，钢丝走向呈直线	0.5~6.0
直线式拉丝机	Z	无滑动、无扭转拉拔，带反拉力自动调节卷筒速度，钢丝走向呈直线	0.5~7.0
单次拉丝机	D	无滑动、无扭转、一道次拉拔	7~22

注：1. 单次拉丝机可派生出具有2道次拉拔的不同直径的双层卷筒式拉丝机，且在结构上有立式、卧式、倒立式等。

2. 表中除水箱式拉丝机为湿式拉丝机外，其余类型均为干式拉丝机。

6.1.3 拉丝机的主要技术参数

拉丝机的技术参数体现出拉丝机的规格、性能和用途等设备要素，是设计制造和选用拉丝机的重要依据。拉丝机的主要技术参数（简称主参数）有拉拔卷筒公称直径、公称拉拔力和拉拔道次。除此之外，拉丝机还有原料强度、进线直径、出线直径、总压缩率、部分压缩率、末卷筒（成品卷筒）的拉拔速度和容量等基本参数。拉丝机的主参数应符合

表 6-3 中的规定，并成为拉丝机型号的主要内容，而基本参数则在拉丝机的使用说明书中详细标明。

表 6-3 拉丝机的主要技术参数

公称拉拔力/kN	拉拔卷筒直径/mm						最多拉拔道次
	型 式						
	LT	LW	LS	LH	LZ	LD	
1.6	160	—	—	—	—	—	21
	200	—	—	—	—	—	
	220	—	—	—	—	—	
3.2	280	—	220	220	220	—	15（21）
	300	—	280	280	280	—	
	350	—	300	300	300	—	
4.0	350	280	280	280	280	—	15（21）
	400	300	300	300	300	—	
	450	350	350	350	350	—	
6.3	—	350	350	350	350	—	12
	—	400	400	400	400	—	
	—	450	450	450	450	—	
10.0	—	450	450	450	450	—	12
	—	500	500	500	500	—	
	—	560	560	560	560	—	
16.0	—	560	560	560	560	560	11
	—	600	600	600	600	600	
	—	670	670	670	670	670	
25.0	—	670	670	670	670	670	11
	—	700	700	700	700	700	
	—	750	750	750	750	750	
63.0	—	—	—	750	750	750	10
	—	—	—	900	900	900	
80.0	—	—	—	—	900	900	10
100.0	—	—	—	—	900	900	10
125.0	—	—	—	—	1200	1200	10

注：括弧内数值为水箱拉丝机最大拉拔道次。

6.1.4 拉丝机型号表示法

6.1.4.1 拉丝机型号

拉丝机型号的标准表示方法如下：

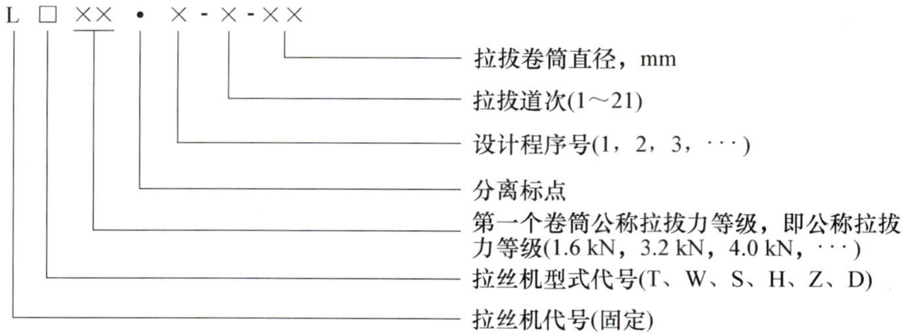

（1）公称拉拔力的单位为牛（N）；

（2）组合式拉丝机按组合次序排列，中间用“+”连接。

6.1.4.2 标记示例

（1）第二次设计的，公称拉力为1.6 kN，卷筒直径为600 mm，7道次拉拔的滑轮式拉丝机标记为：拉丝机 LW1.6·2-7-600 JB/T 7910—2018。

（2）若在上述拉丝机后混合组合有第一次设计的，公称拉力为1.0 kN，卷筒直径为600 mm，3道次拉拔的双卷筒式拉丝机，则形成的组合拉丝机标记为：拉丝机 LW1.6·2-7-600+LS1.0·1-3-600 JB/T 7910—2018。

6.1.5 拉丝机机组的组成及其作用

6.1.5.1 机械设备

A 主要部分（即拉丝机）

电动机：供给动力。

传动装置：传递动力，改变运动速度的大小和方向。

主机体：拉拔并缠绕钢丝。

模盒装置：安放拉丝模和装润滑剂。

其他装置：根据各种类型拉丝机的要求配置，如滑轮式连续拉丝机上的导线轮装置、活套式连续拉丝机上的张紧轮调速装置等。

B 辅助部分

放线架：放置线捆并向拉丝机供线。

悬臂吊及起线架：从成品卷筒上取出拉拔好的钢丝。

下线机：直接从成品卷筒上连续取线，实现不停车下线。

轧尖机：轧尖钢丝头，以便穿入拉丝模。

对焊机：对接钢丝。

砂轮机：对电接后的钢丝接头处进行表面打磨。

冷却系统：冷却拉丝模、钢丝和卷筒。

润滑系统：润滑减速箱和主机体内轴承，齿轮、蜗轮等零件，提高其使用寿命。

安全装置：主要指安全网罩、防护围栏等，其作用是保证人身及设备安全。

矫直装置：对成品卷筒上的钢丝进行矫直，消除应力。

C 控制部分

乱线停车装置：在拉拔过程中钢丝出现乱线时，使拉丝机自动停车。

断线停车装置：在拉拔过程中钢丝出现断线时，使拉丝机自动停车。

事故停车装置：在拉拔过程中发生事故时，使拉丝机紧急停车。

定尺停车装置：记录生产米长，在钢丝拉拔至设定米长时自动停车。

制动装置：克服拉丝机卷筒转动惯性，保证拉丝机断电后及时制动。

6.1.5.2 电器设备

供电系统：主要指直流拉丝机的电源供电系统及可控硅整流供电系统等。

控制系统：控制拉丝机的启动、调整、制动和事故停车等。

测量反馈系统：检测拉丝机的负载、拉拔速度、机器故障等信息，并进行自动反馈、调整、报警等处理。

问题讨论

（1）拉丝机分别按工作原理、拉拔道次、拉拔时钢丝运动方式分类的种类有哪些？

（2）拉丝机的基本类型有几种，分别用什么字母表示，各有什么特征？

（3）分别说明下列拉丝机型号的意义：

LW1.6・2-7-600

LW1.6・2-7-600 + LS1.0・1-3-600

（4）拉丝机的技术参数有哪些，其中哪些是主要参数？

（5）简述拉丝机机组的组成及用途。

任务 6.2 单次拉丝机

知识准备

微课 单次拉丝机

课件 单次拉丝机

单次拉丝机通常只配一个拉丝模，只能拉拔一道次，每台拉丝机由一台电动机通过中间传动装置拖动，可调整拉拔速度，卷筒速度的改变依靠变速箱。它的优点是设备简单，操作容易；缺点是拉拔速度低，导致生产率低，劳动强度大，产量低，占用较大的车间面积。单次拉丝机可用来拉拔粗丝（线材）、半成品丝和异形丝，以及小盘重、难拉拔的材料。为了提高单次拉丝机的生产率，减少停车卸线时间，常常配备自动下线机。

单次拉丝机是一种无滑动拉丝机，钢丝在其上仅拉拔一次，工作原理如图 6-1 所示。

根据卷筒的配置方式，单次拉丝机分立式卷筒、卧式卷筒和倒立式卷筒三种，如图 6-2 所示。

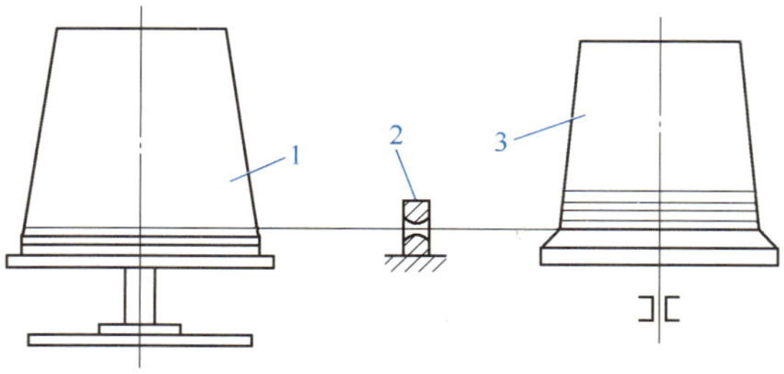

图 6-1 单次拉丝机的工作原理简图

1—放线架；2—拉丝模；3—卷筒

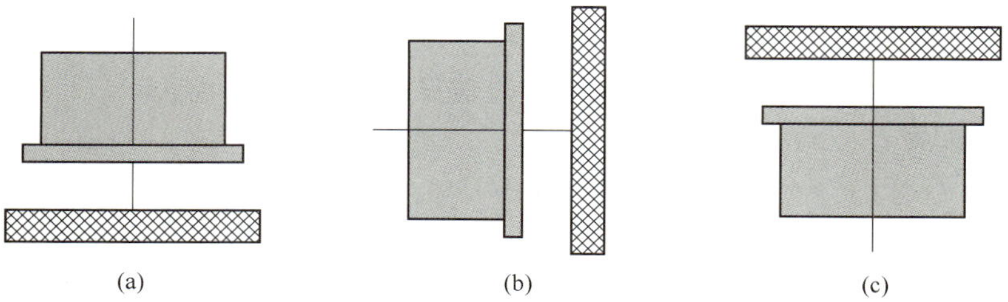

图 6-2 单次拉丝机卷筒的配置方式

（a）立式；（b）卧式；（c）倒立式

6.2.1 卧式卷筒单次拉丝机

卧式卷筒单次拉丝机的卷筒轴在拉丝机中水平安装，如图 6-3 所示。

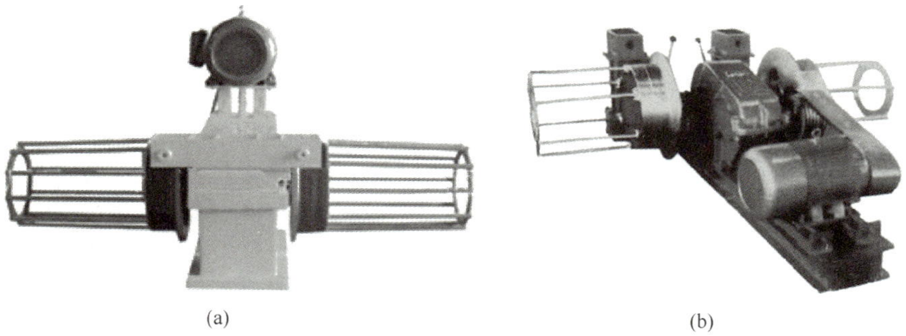

图 6-3 卧式卷筒单次拉丝机

（a）LD-550 型卧式拉丝机；（b）LD-750 型卧式拉丝机

卧式卷筒拉丝机即卧式拉丝机，多用于拉拔特粗金属丝，它的特点是卸线方便，但使用较少。

首先，将被拉金属钢丝放在放线架 1 上，经轧尖机轧尖后穿入拉丝模 2 的模孔，用挂在卷筒 3 上的拉丝钳夹住线的端头，从拉丝模 2 的模孔内拉过，待钢丝在卷筒上绕过几周后，取下拔丝钳，把钢丝端头固定在卷筒 3 上，再使卷筒以正常拉拔速度旋转，如图 6-4 所示。

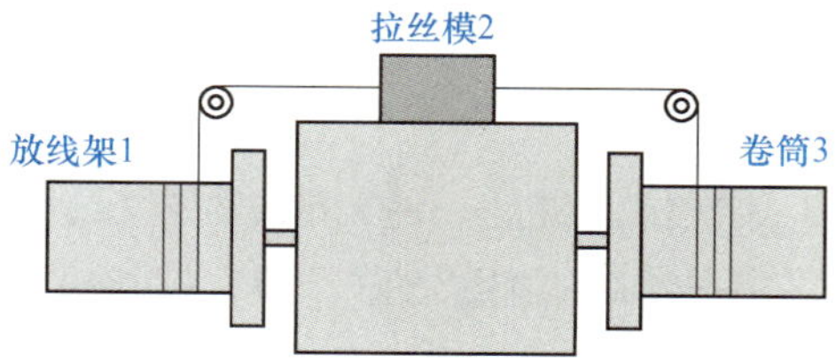

图 6-4 卧式卷筒单次拉丝机

此时，依靠钢丝与拉拔筒之间的静摩擦力进行拉拔，强制金属线在模孔中塑性变形。在满足被拉拔钢丝的部分压缩率要求时，钢丝截面由大变小，得到所要求的成品或半成品直径；最后，当卷筒积存有足够数量的钢丝后，拉丝机停车，用手动或电动吊车把钢丝卸下。

图 6-5　LD-550 型立式拉丝机

6.2.2 立式卷筒单次拉丝机

立式卷筒轴在拉丝机中垂直安装，如图 6-5 所示。

立式卷筒拉丝机即立式拉丝机，使用得较多，单次拉丝机拉拔速度较低。为提高单次拉丝机的生产率，常配备两个放线架，以便将线盘端头焊接在一起。立式卷筒的收线容量有限，卸线次数多，劳动强度大，产量较低。

6.2.3 倒立式卷筒单次拉丝机

视频 倒立式拉丝机

倒立式卷筒单次拉丝机的卷筒轴在拉丝机中垂直倒立安装。如图 6-6 和图 6-7 所示，倒立式拉丝机属于钢筋拔丝机，用于金属线材的拉拔，采用卷筒出线口垂直向下的工作方式，可以一次性连续拉拔 1～3 t 的线材，加工之后的成品直接落入收线盘，方便更深一层次的深加工。倒立式拉丝机，是专为大盘重连续无扭转作业设计、具有拉丝和收线双重功能的拉丝机，适用于拉拔高、中、低碳钢丝，异形钢丝，不锈钢丝，粗规格有色金属线材，特别适用于标准件行业及货架制造业；最大进线直径可达 30 mm，卷筒直径 600～1400 mm，卷筒个数 1～2 个。采用倒立式拉拔及收线，收线盘重大，卸丝方便、可靠。

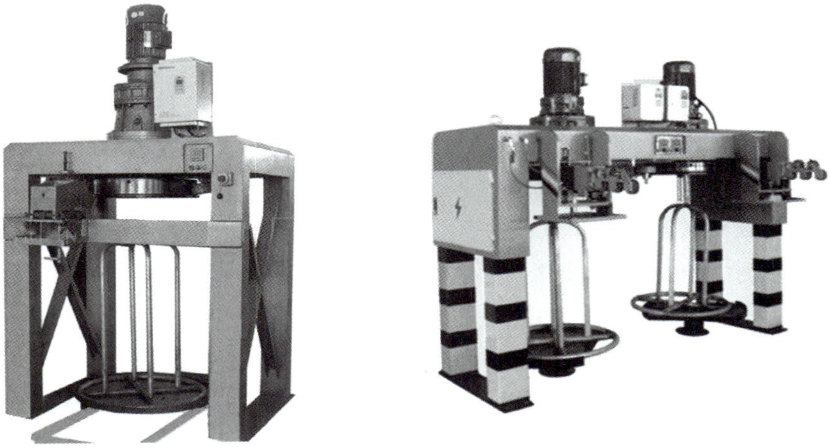

图 6-6　LD-600 倒立式拉丝机

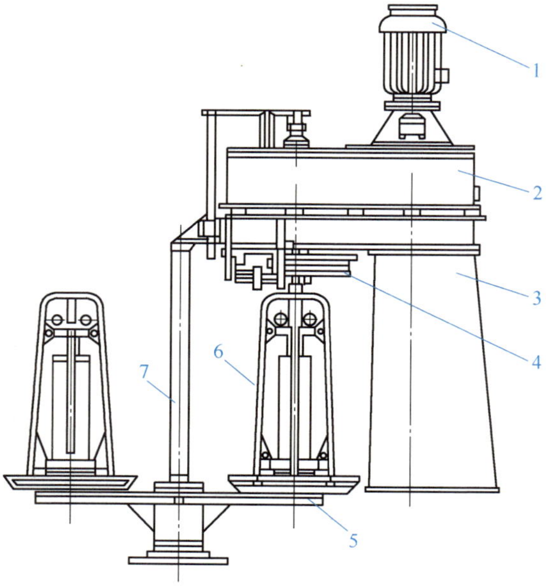

图 6-7 倒立式拉丝机结构简图

1—电动机；2—齿轮箱；3—机座；4—拉丝卷筒；5—旋转台；6—收线架；7—立柱

6.2.4 双层卷筒拉丝机

双层卷筒拉丝机是在单层卷筒拉丝机的基础发展起来的，在同一根轴上装有上下两个卷筒，一个机台可拉拔两个道次，因此较单次拉丝机的生产率高。这种拉丝机有两种基本结构：同一传动轴的双层卷筒拉丝机和差动式双层卷筒拉丝机。

6.2.4.1 同一传动轴的双层卷筒拉丝机

同一传动轴的双层卷筒拉丝机与单卷筒拉丝机的传动结构无异，上下卷筒均安装于一根立轴上，以相同的转速旋转，如图 6-8 所示。生产过程中，下层卷筒进行第一次拉拔，然后钢丝通过一个滑轮，经上层卷筒再拉拔一次后，积存在上层卷筒上，双层卷筒进行两次拉拔，提高了生产能力。由于卷筒是一个整体结构，上下层卷筒的转速是一致的，这样，欲保证两次拉拔通过拉丝模的金属流量一致，两卷筒同轴，上卷筒直径大于下卷筒直径，保证单位时间流过的钢丝量相等，$S_1 \cdot v_1 = S_2 \cdot v_2$，才不致产生“堆线”或“断线”等现象。

6.2.4.2 差动式双层卷筒拉丝机

差动式双层卷筒拉丝机的结构是在同一根垂直的传动轴上，装有两个卷筒，两个卷筒的直径可以相等，也可以不相等。钢丝的走线方向和同一传动轴的双层卷筒拉丝机相同，也是一个机台拉拔两个道次，上下卷筒之间是用差动齿轮机构来联系的。

这种拉丝机适合拉拔强度较高的高碳钢丝和合金钢丝。由于两卷筒之间转速存在差动调节关系，因此钢丝在卷筒上无滑动，可以提高钢丝的表面质量，并使钢丝具有反拉力拉拔的效果，以及减少拉丝模磨损和动力消耗等优点。

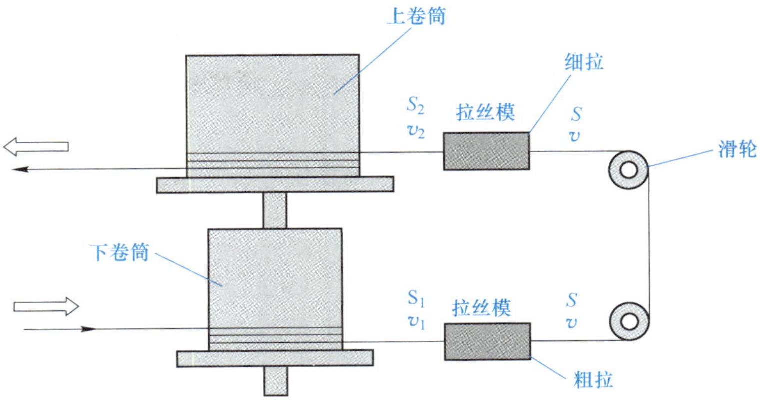

图 6-8 双层卷筒拉丝机的传动系统示意图

图 6-9 所示是 1-2/550-600 差动式拉丝机卷筒的结构图，上层卷筒直径为 600 mm，下层卷筒直径为 550 mm（也可以将上、下卷筒设计成直径相同的），上下卷筒之间采用差动机构联系。拉丝机上卷筒拉拔采用的部分压缩率，应根据上下卷筒直径之比而定。考虑到工作时，两个拉丝模的磨损情况不一样，因此所用的部分压缩率之比应略大于卷筒直径之比所规定的部分压缩率的 2%～3%，否则拉拔中钢丝容易产生滑动或拉断。

当上下卷筒旋转速度相同时，行星齿轮传动只传动负荷，不改变卷筒的相对运动。只有在拉丝时，由于拉丝模磨损不一致、出现钢丝流量不相等时，上下卷筒的旋转速度出现不同来调整不平衡状态，才能达到新的平衡。

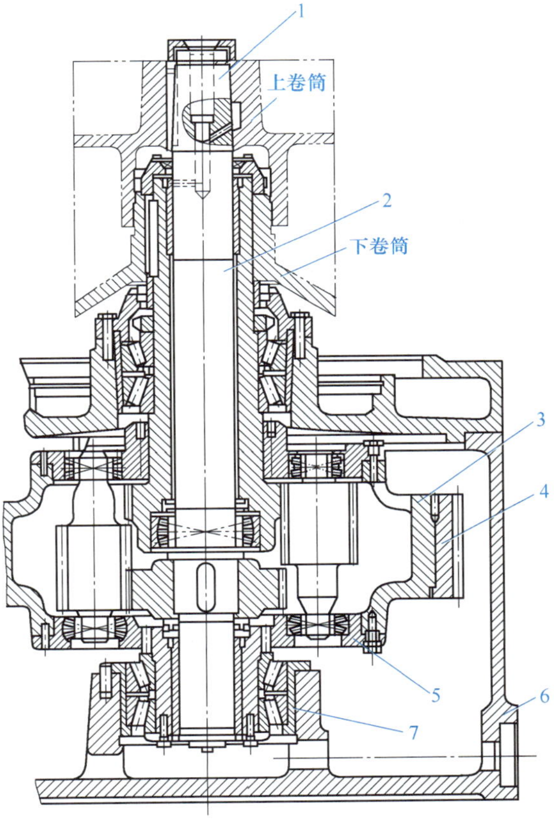

图 6-9 1-2/550-600 差动式拉丝机卷筒的结构简图

1—轴；2—空心轴；3—壳体；4—大齿轮圈；5—下盖；6—箱体；7—套筒

问题讨论

（1）何谓单次拉丝机，其工作原理如何？

（2）按卷筒安装位置单次拉丝机分为哪几种，各有何特点？

（3）说明单次拉丝机的优缺点及用途。

(4) 说明卷筒的作用及冷却方法。

(5) 拉丝模盒的作用是什么?

(6) 根据 1-2/580-700 的传动系统，说明卷筒最高和最低转速如何确定，并列出该传动系统的传动路线。

(7) 说明单次拉丝机的操作方法及操作前需做的准备工作。

(8) 简述双层卷筒拉丝机的特点、结构及传动分析方法。

实训任务

实训任务 6-1 拉 丝 操 作

1. 实训目的

(1) 熟悉拉丝机的操作。

(2) 掌握拉丝的工艺过程。

2. 操作步骤

(1) 做好开车前的准备工作，包括明确生产任务、原料情况、设备检查。

(2) 调整模盒、安装模具、添加润滑剂。

(3) 压尖操作。

(4) 挂车。

(5) 开车拉拔。

(6) 下线。

3. 训练结果评价

(1) 学生自评，总结个人实训收获及不足。

(2) 小组内部互评，根据学生实训情况打分。

(3) 教师根据训练结果对学生进行口头提问，给学生打分。

(4) 教师根据以上评价打出综合分数，列入学生的过程考核成绩。

任务 6.3 连续式拉丝机

知识准备

连续拉拔是钢丝生产的主要方式，连续拉丝机具有速度快、总压缩率大、产品质量好、劳动生产率高的特点。

按工作原理连续式拉丝机分为：无滑动连续式拉丝机和滑动式连续拉丝机。所谓无滑动连续拉拔，是指钢丝在拉拔过程中，钢丝的速度 U 与卷筒的线速度 V 相等，钢丝与卷筒之间不产生相对滑动。滑动式连续拉丝机，钢丝的速度 U 与卷筒的线速度 V 不相等，是靠钢丝与卷筒表面之间的打滑来满足连续拉拔条件的，如图 6-10 所示。

无滑动连续式拉丝机：$U_1=V_1$，$U_2=V_2$，$U_3=V_3$，$U_4=V_4$。
滑动式连续拉丝机：$U_1\neq V_1$、$U_2\neq V_2$、$U_3\neq V_3$、$U_4\neq V_4$。

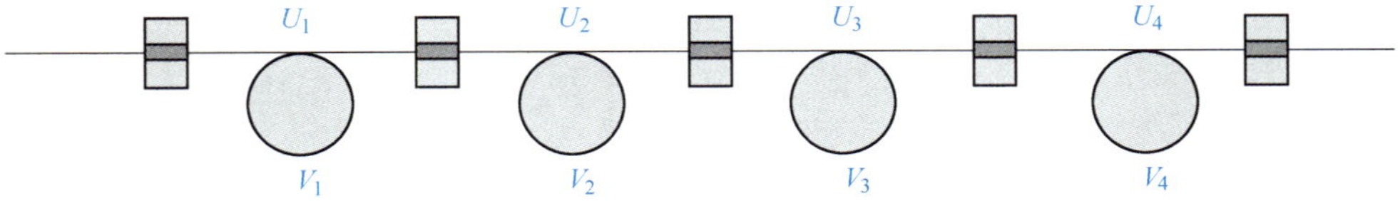

图 6-10 连续拉丝机拉拔示意图

6.3.1 无滑动连续式拉丝机

6.3.1.1 无滑动连续式拉丝机的工作原理

无滑动连续式拉丝机可用于拉制普通碳素钢丝及合金钢丝，成品钢丝规格 $\Phi0.3$ mm 左右，拉拔道次在 2~10 次范围内。

无滑动连续拉丝金属秒体积流量平衡的条件是：各道次上的钢丝延伸系数必须与机器系数一致，如图 6-11 所示。

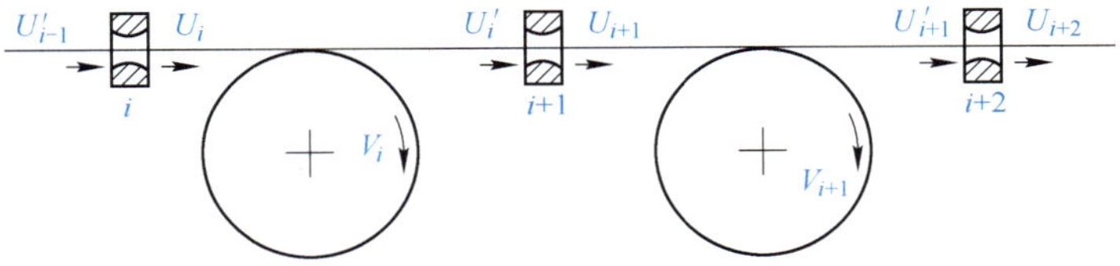

图 6-11 连续拉拔示意图

V_i—第 i 个卷筒的线速度；U_i—钢丝出第 i 个拉丝模时的线速度；

U'_{i-1}—钢丝入第 i 个拉丝模时的线速度

连续拉丝机各卷筒的线速度是不相等的，相邻卷筒线速度之比叫作机器系数（ε），即

$$\varepsilon_{i+1}=\frac{V_{i+1}}{V_i}\quad(i=1,\ 2,\ \cdots,\ n)$$

连续拉丝机正常工作的必要条件是：单位时间内通过拉丝模孔内的金属流量必须相等。用公式写成一般形式为：

$$F_1U_1=F_2U_2=\cdots=F_iU_i=\cdots=F_KU_K \tag{6-1}$$

式中 U_K——钢丝出成品模时的线速度；

F_K——钢丝出成品模时的横截面积。

根据体积不变原则，即 $F_i\,U'_i=F_{i+1}\,U_{i+1}$，则有

$$\mu_{i+1}=\frac{F_i}{F_{i+1}}$$

式中 μ_{i+1}——$i+1$ 道的延伸系数。

$$\mu_{i+1}=\frac{F_i}{F_{i+1}}=\frac{U_{i+1}}{U'_i} \tag{6-2}$$

无滑动连续拉拔时，$U_i=V_i$；显然，如果 $U_i=U'_i$，则钢丝的输入、输出量是平衡的，

此时的拉拔过程是稳定的。可以得出：

$$\varepsilon_{i+1}=\mu_{i+1} \quad (i=1,\ 2,\ \cdots,\ n-1) \tag{6-3}$$

$$\frac{V_{i+1}}{V_i}=\frac{F_i}{F_{i+1}}=\frac{\pi D n_{i+1}}{\pi D n_i}=\frac{n_{i+1}}{n_i}=\frac{d_i^2}{d_{i+1}^2} \tag{6-4}$$

式中　n_i，n_{i+1}——第 i 道、第 $i+1$ 道的卷筒转速。

因此，无滑动连续拉丝机金属秒体积流量平衡的条件是：各道次上的钢丝延伸系数必须与机器系数一致。

在配模时，力求使 $\varepsilon_i=\mu_i$。但在实际拉拔过程中，拉丝模孔磨损会使 μ_i 改变，使 $\varepsilon_i\neq\mu_i$。有时电机速度会产生波动，引起 ε_i 改变，使 $\varepsilon_i\neq\mu_i$。这就要求连续式拉丝机应具备处理这种不平衡的能力，处理的方式不同，出现了以下两类不同的无滑动连续拉丝机。

（1）积线式拉丝机。当 $U_i>U_i'$ 时，多余的钢丝自动积蓄在卷筒上；当 $U_i<U_i'$ 时，自动释放出卷筒上的部分积线，弥补进线速度的不足。使钢丝的拉拔速度与相应卷筒的速度相适应，实现无滑动拉拔。

这种拉丝机由于中间卷筒不能自动调速，即机器系数 ε_i 是固定的，允许出现 $\mu_i\neq\varepsilon_i$，模孔出现磨损后，道次间金属秒流量不等，引起卷筒上积线量的变化，积线式拉丝机包括滑轮式拉丝机和双卷筒式拉丝机两种类型，其卷筒具有自动调节积线量的能力。

（2）非积线式拉丝机。这种拉丝机工作时，模孔出现磨损引起 μ_i 变化时，为保证道次间金属秒流量相等，钢丝的走线速度 U_i 要发生变化，为保持无滑动拉拔（$U_i=V_i$），则立即对卷筒速度 V_i 进行自动调整，也就是调整 ε_i，使平衡状态 $\varepsilon_i=\mu_i$ 重新恢复。这种拉丝机要求设备能自动调速，因此一般为直流电动机驱动，非积线式拉丝机包括直进式拉丝机和活套式拉丝机两种类型，其卷筒不具有积放线能力。

此外，还有上述四种中任意两种拉丝机的组合，即组合式拉丝机。

6.3.1.2　滑轮式拉丝机

微课 滑轮式拉丝机

课件 滑轮式拉丝机

滑轮式拉丝机的卷筒具有积线的特点，又称为积线式拉丝机。图6-12所示为LW-6/560滑轮式拉丝机机组，机组是由6个单机台拼装在一起的，即每个卷筒是独立的单元，都由单独的传动装置传动。积线式拉丝机设计的核

视频 滑轮式拉丝机

图6-12　LW-6/560滑轮式拉丝机机组

心是使卷筒自身具有积线量自动调节能力，当$\mu_i \neq \varepsilon_i$时，拉丝机仍能维持连续拉拔，不至于由于断线或散线而停车。

A 工作原理

从图 6-13 中可以看出，滑轮式拉丝机的基本拉拔过程为：原料离开放线架 1 后，通过拉丝模 2 缠绕在第一个卷筒 3 上，钢丝在卷筒上绕一定的圈数（50~100 圈），然后经卷筒上的拨线杆 4、上滑轮 5、下滑轮 6，进入第二个拉丝模 7，缠绕到第二个卷筒 8 上。如此重复，直到成品卷筒。

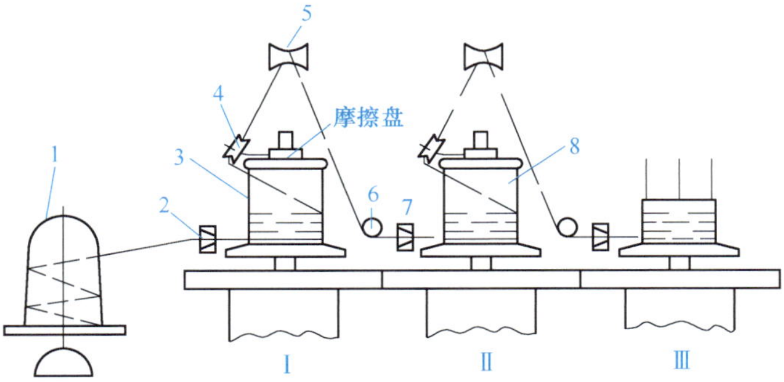

图 6-13 滑轮式拉丝机工作示意图

1—放线架；2，7—拉丝模；3，8—卷筒；4—拨线杆；5—上滑轮；6—下滑轮

工作中，中间卷筒除作为拉拔卷筒拉拔钢丝外，还积存一定数量的钢丝，对下一个卷筒又起放线架的作用。这种拉丝机每个卷筒的速度是固定的，即ε_i为常数，当拉丝模磨损或工艺配模出现钢丝延伸系数μ_i与ε_i不相匹配时，都会引起钢丝秒体积变化。为保证拉拔过程继续进行，依靠中间卷筒上钢丝的积线量的变化加以调节。

各中间卷筒的积线调节作用是如何实现的呢，通过图 6-14 加以说明。

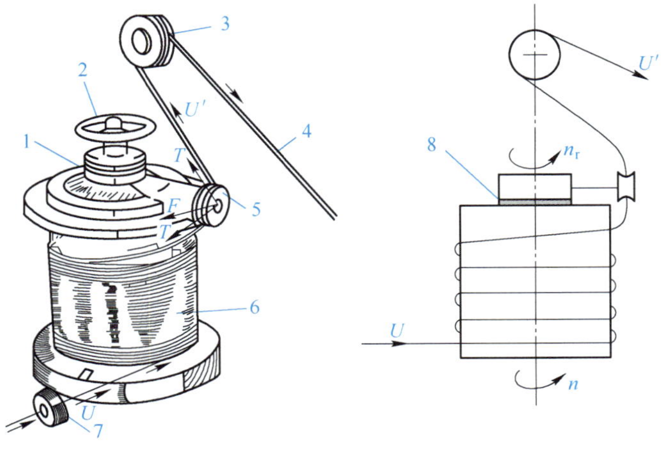

图 6-14 滑轮式拉丝机积线调节原理图

1，8—摩擦副；2—摩擦力调节轮；3—上滑轮；4—钢丝；5—拨线杆；6—卷筒；7—拉丝模

由图6-14所示，放线量的自动调整，以适应下一道次的钢丝拉拔量，这一功能的实现是通过安装在卷筒顶部的拨线杆机构。拨线杆是通过摩擦副与卷筒相连的。因此，卷筒旋转时，若没有一定的力量阻止，拨线杆将随卷筒一起旋转，即拨线杆与卷筒相对保持静止，卷筒上的钢丝将只有进、没有出，处于完全的积线状态。事实上，下一道次总是要进行拉拔的，一旦供不应求时，钢丝就会被张紧，其张力 T 的水平分量 F 就会迫使拨线杆相对卷筒滑动，从而放出下一道次所需要的钢丝量。

下面我们分析拨线杆的运动与卷筒的积线状态的关系。

设：拨线杆的转速为 n_r，卷筒的转速为 n，卷筒直径为 D。

则：钢丝的进线速度 $U=\pi Dn$

钢丝的出线速度 $U'=\pi D(n-n_r)$

所以 $U-U'=\pi Dn_r$

可见：

(1) $n_r>0$ 时（拨线杆与卷筒同向旋转），$U>U'$，卷筒处于积线状态，积线量的增加速度取决于 n_r 值大小；

(2) $n_r=0$ 时（拨线杆处于静止状态），$U=U'$，卷筒积线量不变；

(3) $n_r<0$ 时（拨线杆与卷筒反向旋转），$U<U'$，卷筒处于放线状态，积线量减少的速度取决于 n_r 绝对值大小。

滑轮式拉丝机在实际配模时，一般按 $U>U'$ 进行计算，这样可充分发挥设备的特性。

滑轮式拉丝机在拉拔过程中，由于前后道次金属流量的不平衡，拨线杆常常处于旋转状态，其转向与卷筒同向或反向；这时，上滑轮与拨线杆之间的一段钢丝将承受轴向扭转，（见图6-14），拨线杆每转动一周，钢丝就被轴向扭转360°，这种扭转现象是滑轮式拉丝机特有的，这一轴向扭转现象对钢丝的韧性有影响（尤其对高强度钢丝）。

再分析两种典型情况：

(1) 开动本道次，下一道次停车，以增加本道次卷筒上的积线量。这时，钢丝只进不出，拨线杆与卷筒同步旋转，同时，拨线杆与上滑轮之间的钢丝段是不运动的。因此，卷筒每转一周，钢丝段就会被扭转360°，随着卷筒的不停旋转，扭转不断地累加在同一段钢丝上，这种局部扭转是必须避免的。

(2) 本道次停车，开动后面的道次，以减少本道次卷筒上的积线量。这时，本道次的卷筒不动，拨线杆在后面道次的带动下旋转，拨线杆每转动一周，放出 πD（D 为卷筒直径）长度的钢丝，同时钢丝被相对于上一种情况反向扭转360°。由于钢丝是运动的，总的扭转量被各段钢丝所分担，每 πD 长度上扭转360°，这样的扭转量一般钢丝还能够承受。

针对以上对两种特殊情况的分析，就能理解为什么滑轮式拉丝机在配模时要求 $U_i>U'_i$（卷筒处于积线状态）。这是因为当中间某一卷筒积线太多时，可将此卷筒及它前面的所有卷筒都停车，当积线量减少到正常时再全部开动。当中间某一卷筒积线量不足时，是不允许单独开车补充积线量的，因为这样会扭断钢丝。

B 配模计算

对于有固定速比的积线式拉丝机，由于其卷筒不能任意调速，即工艺延伸系数受到机器延伸系数（卷筒间速比）的制约，不能随意配模，要根据配模系数制订拉拔工艺。

在非滑动连拉机上实现连续拉拔应满足：

$$d_{n-1} = d_n\sqrt{i_{n-1}} = d_n\sqrt{\frac{U_n}{U_{n-1}}} \tag{6-5}$$

令

$$K_n = \sqrt{\frac{U_n}{U_{n-1}}} = \sqrt{i_{n-1}}$$

K_n 叫做配模系数，它的含义是相邻两卷筒的速度比（后道比前道）的平方根，表示拉拔前后钢丝直径的变化关系。利用配模系数能简易地进行配模计算，只要用 K_n 乘以该道的线径，就可得出前一道线径，即：

$$d_{n-1} = K_n \cdot d_n \tag{6-6}$$

在应用此法时应注意：各台拉丝机的理论速比常常和实际有出入，例如各卷筒直径不一（常因管理不善、磨损等造成卷筒直径差值很大），故操作者应随时了解由于筒径差所带来速度的变化情况，并及时调整各道配模系数 K。

有时为了合理地分配部分压缩率，特别是当连续供料钢丝在不停车进行焊接时，第 1、2 卷筒必须有一定的积线量供焊接放线用。因此实际配模时可将配模系数，尤其是 K_2、K_3 增大 0.01~0.05，该增加量叫作积线系数。可以看出：K_n 值增大，使 d_{n-1} 增大，造成钢丝的延伸系数大于速度比，即：

$$\frac{d_{n-1}^2}{d_n^2} > \frac{U_n}{U_{n-1}} \quad (\mu_n > i_{n-1})$$

$d_{n-1}^2U_{n-1} > d_n^2U_n$，造成单位时间内相邻卷筒上金属体积不等，前面卷筒上金属体积大于后面卷筒上的金属体积，因此，在前一卷筒上有一定的钢丝储量。

例题 6-1 采用 7/450 积线式拉丝机制定由原料 ϕ2.4 mm 拉制 ϕ1.0 mm 成品的拉拔路线，已知各卷筒的速度分别为 55 m/min、69 m/min、87 m/min、110 m/min、139 m/min、174 m/min、220 m/min。

解：由于各卷筒是不可调速的，则各道次部分压缩率不能随意选择，按配模系数法进行计算。

（1）根据 $K_n = \sqrt{\frac{U_n}{U_{n-1}}}$，求出各道次 K 值。

K_1 为毛坯与第一道，无速比关系。

$$K_2 = \sqrt{\frac{U_2}{U_1}} = \sqrt{\frac{69}{55}} = 1.12$$

同理可求得 $K_3=1.13$，$K_4=1.13$，$K_5=1.12$，$K_6=1.12$，$K_7=1.13$。

（2）根据 $d_{n-1}=K_nd_n$，求各道直径（取 K_2、K_3 的积线系数 ΔK_2、ΔK_3 均为 0.02）。

$$d_7=1.0(\text{mm})$$

$$d_6=K_7d_7=1.13\times1.0=1.13(\text{mm})$$

$$d_5=K_6d_6=1.12\times1.13=1.27(\text{mm})$$

$$d_4=K_5d_5=1.12\times1.27=1.42(\text{mm})$$

$$d_3=K_4d_4=1.13\times1.43=1.60(\text{mm})$$

$$d_2=K_3d_3=(1.13+0.02)\times1.6=1.84(\text{mm})$$

$$d_1=K_2d_2=(1.12+0.02)\times1.84=2.10(\text{mm})$$

（3）核算部分压缩率：

$$q_n=\frac{d_{n-1}^2}{d_n^2}\times100\%$$

由表6-4可知，计算出各道次部分压缩率均在正常范围内。但因受设备限制，部分压缩率的分配不符合部分压缩率分配原则（部分压缩率分配原则：第一道小，第二道最大，随后随道减小成品道最小）。

表6-4 各道次部分压缩率

道次	1	2	3	4	5	6	7
q/%	23	23	24	21	20	21	22
d/mm	2.10	1.84	1.60	1.42	1.27	1.13	1.00

（4）写出按配模系数法计算的工艺拉拔路线：ϕ2.10 mm→ϕ1.84 mm→ϕ1.60 mm→ϕ1.42 mm→ϕ1.27 mm→ϕ1.13 mm→ϕ1.00 mm。

在实际生产中，可通过积线系数的调整来分配部分压缩率，如例题6-1解法可调整如下。

（1）各道次增加积线系数后K值：

$$\Delta K_2=0.03,\ K_2=1.15$$

$$\Delta K_3=0.02,\ K_3=1.15$$

$$\Delta K_4=0.01,\ K_4=1.14$$

$$\Delta K_5=0.02,\ K_5=1.14$$

$$\Delta K_6=0.02,\ K_6=1.14$$

（2）求各道次尺寸：

$$d_7=1.0(\text{mm})$$

$$d_6=K_7d_7=1.13\times1.0=1.13(\text{mm})$$

$$d_5=K_6d_6=1.14\times1.13=1.29(\text{mm})$$

$$d_4=K_5d_5=1.14\times1.29=1.47(\text{mm})$$

$$d_3 = K_4 d_4 = 1.14 \times 1.47 = 1.68(\text{mm})$$

$$d_2 = K_3 d_3 = 1.15 \times 1.68 = 1.93(\text{mm})$$

$$d_1 = K_2 d_2 = 1.15 \times 1.93 = 2.22(\text{mm})$$

（3）核算部分压缩率，见表 6-5。

表 6-5　核算各道次部分压缩率

道次	1	2	3	4	5	6	7
$q/\%$	14.4	24.4	24.2	23.4	23.0	23.3	21.7
d/mm	2.22	1.93	1.68	1.47	1.29	1.13	1.00

因此，得出工艺拉拔路线为：ϕ2.22 mm→ϕ1.93 mm→ϕ1.68 mm→ϕ1.47 mm→ϕ1.29 mm→ϕ1.13 mm→ϕ1.00 mm。

C　滑轮式拉丝机的特点

（1）优点：

1）结构简单，易于制造和加工；

2）通常采用交流电机拖动，传动系统简单；

3）操作简单，易于掌握，维修容易；

4）拉拔过程中，钢丝与卷筒表面不产生滑动，因此卷筒不易磨损，钢丝表面不易磨损；

5）钢丝在卷筒上停留时间长，冷却效果好；

6）如果中间某一卷筒因故临时停车时，其后面的卷筒仍可照常工作一段时间。

（2）缺点：

1）导轮较多，钢丝弯曲次数增多，拉拔过程中钢丝沿自身轴线产生扭转，因此存在弯曲应力；

2）穿线复杂，辅助时间较长；

3）拉丝速度较低，生产效率不高；

4）卷筒速度固定，一般不能调速，配模要求严格，适宜于生产比较固定的产品。

（3）适用场合：滑轮式拉丝机适用于中、低碳钢丝，有色线材成品线径大于 1 mm 的生产，不适宜高强度钢丝的生产。

6.3.1.3　直进式拉丝机

直进式拉丝机不同于滑轮式拉丝机在卷筒上积存一定数量的钢丝，而是钢丝在卷筒上绕几圈后，直接进入下一个拉丝模，绕在下一个卷筒上，钢丝在卷筒之间没有经过任何导轮，走的是直线，故又称直线式拉丝机。

目前的直进式拉丝机，为了提高钢丝冷却效果，将卷筒倾斜放置，以增加卷筒上的积线量。直进式拉丝机又分为：卧式直进式拉丝机、立式直进式拉丝机，如图 6-15 所示。

微课　直进式拉丝机

课件　直进式拉丝机

(a) (b)

图 6-15 直进式拉丝机外形图

（a）卧式直进式拉丝机；（b）立式直进式拉丝机

视频 卧式直进式拉丝机

视频 立式直进式拉丝机

直进式拉丝机拉拔示意图，如图 6-16 所示。

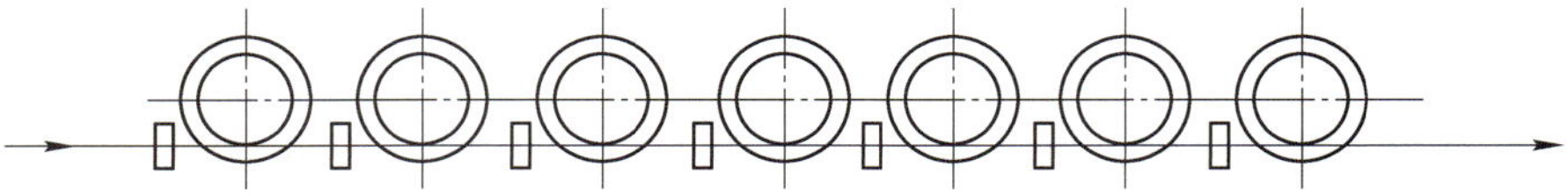

图 6-16 直进式拉丝机拉拔示意图

A 工作原理

直进式拉丝机是一种无滑动连续式拉丝机，是通过调节中间卷筒速度，使 $\varepsilon_i=\mu_i$。直进式拉丝机都是采用直流电动机拖动，卷筒速度自动调节原理，如图 6-17 所示。

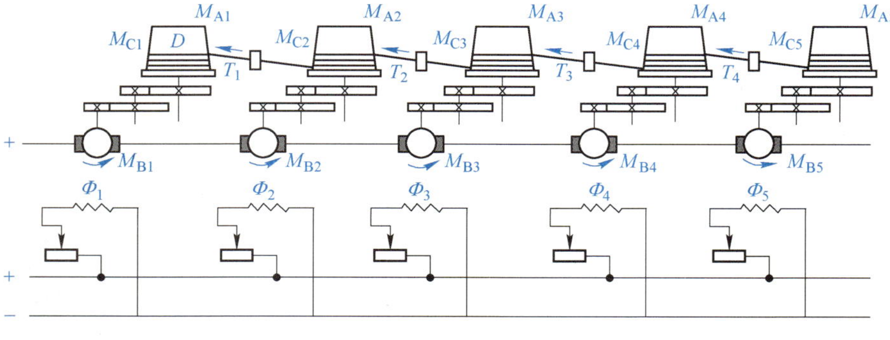

图 6-17 直进式拉丝机卷筒速度自动调节原理图

M_{Ai}—第 i 号卷筒上的拉拔力矩和空载损失力矩之和；M_{Bi}—第 i 号卷筒上的电动机驱动力矩；

M_{Ci}—第 i 号卷筒上的总负载力矩；Φ_i—— 第 i 号卷筒上电机励磁场的磁通量；

T_i— 第 i 号卷筒与下一拉丝模之间钢丝的张力（即反拉力）；D—卷筒直径（各卷筒直径相同）

从图 6-17 中可以看到，调节各电机的励磁电流和磁通量 Φ_i，可以达到调节反拉力的目的。由各卷筒上力矩的平衡关系，可列出各卷筒上总的负载力矩为：

$$\begin{cases} M_{C1} = M_{A1} - T_1 \cdot D/2 \\ M_{C2} = M_{A2} - T_2 \cdot D/2 + T_1 \cdot D/2 \\ M_{C3} = M_{A3} - T_3 \cdot D/2 + T_2 \cdot D/2 \\ M_{C4} = M_{A4} - T_4 \cdot D/2 + T_3 \cdot D/2 \\ M_{C5} = M_{A5} + T_4 \cdot D/2 \end{cases} \tag{6-7}$$

当拉丝机稳定工作时，各卷筒的力矩是平衡的，即：$M_{Bi}=M_{Ci}$。

假定第四号卷筒的负载力矩 M_{C4}增加为 M'_{C4}，下面分析各电动机是如何自动调整、恢复到新的平衡状态的。

由于 $M_{C4}>M_{B4}$，因而第四号卷筒的转速 n_4降低，这会引起 T_3降低，从而 M_{C3}增加。以此类推，将使 n_3降低 →T_2降低 →M_{C2}增加 →n_2降低→T_1降低 →M_{C1}增加 →n_1降低；另一方面，n_4的降低，使 T_4增加→M_{C5}增加→n_5降低。

可见 M_{C4}的上升，使所有卷筒的转速均下降，$n_1\sim n_5$降低，而直流电动机的反电动势 $E=Ce\Phi n$ ，n 降低→E 降低（$E_1\sim E_5$都降低），串联的转子电路中总反电动势 $E=\sum E_i$ 也下降，这样 $I=\dfrac{V-E}{\sum R}$，I 上升。

又由于直流电机转矩 $M_B=C_M\Phi I$，I 上升→M_B上升，因此 M_{B_i}上升，直到到达 M'_{Bi}，当 $M'_{Bi}=M'_{Ci}$时达到了新的平衡。

总之，拉丝机在拉拔过程中，由于各拉丝模孔的不均匀磨损或其他因素引起的钢丝秒体积不等，而使电动机负载发生变化时，电动机的转速会按照上述程序自动调整。

另外，可以看到，任何波动引起的调速过程的结果不是恢复原来的平衡状态 $M_{Bi}=M_{Ci}$，而是进入一个新的平衡状态 $M'_{Bi}=M'_{Ci}$，反拉力在调整过程中起着重要作用。每次波动之后，反拉力都会变化，不可能保持定值。反拉力不稳，对于拉拔细丝是不利的，过大的张力会造成断线。因此，这种直进式拉丝机仅用于粗拉。

B 直进式拉丝机的特点

a 优点

钢丝在拉拔过程中，从一个卷筒到另一个卷筒，不需经过任何导轮，走线简单，不产生弯曲和扭转，而且穿线也方便，对钢丝的质量有利。

钢丝在卷筒上储存圈数少，便于提高风冷和水冷效果，利于提高钢丝质量。

具有反拉力拉拔，可减少拉拔力，从而减少拉丝模磨损，延长模具寿命，并减少动力消耗。

采用直流电动机拖动，具有无级调速，可在较大范围内变动部分压缩率，采用合理的拉拔工艺及拉拔速度。

可以生产在其他拉丝机上难以拉拔的粗直径、高强度钢丝和异形断面钢丝。

b 缺点

每个卷筒的速度调整比较复杂，维护、操作水平要求高，设备昂贵，投资高。

c 适用场合

适用于拉拔高强度、大规格钢丝和异形钢丝，拉拔 $\phi16$ mm 以下的各种金属线材，药芯焊丝、气保焊丝、铝包钢丝、预应力钢丝、胶管钢丝、弹簧钢丝、钢帘线钢丝及中、高碳钢丝等。

C 直进式拉丝机的操作

照片 直进式拉丝机车间实拍

a 开车前的调试

开车前，首先要确定各个卷筒上电动机的给定电流值，使各个卷筒能按额定速度运转。也就是先将最末一个卷筒的转速和配套延伸系数确定，计算出每个卷筒的额定转速，然后将每个卷筒分别进行调试。

b 穿线操作

穿线之前应关掉冷却风机和冷却水系统，操作步骤如下：

（1）经过轧尖后的钢丝穿过前置导向套和模子之前，应将故障检查器活闸扳起。扳动张紧轮操作手柄，使张紧轮移到便于操作的位置上。

（2）使用穿线钳夹住穿过模子的钢丝头部，将穿线钳另一端钩子挂在卷筒上。

（3）放下穿线事故检查器活闸，合上安全罩轻轻踏动脚闸，转动卷筒，待卷筒上积存的钢丝长度足以满足下道穿线时，即可掀起安全罩，卸下穿线钳，进行下一个道次的穿线，重复上述操作，直到收线装置上为止。

（4）每个卷筒穿线时应调整模架，使模盒的中心线与卷筒相切，否则将会影响模子的寿命，影响卷筒上线圈铅直方向的向上正确运动，以及离开卷筒后钢丝圈的形状和尺寸。注意：应以极小电压启动电机，防止飞车。

c 开车后的调整

开车时应逐步调高主回路电压，根据各个卷筒拉拔张力的松紧程度，将磁场电流进行微量调节，使各卷筒之间协调，最后达到正常。

D 直进式拉丝机的配模计算

直进式拉丝机可自动调节卷筒速度，在一定速比范围内，各道次的压缩率可在一定范围内进行调整变化。因此，可按设计的拉拔工艺确定的部分压缩率进行配模计算。

例题 6-2 采用直进式拉丝机拉拔 6 道，由 $\phi4.0$ mm 铅淬火拉制 $\phi2.0$ mm 的成品钢丝，计算各道次部分压缩率和各道次钢丝直径。

解：（1）求总压缩率：

$$Q = \left(1 - \frac{d_k^2}{d_0^2}\right) \times 100\% = \left(1 - \frac{2.0^2}{4.0^2}\right) \times 100\% = 75\%$$

（2）求平均部分压缩率：

$$q_{cp} = 1 - \sqrt[n]{1 - Q} = 1 - \sqrt[6]{1 - 0.75} = 0.206 = 20.6\%$$

（3）求各道次压缩率的总和：

$$A = q_{cp} \cdot n = 20.6\% \times 6 = 123.6\%$$

（4）分配部分压缩率，使各道次压缩率之和等于 A，通过分配并调整各道次部分压缩率，按表 6-6 数值计算。

表 6-6　部分压缩率

拉拔道次	1	2	3	4	5	6
部分压缩率/%	16.8	26.0	23.0	21.0	20.0	16.5

$$\sum_{i=1}^{n} q_i = A = 16.8\% + 26.0\% + 23.0\% + 21.0\% + 20.0\% + 16.5\% = 123.3\%$$

（5）由各道次压缩率求各道次直径：

$$d_1 = d_0\sqrt{1 - q_1}$$

$$d_2 = d_1\sqrt{1 - q_2}$$

以此类推计算结果见表 6-7。

表 6-7　计算结果

拉拔道次	1	2	3	4	5	6
部分压缩率/%	16.8	26.0	23.0	21.0	20.0	16.5
各道次直径/mm	3.66	3.15	2.76	2.45	2.19	2.00

E　典型直进式拉丝机

a　MTR 直进式拉丝机

MTR 直进式拉丝机很像双卷筒拉丝机，同时具有直进式拉丝机的特点。其卷筒是倾斜的，这样可使卷筒上多缠一些钢丝，利于钢丝的冷却。在了解工作原理之前，先了解一下卷筒结构。

如图 6-18 所示，拉丝机的主轴 4 是空心的，中间穿有芯轴 2。芯轴 2 与中间滑轮套 9

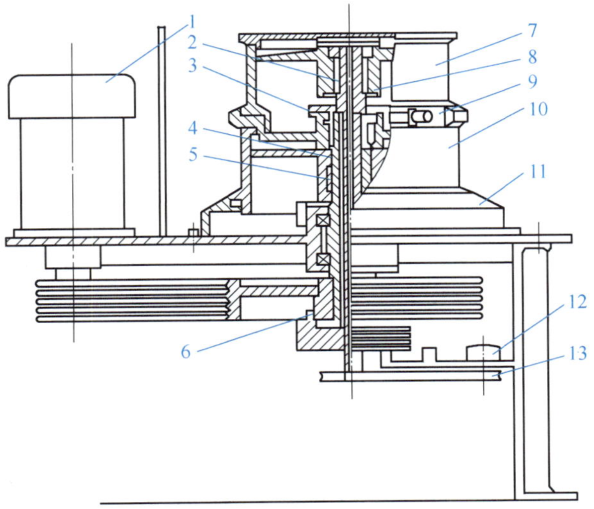

图 6-18　MTR 直进式拉丝机卷筒结构

1—电机；2—芯轴；3—轴承；4—主轴；5—摩擦副；6—滑动副；7—上卷筒；8—轴承；9—中间滑轮套；10—下卷筒；11—底座；12—角位移传感器；13—皮带轮

固定相连，中间滑轮套通过一对轴承 3 装在主轴 4 上。另外，连接主轴与芯轴的还有滑动副 6（电磁感应滑动副），安装在拉丝机底部，这样可以避免滑动副发热对卷筒的影响。芯轴还通过皮带轮 13 与角位移传感器 12 相连，中间滑轮套一旦转动，就可由传感器测得，上卷筒 7 直径略小，用一对滚动轴承安装在芯轴上，可以自由旋转。由此可见，MTR 直进式拉丝机与双卷筒拉丝机的卷筒结构相似，工作原理如图 6-19 所示。

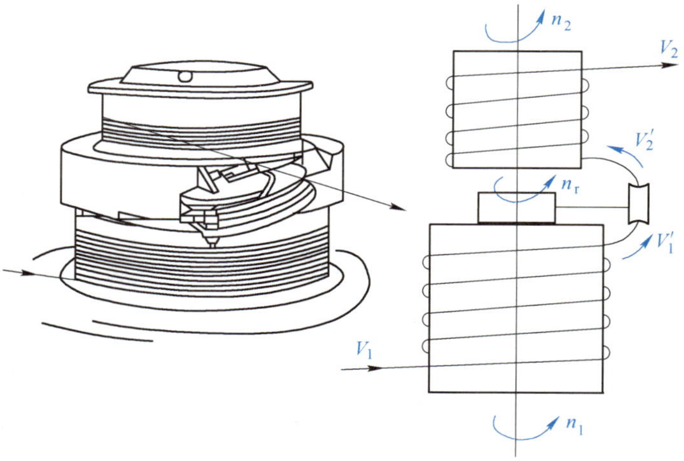

图 6-19 MTR 型直进式拉丝机的工作原理图

从图 6-19 中看出，MTR 拉丝机上下卷筒不等径，上下卷筒钢丝绕向相同。这样可避免钢丝在双卷筒拉丝机上出现的 180°弯曲。那么，为什么上下卷筒要有直径差呢？

对各部分转速进行分析，可列出：

$$V_1 = \pi D_1 n_1$$
$$V_1' = \pi D_1(n_1 - n_r)$$
$$V_2' = \pi D_2(n_2 - n_r)$$
$$V_2 = \pi D_2 n_2$$

同样 $V_1' = V_2'$，

所以

$$\pi D_1(n_1 - n_r) = \pi D_2(n_2 - n_r)$$

所以
$$n_r = \frac{D_1 n_1 - D_2 n_2}{D_1 - D_2} = \frac{V_1 - V_2}{\pi(D_1 - D_2)}$$

说明：当 $V_1 \neq V_2$，即前后道次之间金属秒体积流量出现不平衡时，中间滑轮会转动，因而检测 n_r 能反馈金属秒体积流量的平衡情况，实现带反馈的闭环速度控制。

若 $D_1 = D_2$，则 $n_1 = n_2$，必有 $V_1 = V_2$。这时，无论中间滑轮是否转动，本卷筒的进线量与放线量相等，这时双卷筒结构只能等价于一个单卷筒，没有任何积线量的调节能力，n_r 也不能反映前后道次的金属流量平衡状态了。

由
$$n_r = \frac{D_1 n_1 - D_2 n_2}{D_1 - D_2} = \frac{V_1 - V_2}{\pi(D_1 - D_2)}$$

可以看出，当 $D_1 - D_2$ 取得较小时，n_r 能更灵敏地反映 $V_1 - V_2$ 的情况。

MTR 拉丝机实现了带反馈的闭环速度控制，调速精度比普通的直进式拉丝机高；卷筒上积线量大，钢丝冷却好，可实现高速拉拔。同时，它具有积线式、直进式拉丝机的优点，工作可靠，成本较低。

b 直线调谐式拉丝机

直线调谐式拉丝机是在引进、消化德国 KOCH 公司技术的基础上，又自行研制开发了多种规格的产品，填补了国内空白，技术先进可靠，拉拔速度最高可达 20 m/s，卷筒寿命可达三年以上。拉丝机卷筒采用目前最为先进的交流变频式或全自动数字直流传动系统，设有各种保护和监测装置，整机结构紧凑、外形美观、操作方便、维护简单。

这种拉丝机在每一中间道次及成品道次上均增加了反拉力（钢丝张力）测量装置，用来直接检测和反馈金属流量的平衡状态，实际是带反馈的闭环速度控制。

如图 6-20 所示，张力检测器 2 由安装在杠杆前端的小轮来接收张力信号，小轮略微将钢丝挑起，这样钢丝上的张力就可以由其作用在小轮上的压力分量来反映，这个压力信号由传感器转化为电信号，并反馈给速度控制系统。

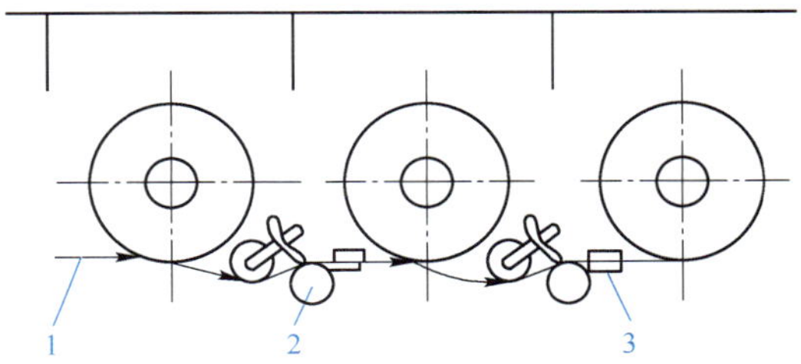

图 6-20 直线调谐式拉丝机示意图

1—钢丝；2—张力检测器；3—拉丝模

直线调谐式拉丝机是综合了活套式、直进式两种拉丝机优点的较新机型，既有活套式无扭转、调速范围大、拉拔速度高、冷却效果好等优点，又有直进式路线简单、穿线方便、能拉制大规格钢丝等优点。钢丝在各卷筒之间无小半径弯曲现象，钢丝的内在质量和表面质量都能得到较大程度的提高。由于没有中间过线导轮，机械结构较活套式简化了许多，是一种较为先进的拉丝机，适合拉拔高强度、大规格的圆形和异形钢丝；但它的投资大、直流调速系统复杂、维护难度大，这些因素给它的推广带来了一定的困难。

国内大规格直进式拉丝机也有了较大发展，昆明重工研制了 ϕ1200 调谐式直线拉丝机，在国内金属制品行业引起了积极的反响。随着高强度钢丝在能源、交通、建筑业需求的逐渐扩大，对大规格拉拔设备的需求也会加大，拉丝设备正朝着大型化、智能化、系列化的方向发展。

直线调谐式拉丝机适用于拉制弹簧钢丝、胎圈钢丝、制绳钢丝、光纤钢丝、CO_2 气体保护焊丝、药芯焊丝、合金不锈钢丝、铝包铜丝以及低松弛预应力钢丝等。

6.3.2 有滑动连续式拉丝机

6.3.2.1 有滑动连续式拉丝机的工作原理

有滑动连续式拉丝机，是依靠钢丝与卷筒表面之间的打滑来满足连续拉拔条件的。其拉拔过程是在水箱中进行的，使用肥皂水进行润滑，可以有效地散去钢丝拉拔及其在卷筒上滑动所产生的热量，也称为水箱式拉丝机。

A 建立拉拔力的条件

有滑动连续式拉拔是指除最后一道外，其余中间卷筒上钢丝的走线速度总小于卷筒的圆周速度（$U<V$），即钢丝在卷筒上发生滑动，如图 6-21 所示。成品卷筒上钢丝的速度与成品卷筒的速度相等，$U_k=V_k$。

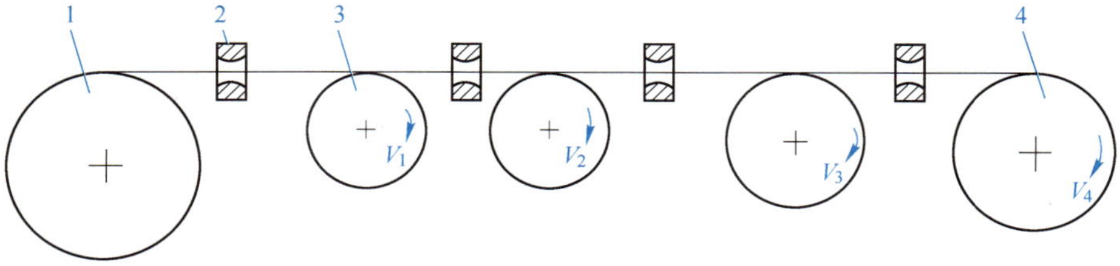

图 6-21 有滑动连续式拉拔示意图

1—放线架；2—拉丝模；3—中间卷筒；4—成品卷筒

用下列符号表示各有关参数：

V_1，V_2，…，V_i，…，V_k——第一卷筒、中间卷筒、成品卷筒的线速度；

U_1，U_2，…，U_i，…，U_k——第一卷筒、中间卷筒、成品卷筒钢丝走线速度；

F_1，F_2，…，F_i，…，F_k——第一卷筒、中间卷筒、成品卷筒上的钢丝模断面积。

如图 6-21 所示，钢丝从放线架 1 放线，通过第一个拉丝模 2 在第一个卷筒上缠绕 2~4 圈后再进入第二个拉丝模，依次到成品卷筒 4。

为了实现连续拉拔，必须对钢丝施加拉拔力，滑动连续拉拔时的拉拔力是靠卷筒带动钢丝产生的，没有中间卷筒不可能实现拉拔。这是因为钢丝同时通过几个模子的变形量很大，仅靠成品卷筒施加拉拔力，则作用在成品钢丝断面上的拉拔力太大，会引起断线。

现取任一个 i 号卷筒分析如下：如图 6-22 所示，为了使第 i 个卷筒对通过第 i 个拉丝模的钢丝建立起拉拔力 P_i，必须对绕在第 i 个卷筒上钢丝的放线端施加 Q_i，此 Q_i 使钢丝压紧在卷筒上，产生正压力 N。当卷筒转动时，卷筒与钢丝之间产生摩擦力，借助此摩擦力建立起拉拔力 P_i，Q_i 也是穿过第 $i+1$ 个拉丝模钢丝的反拉力。

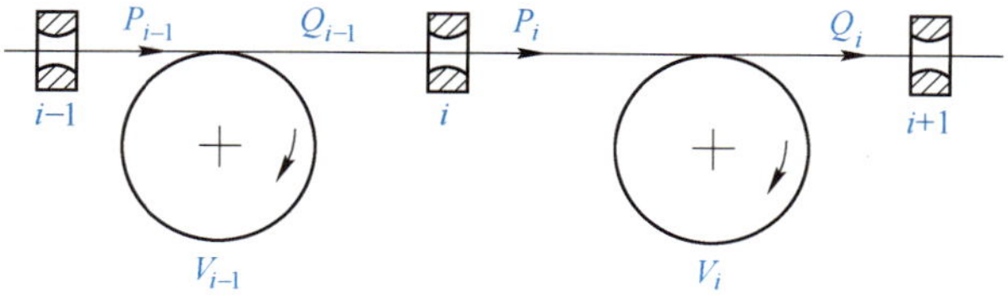

图 6-22 滑动连续式拉拔时受力分析图

卷筒作用给钢丝的拉拔力 P_i 等于钢丝与卷筒之间的摩擦力。根据柔性体在圆柱体表面上的摩擦定律（欧拉公式）得：

$$P_i = Q_i \cdot e^{2\pi mf}$$

式中 f——钢丝与卷筒之间的摩擦系数，一般取 $f=0.15 \sim 0.17$；

m——缠绕圈数，一般取 $m=2\sim4$ 圈；

Q_i——卷筒钢丝放出端作用在该卷筒上力，也叫作初拉力。

通常 $e^{2\pi mf}$的数值为 3.5~6.6，此时 $Q_i=(15\%\sim28\%)P_i$。滑动拉拔时，卷筒上作用于钢丝的拉拔力 P_i仅与摩擦系数f、缠绕圈数 m、放线端拉力 Q 有关。

结论：

（1）在滑动拉拔过程中，同一卷筒上的拉拔力与反拉力成正比例关系，$P=KQ$。一般情况下，$K>3.5$，即 P 远大于 Q。

（2）若 $Q=0$，则 $P=0$，这时拉拔过程就会停止。要维持足够的拉拔力 P，就必须有一定的反拉力 Q 存在。

（3）上面分析是假定 $V>U$ 下得出的，倘若 $V<U$，则 $Q=KP$（$K>3.5$），这样的反拉力，钢丝必断无疑，这也是滑动式拉丝机为什么要求中间卷筒速度必须大于钢丝速度的原因。

B 实现带滑动拉拔的基本条件

卷筒的圆周线速度 V_i与钢丝的走线速度 U_i之间的关系可能有以下三种情况：

（1）$V_i<U_i$。这种情况下，卷筒给钢丝的摩擦力作用方向与钢丝的运动方向相反，意味着不是卷筒在拉钢丝，而是钢丝在拉卷筒转动，卷筒起制动作用，从而使反拉力急剧增大；$Q_i=e^{2\pi mf}\cdot P_i$，Q_i的增加，会引起第 $i+1$ 卷筒上的拉拔力 P_{i+1}增大，继而拉拔应力增大，导致断线，故 $V_i<U_i$ 不能实现拉拔过程。

（2）$V_i=U_i$。这种情况下，钢丝与卷筒间无滑动，这种拉拔是不能持久的。卷筒作用给钢丝的摩擦力方向与卷筒转动方向相同，为静摩擦。一旦由于某种原因使出线端的钢丝走线速度大于卷筒的线速度，就会过渡到 $V_i<U_i$的情况，使正常的拉拔过程受到破坏。

（3）$V_i>U_i$。这种情况下的拉拔过程是相对稳定的，因此 $V_i>U_i$是有滑动拉拔过程的基本条件（成品卷筒除外）。

C 滑动的必要性

滑动式拉丝机在拉拔过程中，钢丝要相对于卷筒滑动，这个滑动增加了功率消耗，造成钢丝表面被拉毛，影响钢丝质量；同时使塔轮表面磨损，形成沟槽，使钢丝难以在卷筒上做轴向移动，而产生断线。既然滑动给拉拔带来许多不利因素，并使这种拉丝机不宜拉拔粗规格钢丝，为什么还要采用带滑动的拉拔方式呢？这是因为滑动也能给拉拔带来一些难得的好处。

拉拔过程中如果发生模孔磨损不均匀，使钢丝的秒体积发生变化，滑动式拉丝机既不像积线式拉丝机依靠调整卷筒上的积线量来适应金属秒体积的变化，也不像活套式、直进式拉丝机依靠调整卷筒转速来保证金属秒体积不变。滑动式拉丝机在没有任何调节装置的情况下，依靠钢丝相对卷筒的滑动自动地调节钢丝的张力，使之不产生断线和积线，才能保证正常的拉拔。下面以拉拔过程中模孔产生不均匀磨损为例，说明滑动的必要性。

如图 6-23 所示，由于最后一个卷筒 i（成品卷筒）上没有滑动，如果 $i-1$ 号卷筒也没有滑动，则 $F_i\cdot U_i=F_{i-1}\cdot U_{i-1}$。由于在拉拔过程中，模子的磨损不均匀，假设 i 号模的断

面增大 Δ_i，$i-1$ 号模的断面增大 Δ_{i-1}，且 $\Delta_i > \Delta_{i-1}$，则 $(F_i+\Delta_i)U_i > (F_{i-1}+\Delta_{i-1})U_{i-1}$，说明在 i 号模前发生钢丝供不应求的现象，则钢丝的张力增大，使拉拔力 P_i 也增大，从而造成断线。

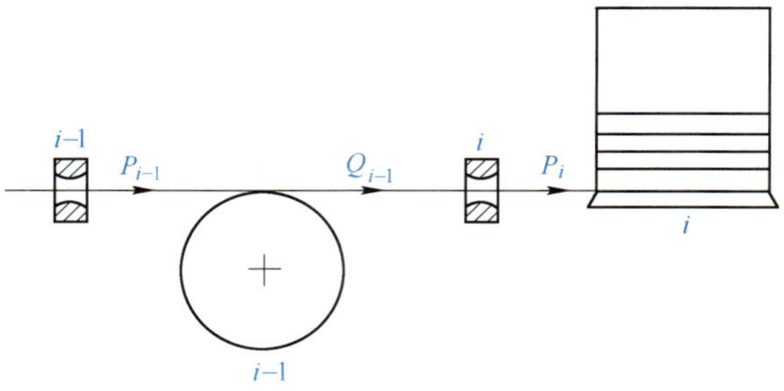

图 6-23 拉拔示意图

如果使 $i-1$ 号卷筒上钢丝的走线速度小于卷筒的线速度，即 $U_{i-1}<V_{i-1}$，也就是 $i-1$ 道存在滑动，发生上述模子磨损不均匀的情况时，i 号模前钢丝张力（反拉力 Q_{i-1}）稍一增大，马上引起钢丝在 $i-1$ 号卷筒上的紧力（即钢丝对卷筒的压 N）增加，则摩擦力 f_{i-1} 增大。由于钢丝在通过 $i-1$ 号模时所需的拉力 P_{i-1} 是确定的，故多余的摩擦力使钢丝的走线速度 U_{i-1} 加快，使原来的滑动适当减少，而自动地满足由于 i 号模磨损所需的钢丝，防止了 i 号模前钢丝的断线。

反之，若 $\Delta_i < \Delta_{i-1}$，则 $(F_i+A_i)U_i<(F_{i-1}+\Delta_{i-1})U_{i-1}$ 说明在 i 号模前出现供过于求的现象，使 i 号模前钢丝的张力 Q_{i-1} 减少，则钢丝对卷筒的正压力 N 减少，使摩擦力 f_{i-1} 减少，则钢丝的走线速度 U_{i-1} 减少，即 $i-1$ 卷筒上钢丝的滑动增加，防止了 $i-1$ 号卷筒上钢丝的积存。

同理，上述分析过程可推广到中间各道次（第一道除外，因放线架的放线速度不固定），可以得出结论：所有中间卷筒上都有必要存在一定的滑动，以免出现断线和积线现象。

滑动式拉丝机拉拔钢丝时，牵引与滑动同时存在，所以钢丝时而紧绕塔轮与之同步前进，时而又松开“打滑”。

D 滑动式拉丝机正常工作条件

如何保证 $V_n>U_n$，拉丝机在设计、制造好后，其各卷筒的线速度是一定的，只能考虑 U_n，使之小于 V_n，下面分析影响 U_n 的因素。

在稳定拉拔过程中，钢丝通过各模子的秒体积相等，即：

$$F_0 \cdot U_0 = F_1 \cdot U_1 = \cdots = F_n \cdot U_n = \cdots = F_i \cdot U_i$$

所以 $U_n=F_i \cdot U_i/F_n$，这说明在稳定拉拔过程中，任一卷筒上的钢丝走线速度 U_n 只与该卷筒上钢丝的断面积 F_n、成品钢丝断面积 F_i、成品卷筒钢丝的走线速度 U_i 有关，而与其他中间卷筒的速度和其上的钢丝断面积无关。其中 U_i 是主导的，U_i 大，U_n 也增大；$U_i=0$，U_n 也是 0，即：当成品卷筒不工作时，尽管中间卷筒转动，也不可能实现拉拔。同样，当成品模孔磨损后，F_i 增大，则 U_n 增加，各卷筒上的滑动就会减少；当任一模子磨损后使 F_n 增大，则 U_n 就会减小，导致卷筒 n 上的滑动增加；而对其他卷筒上的钢丝走线速度无影响，因为要保持金属秒体积不变。

当成品模 i 磨损引起 U_n 增加时，在 U_n 的变化范围内仍必须保证小于 V_n，即：

$$U_n = \frac{F_i \cdot U_i}{F_n} < V_n \tag{6-8}$$

变换后，得

$$\frac{F_n}{F_i} > \frac{U_i}{V_n}$$

因为 $U_i = V_i$，所以

$$\frac{F_n}{F_i} > \frac{U_i}{V_n} \tag{6-9}$$

$$\frac{F_n}{F_i} = \frac{F_n}{F_{n+1}} \cdot \frac{F_{n+1}}{F_{n+2}} \cdot \cdots \cdot \frac{F_{i-1}}{F_i} = \mu_{n+1} \cdot \mu_{n+2} \cdot \cdots \cdot \mu_i = \mu_{n+1 \to i} \tag{6-10}$$

$$\frac{V_i}{V_n} = \frac{V_i}{V_{i-1}} \cdot \frac{V_{i-1}}{V_{i-2}} \cdot \cdots \cdot \frac{V_{n+1}}{V_n} = \varepsilon_i \cdot \varepsilon_{i-1} \cdot \cdots \cdot \varepsilon_{n+1} = \varepsilon_{n+1 \to i} \tag{6-11}$$

所以可得：

$$\mu_{n+1 \to i} > \varepsilon_{n+1 \to i} \tag{6-12}$$

这说明，为了保证拉拔过程的正常进行，$n+1$ 道次以后延伸系数乘积大于机器系数乘积，这就是带滑动连续拉拔配模的必要条件。

但是，在实际生产中还会出现一些不利的情况。例如，卷筒上有局部缺陷时，有可能使钢丝与卷筒产生短时的黏结，这种情况下，钢丝的速度将接近该卷筒的圆周速度，使该道次的滑动降低，与此同时，还会引起该道次以前所有的钢丝与卷筒的滑动减少；它只是暂时的，因为当该道次的滑动减少后，走线速度加快，但是进下一道次的线速度没变化，这样该卷筒上的钢丝必然又松弛了，使拉拔过程又恢复正常。

对于强度较高或断面较大的钢丝来说，遇到这种情况容易恢复正常不会产生断线，但是在拉拔细而软的金属丝时必须考虑此影响；否则，可能在未恢复正常之前就已产生断线。现在讨论在任一卷筒上钢丝产生黏结时，如何保证 $V_n > U_n$。

假定在第 n 号卷筒上的钢丝与卷筒发生黏结 $V_n = U_n$，则必然会引起第 $n-1$ 号卷筒上的钢丝走线速度增加，为了保证不断线，必须 $U_{n-1} < V_{n-1}$。即：

$$\mu_{n-1} = \frac{F_n \cdot V_n}{F_n} < V_{n-1} \tag{6-13}$$

变换后，得：

$$\frac{F_{n-1}}{F_n} > \frac{V_n}{V_{n-1}} \tag{6-14}$$

所以：

$$\mu_n > \varepsilon_n \tag{6-15}$$

这说明，任一道次的延伸系数应大于其机器系数，这就是有滑动连续拉拔配模的充分必要条件。

6.3.2.2 有滑动连续式拉丝机的配模计算

A 有滑动连续式拉丝机的特点

有滑动连续式拉丝机采用液体润滑，适合拉拔细规格钢丝。在滑动拉丝时，钢丝在各卷筒之间，始终处于一定张力下，即带有反拉力拉拔。

实现滑动连续拉拔的条件：

$$V_n > U_n$$

滑动拉丝机的参数：

滑动率
$$S_n = \frac{V_n - U_n}{V_n} \tag{6-16}$$

滑动系数 $\tau_n = \dfrac{V_n}{U_n}$，为保证实现带滑动的拉拔，$\tau_n>1$。

$\tau_n=1.03\sim1.05$，实际生产中 τ_n 取 1.005~1.120，S_n、τ_n 的关系：

$$S_n = 1 - \frac{1}{\tau_n} \quad 或 \quad \tau_n = \frac{1}{1 - S_n}$$

由秒体积不变定理，得：

$$F_n \cdot U_n = F_{n+1} \cdot V_{n+1}$$

假定 $n+1$ 号卷筒上无滑动，即 $U_{n+1}=V_{n+1}$

所以 $F_n \cdot U_n=F_{n+1} \cdot V_{n+1}$，代入式（6-16）得：

$$S_n = 1 - \frac{F_{n+1} \cdot V_{n+1}}{F_n \cdot V_n} = 1 - \frac{\varepsilon_{n+1}}{\mu_{n+1}} \tag{6-17}$$

式中 ε_{n+1}——第 $n+1$ 道次机器系数；

μ_{n+1}——第 $n+1$ 道次延伸系数。

由
$$\tau_n = \frac{V_n}{U_n} = \frac{V_n \cdot F_n}{F_{n+1} \cdot V_{n+1}} = \frac{\mu_{n+1}}{\varepsilon_{n+1}}$$

又因为 $\tau_n>1$，所以 $\mu_{n+1}>\varepsilon_{n+1}$。

因为
$$\mu_{n+1} = \frac{d_n^2}{d_{n+1}^2}$$

则
$$d_n^2 = d_{n+1}^2 \cdot \mu_{n+1}, \qquad d_n = d_{n+1} \cdot \sqrt{\mu_{n+1}}$$

又因为
$$\mu_{n+1} = \varepsilon_{n+1} \cdot \tau_n$$

即
$$d_n = d_{n+1} \cdot \sqrt{\varepsilon_{n+1} \cdot \tau_n}$$

又因为
$$\varepsilon_{n+1} = \frac{V_{n+1}}{V_n} = \frac{\pi D_{n+1} \cdot n_{n+1}}{\pi D_n \cdot n_n}$$

得出
$$d_n = d_{n+1}\sqrt{\frac{D_{n+1} \cdot n_{n+1}}{D_n \cdot n_n} \cdot \tau_n} \tag{6-18}$$

B 滑动拉丝配模计算举例

例题 6-3 有 10/250 水箱式拉丝机，用 ϕ1.7 mm 的原料拉拔 ϕ0.8 mm 的成品钢丝，

计算拉拔道次及各道次钢丝直径（已知：$D_{成品}=250$ mm，$D_1=226$ mm，$D_2=189$ mm，$D_3=158$ mm，$D_4=132$ mm；$n_3:n_2=45:22$，$n_2:n_1=48:28$，如图 6-24 所示）。

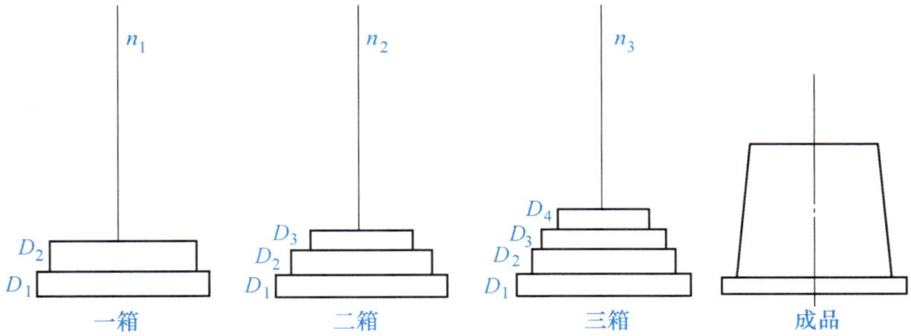

图 6-24 塔轮装配示意图

解：（1）计算各道次的机器系数：

因为
$$\varepsilon_n=\frac{V_n}{V_{n-1}}=\frac{D_n\cdot n_n}{D_{n-1}\cdot n_{n-1}}$$

所以
$$\varepsilon_{10}=\frac{250}{226}=1.106$$

$$\varepsilon_9=\frac{226}{189}=1.196$$

$$\varepsilon_8=\frac{189}{158}=1.196$$

$$\varepsilon_7=\frac{158}{132}=1.197$$

$$\varepsilon_6=\frac{132}{226}\cdot\frac{45}{22}=1.195$$

$$\varepsilon_5=\frac{226}{189}=1.196$$

$$\varepsilon_4=\frac{189}{158}=1.196$$

$$\varepsilon_3=\frac{158}{226}\cdot\frac{48}{28}=1.199$$

$$\varepsilon_2=\frac{226}{189}=1.196$$

（2）确定拉拔道次 n：

总的延伸系数：

$$\mu_{总}=\frac{d_0^2}{d_k^2}=\frac{1.7^2}{0.8^2}=4.516$$

各道次平均延伸系数：$$\mu_{均}=\sqrt[n]{\mu_{总}}=\sqrt[9]{4.516}=1.182$$

拉拔道次： $n=\frac{\lg\mu_{总}}{\lg\mu_{均}}=\frac{\lg4.516}{\lg1.182}=\frac{0.6548}{0.0726}=9.0$

（3）计算各道次拉丝模直径。假定各道次的滑动系数 τ 分别为：$\tau_9=1$（第九道次无滑动），$\tau_8=1.02$，$\tau_7=1.02$，$\tau_6=1.02$，$\tau_5=1.02$，$\tau_4=1.01$，$\tau_3=1.005$，$\tau_2=1.005$，$\tau_1=1.005$。

由 $d_n=d_{n+1}\cdot\sqrt{\varepsilon_{n+1}\cdot\tau_n}$，可得：

$$d_9=0.8\ \text{(mm)}$$

$$d_8=0.8\times\sqrt{1.196\times1.02}=0.85\quad\text{(mm)}$$

$$d_7=0.85\times\sqrt{1.196\times1.02}=0.93\quad\text{(mm)}$$

$$d_6=0.93\times\sqrt{1.197\times1.02}=1.03\quad\text{(mm)}$$

$$d_5=1.03\times\sqrt{1.195\times1.02}=1.14\quad\text{(mm)}$$

$$d_4=1.14\times\sqrt{1.196\times1.01}=1.25\quad\text{(mm)}$$

$$d_3=1.25\times\sqrt{1.196\times1.005}=1.37\quad\text{(mm)}$$

$$d_2=1.38\times\sqrt{1.199\times1.005}=1.51\quad\text{(mm)}$$

$$d_1=1.51\times\sqrt{1.196\times1.005}=1.66\quad\text{(mm)}$$

以上是设计计算给出的各道次滑动系数。实际上，在正常拉拔过程中，各卷筒上的钢丝时而紧绕塔轮，时而又松开打滑。当拉丝模产生不均匀磨损时，卷筒上的滑动量也会发生变化。卷筒上存在的滑动均是累积滑动，τ_{k-1}具有向前面所有道次上传播和累积的作用。因此，越是前面道次的实际滑动量比设计的滑动量越大，对钢丝表面不利，加重卷筒的磨损。

例题 6-4 设有一台水箱式拉丝机，成品收线卷筒 $D_{成}=250$ mm，$n_{成}=90$ r/min，各道中间卷筒直径分别为 $D_1=52$ mm、$D_2=62.5$ mm、$D_3=75$ mm、$D_4=90$mm、$D_5=108$ mm、$D_6=130$ mm、$D_7=156$ mm、$D_8=186$ mm，各卷筒转速 $n=330$ r/min。现生产 $\Phi1.0\sim0.45$ mm钢丝，试计算拉拔道次并计算各模的直径。

解：如果成品以外各道次卷筒上的滑动量取同一个值（S_n），并且除成品收线卷筒外，其余卷筒以塔轮形式装配，即两个相同塔轮为一根轴传动（见图6-25），则实现滑动拉拔必须满足：

$$S_n=\frac{V_n-U_n}{V_n}>0$$

则 $$U_n=(1-S_n)V_n$$

又 $$F_0U_0=F_1U_1=\cdots=F_nU_n$$

故 $$\mu_2=\frac{F_1}{F_2}=\frac{V_2}{V_1}=\frac{D_2}{D_1}=i_1$$

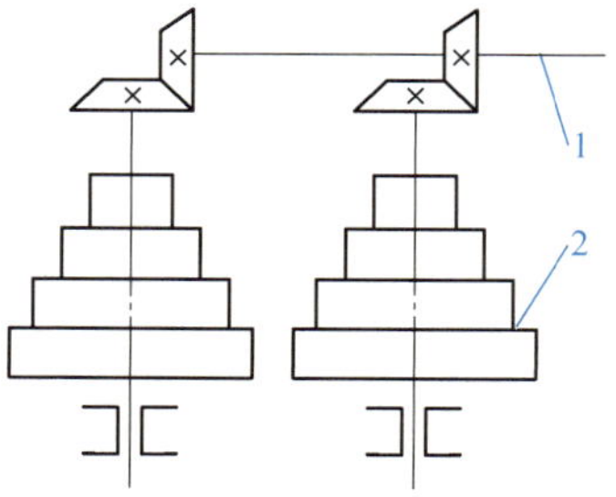

图 6-25 塔轮水箱式拉丝机示意图

1—主动轴；2—塔轮

同理 $$\mu_3 = i_2 = \frac{D_3}{D_2},\ \mu_{n-1} = i_{n-2} = \frac{D_{n-1}}{D_{n-2}}$$

当各卷筒转速不同时，有：

$$\mu_{n-1} = i_{n-2} = \frac{D_{n-1} \cdot n_{n-1}}{D_{n-2} \cdot n_{n-2}} \tag{6-19}$$

式中 F_0，F_1，F_2，…，F_n——钢丝各道次的截面积，mm^2；

U_0，U_1，U_2，…，U_n——钢丝各道次的线速度，m/s；

D_1，D_2，…，D_n——各道次塔轮的直径，mm。

根据式（6-19）可求出各道次的延伸系数为：

$$\mu_2 = i_1 = \frac{D_2}{D_1} = \frac{62.5}{52} = 1.2$$

同理 $$\mu_3 = \mu_4 = \mu_5 = \mu_6 = \mu_7 = 1.20,\ \mu_8 = 1.19$$

$$\mu_9 = \frac{V_9}{V_8} = \frac{\pi \cdot D_{成} \cdot n_{成}}{(1 - S_n)\pi \cdot D_8 \cdot n} = \frac{3.14 \times 0.15 \times 475}{(1 - 0.04) \times 3.14 \times 0.186 \times 330}$$

$= 1.21$ （其中，S_n 取 4%）

$$\mu_{总} = \mu_9 \cdot \mu_8 \cdot \mu_7 \cdot \mu_6 \cdot \mu_5 \cdot \mu_4 \cdot \mu_3 \cdot \mu_2$$
$$= 1.21 \times 1.19 \times 1.20^6$$
$$= 4.3$$

又由于钢丝实际延伸系数： $$\mu_{总} = \frac{d_0^2}{d_n^2} = \frac{1.0^2}{0.45^2} = 4.93$$

如果计算的 $\mu_{总}$ 和实际的 $\mu_{总}$ 相差不大，则可通过适当调整 μ_9 的方法，使之相吻合。此时只要拉 8 道即可，即坯料直接进入第二道进行拉拔；反之，计算的 $\mu_{总}$ 和实际的 $\mu_{总}$ 相差较大，则可增加一道 μ_1 来解决（如上述例题）；假设增加一道，尚不能满足 $\mu_{总}$ 的要求，只好借用其他拉丝机协作生产。

根据已求得的延伸系数，计算各模尺寸如下：

$$d_9 = 0.45\ \text{mm}$$

$$d_8 = d_9\sqrt{\mu_9} = 0.45 \times \sqrt{1.21} = 0.495\ \text{mm}$$

同理可求出：$d_7 = 0.539$ mm，$d_6 = 0.595$ mm，$d_5 = 0.646$ mm，$d_4 = 0.707$ mm，$d_3 = 0.774$ mm，$d_2 = 0.847$ mm，$d_1 = 0.928$ mm。

从上面演示可看出：μ_9 是根据已考虑滑动量 4% 确定的 μ_8 求出的，其他各道计算时求出的 $\sqrt{\mu_n}$ 与非滑动拉丝机计算中用的配模系数 K 具有相同的意义，即都是以机械速度来计算钢丝的延伸系数。但在本例中，从第 8 道开始有滑动，全部打破了其他各道次按机械速比的延伸关系，它们也相应地产生了同样大小的滑动，改变了 μ_9 的值，就会影响整个拉丝机上的各道次滑动量。

对于新一代的活套式水箱拉丝机，由于各卷筒可进行无级调速，此种拉丝机的配模可根据工艺要求，按非滑动拉丝形式进行配模，生产中可通过调节各相邻卷筒的速比来达到滑动拉丝的目的。

6.3.2.3 水箱式拉丝机的结构与特点

A 水箱式拉丝机的结构

微课 水箱式拉丝机

课件 水箱式拉丝机

水箱式拉丝机主要由传动部分、拉丝部分、收线部分组成，如图 6-26 所示。

拉丝部分包括塔轮、模架、水箱，如图 6-27 所示。

图 6-26 水箱式拉丝机箱体内部结构图

视频 水箱拉丝机

塔轮由一系列直径递增的阶梯组成（见图 6-28），每一阶梯可看成是一个卷筒，卷筒的转速是一样的，卷筒的线速度与直径成正比，直径越大，卷筒线速度越快，拉拔道次越靠后。可见，在很小的空间可实现多道次拉拔。

图 6-27 水箱式拉丝机箱体部分

图 6-28 塔轮结构

照片 塔轮结构

B 塔轮的布置形式

水箱式拉丝机的卷筒采用塔轮的形式，即在一根轴上有若干个梯级。一对塔轮可分为主动塔轮、被动塔轮、双主动塔轮等。主动塔轮起拉拔作用，被动塔轮起导向作用，如图 6-29 所示。

如图 6-29（a）所示，一对塔轮均为主动塔轮。从第一个拉丝模出来的钢丝在第 Ⅰ 号主动塔轮最小的塔轮上缠绕 2～3 圈，然后穿入第二个拉丝模，再将钢丝在第 Ⅱ 号最小的塔轮上缠绕 2～3 圈，然后穿入第三个拉丝模，这样依次进行。从最后一个模孔出来后绕到收线卷筒上，这种穿线方式有一个缺点，即模孔轴线方向与拉拔方向不一致，钢丝难以通过模孔，易导致钢丝折断，降低了模子的寿命。

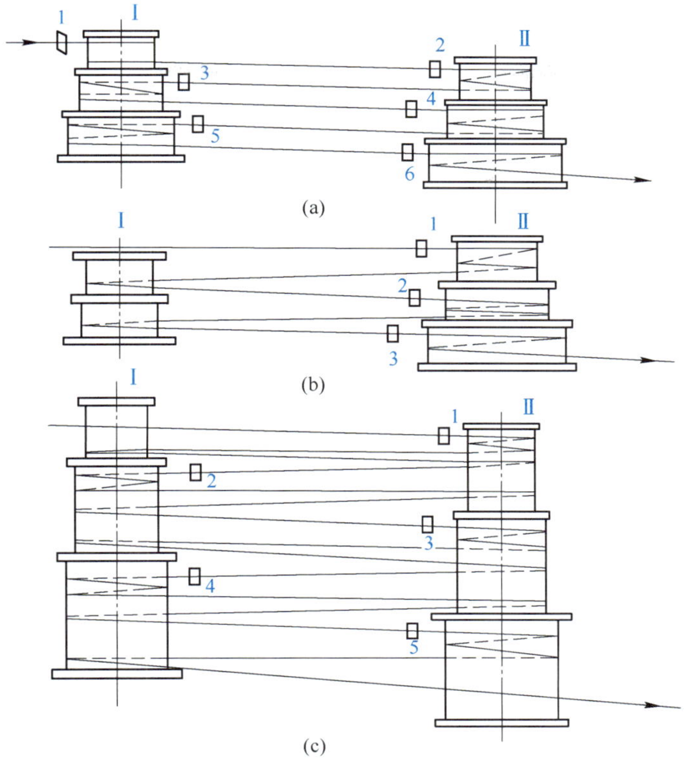

图 6-29　塔轮的穿线示意图

如图 6-29（b）所示，一对塔轮中，第Ⅰ号塔轮为导向塔轮，第Ⅱ号塔轮为拉拔塔轮。钢丝通过第一个拉丝模，进入拉拔塔轮Ⅱ缠绕 2~3 圈，送到导向塔轮Ⅰ缠绕 0.5~1.5 圈，再进入第二个拉丝模，这样依次进行。这种穿线方式使钢丝容易通过拉丝模，不易产生断线，利于提高拉丝模的使用寿命，但是增加了整机结构尺寸。对于九个以上模子的拉丝机，一对塔轮是不够的，要装两对甚至三对塔轮。

如图 6-29（c）所示，一对塔轮，既是拉拔塔轮又是导向塔轮，钢丝穿入第一个拉丝模并在塔轮Ⅱ缠绕后不直接进入下一拉丝模，而将钢丝从塔轮Ⅰ缠绕后再返回第一个拉丝模的拉拔塔轮上缠绕，并送进第二个拉丝模，以此类推。这种穿模方式克服了图 6-29（a）穿模方式的弊端，利于提高拉拔质量。

卷筒呈塔形的是：因为钢丝经拉拔后长度变长，即在同一时刻内，后面道次钢丝的走线速度比前面道次的快，为使传动系统简单和结构紧凑，几个拉丝卷筒用一根轴传动。当转速一定时，拉拔速度 $V=\pi D n$ 取决于卷筒的直径，故后面道次拉丝轮的直径要大于前面的，呈阶梯状。这种塔轮结构减少了传动轴的数目，简化了传动系统，缩短了拉丝机的长度。

同样，由于塔轮的特殊结构，使得各卷筒之间的速比完全由各级卷筒的直径比决定，无法动态调整，只能采用滑动拉拔和相应的配模方式，且滑动量从后向前随道次增加。塔轮的磨损成了水箱式拉丝机的主要问题之一，为此，除了采用耐磨材料（耐磨陶瓷等）

外，还要注意塔轮表面形状的设计。如图6-30所示，塔轮槽的底部应有圆角和轻微的斜度。

一般圆角 R 为进线直径的1.5倍，斜度 α 为1°~1.5°，拉拔时钢丝易于横向推移，可有效地减缓沟痕的出现。

为了增加水箱式拉丝机的拉拔道次，塔轮的级差又不至于过大，在水箱内可配置两对塔轮甚至三对塔轮。

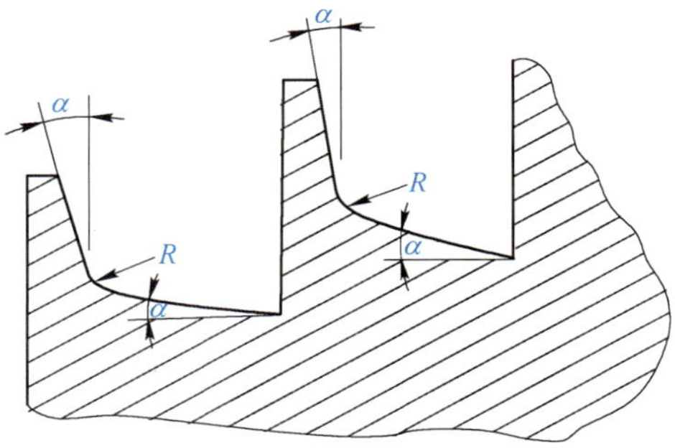

图6-30 塔轮形状

C 水箱式拉丝机的特点

水箱式拉丝机的优点：

（1）结构简单、紧凑，占地面积小，特别在拉拔道次多的情况下更显优越；

（2）钢丝从一个塔轮绕到另一个塔轮是在一个平面内，避免了钢丝的扭转现象；

（3）由于拉拔过程是在润滑液中进行的，因而冷却条件好；

（4）操作维修方便；

（5）拉拔速度较快。

水箱式拉丝机的缺点：

（1）为了克服钢丝滑动所产生的摩擦力，要消耗很大的功率，往往达到拉丝机总功率的30%~40%，因而拉拔高强度钢丝和粗钢丝时对塔轮磨损严重；

（2）由于钢丝的滑动，因此对塔轮表面磨损很大；

（3）卷筒在冷却液中转动，增加了功率损失。

D 适用场合

水箱式拉丝机用于细丝生产，可拉拔各种细的金属丝。

6.3.2.4 水箱式拉丝机的操作

A 水箱式拉丝机的操作要点

a 开车前的准备

（1）明确生产任务：主要是了解拉拔产品的名称，技术性能的要求、原料规格、成品规格、拉拔程序、过程公差要求，以及产量任务和其他特殊要求等。

（2）原料的检查：

1）拉拔前必须弄清原料的钢号、炉号、规格、用途等基本情况，避免混号，将工艺卡片内容与“标牌”进行核对，确认无误方可使用。

2）用千分尺测量线坯直径，与工艺卡片的规定相符后才可使用。

3）观察线坯的表面状态。对拉拔前进行过热处理和表面准备的半成品光面钢丝，必须观察线坯表面是否有热处理带来的缺陷，如表面氧化铁皮未除净、铅淬后挂铅、表面有油污。对于镀层线坯，必须检查表面是否有“露铁”等现象。

（3）模具的检查：核对模子的数量，观察模孔内表面是否光滑、模子是否与生产卡片规定的拉拔程序相吻合。

只有在更换新品种、新规格时，才会更换所有模具，通常只是个别更换拉丝模。水箱拉丝机每个模子均通过钢丝后，在开车前，应逐道次在模子出口方向适当位置，用千分尺测量钢丝的直径（必须是停车状态下进行）。根据测量结果，决定是否更换个别模子。

（4）润滑剂的制备、控制。现以 TB_4U 拉丝机为例，介绍制备、控制乳化液的操作。

1）TB_4U 水箱式拉丝机使用的乳化液由润滑油和水组成，润滑油可以是自然的也可以是合成的，当拉制黄铜镀层、高强度钢丝时，可使用 M01 型植物油。

2）乳化液的制备过程：取 10 份油倒入 80 份水中，缓慢注入并连续搅拌均匀，再加入 10 份水。TB_4U 的润滑池有 600 L 容积，先加入 480 L 水，然后缓慢注入 60 L 润滑油，最后再加入 60 L 水。

经过分析，若乳化液浓度不符合要求，可抽出（或放掉）部分乳化液，加入适量的油或水，以调整乳化液的浓度。另外，乳化液必须保持碱性而不能呈现酸性，这是为了防止腐蚀镀层的需要。

（5）设备、工具的检查步骤：

1）检查电器设备、电控设备、驱动马达是否运转正常，电器开关及手柄是否失灵，尤其是检查靠闸、脚闸、手闸以及按钮等是否灵活。

2）检查传动和运转部分是否正常，例如，皮带的张紧程度是否合适等。

3）检查关键部件的运转和磨损情况，例如，活动放线架是否转动灵活，乱线停车装置是否有效，塔轮是否有明显沟痕，能否继续使用。

4）检查吊车的限位器是否失效，砂轮机和对焊机能否正常工作。

b 上线操作

通常使用回转式放线架（活动式放线架），乱线、断线自停装置与水箱拉丝机配装使用。

（1）放线架的钢丝穿过滑轮组，并引入水箱拉拔以后，若发生钢丝打结、起套和乱线时，活动滑轮架下就会因钢丝的张力过大而上升，立即与限位继电器接触，随即停车。

（2）钢丝在运行中断丝，滑轮即停止转动，速度继电器也因缺乏动力而停止转动，并发出信号，停车。

c 穿线操作

水箱式拉丝机的结构不同，钢丝的走线途径不同，但穿线的基本操作相同，现以 TB_4U 水箱式拉丝机为例：介绍穿线操作。

（1）准备工作：先在机器边缘上把所有模子从大到小直线排列，然后扳动部件抬起操纵杆，使旋转部件（塔轮）呈水平状态，再从放线轮上放出一段钢丝。

（2）“扣尖”操作：用钳子夹住钢丝一端，留出大约 1 m 的长度，用另一把钳子夹住，绕过专用装置——黄铜斜柱，并在其上来回摩擦，使钢丝在摩擦过程中变热和伸长；如果操作正确，就可获得数厘米长、较细的钢丝头部，能够穿过几道模孔。

（3）穿模操作：打完尖的钢丝穿入第一个模孔，注意从大直径（喇叭口）一端穿入，切勿穿插反了。

（4）人工引线操作：把已穿过钢丝的模子放入润滑池浸入一下，然后放在池边的模具拉丝装置（又称模子档）里，用钳子夹紧钢丝，人工拉拔 1.5 m。

（5）钢丝绕过塔轮的操作：将第一个模具从模子档中取出，放进对应的第一个塔轮的第一个模架里，并把钢丝绕在塔轮的第一层环上绕 2~3 圈。

（6）引拔钢丝：用钳子夹紧钢丝头部，脚踏缓进踏板，使设备启动到穿线速度，拉出大约 3 m 长的钢丝（也可用拔头机）。

（7）第二个模子的穿模和引拔：将第一个模子引拔出来的钢丝穿上第二个模子，放在第二个模架的第一个模孔内，将钢丝在塔轮的第一层环上绕过，并在穿线速度下拉出 3 m，重复上述过程，直到穿好全部模子。每穿完 3~4 个模子，都把它们浸入润滑液中放一会儿，然后，再使其回到水平状态。

（8）穿成品模（19 模）：穿完所有湿模（18 个）后，使钢丝绕过最后的钢丝引导轮，再穿过成品模（旋转模）。

（9）转动旋转部件：扳动部件抬起操纵杆，转动塔轮，使其浸入润滑池，并锁紧。

（10）在成品卷筒上缠绕：在穿线速度下拉出足够长的钢丝，使其绕在计数器滑轮上，并在成品卷筒上缠绕 3~5 圈，到此穿线完毕。

d 开车操作

穿线完毕，观察设备周围没有不安全的因素，即可开车，并使拉丝机正常运转。

e 收线、捆线操作

采用卷筒收线的操作，与干式拉丝机收线基本相同。采用工字轮收线，落轴时必须落在打轴机的侧面，不准单手拿放，必须双手拿轴，避免工字轮砸脚；轴线要码平整，不应有码冒和码空现象，更不准码偏、瞎轴或打得过满。

B 水箱式拉丝事故及处理

a 乱线

在放线架和拉丝机之间，经常发生钢丝打结、起套或乱线。

产生的原因主要是：由于上线时钢丝盘未理顺或钢丝运行不平稳造成的，特别是采用旋转式放线架，当拉丝机停车时，由于惯性它还要继续旋转一些时间，因而往往引起乱线，甚至伤人。

如果在放线架之后有乱线、断线自停装置，发生乱线现象就会自动停车；如果没有这种装置，操作工应经常注意观察，发现钢丝打结、起套或乱线情况，应停车并将乱线择开。

b 断丝

（1）断丝的原因：

1）穿模、引拔时引起断丝。在钢丝绕过塔轮、引拔钢丝时，由于手拉钢丝瞬间拉拔力太大，而引起断丝。

2）焊接不良造成的断丝。因焊接操作不当，致使焊缝处拉拔性能低劣而引起的断丝。

3）设备故障引起的断丝。例如，回转放线架不旋转、塔轮磨损出现沟痕造成夹丝等，均可引起断丝。

4）工艺配模不当引起的断丝。在水箱拉丝过程中，由于种种原因，使某两个道次间卷筒上的钢丝与卷筒之间相对滑动量明显减少，最容易断丝。例如：由于磨损，第 N 个模孔达到最大模孔尺寸，而第 $N-1$ 个模为刚换上的新模，接近最小模孔尺寸，此时该道次的工艺延伸系数最小，接近机器的延伸系数，这是产生断丝的原因之一。

5）由于“缩丝”引起的断丝。钢丝拉拔后，出线的直径比模孔小 0.03 mm，甚至小 0.05~0.10 mm，这种现象称为“缩丝”。在成品道次产生缩丝将使产品成为废品，在中间任何道次发生缩丝都可能引起断丝。

6）润滑不良引起的断丝。由于润滑剂浓度偏低或温度过高，导致润滑失效，致使钢丝与模子咬黏产生断丝。

（2）解决方法：

1）如果只是偶尔出现断丝，可将断丝焊接。

2）由本工序工艺和操作引起的断丝，除将断丝焊接继续开车外，必须调整本工序的工艺和操作。

3）在穿模引拔时，手不要握得太紧，使其存在一定的打滑，以免断丝。

4）由于电焊不良造成的断丝，应认真操作对焊机，重新焊接。

5）由于旋转式放线架不旋转而引起的断丝，应检查放线架底柱与料架之间是否被异物卡住，或轴承损坏，根据具体情况酌情处理。

6）由于塔轮磨损出现的沟痕夹丝，导致断丝，应更换塔轮。

7）由于配模不当引起的断丝，可以从两个方面解决：一是在配模时必须考虑在滑动系数减少时，仍不会断丝；二是更换本道次拉丝模时，必须检查下道次的拉丝模是否已达到或接近最大上偏差，如果已到，应一起更换新模。

8）由于润滑不良导致断丝，应及时控制，调整乳化液。

9）由于“缩丝”引起的断丝，应对症下药，加以解决。

水箱式拉丝机的断丝率很高，断丝不但会影响产品质量，而且易造成设备和人身事故。断丝的原因，除上述工序和工艺不当外，还有原料的缺陷、热处理缺陷、酸洗时产生“氢脆”等。

c　缩丝

与干式拉丝相比，湿式拉丝出现缩丝的概率要大得多。如果缩丝发生在成品道次，将出现废品，在中间任何道次上发生缩丝，都会进一步发展为断丝。

（1）缩丝的原因：

1）在拉丝速度较高的情况下，磷化表面不佳，甚至磷化膜被破坏。

2）控丝模入口端角度太小，入口端被堵塞，使润滑剂带不进去，均可能造成缩丝。

以上是发生在模孔内就有了缩丝现象。

事实上，在钢丝出模孔后，即在钢丝的刚性端，也会有一定程度的塑性变形。如果这个塑性变形量超过钢丝出模孔后的弹性恢复量，甚至超过钢丝出模后的屈服极限，从而产生缩丝现象。造成这种情况，有两种原因：

1）用水箱拉丝，特别是拉拔低、中碳钢丝时，如果坯料的力学性能不均匀，当抗拉强度较高的这段钢丝进入变形区后，变形抗力将增大，使钢丝拉拔力急剧增高，较多地超过了材料的屈服极限，引起钢丝刚性端的塑性变形量增大，以致超过钢丝出模后的屈服极限，从而产生过细钢丝的现象。

2）由于配模不当和模子磨损引起的缩丝。当第 N 个模为新换的拉丝模，其模孔尺寸接近于允许的最小模孔尺寸，而第 $N-1$ 个模和第 $N+1$ 个模均因磨损已达到允许的最大模孔极限值，此时，在第 N 个模和第 $N+1$ 个模之间，由于延伸系数明显减小，第 N 个卷筒上钢丝与卷筒之间的相对滑动量明显降低，因此作用在第 N 个模上钢丝的拉拔力将有所提高；同时，在第 $N-1$ 个模和第 N 个模之间，由于延伸系数明显增大，第 $N-1$ 个卷筒打滑量也显著增加，必须使作用在第 N 个模钢丝上的反拉力增加；进一步使拉拔力增加，在较大的拉拔力和一定的反拉力作用下，拉拔应力超过材料的屈服极限，就完全有可能在钢丝出了第 N 个模孔之后在刚性端产生较大的塑性变形，而变形的方式为简单拉伸，这个塑性变形量超过钢丝出模孔后的弹性恢复量，就会形成缩丝。

（2）解决方法：

1）提高磷化质量；

2）适量增大拉丝模入口锥角；

3）降低道次压缩率，避免刮锌，防止堵塞模孔；

4）清理润滑池，保证无异物带入模孔；

5）检查坯料，凡是材质或热处理引起的通条性能不均匀的线坯，均不能使用；

6）更换中间道次的任何一个模子时，必须检查相邻的两个拉丝模是否需要同时更换。

d　走模

走模，即模孔钢丝较快地发生磨损现象，严重时一般换模可达 5~10 次。在水箱式拉丝机拉拔时，这个现象极为普遍，与走模相应的是钢丝“跑号”现象，即拉拔的钢丝直径和椭圆度均不符合要求。

（1）走模的原因：

1）水箱拉拔低碳钢丝的走模，大部分是由于钢丝表面酸洗不净、残留氧化铁皮以及水箱皂液内过量的氧化渣所致；

2）水箱拉拔高碳钢丝的走模，主要原因是钢丝表面磷化层的牢固性太差。

（2）解决方法：

1）要求线坯表面尽可能少有残留的氧化铁皮；

2）肥皂液或乳化液要循环过滤冷却，并定期清理池底、箱底的焦化物和氧化铁皮；

3）提高磷化质量；

4）建立良好的润滑。

问题讨论

（1）简述滑轮式拉丝机的工作原理。

（2）为什么按照 $\varepsilon_i < \mu_i$ 配模，滑轮式拉丝机能够处于积线状态？

（3）滑轮式拉丝机是如何调节积线量，以实现正常工作的？

（4）滑轮式拉丝机的结构有何特点？

（5）分析典型的滑轮式拉丝机的传动系统图，并对各卷筒速度进行计算。

（6）滑轮式拉丝机的主要优点有哪些，适用哪些场合？

（7）简述直进式拉丝机的工作原理。

（8）简述直进式拉丝机的优、缺点，适用场合。

（9）分析 5-6/550 直进式拉丝机传动系统图，并计算各卷筒转速。

（10）MTR 直进式拉丝机的结构特点是什么？

（11）简述直进式拉丝机的操作方法。

（12）滑动式拉丝机塔轮布置形式有哪几种？

（13）说明滑动式拉丝机的工作原理。

（14）实现滑动拉拔的基本条件是什么？

（15）水箱式拉丝机的特点有哪些？

（16）简述水箱式拉丝机的操作方法、操作中常见的故障。

应知训练

1. 单选题

（1）有几台拉丝机，卷筒的直径相同，但转速不同，其中转速越高的线速度（　　）。

A. 越高　　B. 越低　　C. 可能高，也可能低

（2）直线式拉丝机的最大特点是钢丝在拉拔过程中受力（　　）。

A. 较小　　B. 均匀　　C. 较大

（3）拉丝的“三点一线”中，“三点”不包括（　　）。

A. 卷筒中心　　B. 拉丝模孔　　C. 卷筒圆周切点

（4）实现稳定的滑动拉拔基本条件是卷筒的圆周线速度（　　）钢丝的拉拔速度。

A. 大于　　B. 小于　　C. 等于

（5）滑动式连续拉伸，除进线第一道外，其余各道均存在（　　）。

A. 拉伸力　　B. 摩擦力　　C. 反拉力

（6）属于滑动式连续拉丝机的是（　　）。

A. 水箱式拉丝机　　B. 直进式拉丝机　　C. 积线式拉丝机

（7）连续式拉丝机相邻两卷筒圆周线速度之比称为（　　）。

A. 伸长率　　B. 压缩率　　C. 速比　　D. 滑动率

（8）拉丝机如果采取“工”字轮收线，要求收线平整、有序、略满和（　　）。

A. 卷紧　　B. 卷平　　C. 卷满

2. 判断题

（1）滑轮式拉丝机的某一卷筒积线量过多时，表明本道次拉丝模孔增大。（　　）

（2）直进式拉丝机拉拔过程道次之间具有反拉力，有利于提高钢丝质量。（　　）

（3）无滑动拉丝机的设计核心是使卷筒自身具有积线量的自动调节能力。（　　）

（4）拉丝机如果采取“工”字轮收线，要求收线平整、有序、略满和卷紧。（　　）。

（5）在进行电阻对焊时，根据线径大小来调节焊接时间和电流。（　　）

（6）滑动式拉丝机的线材拉拔速度大于塔轮圆周线速度。（　　）

（7）$V_i<U_i$是实现滑动拉拔过程的基本条件。（　　）

（8）无滑动式拉丝机分为积线式和直线式两种。（　　）

（9）滑动式拉丝机拉线时，线材在塔轮上绕的圈数越多，则拉伸力越小。（　　）

3. 计算题

（1）拉拔前钢丝的直径为5.2 mm拉拔后的直径为2.2 mm，请计算μ、Q、A、Z。若用LW10/560拉丝机拉拔，拉拔前半成品钢丝拉拔强度为1250 MPa，试计算q_{cp}、σ_b（取$K=1.02$），并配出合理的拉拔路线。

（2）现有10/250水箱式拉丝机（各塔轮直径分别为$D_{成}=250$ mm、$D_1=226$ mm、$D_2=189$ mm、$D_3=158$ mm、$D_4=132$ mm，其各部转速分别为$n_1=28$ r/min、$n_2=48$ r/min、$n_3=22$ r/min、$n_{成}=105$ r/min。现车间准备用它将$\phi1.5$ mm的半成品钢丝拉拔为$\phi0.5$ mm的成品钢丝，请计算Q、拉拔道次和拉拔路线。

（3）现有$\phi5.3$ mm半成品钢丝若干，拟在LW8/550拉丝机上生产$\phi2.0$ mm成品钢丝，请设计合理的工艺拉拔路线。

任务6.4 钢丝生产辅助设备

知识准备

课件 钢丝生产辅助设备

视频 一字旋转式放线架

6.4.1 放线收线设备

6.4.1.1 放线设备

A 一字旋转式放线架

一字旋转式放线架避免了钢丝在放线过程产生的扭转，如图6-31所示。

图6-31 一字旋转式放线架

B　水平式放线架

水平式放线架是固定的双臂放线架，设有乱线开关，出现放线问题，拉丝机立即自动停车，如图 6-32 所示。

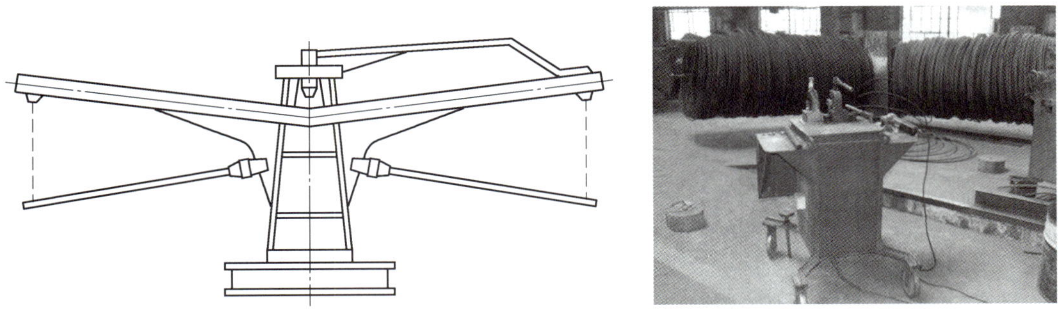

图 6-32　水平式放线架

C　工字轮放线装置

钢丝是紧密缠在工字轮上。由于钢丝的放线速度是一定的，随着工字轮上钢丝数量的减少，放线工字轮的转速会逐渐加快。这就要求装置中要有速度调整机构，如摩擦打滑装置，如图 6-33 所示。

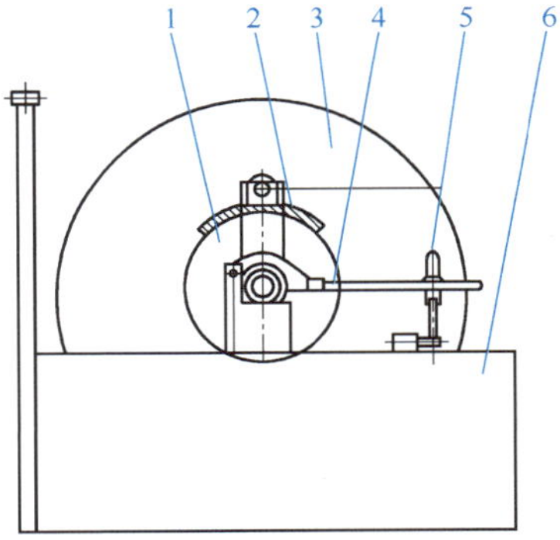

图 6-33　工字轮放线装置

1—摩擦轮；2—摩擦装置；3—工字轮；4—压杆；5—压杆调节装置；6—放线机架

6.4.1.2　收线设备

收线设备大致有起线架、连续卸线机、工字轮收线机三种。

A　起线架

起线架结构最简单，也是用得最多的收线设备，如图 6-34 是典型的四吊杆起线架。

使用起线架之前，必须调整吊线爪的张开程度，以适应成品卷筒尺寸的需要。

拉丝机开机之前，将起线架吊入成品卷筒，将其 4 个吊线爪插入卷筒周围的凹槽中，使它随卷筒运转。

从拉丝机卷筒卸线时，向下搬动手柄，4 个爪的下端因连杆的动作而张开，托住线盘。在吊车作用下，将线盘从卷筒上方吊出。操纵吊车，将线盘吊至捆线架处。将手柄抬起，使钢丝线盘脱出，放在捆线架上。

起线架的优点是结构简单、成本低；缺点是收线量有限，卸线时需人工操作，且拉丝机必须停车，不能连续生产。

B　连续卸线机

连续卸线机主要用于中等规格以上拉丝机的收线。这些设备卸线频率高，劳动强度大，实现连续卸线可大大提高生产率，满足拉丝机大盘重、高速度的发展要求。

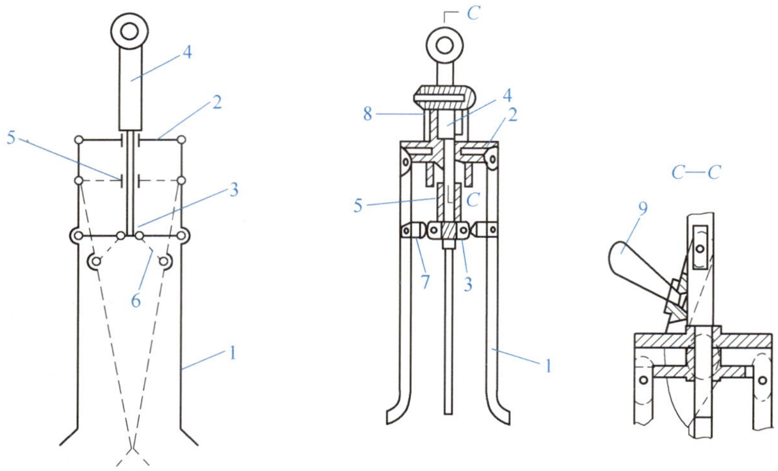

图 6-34 四吊杆起线架

1—吊线爪；2，3—十字轴；4—中心轴；5—套筒；6—铰链套；7—连杆；8—挂钩；9—手柄

a 卧式收线机

卧式收线机（也称象鼻式收线机）特点是：卷筒是静止的，靠转盘的旋转将钢丝缠到卷筒上，再挤落到集线架上，如图 6-35 所示。由于钢丝缠到卷筒上以后就不再运动了，收线不必随卷筒一起旋转，可以不停车卸卷，实现生产的连续化，给操作也带来极大的方便。

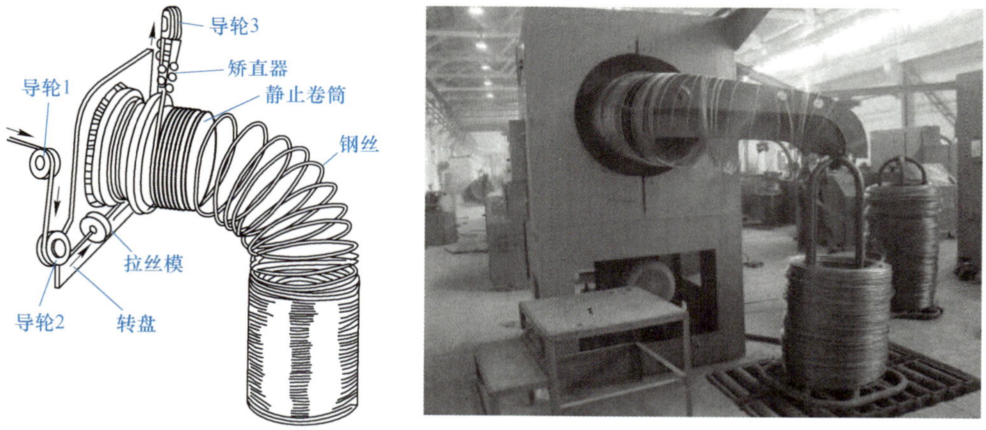

图 6-35 象鼻式收线机

视频 象鼻式收线机

在收线过程中，钢丝会被轴向扭转。卷筒每收一圈，钢丝就被扭转 360°。拉丝模和矫直器放在钢丝产生扭转之后，也是为了利于钢丝的平直及消除扭转应力。

b 倒立式收线机

倒立式收线机实际上是前面介绍过的倒立式拉丝机，经过改装与连续式拉丝机配合使用，既能作为成品道次的拉拔，又能进行大容量收线，如图 6-36 所示。这种形式的收线，钢丝没有轴向扭转，尤其适合高强度钢丝的卸线。

(a)

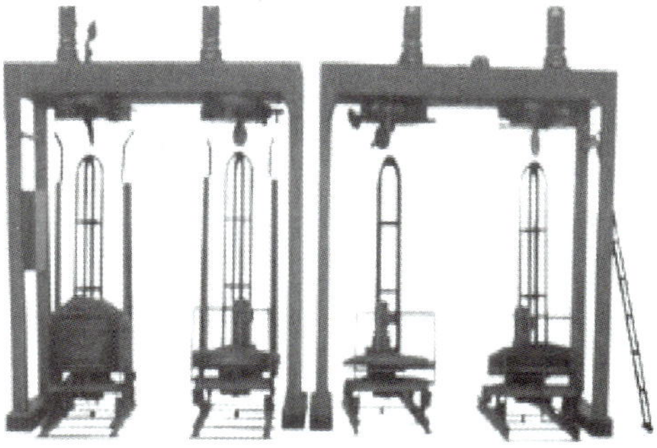

(b)

图 6-36　倒立式收线机

（a）压线轮式；（b）连续作业线式

c　工字轮收线机

工字轮收线机是将钢丝直接从成品卷筒缠绕到工字轮上，一方面可提高拉丝机的作业率，另一方面可方便下一道工序（捻股、捻绳）操作，如图 6-37 所示。

图 6-37　工字轮收线机

视频　工字轮收线机

工字轮收线机多用于小规格或成品钢丝的收线，主要由排线机构、收线机构组成。

排线机构的作用是：使钢丝在缠绕过程中反复沿工字轮的宽度均匀横向移动，有层次地、均匀地排在工字轮上。排线机构的类型有丝杠排线（单向、双向）、光杆排线、液压排线等。

收线机构的作用是：驱动工字轮旋转，将钢丝紧密地缠绕在工字轮上。对收线机构的要求是：保证钢丝有一定张力、钢丝缠绕速度与拉丝机成品卷筒的线速度保持一致。由于工字轮的直径在缠绕过程中是变化的，因此工字轮的转速必须随其直径的增加而降低，这样才能保持钢丝线速度一定。

工字轮收线机分为穿轴式工字轮收线机和顶针式工字轮收线机。

6.4.2 轧尖机

轧尖机是金属拉丝机及冷拔生产设备的辅助设备，原材料端部需经轧尖机轧小后穿过拉拔模孔，方可进行拉拔加工材料。轧尖机供金属线材轧尖、穿模拔头使用。

按工作原理，轧尖机可分为回转式轧尖机、往复式轧尖机。

6.4.2.1 回转式轧尖机

回转式轧尖机（也称周期转动偏心轧尖机）如图6-38所示，由电动机1、机座2（包括传动装置）及轧辊3等组成。

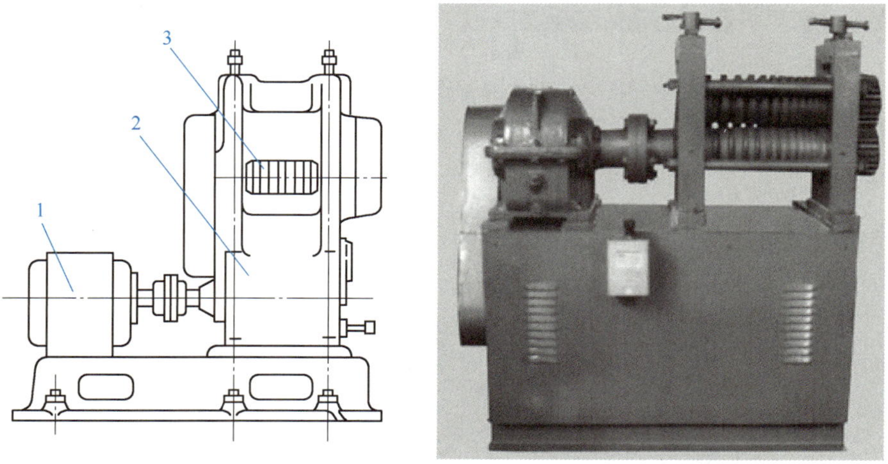

图6-38 回转式轧尖机

1—电动机；2—机座；3—轧辊

视频 轧尖操作

轧辊是对线材或钢丝进行轧尖的主要部件，它由辊身（轧辊工作部分）、辊颈和轴头三部分组成。辊颈安装在滑动轴承中，并把轧制力传给机座。根据工艺要求，在辊身上加工出轧尖的孔型，（见图6-38），上下轧辊孔型的分度误差以及对轧辊的形状位置误差都应提出较高的要求，才能保证轧尖的质量。

一对轧辊的轧槽，从大到小沿着辊身均匀分布（见图6-39），轧尖是对钢丝进行冷轧的过程。利用轧辊加工出的偏心孔型，在回转过程中对钢丝头部进行轧制。

图6-40所示是轧尖机的轧尖过程，当轧辊转到偏心相背一侧时，穿入待轧钢丝，如图6-40（a）所示。轧辊约转动1/4圈，钢丝开始进行冷轧，持续约125°，将钢丝轧制变细，如图6-40（b）所示。每道轧制需调换方向进行两次或数次，方可得到较圆整的轧尖钢丝。如此按孔型要求进行，即能达到穿模要求的直径。

操作时，按照孔型的顺序，由大到小逐步地轧尖，直到钢丝能穿过成品卷筒的模孔为止。

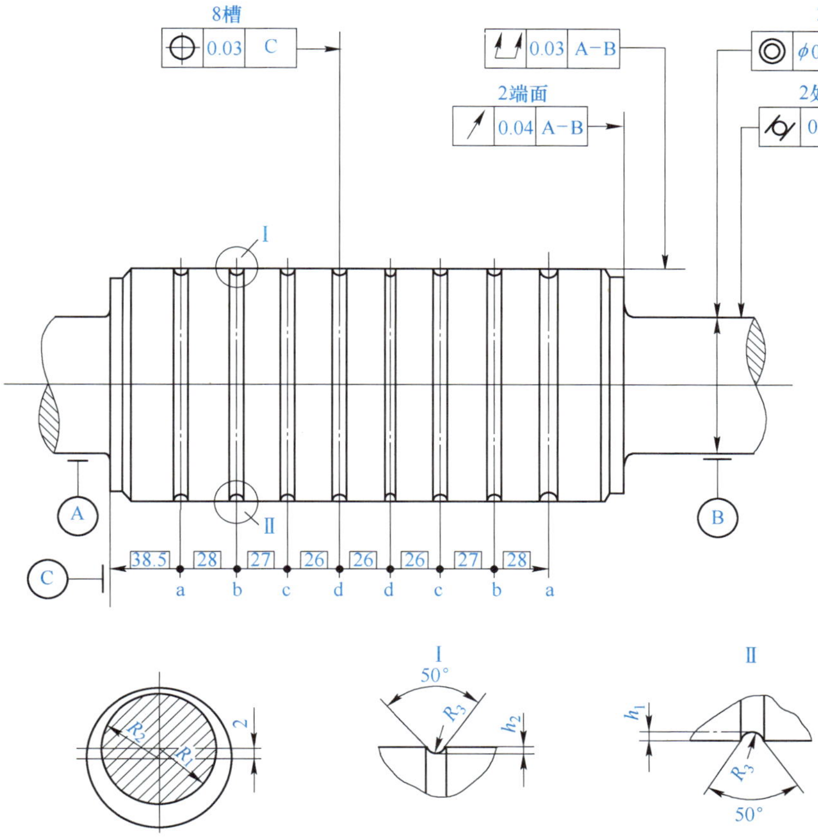

图 6-39 轧辊

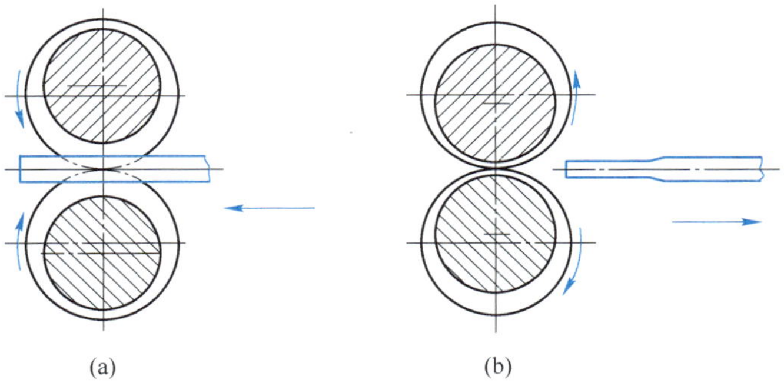

图 6-40 轧尖过程

轧辊孔型有 2 mm 的偏心，形成深浅不一的椭圆孔，并且分成 3 个区段，如图 6-41 所示。

穿通段 T：钢丝轧尖进入或退出的部分，这部分孔型尺寸大于钢丝的直径。

过渡段 G：钢丝将进入轧尖或退出轧尖的区段，其尺寸逐渐过渡到与钢丝直径一致。

工作段 Z：钢丝在 120°左右的范围内轧制，压缩变形、变尖。

一般要求在周向穿通段和过渡段的弧长和与工作段的比例为2∶1，即每碾压一次，在120°范围内将钢丝轧细，送入段孔型最大深度为工作段孔型最小深度的2倍左右。

回转式轧尖机设备结构紧凑，传动平稳可靠，体积小，使用安全、方便，噪声小，生产效率高，便于维修，且省力、速度快、轧尖长，可在一台设备上轧制多种规格。

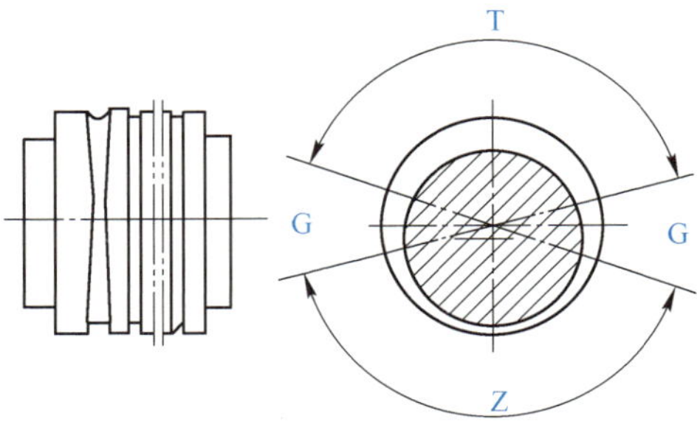

图6-41 孔型剖面图

6.4.2.2 往复式轧尖机

往复式轧尖机，也是通过两个轧辊将钢丝轧尖，轧辊不像回转式轧尖机那样连续转动，而是往复转动一个角度，大约50°，由电机驱动，偏心轮带动连杆回转，如图6-42所示。

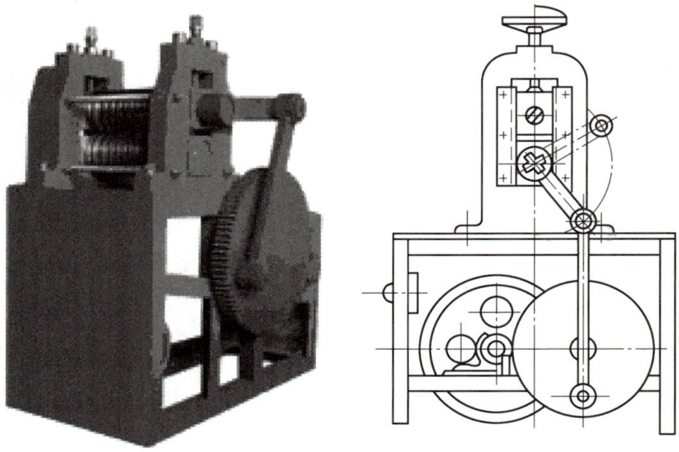

图6-42 往复式轧尖机

往复式轧尖机的传动形式，如图6-43所示。传动由电动机，经三角皮带轮 D_1 和 D_2，再经齿轮 Z_1、Z_2 减速，齿轮 Z_2 又相当于一个曲柄，在其上装有连杆，其偏心距 R_1。连杆另一端与轧辊轴上的曲柄相连，曲柄长 R_2，工作时，将主动曲柄的旋转运动，转化成从动曲柄的摆动，此种机构也叫作四连杆机构。

6.4.2.3 立卧式（双向）轧尖机

立卧式（双向）轧尖机用于钢丝直径较粗、钢丝旋转轧尖较困难、不易轧尖的情况。采用两组相互垂直的轧辊进行轧制，结构紧凑，方便操作，减轻劳动强度，如图6-44所示。

图6-45为立卧式（双向）轧尖机的传动示意图。电机通过皮带，将力矩传给蜗杆，蜗杆将运动分别传给两个蜗轮，再各经一对齿轮，分别带动一组平行的轧辊转动。水平的一对轧辊端头处装有剪切装置，带动刀刃上下移动，完成剪切动作。

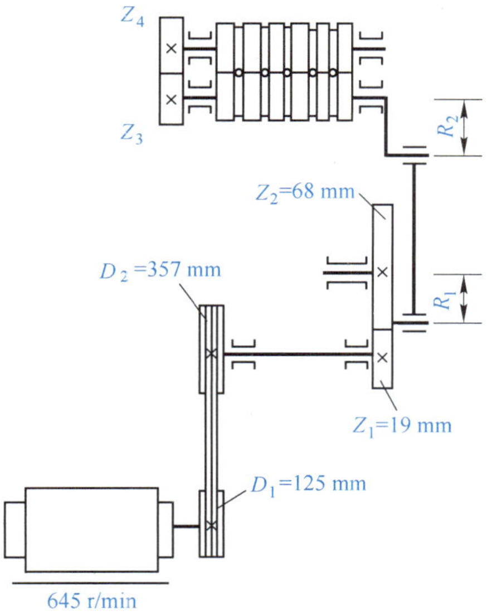

图 6-43 往复式轧尖机传动系统图

图 6-44 ZLG-40 型立卧式（双向）轧尖机外形

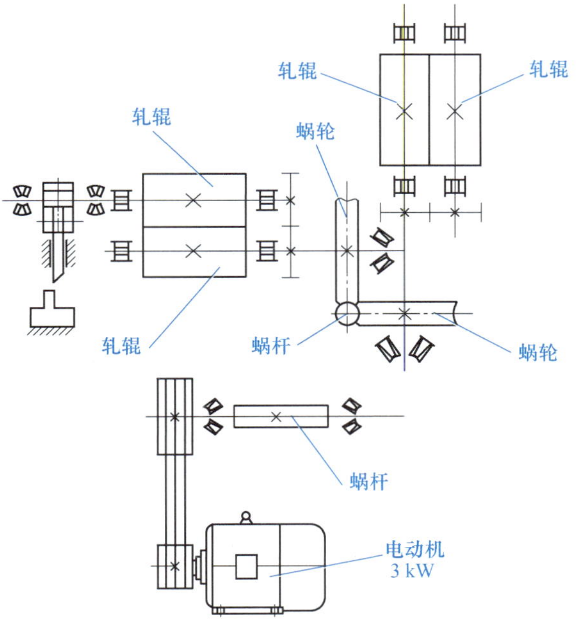

图 6-45 立卧式（双向）轧尖机的传动示意图

6.4.2.4 轧尖穿模两用机

如图 6-46 所示，轧头穿模两用机是将金属线材或棒材的端部轧尖，穿入模孔后拉拔一定长度的机器。如果无拉拔装置，则称为轧头机。

在大拉、中拉时可用轧尖穿模两用机辅助。作为 LZ 直进式、LT 水箱式、LW 滑轮式拉丝机系列必配辅机，轧尖穿模两用机适用于线材拉拔前的轧尖、穿模。机台特点：普通电机拖动，轧辊采用特殊材料，精确辊轧。

6.4.3 对焊机

为了实现连续和高速生产，钢丝拉拔过程中，必须通过焊接将线材的端部连接起来，或由于断丝及工艺要求，随时需要对钢丝进行对接。因此，对焊机是钢丝生产的重要辅助设备，如图 6-47 所示。

微课 钢丝焊接

课件 钢丝焊接

图 6-46 轧尖穿模两用机

图 6-47 UNI-25 型对焊机

6.4.3.1 对焊机的分类与特点

对焊机的种类很多，一般按以下特征分类：

（1）按工艺方法（加热焊件的方法）分为电阻对焊和闪光对焊，后者又可分为连续闪光对焊和预热闪光对焊；

（2）按用途分为通用对焊机和预热闪光对焊机；

（3）按送进机构分为弹簧式、杠杆式、电动凸轮式、气压送进液压阻尼式和液压式；

（4）按夹紧机构可分为偏心式、杠杆式、螺旋式，杠杆式和螺旋式又可分为手动式和机械传动式，后者有气压传动、液压传动和电机传动；

（5）按自动化程度可分为手动、自动或半自动的对焊机；

（6）按电流种类可分为工频交流（单相）对焊机、电容式对焊机、低频（三相）对焊机和直流对焊机等。

电阻焊机：利用电流通过工件及焊接接触面间的电阻产生热量，同时对焊接处加压进行焊接的焊机。电阻焊是将被焊工件压紧于两电极之间，并施以电流，利用电流流经工件接触面及邻近区域产生的电阻热效应将其加热到熔化或塑性状态，使之形成金属结合的一种方法。

电阻焊的方法：点焊、缝焊、凸焊、对焊。

电阻焊的优点：加热时间短、热量集中，热影响区小，变形与应力也小；不需要焊丝、焊条等填充金属，焊接成本低；操作简单，易于实现机械化和自动化。

钢丝焊接接头的要求：焊接接头的力学性能与母材相近，以达到钢丝通条性能均匀；焊接区的性能良好，拉拔过程不发生脆断，能承受一定的弯曲和扭转。

6.4.3.2 对焊机的结构组成

对焊机由机架、固定电极、活动电极、变压器等组成，如图 6-48 所示。

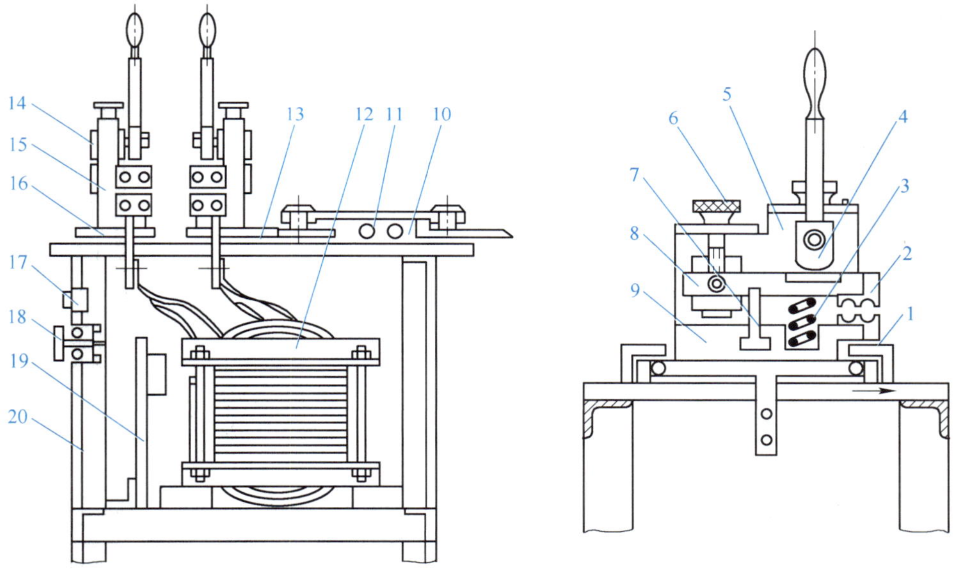

图 6-48 对焊机的结构简图

1—钢珠；2—钳口；3—压簧；4—压紧凸轮；5—牌坊；6—调节旋钮；7—挡铁；8—上压杆；9—下压杆；10—手柄；11—连杆；12—变压器；13—活动托板；14—方轴承；15—固定牌坊；16—绝缘垫板；17—按钮；18—调压开关；19—馈垫板；20—机架

A 机架与机壳

机架由钢管焊接，结构轻便，下部装有滚轮，方便移动。变压器及其他电器均装机壳内。机壳上部装有固定电极、活动电极、焊接用钳口及顶锻用加压与通电机构。

B 电极及顶锻装置

如图 6-49 为焊接原理图。固定电极钳口 1 与活动电极钳口 2 上均装有夹紧钢丝。固定电极钳口安装在机架 3 上，与焊接机变压器 4 次级线圈的一端相接，活动钳口与变压器 4

次级线圈的另一端相接。

钢丝断面在压力 P_w 作用下接触在一起，在焊接变压器的一次绕组上施加电压，使二次回路产生电流，利用钢丝本身所具有的电阻产生的热量加热接触面，使接触面达到塑性状态；断电，施加顶锻压力 P_d，在顶锻压力的作用下，接触的断面产生塑性变形，从而形成牢固的接头。

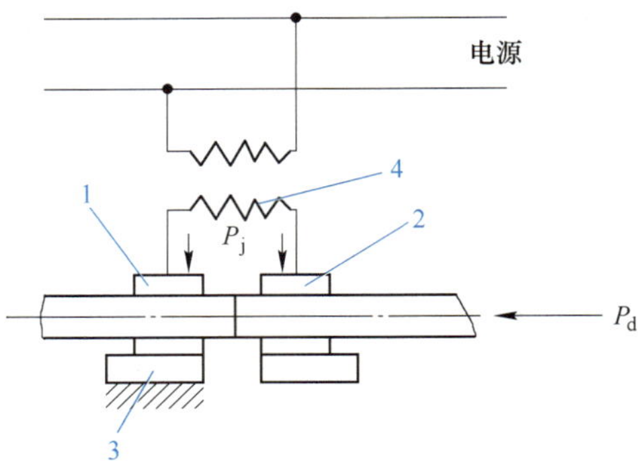

图 6-49 焊接原理

1—固定电极钳口；2—活动电极钳口；3—机架；4—变压器；P_j—夹紧力；P_d—顶锻力

C 焊接变压器

焊接变压器是将电网电压（380 V 或 220 V）转变为钢丝焊接需要的二次电压（1.5~14 V），具有低电压、大电流、大功率、可调节的特点。

6.4.3.3 对焊工艺

焊接的工艺过程为：夹持钢丝→通电加热→顶锻→冷却→回火→焊缝磨光。

焊接电流、加压力、通电时间称为电阻对焊的三大要素。

A 焊接电流

焊接电流

对焊时产生的热量 $Q = I^2Rt$，焊接电流是产生热量的最重要因素，其中，包括电流的大小和密度。

焊接电流过小，钢丝不熔化；焊接电流过大，焊接处变形、表面变污、熔融金属喷溅、产生气泡。

B 加压力

加压力是热量产生的重要因素。加压力是施加给焊接处的机械力，通过加压力使接触电阻减少、电阻值均匀，可防止焊接时的局部加热，使焊接处均匀。

加压力过小，熔融金属吹出、产生气泡、裂痕、强度变弱；加压力过大，接触电阻减少、融合不良，强度不足，压痕大。

C 通电时间

通电时间是热量产生的重要因素。通电产生的热量通过传导来释放，即使总热量一定，由于通电时间的不同，焊接处的最高温度也不同，焊接结果也不一样。

通电时间过长，热损失大，材质变化；通电时间短，焊接不充分。

6.4.3.4 对焊操作

A 钢丝夹持

（1）夹持钢丝前应将其校直，两端焊口要除旧见新，又不能沾上油污。

（2）钢丝出钳口不宜过长或过短。过短则电阻小，熔化慢；过长则熔化太快，且不宜对准中心，冲压时钢丝可能受压变形。一般伸出长度为钢丝直径的1.2~1.5倍，低碳钢丝可略长。

（3）钢丝左右端伸出长度要相等，否则电阻就会不同，温度也随之不同，焊接不牢固。

B　钢丝加热

（1）根据电流的密度，焊接时，粗钢丝的电压应偏高，细钢丝的电压应偏低；低碳钢丝的电压应偏低，高碳钢丝的电压应偏高。

（2）加热时，应掌握温度的火色，注意火花的爆发。有少量火花爆发，应立即进行冲压；火花爆发较多，表示钢材的成分与组织有所改变。

C　冲压

当钢丝加热到樱桃红色时，即开始进行缓慢冲压，待火色发白（达到焊接温度），立即切断电流，用较快的速度和压力冲压。

冲压时注意压力的大小要适当，过大会使焊缝产生裂纹，过小会使接合面产生气泡，凭经验决定。冲压效果可以从焊缝判断，若焊缝过薄，结合牢度又差，可能是由于温度高、冲压力过大引起的；若焊缝过厚，结合牢度差，可能是由于温度低、冲压速度过慢而引起的。焊缝厚薄与碳含量有关，低碳钢焊缝偏厚，高碳钢焊缝偏薄。高碳钢丝良好的焊缝呈片状焊花，焊花较大且均匀地围绕在整个圆周上，分成 3~4 片花瓣，每片花瓣的根部相连形成完整的环状。

D　空气冷却

钢丝焊接后在空气中自然冷却，这对低碳钢丝的组织和性能影响较小，而对中、高碳钢丝的影响甚大。在空冷过程中，加热区会产生较大的内应力和局部淬火现象，因此钢丝焊接后要进行回火处理。

E　回火

回火的目的是消除内应力，改变淬火组织，恢复塑性。根据生产实践，低碳钢丝一般不需回火，高碳钢丝的回火是将焊接钢丝从钳口处松开，拉出一段（增加伸出长度）再夹紧，夹持长度为 30~50 倍钢丝直径。钢丝在焊后回火时宜采用最低的电压级别，这样便于控制加热温度和加热速度，同时为使回火均匀，也可数次重复通电加热（数次点动操作）。但是，在实际操作中，往往为了方便采取与焊接时相同的电压进行通电热处理，这时操作工应格外谨慎。

回火温度在 600~750 ℃，即火色只能见到极微弱的暗黑色，并使其蔓延到焊缝两侧的回火区 40~50 mm 长度。如果操作不慎，中间出现亮红色，回火便失效，这是因为出现亮红色局部会出现奥氏体，又重新引起淬火和内应力。

高碳钢丝和含锰钢丝焊接后，如果冷却到 300~600 ℃，立即予以回火（时间略长一些），使它产生某些等温转变作用，从而减少或避免产生淬火组织和裂纹。

F　焊缝磨光

焊缝磨光一般在砂轮机上进行。如果焊接后先磨光焊缝再回火，这样做不好，这是因为未经回火的钢丝一般都有脆性，磨光过程中受到弯曲，会引起裂纹，故应该先回火后磨光。磨光后的焊缝应平整，不得有凸起。

G 焊接质量检查

操作完毕，可采用弯曲法检查焊接质量。具体方法是：将焊接接头微微弯曲，再恢复原状后不断、不裂，表示焊接合格。

6.4.3.5 焊接缺陷及原因分析

常见的焊接缺陷有：焊口不牢，焊口附近钢丝韧性下降，与钳口接触处钢丝表面烧坏，接缝不正等。

(1) 组织疏松。组织疏松是由于加热电流过大、焊接时间过长，冲压力不足，加热温度过高引起熔化，钢丝两端温度不均，焊接端面有污物或氧化层等引起的。

(2) 未熔化或熔化不足。未熔化或熔化不足是由于电流太小，通电时间过短，电流切断后停留较长时间才冲压，冲压力过大，焊接速度过快，钢丝表面由于有氧化物使导电不良及焊端有污物造成的。

(3) 纵向裂纹。纵向裂纹产生原因是：由于焊接加热后受到急冷，而生成局部马氏体，引起较大的内应力；加热温度过高且冲压力又过大；大的焊接电流突然下降及端部有夹杂物。

(4) 接缝不正。由于钢丝伸出钳口部分过长而造成顶锻弯曲，焊接前钢丝没有对正，焊机夹持部分松动，从而引起接缝不正。

(5) 脆性拉断。由于回火温度偏低，内应力没有完全消除，回火前的组织还存在着马氏体组织，回火前已有裂纹出现，焊接后磨光不佳、磨痕过深，从而引起脆性拉断。

(6) 钢丝表面烧坏。由于焊机的夹具松动或夹持无力，夹具及槽与线径不相称，钢丝与电极间接触面不清洁等，使钢丝表面烧坏。

6.4.4 包装机

成品钢丝出厂前的包装，多采用自动包装机。包装机分为立式、卧式，如图 6-50 所示。

钢丝包装机主要是为冶金行业设计制造的缠绕包装装备，广泛应用于钢丝、焊丝、线缆、轮胎、胶管及其他各类环形物体的缠绕包装。经过缠绕包装，不仅产品外观美观大方，并且具有良好的防潮、防尘、防锈、防老化、防意外损伤等作用。

产品特性：

(1) 双环传动，往复式工作，安全、便捷；

(2) 变频控制，可根据需要任意调整包装袋的重叠度；

(3) 滑环可上下移动，以适应不同外径和内径的钢丝；

(4) 手动/自动工作模式选择；

(5) 配备末端胶带粘贴固定装置；

(6) 包装袋的松紧度可调；

(a)

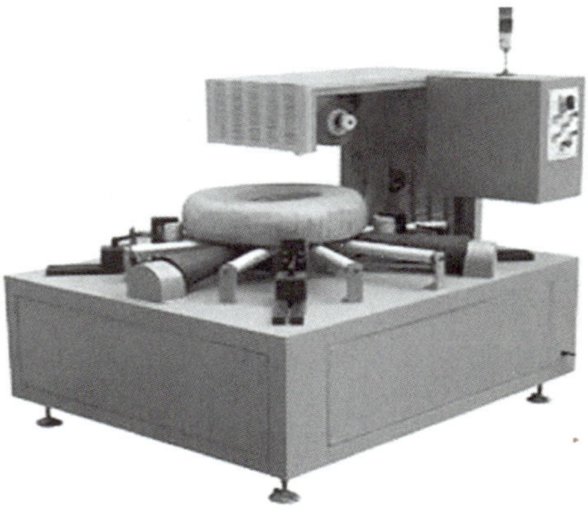

(b)

图 6-50　钢丝包装机

（a）立式钢丝包装机；（b）卧式钢丝包装机

（7）托辊和护辊均采用高耐压聚氨酯包胶；

（8）滑环高度可调；

（9）安全、便捷，占地小。

问题讨论

（1）反复弯曲除锈时，弯曲辊直径如何计算，弯曲轮如何布置？

（2）喷丸除锈的工作原理及优缺点是什么？

（3）分析盘条机械除锈不净的原因，并能给出解决方法。

（4）轧尖机如何进行操作？

（5）简述回转式、往复式轧尖机的特点、结构。

（6）简述对焊机的工作原理。

（7）钢丝焊接采用什么焊接方法，与其他焊接的区别有哪些？

（8）简述对焊机操作工艺流程及注意事项。

（9）简述钢丝的焊接温度及火焰颜色。

（10）简述对焊操作常见缺陷及原因。

实训任务

实训任务 6-2　钢丝的轧尖操作

1. 实训目的

（1）能进行轧尖的基本操作，将坯料头轧细，使坯料不加牵引力能进入拉丝模。

（2）轧尖操作灵活、迅速，保证钢丝表面圆滑。

2. 操作步骤

（1）开机前检查设备有无异常。

（2）开机时，首先合上总电源及控制电源开关。

（3）根据线坯尺寸选择合适的孔型轧制，按照从大到小的原则，逐渐轧制到要求的直径。不应跳槽，以免轧扁，甚至损坏轧辊。压光部分应该圆正，不准有飞边裂纹，否则容易黏附拉丝模，造成刮伤（多见于低碳钢丝）。压头长度应保证能透出模盒一定长度。

（4）禁止在轧尖机后面操作。

（5）使用完毕后，应及时切断电源。

（6）做好设备的日常维护与保养。

3. 实训场地

拉丝生产车间或金属性能检测实训室。

4. 检查与评价

（1）学生自评，总结个人实训收获及不足。

（2）小组内部互评，根据学生实训情况打分。

（3）教师根据训练结果对学生进行口头提问，给学生打分。

（4）教师根据以上评价打出综合分数，列入学生的过程考核成绩。

实训任务 6-3 钢丝的对焊操作

1. 实训目的

（1）掌握钢丝焊接的基本方法。

（2）能识别焊接质量的好坏。

2. 操作步骤

（1）操作前，应检查对焊机的手柄、压力机构、夹具是否灵活可靠。

（2）焊接前，应根据所焊钢丝截面，调整二次电压。

（3）焊接后必须随时清除夹钳以及周围的焊渣溅沫，以保持焊机的清洁。

（4）操作人员必须戴防护眼镜及帽子等，以免弧光刺激眼睛和熔化金属灼伤皮肤。

3. 实训场地

拉丝生产车间或金属性能检测实训室。

4. 检查与评价

（1）学生自评，总结个人实训收获及不足。

（2）小组内部互评，根据学生实训情况打分。

（3）教师根据训练结果对学生进行口头提问，给学生打分。

（4）教师根据以上评价打出综合分数，列入学生的过程考核成绩。

课程思政

贵州钢绳实现我国钢丝绳行业国际标准零突破 工匠精神锻就“贵州智造”

从三峡电站到港珠澳大桥，从神舟飞船到中国“天眼”，在一系列国家重大工程建设中，都能看到贵州钢丝绳产品。

“我们研制的一大批高难度产品填补了我国线材制品工业空白，工艺制造技术达到国际先进水平。”贵州钢绳股份有限公司（简称贵州钢绳）技术中心高级工程师陆萍自豪地说。

“自从贵州钢绳成为国际标准，大家的干劲更足了。”一位工人指着一匝匝整齐排列的银色钢丝绳骄傲地说，“这是刚为马来西亚一家公司定制的产品，用的是我们修订的国际标准，过几天就将漂洋过海送到客户手中。”

工人口中的“国际标准”，是由贵州省质量技术监督管理局和贵州钢绳共同制定的《钢丝绳　要求》（ISO 2408:2017），2017 年 6 月 16 日经国际标准化组织（ISO）批准正式出版发行，实现了我国钢丝绳行业和贵州国际标准零的突破。

标准主起草人之一、贵州钢绳技术中心高级工程师陆萍说，标准的制定体现了我们国际领先的钢丝绳技术水平和生产能力，有利于提升贵州钢绳和我国钢丝绳产品、产业的国际形象和竞争力。

这是贵州省首次申报国际标准工作，其间周折颇多，困难重重。

首先，上一版 ISO 2408：2004 是英国制订的，想要申请修订，必须要有充足理由，说服欧美等发达国家的技术专家支持立项。同时，语言差异、国际化差异等因素，也给标准的立项工作带来了较多障碍。

其次，标准技术内容较多、要求非常严格，必须经大量的实验论证，才能得出有说服力的技术指标和参数等数据。

该标准的出台经历了数十次专题研讨，途经遵义、贵阳、南京、北京、伦敦、芝加哥、瑞士等地，处理了各国意见 100 多条，上千封电子邮件沟通协商，从提案到批准发布历时 5 年。

成功，绝非偶然。从产业引领者到国际标准制定者，靠的是一代代贵州钢绳人精益求精、爱岗敬业、勇于创新的精神传承。

在国家级周家荣技能大师工作室内，工作室负责人、二分厂二钢绳车间股绳工段段长周家荣正在和工友交流工作中遇到的难题，笔记本上写满了密密麻麻的实验数据。

“要解决一个问题，需要上千次的实验，各项指标、参数都要反复修改若干次才能确定。”“拧”了 30 多年钢绳的周家荣，深感只有树立大国工匠这种做行业之最的精神，把每个环节的工作做到精致、细致、极致，才能制造出最好的产品。

贵州钢绳技术中心副主任严志远深有感触地说：“在中央三线建设战略决策下诞生的贵州钢绳，虽然经历了几十年风雨，但始终专注于钢丝钢绳的研发生产，以工匠精神锻造卓越，产品如今销往全球 40 多个国家，充分展示了‘贵州智造’的软实力”。

贵州钢绳主导制定国际标准的突破，生动践行了党的二十大关于“加快实现高水平科技自立自强”和“稳步扩大规则、规制、管理、标准等制度型开放”的要求。这不仅提升了中国制造的全球竞争力，更是在习近平新时代中国特色社会主义思想指引下，中国产业以实干担当突破垄断，以规则制定掌握发展主动权的缩影，为建设制造强国、质量强国贡献了坚实力量。

项目 7 典型钢丝产品生产技术

学习目标

知识目标：

（1）了解典型钢丝产品的种类及应用；
（2）掌握典型钢丝产品的生产工艺原理。

技能目标：

（1）能够阐述典型钢丝产品的牌号及质量要求；
（2）能够设计不同钢丝产品的生产工艺。

素质目标：

（1）培养学生工程实践能力；
（2）培养学生工艺设计能力；
（3）培养学生精益求精的工匠精神。

任务 7.1 预应力混凝土用钢丝的生产

知识准备

微课 预应力混凝土用钢丝的生产

课件 预应力混凝土用钢丝的生产

预应力混凝土用钢丝是钢厂用优质碳素结构钢经冷加工、再回火冷轧或绞捻等加工而成的专用产品，也称为优质碳素钢丝及钢绞线。钢丝和钢绞线均具有强度高、塑性好，使用时不需要接头等优点，尤其适用于需要曲线配筋的预应力混凝土结构、大跨度或重载荷的屋架等。

7.1.1 预应力构件

预应力是指为了改善结构或构件在各种使用条件下的工作性能和提高其强度，在使用前预先施加的永久性内应力。

在使用情况下受拉的混凝土，在使用前先给其施加压力，这样当使用时，在外荷载作用下混凝土受的拉力先要抵消预加的压力以后混凝土才开始受拉，于是提高了混凝土的抗拉能力，也就是提高了混凝土的抗裂性能。这种在外荷载作用之前，预先加压的过程，叫作预加压力；由预加压力在混凝土内所引起的应力，叫作预应力。预应力混凝土构件就是具有预加应力的混凝土构件。预应力混凝土可分为先张法和后张法两种。先张法是先张拉预应力筋，后浇灌混凝土的生产方法。后张法是先浇灌混凝土，等达到规定强度后再张拉预应力筋的生产方法。先张法是依靠预应力筋与混凝土的握裹力，把预应力传给混凝土，如图 7-1 所示。后张法是依靠锚具传递预应力的，如图 7-2 所示。

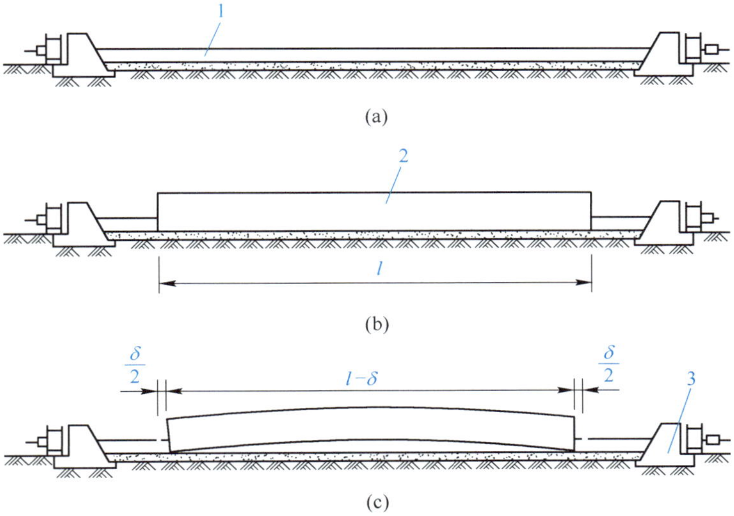

图 7-1　先张法生产示意图

（a）预应力筋的张拉；（b）混凝土构件制作；（c）构件获得预应力

1—钢丝；2—钢筋混凝土构件；3—锚具

视频　预应力张拉原理

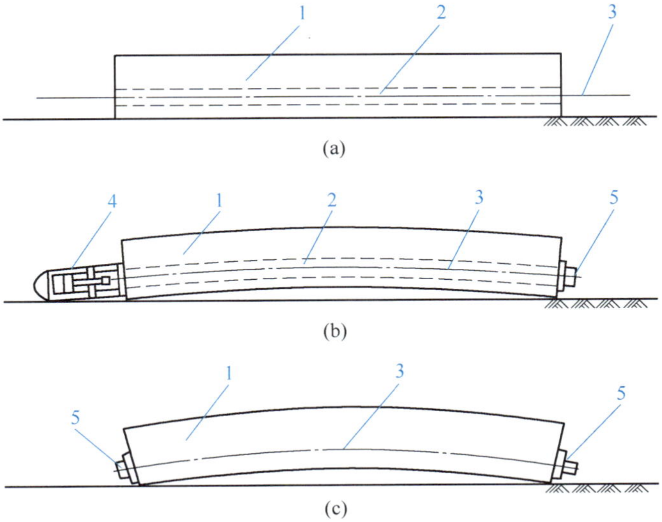

图 7-2　后张法施工示意图

（a）制作钢筋混凝土构件；（b）预应力筋张拉；（c）固和孔道灌浆

1—钢筋混凝土构件；2—预留孔道；3—预应力筋；4—千斤顶；5—锚具

预应力混凝土构件具有以下优点：

（1）改善使用阶段的性能。可延缓裂缝出现并降低较高荷载水平时的裂缝开展宽度，也能降低甚至消除使用荷载下的挠度，因此可跨越大的空间、建造大跨度结构。

（2）提高受剪承载力。纵向预应力可延缓结构中斜裂缝的形成，提高受剪承载力。

（3）改善卸载后的恢复能力。卸荷后，预应力会使构件裂缝完全闭合，改善结构构件的弹性恢复能力。

（4）提高耐疲劳强度。

（5）充分利用高强度钢材，与热轧材比，使用预应力混凝土构件可以节省钢材1～2倍，同时还可以节省混凝土45%～50%，减轻结构自重。

（6）可调整结构内力。将预应力对结构的作用作为平衡全部或部分外荷载的反向荷载，成为调整结构内力和变形的手段。

（7）预应力混凝土构件使用钢材及混凝土浇筑，劳动生产率高、工期短，可加快工程进度。

预应力钢筋混凝土结构主要使用在大型桥梁、屋架、吊车梁、工业以及民用预制楼板、轨枕、管桩、电杆、大口径预制管道、原子能发电站许多工程方面。

7.1.2 预应力钢丝

7.1.2.1 分类

预应力钢丝是预应力混凝土结构用碳素钢丝的简称，预应力钢丝有以下分类方法：

视频 钢绞线拉拔

照片 预应力钢绞线

照片 预应力钢绞线生产车间

（1）按加工状态分为冷拉钢丝和消除应力钢丝两类，消除应力钢丝按松弛性能又分为低松弛级钢丝和普通松弛级钢丝，其代号为：冷拉钢丝（WCD）、低松弛钢丝（WLR）、普通松弛钢丝（WNR）。

（2）按外形分为光圆、螺旋肋、刻痕三种，其代号为：光圆钢丝（P）、螺旋肋钢丝（H）、刻痕钢丝（I）。

（3）按抗拉强度分为：低强度低碳冷拔钢丝，抗拉强度在800 MPa以下；中强预应力钢丝，抗拉强度为800～1470 MPa；高强预应力钢丝，抗拉强度为1470～1860 MPa；超高强预应力钢丝，抗拉强度在1860 MPa以上。

（4）按松弛级别分为普通松弛级（Ⅰ级松弛）、低松弛级（Ⅱ级松弛）。

（5）按表面有无镀（涂）层分为光面无镀层钢丝、镀锌钢丝、镀锌铝稀土镀层钢丝、环氧涂层钢丝、其他镀（涂）层钢丝。

（6）按化学成分分为碳素钢丝和低（微）合金钢丝。

7.1.2.2 标记示例

直径为4.00 mm，抗拉强度为1670 MPa，冷拉光圆钢丝，标记为：

预应力钢丝 4.00-1670-WCD-P-GB/T 5223—2014

直径为7.00 mm，抗拉强度为1570 MPa，低松弛的螺旋肋钢丝，标记为：

预应力钢丝 7.00-1570-WLR-H-GB/T 5223—2014

7.1.2.3　力学性能

消除应力的光圆及螺旋肋钢丝的力学性能应符合表 7-1 的规定。0.2%屈服力 $F_{P0.2}$应不小于最大力的特征值 F_m 的 88%。

消除应力的刻痕钢丝的力学性能，除弯曲次数外其他应符合表 7-1 规定。对所有规格消除应力的刻痕钢丝，其弯曲次数均应不小于 3 次。

表 7-1　消除应力光圆及螺旋肋钢丝的力学性能

公称直径 d_a/mm	公称抗拉强度 R_m/MPa	最大力的特征值 F_m/kN	最大力的最大值 $F_{m,max}$/kN	0.2%屈服力 $F_{p0.2}$/kN ≥	最大力总伸长率（L_0=200 mm）A_{gt}/% ≥	反复弯曲性能		应力松弛性能	
						弯曲次数/(次/180°) ≥	弯曲半径 R/mm	初始力相当于实际最大力的百分数/%	1000 h 应力松弛率 r/% ≤
4.00		18.48	20.99	16.22		3	10		
4.80		26.61	30.23	23.35		4	15		
5.00		28.86	32.78	25.32		4	15		
6.00		41.56	47.21	36.47		4	15		
6.25		45.10	51.24	39.58		4	20		
7.00		56.57	64.26	49.64		4	20		
7.50	1470	64.94	73.78	56.99		4	20		
8.00		73.88	83.93	64.84		4	20		
9.00		93.52	106.25	82.07		4	25		
9.50		104.19	118.37	91.44		4	25		
10.00		115.45	131.16	101.32		4	25		
11.00		139.69	158.70	122.59		—	—		
12.00		166.26	188.88	145.90		—	—		
4.00		19.73	22.24	17.37		3	10		
4.80		28.41	32.03	25.00	3.5	4	15	70	2.5
5.00		30.82	34.75	27.12		4	15	80	4.5
6.00		44.38	50.03	39.06		4	15		
6.25		48.17	54.31	42.39		4	20		
7.00		60.41	68.11	53.16		4	20		
7.50	1570	69.36	78.20	61.04		4	20		
8.00		78.91	88.96	69.44		4	20		
9.00		99.88	112.60	87.89		4	25		
9.50		111.28	125.46	97.93		4	25		
10.00		123.31	139.02	108.51		4	25		
11.00		149.20	168.21	131.30		—	—		
12.00		177.57	200.19	156.26		—	—		
4.00		20.99	23.50	18.47		3	10		
5.00	1670	32.78	36.71	28.85		4	15		
6.00		47.21	52.86	41.54		4	15		
6.25		51.24	57.38	45.09		4	20		

续表 7-1

公称直径 d_a/mm	公称抗拉强度 R_m/MPa	最大力的特征值 F_m/kN	最大力的最大值 $F_{m,max}$/kN	0.2%屈服力 $F_{p0.2}$/kN ≥	最大力总伸长率 (L_0=200 mm) A_{gt}/% ≥	反复弯曲性能 弯曲次数/(次/180°) ≥	反复弯曲性能 弯曲半径 R/mm	应力松弛性能 初始力相当于实际最大力的百分数/%	应力松弛性能 1000 h 应力松弛率 r/% ≤
7.00	1670	64.26	71.96	56.55	3.5	4	20	70 80	2.5 4.5
7.50		73.78	82.62	64.93		4	20		
8.00		83.93	93.98	73.86		4	20		
9.00		106.25	118.97	93.50		4	25		
4.00	1770	22.25	24.76	19.58		3	10		
5.00		34.75	38.68	30.58		4	15		
6.00		50.04	55.69	44.03		4	15		
7.00		68.11	75.81	59.94		4	20		
7.50		78.20	87.04	68.81		4	20		
4.00	1860	23.38	25.89	20.57		3	10		
5.00		36.51	40.44	32.13		4	15		
6.00		52.58	58.23	46.27		4	15		
7.00		71.57	79.27	62.98		4	20		

7.1.2.4 表面质量

钢丝表面不得有裂纹和油污，也不允许有影响使用的拉痕、机械损伤等。除非供需双方另有协议，否则钢丝表面只要没有目视可见的锈蚀麻点，表面浮锈不应作为拒收的理由。消除应力的钢丝表面允许存在回火颜色。

7.1.2.5 盘重

每盘钢丝由一根组成，其盘重不小于 500 kg，允许有 10%的盘数小于 500 kg，但不小于 100 kg。

7.1.2.6 盘内径

冷拉钢丝的盘内径应不小于钢丝公称直径的 100 倍，消除应力钢丝的盘内径不小于 1700 mm。

7.1.2.7 生产工艺分析

冷拉钢丝：经冷拔后直接用作预应力混凝土配筋的预应力钢丝称为冷拉钢丝。它的盘径基本等于拉丝机卷筒的直径，开盘后钢丝呈螺旋状，没有良好的伸直性，不便于施工。冷拉预应力钢丝主要用来制造预应力混凝土轨枕和小直径的预应力混凝土管。

松弛钢丝：钢丝冷拔后经高速旋转的矫直辊筒矫直，并经消除应力回火得到矫直回火钢丝，这种钢丝属于普通松弛级。钢丝冷拔后，经在张力下消除应力回火的稳定化处理得到低松弛级预应力钢丝。

A 预应力混凝土用钢丝的工艺流程

（1）普通松弛级光面钢丝：索氏体盘条→酸洗→磷化→沾硼砂或沾白灰→烘干→拉拔→矫直回火→检测→入库。

(2) 普通松弛级刻痕钢丝：索氏体盘条→酸洗→磷化→沾硼砂或沾白灰→烘干→拉拔→矫直→刻痕→回火→检测→入库。

(3) 低松弛级光面钢丝：索氏体盘条→酸洗→磷化→沾硼砂或沾白灰→烘干→拉拔→打轴→稳定化处理→检测→入库。

(4) 低松弛级刻痕（螺旋肋）钢丝：索氏体盘条→酸洗→磷化→沾硼砂或沾白灰→烘干→拉拔→打轴→刻痕或刻槽→稳定化处理→检测→入库。

(5) 冷拉钢丝：索氏体盘条→酸洗→磷化→沾硼砂或沾白灰→烘干→拉拔→检测→入库。

B　盘条

用来拉制预应力钢丝的盘条，应按《预应力钢丝及钢绞线用热轧盘条》（GB/T 24238—2017）的要求供应。

盘条碳含量（质量分数）一般为 0.70%～0.90%，由转炉或电炉冶炼，并应经过炉外精炼。

盘条的显微组织应主要为索氏体组织，索氏体率应不少于 85%，不应有马氏体、全封闭网状渗碳体等有害的组织。

盘条应进行脱碳层深度检测，盘条一边总脱碳层（全脱碳+部分脱碳）深度不得大于公称直径的 1.5%。

盘条表面应光滑，不应有裂纹、折叠、耳子、结疤、分层等对使用有害的缺陷。盘条表面允许有（或深度）不大于 0.01 mm 的麻点、凹坑、划伤和氧化铁皮压入等轻微的局部缺陷。

C　预应力钢丝的消除应力（矫直回火和稳定化处理）工艺

a　矫直回火

钢丝经矫直回火后得到普通松弛级预应力钢丝。

预应力钢丝的矫直回火作业线：放线架→矫直机→铅回火槽→水冷槽→收线机。

矫直机主要由高速旋转的矫直辊筒和牵引辊组成。矫直辊筒内装有 5 块交错布置的矫直模，钢丝通过矫直辊筒得到矫直。矫直后的钢丝进入铅回火槽，在 380～400 ℃的铅液中进行回火处理。回火处理目的是消除钢丝中的部分残余应力，使钢丝的抗拉强度、屈服强度和伸长率增加，增大屈强比，改善钢丝的应力松弛性能，但钢丝的反复弯曲次数有所下降。回火后的钢丝进入水冷槽冷却，然后收卷成直径 1.7 m 的盘。水冷却除了降低钢丝温度避免操作工人烫伤外，还可使钢丝的伸直性得到“固定”。

刻痕钢丝也称为周期断面钢丝或规律变形钢丝。为了增强预应力钢丝与混凝土的握裹力，用冷轧或冷拔的方法，在钢丝表面刻出凸纹或凹痕，可带纵肋或不带纵肋，也可刻成“麻花”（阴螺纹）状及螺旋肋的。目前，我国刻痕钢丝大多刻成月牙形的凹痕。在拉拔最后一道时用螺旋模，即可生产出螺旋肋钢丝。

b　稳定化处理

稳定化处理是确保低松弛的关键工序，经稳定处理后得到低松弛级预应力钢丝。

由于预应力钢材的应力松弛，预应力混凝土结构中的预应力值逐渐下降，使结构达不到设计寿命，提前破坏，因此人们努力想办法来降低预应力钢丝和钢绞线的应力松弛损失。目前提高预应力钢丝松弛性能的办法有三种：超张拉，微合金化，稳定化处理。其中，因稳定化处理后钢材质量较好，故应用较普遍。

1964 年，英国索莫萨特公司（Somerset Co.）首先研制出稳定化处理工艺（stablizing），该工艺是钢丝（或钢绞线）在承受 30%～50%抗拉强度的张力下，进行消除应力回火（350～400 ℃），这种回火也称应变回火。经过这种方法处理后，钢丝的松弛值只有矫直回火的 1/4 左右。

预应力钢丝稳定化处理作业线的工艺流程（见图 7-3）如下：放线→矫直→第一组张力轮→中频感应加热炉→冷却水槽→压缩空气干燥器→第二组张力轮→牵引装置→剪切机→收线。

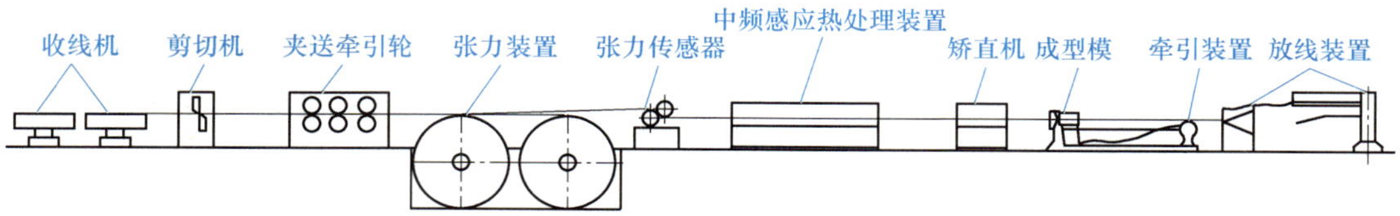

图 7-3　钢丝稳定化处理生产线示意图

钢丝的张力可以用两种方法获得：一是利用两组张力轮的速度差使钢丝得到张力；二是利用拉拔力作为钢丝的张力，即放线架上半成品钢丝的直径要比成品钢丝的大，留有10%～15%的压缩变形量，该钢丝通过机组中的拉丝模拉成最终成品，第二组张力轮相当于拉丝机的拉拔卷筒。

钢丝在频率为 6～8 kHz 的中频感应炉中加热到 350～400 ℃，以消除其部分残余应力，“钉扎”住金属内部的位错，达到稳定化处理的预期目的，获得低松弛级的预应力钢丝。

如果需要刻痕低松弛级预应力钢丝，把作业线中的刻痕机投入即可得到各种痕的刻痕钢丝；把拉丝模换成螺旋模即可得到低松弛级螺旋肋预应力钢丝。

7.1.3 预应力钢棒

7.1.3.1　预应力钢棒的要求

预应力混凝土用钢棒（也称管桩钢丝，PC 钢棒），主要用作高强度预应力混凝土（PHC）管桩的配筋。

PHC 管桩对预应力钢棒的要求：（1）有一定的抗拉强度和屈服强度；（2）良好的可焊性；（3）良好的可镦性和伸直性；（4）低的应力松弛损失，高的与混凝土的黏结力（握裹力）。

《预应力混凝土用钢棒》（GB/T 5223.3—2017）适用于预应力混凝土用光圆、螺旋槽、螺旋肋、带肋钢棒。

A 分类

（1）光圆钢棒（plain bar）：横截面为圆形的钢棒。

（2）螺旋槽钢棒（helical grooved bar）：沿着表面纵向，具有规则间隔的连续螺旋凹槽的钢棒。

（3）螺旋肋钢棒（helical ribbed bar）：沿着表面纵向，具有规则间隔的连续螺旋凸肋的钢棒。

（4）带肋钢棒（ribbed bar）：沿着表面纵向，具有规则间隔的横肋的钢棒。

B 代号

预应力混凝土用钢棒 PCB，光圆钢棒 P，螺旋槽钢棒 HG，螺旋肋钢棒 HR，带肋钢棒 R，普通松弛 N，低松弛 L。

C 标记

标记内容：

按 GB/T 5223.3—2017 交货的产品标记应包含：预应力钢棒、公称直径、公称抗拉强度、代号、延性级别（延性 35 或延性 25）、松弛（N 或 L）、标准号。

标记示例：

公称直径为 9 mm，公称抗拉强度为 1420 MPa，35 级延性，低松弛预应力混凝土用螺旋槽钢棒，其标记为：PCB 9-1420-35-L-HG-GB/T 5223.3。

7.1.3.2 预应力钢棒生产工艺流程

预应力钢棒生产工艺流程为：放线→机械弯曲除锈→拉拔→矫直→定径→刻槽成型→中、高频感应加热→水淬火→中频感应加热回火→冷却→夹送辊→活套→飞剪→收线→成品检测试验→包装入库。

原材料选择：制造钢棒用原材料为低合金钢热轧圆盘条，其尺寸、外形及允许偏差应符合 GB/T 14981—2009 及 GB 1499—2024 标准相应规定，表面质量应符合 GB/T 4354 标准相应规定。各牌号化学成分熔炼分析中的杂质含量应符合：$w(\mathrm{P})\leqslant 0.025\%$，$w(\mathrm{S})\leqslant 0.025\%$，$w(\mathrm{Cu})\leqslant 0.25\%$。大多数为 27SiMnB、30Si2MnB、30MnSi、25MnSiV、30MnSiV 等，实际上，为了焊接的要求，碳含量都大于 0.35%。

拉拔：拉拔的压缩率很小，基本上是起定径作用，如应用较多的 ϕ9.0 mm 钢棒就用 ϕ10.0 mm 盘条作原料。

刻槽：刻槽是用旋转模来实现的，旋转模有用电机驱动的带动力的主动模和无动力的从动（自转）模两种。

钢棒淬火前用感应电源对其加热，在居里点前（768 ℃）采用中频感应加热，其频率一般为 4~10 kHz；在居里点后采用高频感应加热，其频率为 30~100 kHz；中频段加热温度为 720~760 ℃，高频段加热温度为 940~960 ℃。钢棒加热后的金相组织是奥氏体。

加热后的钢棒用水淬火后得到马氏体组织。淬火水槽水温在生产中应是恒定的，用测温计测量其温度，由电磁阀控制水量。

随后用频率为 4~8 kHz 的中频感应回火，回火温度为 400~450 ℃，回火后的组织为回火索氏体或回火屈氏体。

问题讨论

（1）预应力钢丝的分类与标记方法：

1）直径为4.00 mm，抗拉强度为1670 MPa，冷拉光圆钢丝；

2）直径为7.00 mm，抗拉强度为1570 MPa，低松弛的螺旋肋钢丝。

（2）简述不同种类的预应力混凝土用钢丝的生产工艺流程。

（3）简述预应力钢丝的消除应力工艺原理及作业线工艺流程。

（4）预应力钢棒的标记方法：公称直径为9 mm，公称抗拉强度为1420 MPa，35级延性，低松弛预应力混凝土用螺旋槽钢棒。

（5）简述预应力钢棒的生产工艺流程。

任务7.2 橡胶骨架增强用钢丝的生产

7.2.1 钢帘线

微课 钢帘线的生产　课件 钢帘线的生产　照片 钢帘线生产线

国际合成纤维标准化局对钢帘线的定义是：作为最终产品，由两根或更多根钢丝组成的，或者由股与股的组合，或者由股与丝的组合所形成的结构。

钢帘线主要用于轿车轮胎、轻型卡车轮胎、载重型卡车轮胎、工程机械车轮胎、飞机轮胎及其他橡胶制品骨架材料，以钢帘线为骨架材料制造的轮胎具有质量轻省油、行驶速度快、耐磨性好、不易爆胎、耐穿刺、弹性好、使用寿命长等很多特点。

7.2.1.1 钢帘线对盘条的要求

钢帘线的原料必须是无扭控制冷却热轧盘条，金相组织必须是索氏体组织，奥氏体晶粒度2~5级（ASTM），必须能经受90%以上总压缩率，不许用铝脱氧。其化学成分见表7-2。

表7-2 盘条的化学成分

钢帘线强度等级	化学成分（质量分数）/%				
	C	Si	Mn	P	S
NT	0.70~0.75	0.15~0.30	0.40~0.60	≤0.020	≤0.020
HT	0.80~0.85				

盘条直径（5.5±0.2）mm、不圆度不大于0.2 mm，生产普通强度钢帘线盘条 σ_b =（1050±40）MPa，生产高强度钢帘线盘条 σ_b =（1150±40）MPa，断面收缩率不小于40%。

盘条偏析度：S、P为10%，C、Mn为3%，内部孔隙不超过10 μm。脱碳层、不完全脱碳层不允许存在，局部脱碳层最大0.10 mm。

非金属夹杂物按 GB/T 10561—2005 评定：A 类、C 类（塑性夹杂物）小于 1 级，B 类、D 类（脆性夹杂物）不大于 0.5 级，钛或锆的氮化物不允许存在。

表面质量：横向裂纹、刮伤、结疤不允许存在；折叠、开式折叠不允许存在，闭式折叠最大深度 0.15 mm；氧化铁皮不得超过材料质量的 0.7%；锈蚀深度不得超过 0.02 mm。

盘条储存：不能露天存放，盘条库要清洁干燥，通风良好，防锈蚀；盘条要分类存放、标识清楚。

7.2.1.2 钢帘线的生产工艺

钢帘线生产总工艺流程为：盘条预处理→粗拉→中间热处理→中拉→最终热处理→电镀→湿拉→合股→检验包装入库。

A 盘条预处理→粗拉

盘条放线架→乱线开关→反复弯曲法去皮→水冲洗→电解酸洗→水洗→热水洗→涂硼→干燥→粗拉→校直→收线。

反复弯曲法去皮主要是因弯曲而造成盘条表面的反复延伸和压缩促成表面铁皮疏松剥落，除去盘条表面绝大多数氧化铁皮，盘条再经酸洗，能大大缩短酸洗时间，降低酸耗和防止过酸洗。

阴-阳交替电解酸洗：电解槽被绝缘材料分隔成阳极区和阴极区，在整个系统中，钢丝处于中性极。钢丝上电化学反应产生的气体对钢丝表面的氧化铁皮及污物起疏松及剥离作用，同时酸液对氧化铁皮也产生化学溶解作用，从而达到去除氧化铁皮的目的。

涂硼：涂硼液用电加热或蒸汽加热，温度保持在 90~95 ℃，浓度保持在（250±20）g/L，涂硼层厚度应达 4~5 g/m^2。停车时，涂硼槽必须保温在 80 ℃以上，防止硼砂凝结。

干燥：涂硼后的线材必须经干燥处理。热风干燥是线材从一根逆向吹热风的导管里通过，风温必须高于 60.6 ℃，使线材表面形成一层五水硼砂的薄膜；也可以用感应加热干燥的方式，作业线较短，但投资较高。

粗拉：用直线式拉丝机拉丝，由直径 5.5 mm 拉至直径 2.4 mm、3.15 mm，拉丝速度 8 m/s，用 DIN800 工字轮收线。

B 中间热处理

放线→张力辊→脱脂→加热炉→铅浴→水冷→盐酸洗→水洗→热水洗→涂硼→干燥→收线。

中间热处理的目的是消除钢丝在拉拔过程中的加工硬化，恢复钢丝的塑性，使之能够经受进一步的冷变形。铅温约为 560 ℃，温控精度为±1 ℃，钢丝在铅浴时间视不同直径为 18~24 s。铅浴淬火可以获得均匀细致的索氏体组织，通过铅浴淬火后的钢丝抗拉强度为（1200±50）MPa（C70）和（1300±50）MPa（C80）。

C 中间拉拔

用直线式拉丝机拉丝，分别将直径 2.4 mm 钢丝拉拔至直径 0.85 mm、1.0 mm；直径 3.15 mm 钢丝拉拔至直径 1.10 mm、1.30 mm、1.40 mm、1.60 mm、1.70 mm、1.90 mm。

拉拔速度一般为10~12 m/s，仍采用DIN800工字轮收、放线。

D 最终热处理——电镀黄铜

放线→脱脂→热处理炉→淬火→水冷却→电解酸洗→冷水洗→碱性镀铜→热水洗→酸性镀铜→冷水洗→酸性镀锌→热水洗→干燥→热扩散→磷化→收线。

最终热处理与中间热处理基本相同，钢丝在铅浴时间为8~16 s。

电镀黄铜分三个阶段，先进行碱性镀铜（焦磷酸盐镀液），再进行酸性镀铜（硫酸盐镀液），最后进行酸性镀锌（硫酸锌镀液）。通过调节槽液和电流控制电沉积过程，使铜、锌两种元素含量保持恒定值，铜含量（质量分数）控制在（63.5%~67.5%）±2.5%。

热扩散时使钢丝温度上升到500 ℃左右，让锌原子扩散到铜原子中间，形成α相黄铜固溶体。α相黄铜塑性较好，有利于拉拔。如果铜含量较高，就不会产存在β相黄铜。

E 湿拉

湿拉是指电镀黄铜钢丝拉拔至帘线成品所需的单丝直径，如ϕ0.15 mm、ϕ0.175 mm、ϕ0.20 mm、ϕ0.22 mm、ϕ0.28 mm等。通过湿拉，镀层损失约15%。

湿拉速度可达18 m/s，高的可达25 m/s。普通强度和高强度钢丝一般采用21模，超高强度和特高强度钢丝采用25模。

湿拉机的放线工字轮仍用DIN800，收线工字轮则根据双捻机的需要，通常有ϕ130 mm、ϕ195 mm、ϕ255 mm、ϕ315 mm等几种。

F 合股

通过合股，把湿拉后的单丝捻制成各种结构的钢丝帘线，钢帘线的捻制设备多用双捻机。为了捻制高质量的钢帘线，除了要保证捻制前钢丝的力学性能、镀层性能及其质量以外，捻制时的工艺操作也是十分重要的因素。影响钢帘线工艺性能和表面质量的操作因素主要有放线张力、过捻速比、牵引张力、矫直器压下量等。

G 检验

钢帘线的外观质量采用目测检验。钢帘线的黄铜镀层应连续、均匀，不应有明显的色差存在，不得有漏镀、伤痕、锈斑、油污、灰尘及其他沉积物。钢帘线也不得有背丝、冒芯、跳芯、波浪、起泡等捻制缺陷。

另外，还要对粗度、捻向、捻距、破断力、破断伸长率、在规定力之间的伸长率、线密度、松散度、残余扭转、平直度、弹性、刚度、镀层质量及组分进行专门检验。

根据需方要求并提供胶料，经供、需双方协议，可进行钢帘线与橡胶黏合力试验。

H 包装

钢帘线的存放、包装、使用对湿度的要求都很严格。在包装场地最好铺设5~10 mm厚的橡胶板，并经常保持清洁。未包装帘线存放场地应保持清洁、干燥，相对湿度不高于60%，温度20~30 ℃。钢帘线要包装在气密性很好的塑料袋中，内放防潮剂，最好抽真空或充氮后封口。

钢帘线成品工字轮在国际上通用的有四种，即B40、B60、B80/17、B80/33。

包装箱应有良好的防潮、防撞击标志。

7.2.2 胎圈钢丝

胎圈钢丝是一种镀青铜、紫铜或黄铜，用作加强轮胎胎圈的钢丝。胎圈钢丝按工艺状态可分为回火胎圈钢丝和冷拉胎圈钢丝，按照强度等级可分为普通强度胎圈钢丝和高强度胎圈钢丝。

照片 胎圈钢丝生产线

视频 胎圈钢丝生产

国外著名公司生产的直径大于或等于 1.3 mm 的胎圈钢丝，一般从直径 5.5 mm 盘条经预处理连续拉拔至成品直径，再回火、镀青铜。生产直径小于 1.3 mm 的胎圈钢丝，一般粗拉至直径 2.4 mm（普通强度，碳含量约 0.72%）或直径 3.3 mm（高强度，碳含量约 0.82%），经中间热处理，然后拉拔至成品直径。

7.2.2.1 盘条预处理与粗拉

盘条放线架→乱线开关→机械除锈→冷水冲洗→电解酸洗→冷水洗→热水洗→涂硼→干燥→粗拉→收线。

7.2.2.2 中间预处理与中拉

中间热处理的加热炉可采用天然气、液化石油气、煤气、电加热。冷却多用铅浴淬火，以获均匀细致的索氏体组织。

中间热处理后要经过电解酸洗、冷水洗、热水洗、涂硼、干燥等工序。

中间拉拔多采用直线式拉丝机，实现无扭拉拔，这是消除残余扭转的一个关键。

7.2.2.3 回火与镀锡青铜

回火胎圈钢丝的关键是应力释放，即回火。回火与镀锡青铜组成一个联合作业线。

回火多采用铅浴。国内有试验报告指出，直径为 0.96 mm 的胎圈钢丝，铅温以 400 ℃为最佳，在铅浴时间以 4 s 为宜。实际操作的铅温为（410±20）℃，在铅浴时间约 1 s（直径 1.0 mm）或 2 s（直径 1.65 mm）。

镀青铜，国外多采用以金属化学置换反应获得镀层，镀液的主要成分是硫酸铜、硫酸亚锡和硫酸。

7.2.3 胶管钢丝

胶管钢丝是一种镀黄铜，用作加强橡胶软管的钢丝。钢丝编织高压胶管广泛用于航空、航天、冶金、机械等领域，作为能量传输的液压系统。

7.2.3.1 力学性能

以直径 1.0 mm 胶管钢丝为例，《橡胶软管增强用钢丝》（GB/T 11182—2017）规定了 1770~1860 MPa（低强度级 LT）、1860~1950 MPa（普通强度级 NT）、1950~2150 MPa（高强度级 HT）。

韧性：以扭转次数和反复弯曲次数表示，标准中规定了最小值。

破断伸长率：钢丝破断时伸长率不得小于 2%，供需双方协商执行。破断时伸长率的预张力应小于 10%破断力，试样的原始标距为 250 mm。

7.2.3.2 黏合性能

为了与橡胶有良好的黏合，胶管钢丝表面应镀一层黄铜。钢丝表面所镀黄铜层成分只能由铜和锌元素组成，其中铜含量为（68±4）%，每千克无镀层钢丝上镀黄铜层质量为：3.0 g（直径小于 0.35 mm）、2.0 g（直径不小于 0.35 mm）。

7.2.3.3 工艺性能

从线轴上取 1 m 长钢丝放在无约束力的光滑平面上，自然成圈，其圈径应不小于 120 mm。从切断口端到平面的垂直高度不大于 50 mm。

允许对成品钢丝进行焊接。在任何一批产品中，含有焊接点的钢丝线轴数不得超过该产品的总钢丝线轴数的 10%。每线轴钢丝的焊接点不得超过 3 个，并应注明焊接点数。在相同条件下测定，钢丝的直径大于或等于 0.3 mm，焊接处的抗拉强度应不小于原抗拉强度的 40%；钢丝的直径小于 0.3 mm，其焊接处的抗拉强度不小于原抗拉强度的 35%。

钢丝表面应清洁无油污、无锈斑以及无肉眼所能见到的镀层脱落，钢丝不得出现波浪形、扭曲或打折等现象。

7.2.3.4 生产工艺

胶管钢丝的生产工艺从盘条预处理到湿拉，与钢帘线的生产工艺基本相同。只是线径不同，拉拔路线略有区别，胶管钢丝的公差范围（±4%）比钢帘线（±2.5%）稍大。

问题讨论

（1）简述钢帘线的结构与用途。

（2）简述钢帘线的生产工艺流程。

（3）简述胎圈钢丝的生产工艺流程。

（4）胶管钢丝的性能与用途有哪些？

任务 7.3 桥梁缆索用热镀锌钢丝的生产

知识准备

微课 桥梁缆索用热镀锌钢丝

课件 桥梁缆索用热镀锌钢丝

锌是广泛应用于钢铁制品的防护镀层，也是最早被采用的钢铁制品表面防护镀层。据统计，全世界年生产的锌一半用于腐蚀防护领域，自 1836 年热镀锌开始工业生产以来，随着钢铁工业的发展，世界防护钢铁制品中，镀锌防护约占 25%，其中热镀锌占 95%。世界镀锌防护总量中，镀锌钢丝占 2.5%。2000 年，我国仅电缆行业输电线路钢芯铝绞线用镀锌钢丝的需求量就达 20 万吨，架空地线（镀锌钢绞线）约 10 万吨。纯锌镀层有把钢基体与外界隔开的屏障防护作用，还有优异的牺牲阳极防护作用。锌的电极电位比钢的低，为 −0.76 V，从而使处于腐蚀环境中的纯锌镀层成为牺牲阳极，而使作为阴极的钢基体得到保护。

我国《桥梁缆索用热镀锌钢丝》（YB/T 17101—2019）和《高强度低松弛预应力热镀锌钢绞线》（YB/T 152—1999）把钢丝和钢绞线细化后形成两个标准，桥梁缆索用线材制品见表 7-3，其中用量最广泛的是钢丝。

表 7-3 斜拉桥和悬索桥对钢丝的要求

桥梁类型	制品名称	规　格	强度级别/MPa	应力松弛要求
斜拉桥	钢丝	以 ϕ7.0 mm 为主	1570~1670 （1770）	低松弛
	钢绞线	ϕ15.2 mm	1770~1860	低松弛
悬索桥	主缆钢丝	ϕ5.0 mm	1570~1770	普通或无松弛要求
	吊杆钢丝	ϕ5.0 mm	1570~1770	低松弛
	吊杆钢丝绳	ϕmax：88 mm 线接触金属芯预张拉	1860~1960	无松弛要求
	绕包钢丝	ϕ3.5 mm 或“Z”形	450~690	无松弛要求

桥梁缆索的张拉型式有斜拉桥和悬索桥两类，斜拉桥用缆索是张拉桥面的直接承载构件，欧美国家设计都要求用低应力松弛的钢材。悬索桥缆索主要有主缆钢丝和吊杆钢丝两类，吊杆缆索作为连接主缆和桥面的承载构件，也需用低松弛钢丝。由于吊桥钢丝绳无法做成低松弛产品，因此要求经过预张拉，以减少结构伸长的影响。绕包钢丝是主缆整缆外层整齐捆扎的低碳钢丝，也有做成密封的“Z”形或“S”形，旨在减少雨水对主缆的侵入。

7.3.1 生产技术要求

7.3.1.1 分类

按松弛性能要求钢丝分两类：有松弛性能要求和无松弛性能要求。其中，有松弛性能要求的分两级：Ⅰ级松弛和Ⅱ级松弛。

7.3.1.2 尺寸、外形

钢丝公称直径 5.00 mm，直径允许偏差±0.06 mm，不圆度不大于 0.06 mm。

钢丝公称直径 7.00 mm，直径允许偏差±0.07 mm，不圆度不大于 0.07 mm。

钢丝盘卷应齐整，不得紊乱。从盘内取出至少一圈长度的钢丝不受约束地放在光滑平面上时，无松弛要求和有Ⅰ级松弛要求的钢丝自由圈径应不小于 5 m，并且从盘内取 5 m 长钢丝的任一端离平面的距离不得大于 15 mm。弦长为 1 m 的Ⅱ级松弛钢丝不受约束地放在光滑平面上时，其弦与弧的最大自然矢高不得大于 30 mm。

钢丝的长度方向不应呈波浪形，不得存在折弯、扭曲等缺陷。

7.3.1.3 盘重

钢丝的最小盘重为 400 kg，不小于 800 kg 的比例应大于 95%。有定尺、倍尺和其他要求的，可由供需双方协商规定。

7.3.1.4 盘径

直径5.00 mm钢丝的收线盘内径应不小于1500 mm，直径7.00 mm钢丝的收线盘内径应小于1800 mm。

7.3.1.5 标记示例

（1）公称直径为5.00 mm，公称抗拉强度1570 MPa，无松弛性能要求的钢丝标记为：钢丝5.00-1570-无-GB/T 17101—2019。

（2）公称直径为5.00 mm，公称抗拉强度1570 MPa，I级松弛的钢丝标记为：钢丝5.00-1570-I-GB/T 17101—2019。

7.3.1.6 原料

制造钢丝用盘条的牌号由生产厂选择，但硫、磷含量均不超过0.03%，铜含量不超过0.20%。制造钢丝用盘条应采用经索氏体化处理后的盘条。

7.3.1.7 交货状态

钢丝应以盘卷状态交货，每卷钢丝由一根钢丝组成，放线一端应有明显标志。交货成品钢丝不应有任何形式的电接头。

7.3.1.8 力学性能

钢丝的力学工艺性能规定了抗拉强度、非比例伸长应力、伸长率、弯曲次数、松弛性能。

7.3.2 生产工艺流程

钢丝的生产工艺流程，如图7-4所示。

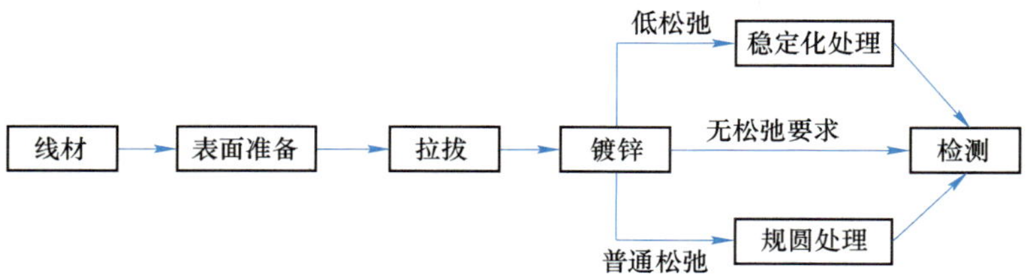

图7-4 钢丝的生产工艺流程

7.3.3 工艺设计与分析

本节以斜拉索镀锌钢丝（1670 MPa）作为案例，进行生产工艺分析。

生产质量管理上要“抓两头控中间”。“抓两头”指的是线材和检测。“控中间”是指表面准备要清，钢丝拉拔要平，热浸镀锌要稳，稳定化处理要光。

7.3.3.1 优质索氏体线材是钢丝质量的基础

线材钢号是82B，规格按成品钢丝抗拉强度需求的级别选择。斜拉索用镀锌钢丝的规格常用的仅有ϕ(7.0±0.06) mm一种，为确保钢丝良好的韧性，其总压缩率要适当控制，过高或过低都不利于韧性指标提高。一般选用线材的抗拉强度为（1200±30）MPa，断面收缩率不小于 35%，规格为 ϕ12.5~13 mm，可拉拔总压缩率为 86%。

7.3.3.2 钢丝拉拔

A 拉拔钢丝强度计算

线材抗拉强度以实际供货的较低强度选为 1180 MPa，规格为 ϕ13 mm，钢丝拉拔的最终尺寸确定为 ϕ7.5 mm，计算冷拉钢丝的抗拉强度：

$$\sigma_b = K \cdot \sigma_B \cdot \sqrt{\frac{D}{d}} = 1.1 \times 1180 \times \sqrt{\frac{13}{7.5}} = 1710\ \mathrm{MPa}$$

B 拉拔道次与变形量分配

拉拔道次可用 5~6 模拉拔，本案例选用线材强度较低，可用 5 道拉拔，各道次分配见表 7-4。钢丝的平整度必须严格控制。

表 7-4 拉拔道次与变形量分配

拉拔道次	1	2	3	4	5
直径/mm	11.5	10.2	9.2	8.3	7.5
压缩率/%	21.8	21.3	18.7	18.7	18.4

7.3.3.3 热镀锌

桥梁缆索用热镀锌钢丝要求具有良好的防腐性能，一般锌层质量要求不小于 300 g/m^2。钢丝的镀前处理是关键，包括脱脂、酸洗、助镀。

热镀锌是锌与铁的热扩散过程和锌浸润引出过程，正常镀锌的锌液温度控制范围较窄，为（445±5）℃，但与锌槽加热方式、锌锭添加部位和测温点的布置有关。经热镀锌后，冷拉钢丝的强度损失为 3%~5%，控制锌层直径增量约 0.1 mm，可满足 300 g/m^{2}的要求。

热镀锌过程中钢丝行进必须平稳，才能确保扩散过程和引出过程锌层均匀性良好，锌层表面与擦拭方式和操作有关，必须严格管理，才能获得良好的镀锌质量。

7.3.3.4 稳定化处理

稳定化处理的三个主要工艺参数是：温度、张力、速度。稳定化处理采用感应加热方式，具有速度快、占地少、表面好、加热均匀等优点；但它具有表面温度高于中心温度的“集肤效应”，尤其对镀锌钢丝来讲，锌的熔点为 419.5 ℃，要获得低松弛的处理温度约 400 ℃，控制稍有波动，表面立即熔化。因此，稳定化处理做到表面光滑是斜拉索用低松弛镀锌钢丝的关键技术。

大规格镀锌钢丝的先镀后拔防刮锌，也是重要的工艺技术。

7.3.3.5 检测

桥梁缆索镀锌钢丝检测项目主要有：测锌层质量、硫酸铜试验、棒缠绕试验、应力松弛试验。

问题讨论

（1）简述金属防护镀层的种类与发展。

（2）桥梁缆索用热镀锌钢丝的标记：

1）公称直径为 5.00 mm，公称抗拉强度 1570 MPa，无松弛性能要求；

2）公称直径为 5.00 mm，公称抗拉强度 1570 MPa，Ⅰ级松弛的钢丝。

（3）简述桥梁缆索用热镀锌钢丝的生产工艺流程。

（4）简述桥梁缆索用热镀锌钢丝的热镀锌工艺。

（5）桥梁缆索用热镀锌钢丝的稳定化处理工艺有哪些要求？

任务 7.4 铝包钢丝的生产

知识准备

铝包钢丝（Aluminium-clad steel wire）是以钢丝作为芯线，在外面包覆铝层的一种钢-铝双金属复合材料，国际上简称 AS 或 AC 或 AE 线，中国代号 LB。

铝包钢丝具有良好的强度、塑性和弹性性能、耐腐蚀性、导电性，高频信号传输性能好，对电磁的屏蔽性、散热效果好，质量轻，较好的热稳定性。

铝包钢丝用于广播邮电通信系统、光缆架设加强线、电气化铁路滑道线、铁路公路交通、民用建筑、体育场馆、防山体滑坡的防护网、海洋拦网系留绳索等。

《电工用铝包钢丝》（GB/T 17937—2024）中规定了铝包钢线的型号，按照铝包钢线导电率划分有 LB14、LB20、LB23、LB27、LB30、LB35、LB40。

7.4.1 旋转式连续温挤压工作原理及工艺过程

旋转式连续温挤压工作原理：利用旋转运动的挤压轮槽模壁对铝条形成的摩擦力作为主动力，用所形成的有效挤压力在挤压腔内使铝杆变形，并包覆到钢丝上面。钢丝在后牵引力作用下从模腔出口模具通过，从而实现了挤压铝包钢丝的连续化。

旋转式连续温挤压工艺过程：将表面清洗干净的铝杆和索氏体化钢丝加热到一定温度，铝杆经过一个导线压轮进入挤压轮槽被压缩，随轮槽一同旋转运动，产生相对摩擦，经模靴挡块进入模腔，在压缩摩擦下铝条的温度不断升高，模腔内的压力也不断增大；当铝达到塑性流变极限时处于熔融状态，在模靴内导线模、定径模的控制及钢丝运行的牵引下，铝向压力小的方向即定径模方向运动，铝钢结合，在钢丝周围形成一个无缝的铝管层，完成挤压包覆全过程。

7.4.2 生产工艺过程及控制

7.4.2.1 原材料选择

钢芯一般采用碳质量分数 0.6%~0.8%的优质碳素结构钢盘条，牌号有 65、70、75 等。

铝杆（铝盘条）选择要符合《电工圆铝杆》（GB/T 3954—2022）的规定，一般采用 L2 型号的铝杆，抗拉强度不超过 110 MPa，铝杆表面不得有油污、氧化等缺陷。

7.4.2.2 原材料清洗

清洗是确保铝和钢双金属复合后有良好结合力的前提，是后续生产的必要条件。

（1）铝杆的清洗一般在生产线上进行，分碱洗（NaOH）、草酸中和、水洗三个过程。

（2）钢丝清洗采用磷酸洗、水洗，钢丝的清洗效果是决定铝包钢丝生产的关键因素。钢丝的清洗主要是去掉钢丝表面的氧化铁皮，大部分厂家采用机械除锈加化学清洗联合方式。

7.4.2.3 包覆

钢芯和铝杆经表面处理后，进入连续挤压机进行包覆。

工艺流程：先将模具、导模、定径模装入模靴，模靴的机架内有电加热装置。当模靴加热到430~450 ℃时，将模靴体与挤压轮压紧封闭，钢丝由模靴内穿过，并与牵引盘、收线轴绕好。运行时，感应加热钢丝，启动清洗泵，然后送铝杆，在计算机控制下成为铝包钢丝半成品。

7.4.2.4 铝包钢丝的拉拔

在良好润滑状态及足够压力下完成铝和钢芯双金属的同步变形过程，这需要采用组合压力模，即在拉丝模前加上一段压力套管组成的模具组合。

拉拔工艺：

（1）压缩率配置原则，20AC 总压缩率不大于 82%，40AC 总压缩率不大于 72%，其他导电率可参照相邻导电率的总压缩率执行。

（2）压缩率分配原则：第一道和最后一道取最小值，第二道取较大值，以后各道次依次递减。

（3）压力腔的间隙给定原则，20AC 第一道 0.25 ~ 0.45 mm，其余道次 0.20 ~ 0.30 mm；40AC 第一道次 0.4 ~ 0.5 mm，其余道次 0.25 ~ 0.35 mm；压力腔偏差±0.05 mm。

（4）成品模具直径符合产品标准的要求，过程模直径公差±0.05 mm。

问题讨论

（1）简述铝包钢丝的结构、性能特点、用途及型号分类。

（2）简述旋转式连续温挤压工作原理。

（3）铝包钢丝生产工艺过程有哪些？

任务 7.5 弹簧钢丝的生产

知识准备

弹簧（spring steel wire）是各种机械行业和日常生活中最常用的零件，主要作用是利用自身变形时所储存的能量来缓和机械或零件的震动和冲击、控制机械或零部件的运动。

碳素弹簧钢丝分为两类：一类是冷形变强化钢丝（冷拉弹簧钢丝）；另一类是马氏体强化钢丝（油淬火回火钢丝）。

7.5.1 冷拉弹簧钢丝

冷拉弹簧钢丝主要用于制作各种应力状态下工作的静态弹簧。按弹簧工作应力状态分为三个组别：B组用于低应力弹簧，C组用于中等应力弹簧，D组用于高应力弹簧。

7.5.1.1 生产工艺流程

冷拉弹簧钢丝的生产工艺流程为：控轧控冷盘条→酸洗磷化→拉拔→铅淬火→拉拔→尺寸及表面检验→取试样→性能检验→浸油→包装。

7.5.1.2 钢丝原料及其要求

为了提高弹簧钢丝生产质量，应消除扭转裂纹，减少钢中夹杂物，提高钢的纯洁度。

对高表面要求的钢丝，钢坯必须酸洗、研磨，清除表面缺陷；盘条表面层采取剥皮的方法，以去除脱碳层及表面缺陷。

7.5.1.3 表面处理

弹簧钢丝拉拔前的表面处理，特别是高级用途的弹簧钢丝以化学酸洗为主。酸洗操作要点是防止由于过酸洗造成表面黑灰和氢脆。

涂层：钢丝半成品酸洗后需进行硼砂涂层，干燥后拉拔。成品钢丝大规格（直径大于5.0 mm）酸洗后多进行镀铜处理，小规格需进行磷化处理。

7.5.1.4 热处理

中间热处理可采用再结晶退火。退火次数过多，会使碳化物颗粒增大，从而不利于随后成品线坯铅淬火时碳化物的溶解。因此，必须慎重选择坯料尺寸和热处理种类，能选用小的坯料不选大的，能用连续炉铅淬火就不用退火。

成品线坯热处理一般都采用铅淬火，以取得良好的索氏体组织。用其他介质等温淬火（如沸水淬火、盐浴、流动粒子炉等），仍以接近铅淬火的组织和性能为准。铅淬火工艺参数与碳素钢丝的索氏体化基本相同。需要指出的是：原始组织为球状碳化物时，为使其碳化物充分溶解，必须增加加热时间，否则容易使力学性能过低、韧性变差，影响成品性能。

钢丝加热温度一般是900~950 ℃，铅温是470~500 ℃。

7.5.1.5 拉拔工艺

拉拔总压缩率高的碳素弹簧钢丝，宜采用多道次，小部分压缩率，取低→高→低的分配方法。开始道次采用低的压缩率，可以使钢丝表面润滑层与基体金属结合牢固，为以后道次采用较高的部分压缩率创造条件，并可使线坯的索氏体片层转向与拉拔平行方向，减少渗碳体片破裂，从而有利于随后的塑性变形。最后道次采用低的部分压缩率，可以防止表面质量恶化及韧性指标下降。平均部分压缩率应控制在15%。

拉拔模孔应取小的工作锥角度，一般以10°~12°为宜。

拉拔速度对钢丝的强度和韧性有很大的影响。如果润滑条件和冷却条件都良好，则可以提高拉拔速度。如果冷却条件不良，由于钢丝本身发热的时效影响，会造成钢丝的硬、脆。小规格弹簧钢丝（直径小于 0.80 mm）在水箱拉丝机中拉拔，钢丝、模具、中间卷筒都直接在肥皂水中冷却，润滑条件也较优越，线速度可提高到 150 m/min。在直线式拉丝机上拉拔时，由于中间过渡钢丝不扭曲，冷却条件较好，因此线速度到 120 m/min 还能保持成品钢丝的良好韧性。

7.5.1.6 浸油

浸油温度过高，会使浸油后的钢丝强度平均值升高，且扭转裂纹严重。因此要控制油温，采用低于 70 ℃的冷态防锈油，防止时效硬化。

7.5.2 油淬火回火弹簧钢丝

油淬火回火（调质）是指钢丝拉拔到要求规格后进行淬火和回火处理。淬火介质是油，回火介质多数是熔融金属，通常是铅，或者流化床，偶尔是电加热隧道炉。

油淬火回火弹簧钢丝，又称调质弹簧钢丝。调质弹簧钢丝卷成弹簧后，仅经中温回火后便可直接使用。

（1）生产工艺流程：控轧控冷盘条→表面处理→拉拔→表面检验→奥氏体化加热→油淬火→回火→水冷→涡流探伤→收线→取试样→性能检验→防锈包装。

（2）拉拔。钢丝拉拔方法与相应的钢种相同，一般都以退火状态进行拉拔，成品再经调质热处理。

（3）奥氏体化加热。奥氏体化加热的方式有：明火加热、气体保护管式加热炉加热、电接触加热、感应加热。加热的共同特点是：速度快，过热度大，加热温度通常在 A_{c3} 以上 50~200 ℃，特别是电接触加热和感应加热具有加热时间短、热效率高的优点。加热时间通常在 5~25 s。

（4）淬火和回火。淬火介质是机油，油温越高，油的流动性越好，冷却能力越强，油温控制在 40~80 ℃。回火加热方式有感应加热、电接触加热、铅浴和流态床，回火温度一般在 400~550 ℃。

（5）涡流探伤。一般采用在线涡流探伤的方式，并根据技术要求把超过规定深度的缺陷部位打上标记，以便在卷簧过程中及时地分检出不合格的弹簧；也可采用离线的方式，即收线后再探伤。

（6）收线。油淬火回火弹簧钢丝要求有良好的弹直性能，因此收线卷筒直径应足够大（见表 7-5），以保证放线后能自动弹直。

表 7-5 收线卷筒直径 （mm）

钢丝直径	2.0	4.0	6.0	8.0	10.0	12.0	14.0
收线卷筒直径	330	730	1120	1600	2050	2500	3000

按《淬火-回火弹簧钢丝》（GB/T 18983—2017）生产的合金弹簧钢丝，用 50CrVA、60Si2Mn、60Si2MnA、55SiCr 和 67CrV 等钢制造。它是经冷拉后直接进行调质处理的钢丝，

供制造各种弹簧用，如离合器弹簧、悬架弹簧和阀门弹簧。该标准中规定了钢丝的分类、代号、直径范围、化学成分、尺寸精度、力学性能、表面质量、脱碳层深度、缠绕性能试验、扭转试验、弯曲试验等要求。

7.5.2.1 合金弹簧钢丝的生产工艺

合金弹簧钢丝生产工艺流程如图 7-5 所示。应注意：(1) 扒皮处理与涡流探伤仪的使用应根据用户的技术协议要求而定；(2) 如果盘条表面擦伤、锈蚀较严重，则扒皮处理前盘条应经酸洗及烘干工序处理。

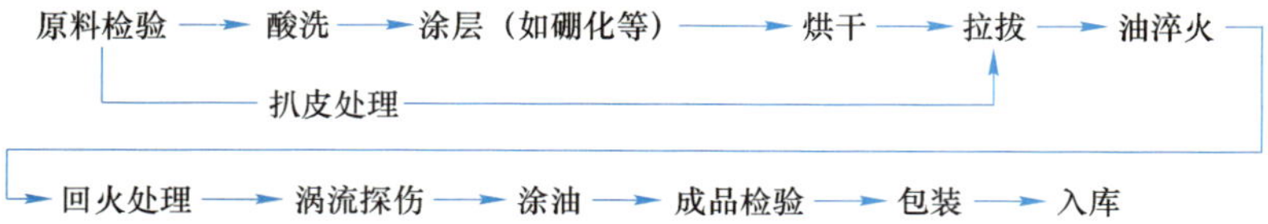

图 7-5 合金弹簧钢丝的生产工艺流程

A 钢丝原料的质量检验

除检验线材的表面质量以外，还应检查脱碳层深度。对铬钒钢、硅锰钢、硅铬钢线材，脱碳层深度不应超过直径的 1.5%，同时不得有全脱碳层。

硅锰弹簧钢的石墨碳级别会影响到成品的性能，对成品钢丝的绕簧和热处理后的性能有很大影响。为了确保成品绕簧和最终性能，必须严格控制硅和碳的含量，以控制石墨碳的析出。

原料显微组织应以索氏体为主，不得有马氏体等对拉拔加工有害的组织。为了保证 Cr-V 等合金系列成品调质后力学性能达到合格要求，可在原料投产前作调质性能试验，合格后再进行钢丝原料投产。经调质后的力学性能要求为：$\sigma_b = 1470 \sim 1760$ MPa，断面收缩率 $Z>40\%$。

B 热处理工艺分析

a 钢丝调质热处理的流程

奥氏体化加热的方式可用间接加热和电接触（或电感应）加热两种。电接触（或电感应）加热具有加热时间短、热效率高的优点。奥氏体化的具体温度和时间，通常可按照热处理后的抗拉强度、韧性和组织加以调整。例如，若奥氏体化时间太短，必须相应提高加热温度，一般采用 950～1050 ℃高温快速加热以提高过热度，增加奥氏体形核率，加速碳化物溶解，并减少脱碳，细化晶粒。淬火介质的选用，某厂对直径不大于 6.0 mm 钢丝，采用水+聚合物作为介质；对直径大于 6.0 mm 钢丝，采用水作为介质。

淬火和回火都是在连续炉上进行。若增加回火时间，势必要增加回火炉的长度而使作业线过长；若回火时间过短，则会造成钢丝回火不足的脆性缺陷。某厂曾对 50CrVA 阀门弹簧钢丝采用铅浴高温快速回火（在 480～550 ℃，回火时间为 110～140 s），获得回火索氏体组织，其硬度（HRC）为 44（大规格）～50（小规格），相应强度为 1370～1720 MPa，韧性良好。尽管上述回火温度较普通零件回火温度高出 100 ℃左右，但强度并没有明显下降。高温快速回火，往往会出现回火不充分或其他组织转变现象，而使韧性恶化。所以回火时间的长短，要选择适宜的回火炉长度与淬火时间相匹配。

b 不完全退火热处理

某些企业对合金弹簧线材的软化采用不完全退火，这仅是一个过渡阶段，以后将逐步趋于淘汰，在此做简要介绍。热处理周期过长会造成脱碳层过大和含硅弹簧钢的石墨碳析出。为此，在能达到线材软化的前提下，应尽可能缩短热处理周期；在保证成品表面质量条件下，原料的尺寸应尽可能减小，以减少工艺循环次数。原料的退火工艺为加热温度 740 ℃、保温时间 4.5 h，随后炉冷至 620 ℃水冷。

半成品热处理的目的是消除加工硬化，一般采用 680 ℃再结晶退火。为了减少硅弹簧钢的脱碳和石墨析出，保温时间控制在下限为宜。有时为了缩短热处理周期采用高温进炉的办法，即空炉升温到 720 ℃后再揭盖进料，但操作稍嫌复杂。成品线坯热处理的目的是保证成品的加工性能，一般也按前述工艺处理。有时也用 600~650 ℃的熔碱作为合金弹簧钢的成品再结晶退火，可防止脱碳，缩短热处理时间，获得较高的表面质量。

C 酸洗工艺分析

合金弹簧钢丝可用硫酸或盐酸溶液进行酸洗，随后进行硼砂涂层，烘干后及时供料。对于表层脱碳严重的线坯，其脱碳层采用浓酸腐蚀的办法来消除或改善，但劳动条件差，必须要有相应的防护措施。硅弹簧钢常有“氢脆”现象发生，其中以 60Si2MnA 尤甚，因此，这类钢在酸洗后要充分烘烤，以保证氢气外逸。

D 拉拔工艺分析

合金弹簧钢丝中以 60Si2Mn、67CrA 碳含量较高，从而使钢的加工硬化倾向增加，还要注意表面质量的影响，故原料直接拉拔的工艺制订要合理。

为保证汽车悬架簧用和阀门簧用成品钢丝的表面质量，某厂对坯料的选择和拉拔工艺都有规范的要求，调质处理前典型产品的拉拔规范列于表 7-6。

表 7-6 合金弹簧钢丝调质处理前的拉拔规范

成品直径 /mm	线材直径 /mm	总压缩率 /%	拉拔道次 n	拉 拔 工 艺
3.00	5.5	70.2	8	ϕ5.5 mm→ϕ4.92 mm→ϕ4.45 mm→ϕ4.07 mm→ϕ3.76 mm→ϕ3.52 mm→ϕ3.33 mm→ϕ3.15 mm→ϕ3.00 mm（±0.03 mm）
4.00	6.5	60.1	7	ϕ6.5 mm→ϕ5.85 mm→ϕ5.38 mm→ϕ4.99 mm→ϕ4.65 mm→ϕ4.39 mm→ϕ4.15 mm→ϕ4.00 mm（±0.03 mm）
5.00	6.5	40.8	5	ϕ6.5 mm→ϕ5.95 mm→ϕ5.57 mm→ϕ5.32 mm→ϕ5.17 mm→ϕ5.00 mm→（±0.035 mm）
8.00	10.0	36.0	2	ϕ10.0 mm→ϕ8.9 mm→ϕ8.0 mm（±0.045 mm）
10.00	14.0	49.0	3	ϕ14.0 mm→ϕ12.4 mm→ϕ11.1 mm→ϕ10.0 mm（±0.05 mm）
12.00	15.0	36.0	3	ϕ15.0 mm→ϕ13.8 mm→ϕ12.7 mm→ϕ12.0 mm（±0.08 mm）

7.5.2.2 常见缺陷及其防治方法

合金弹簧钢丝的常见缺陷及其防治方法列于表7-7。

表7-7 合金弹簧钢丝的常见缺陷及防治方法

缺陷种类	主要原因	防治方法
表面刮伤、划痕	（1）原料流转过程碰、撞伤和擦伤； （2）酸洗和润滑不当； （3）前道工序严重拉毛、刮伤	（1）原料最好外包装，运输过程要小心； （2）控制酸洗质量、勤加润滑剂、勤换模具； （3）严格控制坯料质量，增加拉拔道次
表面不光滑	（1）麻点、凹坑； （2）酸洗质量不高，氧化铁皮未消除； （3）水锈	（1）控制原料质量，局部过酸洗造成，慎重操作； （2）控制酸度、酸洗要散圈，慎重操作； （3）控制水冲洗、充分浸硼砂，并及时烘干
调质性能不合格	（1）热处理工艺不当； （2）化学成分不符合	（1）调整工艺； （2）严格原料检验
尺寸精度超差	（1）模具公差不合格； （2）模架歪斜	（1）调换合格模具； （2）调整模架
夹杂物、 脱碳层超标	（1）原料内夹杂物过大； （2）坯料原有脱碳层大或热处理不当	（1）控制原料质量； （2）减少热处理周期、增加总压缩率、用浓酸快速腐蚀； （3）采用连续炉或退火用保护气体
脆断缠绕试验断裂	（1）坯料表面裂纹和内在组织欠佳； （2）酸洗"氢脆"	（1）控制线坯表面质量和内在质量； （2）严格酸洗质量，充分烘烤
硅类弹簧钢 石墨碳析出	采用退火工艺时，热处理周期过长	改善热处理工艺，控制冶炼成分：碳含量下限、硅含量下限、锰含量上限

问题讨论

（1）碳素弹簧钢丝的分类有哪些？

（2）简述冷拉弹簧钢丝的生产工艺流程。

（3）简述油淬火回火弹簧钢丝的生产工艺流程。

（4）简述合金弹簧钢丝的生产工艺流程。

（5）合金弹簧钢丝常见缺陷及其防治方法有哪些？

任务7.6 不锈钢丝的生产

知识准备

不锈钢是指在空气、水、酸性溶液及其他腐蚀介质中具有较高化学稳定性，在高温下具有抗氧化性的钢。

不锈钢的种类很多，按正火后的金相组织不同，可分为以下五大类。

（1）奥氏体类钢：如 1Cr18Ni9、1Cr18Ni9Ti、0Cr18Ni9Cu3、0Crl7Ni12Mo2、0Cr25Ni20 等钢种。

（2）铁素体类钢：如 0Cr13、0Cr17、0Cr28 等钢种。

（3）马氏体类钢：如 1Cr13、2Cr13、3Cr13、1Cr17Ni2、2Cr13Ni2、9Cr18 等钢种。

（4）奥氏体-铁素体类钢：如 00Cr25Ni5Mo3Si2、1Cr18Mn10Ni15Mo3N、1Cr21Ni5Ti 等钢种。

（5）沉淀硬化型钢：如 0Cr17Ni7A1、0Cr17Ni4Cu4Nb 等钢种。

7.6.1 奥氏体不锈钢丝

7.6.1.1 奥氏体不锈钢丝的热处理

对于半成品不锈钢丝，生产过程中热处理大都采用固溶处理。经固溶处理后合金元素能均匀地溶解到奥氏体中，在提高塑性的同时，还可提高钢丝的抗蚀性能。固溶处理温度偏低（小于 900 ℃），或冷却不快，会造成碳化物和形变马氏体相不能充分溶解或析出，在随后的冷加工中往往出现扭转裂纹、强度偏低和拉拔脆断等缺陷；固溶处理温度偏高（≥1200 ℃），会造成奥氏体晶粒过分粗大，冷加工性能变差，钢丝拉不到预定尺寸。因此，适宜的固溶处理温度是 1000~1100 ℃。

经冷拔后的半成品钢丝，在热处理之前，必须将附着在其表面上的拉拔润滑剂去除（一般称为去盐）。去盐的目的是，防止残余润滑剂高温分解侵蚀钢丝。

7.6.1.2 奥氏体不锈钢丝的表面准备

奥氏体不锈钢丝的表面准备包括：碱洗→三酸（两酸）洗→涂层→烘干。

奥氏体不锈钢含有较多量的铬、镍等元素，其氧化物性质稳定，氧化膜结构也较致密，因而要采用熔碱+三酸（或二酸）联合处理，方能去除氧化铁皮。熔碱浸洗能使氧化铁皮受浸而疏松，从而在酸洗时氧化铁皮容易脱离钢基体而剥离。

国外先进厂家都配有不锈钢丝表面涂层和去涂层的专用生产线，多采用氯系或氟系树脂涂层。

经酸洗、冲洗后，涂元明粉——石灰悬浊液。由于元明粉（硫酸钠）有较高的吸附性能，因此在潮湿空气中有“回潮”现象。有些不能立即拉拔的线坯应放在干燥的场所或烘箱内，否则会造成拉拔后钢丝表面“拉毛”。

7.6.1.3 奥氏体不锈钢丝的拉拔

经固溶处理后的不锈钢有较高的塑性，但奥氏体类钢的加工硬化倾向很大，变形抗力很大。因此，拉拔这类钢丝要求良好的润滑和适宜的模具，否则会因润滑不良，模孔与钢丝接触面摩擦力过大，而使钢丝表面“拉毛”。

拉拔润滑剂一般可选用二硫化钼、元明粉-肥皂粉混合物、氯化石蜡等。直径小于 0.8 mm的不锈钢丝宜用液体润滑剂，如肥皂水、机油调和氯化石蜡，糊状的机油调和二硫化钼。液体润滑剂能保证多道拉拔后，钢丝的表面状况良好。

不锈钢拉拔模具宜选用较大的工作锥（14°~16°），以便于润滑剂顺利带入；定径带稍短为好，以减少模具与钢丝间的接触摩擦。

举例如下。

1Cr18Ni9Ti 拉拔路线：

ϕ1. 8 mm→ϕ1. 5 mm→ϕ1. 3 mm→ϕ1. 15 mm→ϕ1. 0 mm→ϕ0. 9 mm→ϕ0. 82 mm→ϕ0. 75 mm→ϕ0. 69 mm→ϕ0. 63 mm→ϕ0. 58 mm→ϕ0. 54 mm→ϕ0. 50 mm。

1Cr18Ni9 拉拔路线：

ϕ1. 2 mm→ϕ1. 02 mm→ϕ0. 9 mm→ϕ0. 82 mm→ϕ0. 75 mm→ϕ0. 69 mm→ϕ0. 63 mm→ϕ0. 58 mm→ϕ0. 54 mm→ϕ0. 50 mm。

7. 6. 2 马氏体不锈钢丝

马氏体不锈钢丝主要应用于医疗器械和专用焊补材料，此外，还有少量 9Crl8 不锈钢轴承钢丝。下面介绍医用缝合针钢丝（3Cr13、4Cr13）的生产工艺。

马氏体不锈钢丝的生产工艺流程：原料→热处理→碱洗→酸洗→涂灰→烘干→成品检验→入库。

7. 6. 2. 1 马氏体不锈钢丝的热处理

3Cr13、4Cr13 属于马氏体不锈钢，因此在热处理中必须防止由于热应力和组织应力造成的开裂，即对于大规格线坯要采取缓慢加热和预热的措施。由于钢丝截面不大，加热时内外温差小，故冷钢丝进炉以后，只要停留 10~15 min 后便可合闸升温，即能避免热应力造成的开裂。

原料在热轧后必须采取缓冷措施，经缓冷后最好马上进行球化退火，以防止缓冷不均匀而造成开裂。原料的球化退火工艺为加热温度 840~880 ℃、保温 2. 5~3. 0 h，随后炉冷至 650 ℃出炉空冷。经球化退火后，可获得硬度（HB）不大于 200 的球化珠光体。

经拉拔后的钢丝，必须去盐后立即进行再结晶退火，以防止冷加工应力造成钢丝开裂（某厂控制在 8 h 内进炉）。3Cr13 钢的 A_{c1} 约为 820 ℃，故可采用 760~800 ℃范围内保温进行再结晶退火，保温后炉冷到 650 ℃出炉空冷，经再结晶退火后钢丝坯料硬度（HB）不大于 187。有时为了减少氧化铁皮的厚度，经常选用温度的下限操作，以保证丝坯的顺利拉拔为前提。

为保证成品的通条性能均匀和良好的表面质量，半成品和成品的拉拔线坯宜在连续炉中退火，最好能在保护气体条件下加热。连续炉退火温度选用 760~800 ℃加热，在炉时间以每毫米直径保温 1 min 计算。

7. 6. 2. 2 马氏体不锈钢丝的表面准备

Cr13 型钢丝应先经熔碱处理后再用两酸或盐酸酸洗，酸洗后宜选用元明粉—石灰涂层，以使润滑剂能顺利带入模孔。据有关资料介绍，熔碱处理后再用高锰酸钾溶液浸渍 0. 5 h 以上，最后再以盐酸漂洗，可获得良好的表面质量。

7. 6. 2. 3 马氏体不锈钢丝的拉拔

拉拔大规格马氏体不锈钢丝宜采用二硫化钼固体润滑剂，拉拔小规格（ϕ<0. 88 mm）

钢丝可采用氯化石蜡液体润滑剂。模具的选择原则以大的模孔角度和定径带为宜。

医用缝合针用钢丝的拉拔工艺：医用缝合针用钢丝用 3Cr13 和 4Cr13 制造，钢丝以退火状态交货。为保证医用缝合针用钢丝的高精度尺寸公差和良好表面质量，对于小截面的钢丝可用轻微冷拉状态交货（变形时截面上内外温差不大，组织应力也小）。

举例，ϕ6.5 mm 拉拔 ϕ0.55 mm 的成品钢丝拉拔路线为：ϕ6.50 mm→ϕ5.70 mm→ϕ5.00 mm→ϕ3.80 mm→ϕ2.50 mm→ϕ1.95 mm→ϕ1.58 mm→ϕ1.30 mm→ϕ1.05 mm→ϕ0.88 mm→ϕ0.76 mm→ϕ0.68 mm→ϕ0.63 mm→ϕ0.60 mm→ϕ0.57 mm→ϕ0.55 mm。其中，ϕ5.00 mm、ϕ2.50 mm、ϕ1.30 mm、ϕ0.76 mm、ϕ0.57 mm 几个中间规格需进行退火处理后再拉拔。

问题讨论

（1）不锈钢丝的种类有哪些？

（2）简述奥氏体不锈钢丝的生产工艺。

（3）简述马氏体不锈钢丝的生产工艺。

任务 7.7　轴承钢丝的生产

知识准备

轴承是机械工业的基础零件之一，滚动轴承在结构上大都由内套、外套、滚动体和保持架四部分构成。轴承钢丝是制造轴承的材料，必须具有高的疲劳性能及良好的韧性、硬度、耐磨性和一定的抗蚀性能。此外，对轴承钢的组织均匀性、碳化物的分布状况，以及脱碳程度等都有严格要求，否则这些缺陷将会显著缩短轴承的使用寿命。

制造滚动体的钢丝通常采用高碳铬轴承钢（GCr15、GCr9、GCr9SiMn、GCr15SiMn）、抗蚀性轴承钢（9Cr18）、耐高温轴承钢（Cr4Mo4V）。高碳铬轴承钢丝中应用最广泛的是 GCr15，使用量占 90%以上，直径 25 mm 以下的滚动体及厚度 25 mm 以下的轴承套圈都是由 GCr15 制造的。

7.7.1　轴承钢丝的原料及质量控制

轴承钢丝的原料是热轧盘条，其质量控制主要包括冶炼质量控制、钢材表面质量控制、钢材尺寸及形状控制三个方面。

7.7.1.1　轴承钢的化学成分

轴承钢的化学成分主要有 C、Si、Mn、Cr、S、P、Ni、Cu、Mo 等，它们的含量必须符合标准规定。

7.7.1.2　轴承钢中非金属夹杂物的控制

非金属夹杂物是影响轴承钢接触疲劳寿命的主要原因。轴承钢中的有害夹杂物包括：

A类硫化物类型、B类氧化铝类型、C类硅酸盐类型和D类球状氧化物。其中，A类、C类夹杂物具有塑性，形状随着钢的加工而改变；B类、D类夹杂物塑性差，在加工过程中易破碎或不变形，破坏钢的连续性，而且钢的尺寸越小其破坏性越大。

非金属夹杂物的控制包括减少夹杂物的绝对数量和改变夹杂物的组成。为减少夹杂物的数量，应采取炉外精炼方法来提高钢的纯度。

控制钢中铝含量也可以起到减少夹杂物的作用。当钢中铝含量（质量分数）为0.02%~0.04%时，夹杂物数量较少。

冶炼时，在还原期末降低钢的碱度，可将部分不变形类夹杂物变为塑性夹杂物，减少夹杂物对钢的危害。

7.7.1.3 碳化物的控制

高碳铬轴承钢中的碳化物主要是合金渗碳体，其大小、分布及形状是决定轴承钢质量的重要指标之一。碳化物可分为液析碳化物、带状碳化物、网状碳化物和粒状碳化物，轴承钢碳化物合格级别：网状碳化物不大于2.5级，粒状碳化物不大于2~4级。

7.7.1.4 内部缺陷的控制

轴承钢低倍组织中不得有缩孔、皮下气泡、白点、过烧，中心疏松不大于1.5级。

7.7.1.5 表面缺陷的控制

轴承钢的表面缺陷包括表面脱碳、包边、严重的耳子、划伤、表面裂纹等。脱碳缺陷会使轴承钢淬火后表面硬度降低、接触疲劳性能降低，应控制在标准或用户允许的范围之内。

7.7.2 GCr15轴承钢丝的生产

GCr15轴承钢丝的生产流程为：控轧控冷轴承钢线材→表面清理→涂层→拉拔→补充球化→成品。

7.7.2.1 原料

控轧控冷工艺生产的轴承钢线材，组织为变态珠光体加索氏体。

7.7.2.2 表面处理

轴承钢丝的表面清理分为化学清理和机械清理。轴承钢丝酸洗一般可用硫酸溶液或盐酸溶液来进行，由于盐酸酸洗在常温时使用效果较好，酸洗速度较快，一般在15%~30%盐酸溶液中浸入15~30 min后可使氧化铁皮清除干净。机械清理是近几年应用于轴承钢丝生产的新工艺，包括喷丸清理和反复弯曲清理。

7.7.2.3 涂层工艺

轴承钢丝润滑涂层可采用普通石灰涂层，石灰液浓度15%~25%，加热至沸腾温度，烘干温度控制在150~200 ℃，时间为2~4 h；有的采用黄化涂层，即酸洗后采用高压水冲洗，利用残余的微酸使钢丝表面产生水锈，再涂石灰中和、干燥；也有采用磷化涂层的。

7.7.2.4 热处理

对于直径小于12 mm的轴承钢线材不用球化退火，直接拉拔。

对于直径大于 12 mm 的轴承钢线材，采用快速球化退火，再拉拔。快速球化退火工艺：760～870 ℃，保温 4～6 h，40～60 ℃/h 速度冷却，不大于 650 ℃时出炉空冷。

成品退火：球化处理，温度在 A_{c1} 以下，取（720±10）℃，保温 2～4 h，然后出炉空冷。退火时，应装罐或采用气体保护处理。

7.7.2.5　拉拔

连续拉拔工艺采用小减面率、多道次拉拔的原则，道次减面率以 15%～20% 为宜，控制总减面率在 40%～55% 以上，拉拔速度控制在 60 m/min。轴承钢拉拔时，由于模具内压力大、温度高，润滑剂采用焦化温度较高的钙基皂，并要进行模具水冷或卷筒水冷。

问题讨论

（1）简述轴承钢丝的种类、性能特点及应用。

（2）轴承钢丝热轧盘条原料的质量控制要求有哪些？

（3）简述 GCr15 轴承钢丝的生产流程。

任务 7.8　焊丝的生产

知识准备

CO_2 气体保护焊是利用 CO_2 气体作为保护气体的一种电弧焊。CO_2 气体本身是一种活性气体，它的保护作用主要是使焊接区与空气隔离，防止空气中的氮气对熔池金属产生有害作用。这是因为一旦焊缝金属被氮化和氧化，设法脱氧是很容易实现的，而要脱氮就很困难。CO_2 气保保护焊在 CO_2 保护下能很好地排除氮气，在电弧的高温作用下（5000 K 以上），CO_2 气体全部分解成 CO+O，可使保护气体增加一倍。同时，由于分解吸热的作用，使电弧因受到冷却的作用而产生收缩，弧柱面积缩小，二氧化碳气体保护焊丝具有高效、节能、适应自动化焊接的优点，已经成为焊接材料发展的主导产品。

7.8.1　实心焊丝

为了防止气孔、减少飞溅和保证焊缝具有一定的力学性能，要求焊丝中含有足够的合金元素，一般采用限制碳含量（0.1%以下），硅锰联合脱氧。焊丝直径常用的有：ϕ0.8 mm、ϕ0.9 mm、ϕ1.0 mm、ϕ1.2 mm、ϕ1.6 mm，焊丝直径允许偏差为+0.01～−0.04 mm。

照片 实心焊丝

常用的焊丝种类有：

（1）用于焊接低碳钢和低合金钢的焊丝有：H08MnSiA、H08MnSi、H10MnSi；

（2）用于焊接低合金高强度钢的焊丝有：H08Mn2SiA、H10MnSiMo、H10Mn2SiMoA；

（3）用于焊接贝氏体钢的焊丝有：H08Cr3Mn2MoA；

（4）用于抗微气孔、低飞溅焊接的焊丝有：H0Cr18Ni9、H1Cr18Ni9、H1Cr18Ni9Ti；

(5) 用于焊接不锈钢薄板的焊丝有：H0Cr18Ni9、H1Cr18Ni9、H1Cr18Ni9Ti、H1Cr18Ni9Nb。

国内生产中最常见的 CO_2 气体保护焊丝是 ER49-1，即 H08Mn2SiA，适应于焊接低碳钢、$\sigma_b \leqslant 1200$ MPa 的低合金高强钢；另一个常见品种是 ER50-6，适应于焊接低碳钢、500 MPa级的高强度钢。

下面对 CO_2 气体保护焊焊丝 ER49-1 生产工艺加以分析。

照片 气体保护焊丝生产线

7.8.1.1 热处理工艺

二氧化碳气体保护焊丝是依靠机械送进的，焊丝太软则容易引起小弯头，造成送丝不稳，电弧不稳，时通时断，影响焊接的正常进行；太硬使操作不便；强度适中才能稳定电弧。

某厂以退火状态组织经冷加工生产成品钢丝，把热轧盘条冷加工后在 A_{c1} 以下退火。退火后的线坯强度 500~600 MPa，然后经过 60%~70%总压缩率的拉拔，可保证成品钢丝的抗拉强度 900~1000 MPa。

7.8.1.2 酸洗和涂层工艺

一般钢丝可采用常规的盐酸或硫酸酸洗后供拉拔。在钢丝表面金属涂层问题上，则有不同看法，有的认为表面镀铜的目的是防锈。某厂试验发现：化学镀铜后冷加工的铜层，由于电化作用和冷加工造成的应力腐蚀，反而加速表层铜的锈蚀。特别是化学涂层厚薄不均，容易剥离，以致堵塞导电焊嘴，使焊接难以进行。

7.8.1.3 拉拔和润滑

钢丝的表面质量（光洁度与清洁度）会影响焊接质量。为提高表面光洁度，成品拉拔应采用较高的总压缩率和较多的拉拔道次。润滑剂选用中性肥皂粉。

视频 实心焊丝拉拔

原料用 $\phi6.5$ mm 热轧盘条，可经表面处理后直接拉拔再进行热处理。生产 $\phi1.0$ mm 钢丝拉拔路线为：$\phi6.5$ mm→$\phi5.0$ mm→$\phi4.0$ mm→$\phi3.1$ mm→$\phi2.5$ mm→$\phi2.0$ mm→$\phi1.65$ mm→$\phi1.38$ mm→$\phi1.17$ mm→$\phi1.0$ mm，$\phi4.0$ mm 和 $\phi2.0$ mm 钢丝要进行再结晶退火。

成品钢丝的表面要求清洁，又不生锈，在需要一定时间库存周转情况下，较多采用涂防锈油的方法，待使用时再去除油脂；或采用气相防锈方法。

7.8.2 药芯焊丝

药芯焊丝是技术含量很高的新型焊接材料，常用薄钢带卷成圆形管，其中填入一定成分的药粉，拉制而成的焊丝。采用药芯焊丝焊接，形成气渣联合保护，焊缝成型好，焊接飞溅小。常用的药芯焊丝有 YJ502、YJ507、YJ507CuCr、YJ607、YJ707。药芯焊丝的制造方法主要有：钢管法、盘条法、钢带法。

视频 药芯焊丝拉拔

(1) 钢管法：将配制好的药粉加入盘旋状的无缝钢管中振动填实，再进行多道拉拔而成。

(2) 盘条法：盘条经抛丸处理、拉拔减径、轧成 U 形管，加入配制好的药粉，再经合缝、精细拉拔减径、表面处理、层绕、密封包装，制成药芯焊丝。采用盘条法生产药芯焊丝的原材料成本最低，最具有经济性，但技术难度相对较大。

(3) 钢带法：利用冷轧钢带作为外皮原料，经裁成窄带并清洗后，再冷弯呈 U 形，加入药粉闭合成 O 形，再经多次拉拔减径而成。目前，国际上普遍采用该方法生产药芯焊丝，也是国内生产药芯焊丝的主要生产方法。钢带法药芯焊丝制造方法又分为全轧式和轧拔结合的两种。

下面简要介绍药芯焊丝的钢带法生产技术。

7.8.2.1 生产工艺流程

原料（冷轧带钢）→纵剪至 1.0~16 mm→钢带纵烧至 350 kg→钢带清洗烘干

药粉原料→粉碎筛分→药粉烘干→混粉→配粉

→轧成坯管 ϕ2.8~5 mm→拉拔至成品 ϕ1.2~3.2 mm→分绕成标准绕卷→包装入库。

7.8.2.2 主要设备

(1) 钢带重绕机组。钢带重绕机组是将纵剪后的多盘单根钢带卷绕在大盘重工字轮上，它由放带装置、分带架、钢带重卷机三部分组成。

(2) 放带机。放带机是将重绕机卸下的工字轮装上为成型机放带。放带采用主动放带，放带速度与成型机的走带速度同步。

(3) 钢带清洗烘干装置。钢带上有防锈油及污物，要在清洗槽内经过 3 级清洗，再用热风烘干。

(4) 药芯焊丝成型机。钢带进入成型机后先被轧成 U 形，加入药粉闭合成 O 形，再多次拉拔减径到 ϕ2.8~3.2 mm。减径部分轧辊孔型按 5%左右减径设计。

(5) 加粉装置。加粉装置为皮带式送粉，使用交流伺服电机闭环控制系统驱动加粉器，保证药粉填充率的绝对误差在±0.5%以内。加粉装置后面设有电子检测装置，一旦发现钢带中无药粉时，马上报警并自动停车，确保不会出现“空管”现象。

(6) 收线机。收线机的作用是将成型机制成的药芯焊丝半成品收到工字轮上，待进入直线式拉丝机拉拔。

(7) 调谐式直线拉丝机组。成型后的药芯焊丝半成品还要在拉丝机上拉拔减径，达到成品规格。由于药芯焊丝是有缝的，拉拔中一定要防止扭转，所以采用调谐式直线拉丝机。拉丝机后配有活套调节装置，实现收线机与拉丝机的同步运行，并保持张力。

7.8.2.3 影响药芯焊丝质量的因素

(1) 药粉成分、结构、粒度的筛选和控制。

(2) 药粉的预处理工艺技术，确保药粉均匀。

(3) 药粉填充率与成型接口直线形的精确控制。

(4) 焊丝表面质量处理技术与防锈技术。

(5) 润滑剂、防锈剂、防潮包装材料等辅助材料。

问题讨论

（1）二氧化碳气体保护焊焊丝的种类有哪些？

（2）简述实心焊丝的规格及种类。

（3）简述 CO_2气体保护焊焊丝的生产工艺。

（4）简述药芯焊丝的种类及制造方法。

（5）简述药芯焊丝的钢带法生产工艺流程。

任务 7.9 异形钢丝的生产

知识准备

7.9.1 异形钢丝的形状及用途

异形钢丝是指截面非圆形的钢丝。通常异形钢丝的截面形状和尺寸与所加工成型的零件相同或相近似，可以实现少切削、无切削加工，减少了金属的消耗。异形钢丝具有优异的力学性能，尺寸精度高、表面光洁度好、加工成型性好等特点，可以提高机械加工效率和零件的使用寿命。

异形钢丝的断面形状可以分为规则形状和非规则的复杂形状。如图 7-6 所示，规则形状的异形钢丝用途广泛，非规则的复杂形状异形钢丝通常为某种仪器设备专用。

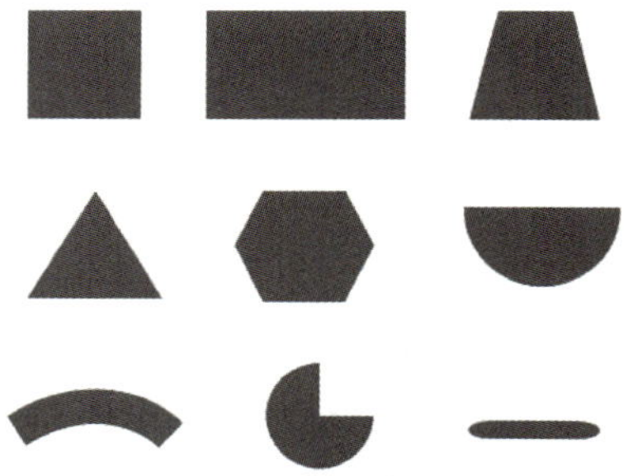

图 7-6 异形钢丝断面形状示例

（1）正方形钢丝，主要用于锁链、工具、结构件或小弹簧等弹性构件。

（2）矩形钢丝，主要用于汽车软轴、柴油机轴承大锁簧，高速柴油机止推环、锁环、制动环、活塞环及涡轮叶片锁尖等构件。

（3）扁形钢丝，用于玻璃升降器、雨刷、内燃机组合油环、机械软轴、模具用强力弹簧、螺旋卡圈金属外套等结构件。

（4）梯形钢丝，用于制造弹簧垫圈、模具簧、电子设备减振簧、武器激发器簧等。

（5）六角钢丝，主要用于制作螺栓、螺母及其他结构件。

（6）扁钢丝，主要用于制造强力弹簧、卡簧等。

（7）半圆形钢丝，主要用于制造开口销。

7.9.2 异形钢丝的生产方法

异形钢丝的生产除冷加工成型之外，其他的生产工序（如热处理、酸洗、涂层、拉拔及涂油包装）与同种圆钢丝基本相同，原则上采用同一工艺。

异形钢丝冷加工成型方法分为模拉法、辊拉法、轧制法和轧-拉复合法等。

7.9.2.1 模拉法

模拉法是用事先加工成一定形状的硬质合金模（或聚晶模）从圆形开始逐道拉拔，直至拉拔成所需尺寸、形状。

模拉异形钢丝对酸洗和涂层质量要求比较高，通常两道次以上拉拔采用磷化+硼砂涂层。两道次以内拉拔可采用镀铜或硼砂涂层。拉拔时润滑也应采取导入或强制导入措施，以减缓不均匀变形。模拉法按钢丝是否加热分为冷拉和温拉。

优点：设备一次性投资小，产品形状精确，尺寸公差小，通条性好。

缺点：制模难度大，尖角欠充满，表面易划伤，生产周期长，复杂截面无法生产。

模拉生产异形钢丝的工艺流程：冷拉圆丝→热处理→酸洗→磷化→涂硼砂→拉拔成型→表面尺寸检验→取试样→理化检验→防锈处理→包装入库。

7.9.2.2 辊拉法

辊拉是金属在两个以上模辊组成的孔型内，通过拉丝机的牵引使钢丝向前运动，产生变形。钢丝与模辊之间的滚动摩擦力明显小于常规拉拔中的摩擦力。在摩擦力的作用下，模辊均匀转动，进入稳定拉拔状态。

优点：钢丝道次变形率大、尖角充满、形状精确，可生产复杂断面和较难变形的合金、不锈钢等。

缺点：模具一次性投资大、钢丝尺寸波动较大。

A 辊拉工艺流程

工艺流程：冷拉圆丝→退火→酸洗→涂层→辊拉→表面尺寸检验→取试样→理化检验→防锈处理→包装入库。

B 坯料尺寸的选择

尺寸过大，棱角易起刺，损伤模辊；尺寸过小，孔型充不满。确定坯料尺寸主要考虑的因素：变形方法（轧制还是拉制）成型道次，材料的硬度或延伸性能，润滑等。

7.9.2.3 轧制法

轧制法是通过两辊或四辊主动轧机生产扁钢丝或其他形状钢丝的一种方式，分为冷轧和热轧两种方法。冷轧主要解决宽厚比小于或等于 4 的异形钢丝生产，特别是扁钢丝、梯形丝、半圆钢丝等。另外，还可以先用轧机轧制出成品前形状，然后通过拉拔成型生产异形钢丝，称为轧-拉复合法。轧制法生产异形钢丝的工艺要点如下。

A 宽展及影响因素的确定

宽展是圆丝在轧制前后的宽度变化量。不管是生产简单断面的圆丝、方丝、矩形丝，还是其他复杂断面的异形丝，都没有精确地确定圆钢丝直径的方法。同一种尺寸的产品，不同的生产方法对圆丝直径要求不一样，而且同一种尺寸产品、同一种生产方法，不同的生产材料或设备对圆丝直径大小要求也不一样。影响宽展的因素很多，如压下量、摩擦系数、钢丝材质、辊径等，可以通过工艺试验，确定这些影响因素与宽展的关系，制定合理的轧制工艺，合理地估算圆丝半成品直径，控制成品丝尺寸精度。

B 钢丝道次变形率及总变形率的确定

与圆丝拉拔一样，都需要合理地分配道次变形率以及确定钢丝的总变形率，以保证生产的顺利进行。可以用高度压下量近似地表示，通过试验确定不同强度丝材的道次压下量，进而制定不同规格产品的合理轧制道次。

C 应力控制

由于各种因素如摩擦、温度不均匀或轧辊变形等造成扁丝变形不均匀时，在金属内部就会引起内应力，这种内应力称为附加应力；在轧制后残存在金属内部的附加应力称为残余应力。无论是附加应力还是残余应力，其中各自都包含拉应力和压应力，二者同时存在，且互相平衡。其中，拉应力更为有害，当其值超过强度极限时，扁丝就会产生裂纹。因此在实际生产中，力求变形和应力均匀分布，以减少附加应力和残余应力。但是，实际生产时往往难以控制，因此需要通过试验，合理地去除应力，采用添加去应力装置或者其他方法。

D 成品丝线的性能

轧制时容易出现侧弯现象，侧弯是由于钢丝通条性能不均或退火后钢丝本身产生的硬弯所致。解决方法：提高热处理退火的均匀性；适当增加圆丝直径，退火后先轻拉，再进行轧制。

E 热处理工艺试验

客户一般对异形钢丝都有一定的力学性能要求（如弯曲、延伸等），钢丝在经过轧制等冷加工变形之后这些力学性能就会有相应的变化，弯曲和延伸性能降低、强度上升等。因此，需要通过相应的热处理工艺试验，摸索生产工艺，进行高性能产品的生产，满足高端客户的需求。

F 润滑液

异形钢丝的润滑与圆钢丝的润滑基本上一样，但是异形钢丝的生产速度快时变形热很大，直接影响轧制系统的精度，也影响异形钢丝的尺寸精度，因此异形钢丝对润滑剂的要求更高。在选择润滑剂时，需根据异形钢丝的具体材质（如碳钢、不锈钢、合金钢等）和拉拔工艺（如拉拔速度、温度等）进行调整。碳钢可使用硬脂酸钙，不锈钢、合金钢一般采用专用拉丝润滑剂。

G 导卫装置

导卫的作用是正确地将丝材导入轧辊孔型，保证异形钢丝在孔型中稳定变形，并得到所要求的几何形状和尺寸；同时又顺利、正确地将异形钢丝从孔型中导出，防止缠辊，还可以控制或强制丝材扭转或弯曲，并按照一定的方向运动。因此，导卫装置应具有合理的结构、坚固耐磨、装卸方便安全、调整灵活等特点。要根据孔型形状、尺寸以及在轧辊上的配置使用情况，正确设计导卫装置的形状和尺寸，以保证导卫装置实现其作用。根据生产实际选取合适的材质，并尽量使其常用部件标准化，减少机械加工量和备件储备。

问题讨论

（1）简述异形钢丝的分类、产品形状及用途。

（2）简述异形钢丝冷加工成型方法及工艺流程。

课程思政

巨力索具：坚守工匠精神　铸就大国重器

从三峡工程到神舟飞天，从奥运场馆到港珠澳大桥，河北巨力索具股份有限公司（简称巨力索具）通过自主创新打造核心竞争力，成为奥运场馆、神舟飞天等200多个国字号工程的重要参与者。

巨力索具始建于1985年，是中国规模大、品种齐全、制造专业的索具制造公司。巨力索具坚持党建引领、企业报国，对索具一直精益求精，刻苦钻研。其在索具上的巨大成就展示了大国工匠精神，这是机械行业每一个人的品质目标。

巨力索具基于自身在技术和工艺方面强大的实力，全程参与港珠澳大桥建设，从吊装方案设计到吊具制造，从大桥拉索研发设计到派驻施工队伍，留下了一个个里程碑似的建设足迹。

巨力索具的奋斗历程，是践行党的二十大报告“加快建设制造强国、质量强国”战略部署的生动缩影。他们以党建引领凝聚力量，将精益求精的工匠精神融入血脉，通过自主创新突破核心技术壁垒，展现了在习近平新时代中国特色社会主义思想指引下，中国制造企业坚守主业、实干兴邦，以核心竞争力筑牢产业根基、服务国家战略的坚定步伐，为实现高水平科技自立自强贡献了来自实体经济的坚实力量。

2014年1月，3600 t桥面预制构件吊装

2014年4月，长度超过130 m，宽度约33 m，重量接近3000 t的钢制桥面顺利完成了整体吊装

2014 年 8 月，2600 t 多功能墩身吊具成功应用于港珠澳大桥墩身吊装

2015 年 8 月，3100 t 海豚主塔吊装

2015 年 1 月，巨力索具子公司上海浦江缆索工程公司承接了港珠澳大桥桥梁工程 CB04 标江海直达船航道桥斜拉索安装防护工作

2016 年 4 月，3500 t 重、110 m 长钢箱梁吊装

2017 年 5 月，重达 6000 t 的最终接头实现精准吊装

2018 年 2 月，港珠澳大桥收费站竣工，该工程所有拉索均由巨力索具制作安装

项目 8 钢丝生产中的环境保护

学习目标

知识目标：

（1）了解钢丝生产过程中废酸液的处理和回收方法；
（2）掌握酸气、铅气和铅尘的处理方法；
（3）掌握磷化渣、氧化铁皮和铅渣的处理方法。

技能目标：

具备必要的粉尘、废水、废气、废渣、噪声的防护能力和技术。

素质目标：

（1）培养学生树立安全生产、清洁生产的意识；
（2）培养学生的责任心与环保意识。

任务 8.1 钢丝生产过程中废酸液的回收处理

微课 钢丝生产中的环境保护

课件 钢丝生产中的环境保护

知识准备

钢丝生产从原料进厂到产品出厂的整个生产过程中，所形成的粉尘、废水、废气、废渣、噪声等，如盘条机械剥壳产生的铁锈粉尘，热处理铅槽产生的铅蒸气、铅渣，酸洗产生的酸雾及含酸废水，拉丝时产生的粉尘，镀锌产生锌烟、油烟及废水等。若处理不当，将会严重影响和污染环境，危害工人的身心健康。多年来，有关企业、研究所和设计部门千方百计地从厂房设计、加工工艺、设备制造等多方面寻求解决污染的办法，以最大限度地降低这些污染。国家还颁布了《中华人民共和国清洁生产促进法》《中华人民共和国环境保护法》《中华人民共和国水污染防治法》《中华人民共和国海洋环境保护法》等法律法规，要求企业逐渐推行和实施 ISO 14000 系列标准，使人们大大增强了环保意识，同时随着新工艺、新材料、新技术、新设备的不断应用，环保工作收到了显著的效果。

工业废水按有害物质最高允许排放浓度，可分为以下两类：

第一类，能在环境或动植物内蓄积，对人体健康产生长远影响的有害物质。这类废水在生产车间或设备排放口排出，应符合《钢铁工业水污染物排放标准》（GB 13456—2012）规定。

第二类，长远影响远小于第一类有害物质。《钢铁工业水污染物排放标准》（GB 13456—2012）按照不同年限，分别规定了钢铁工业废水最低允许循环利用率、吨产品最高允许排放量、水污染物最高排放浓度。

8.1.1 硫酸废液的处理和回收

线材制品行业生产用水量大。以某钢丝生产企业为例，平均生产 1 t 钢丝所消耗的自来水约 4 t，按每月生产 5 000 t 钢丝计算，每月消耗水约 2 万吨，每月生产用污水量相当于不发达国家 30 年的人均用水总量。线材加工企业通常采用盐酸或硫酸进行酸洗以去除氧化铁皮或金属残余物质，这些水体中，主要含有锌、铁、铅、铜等重金属离子，水体呈酸性。酸性废水经过一系列处理，达到回收再利用。

用硫酸酸洗钢丝的废液中，主要回收 $FeSO_4$和含有少量酸的废酸。通常采用自然冷却结晶法、真空蒸发冷却结晶法、蒸喷结晶法和离子交换膜电解处理法等，在此只简单介绍前两种方法。

8.1.1.1 自然冷却结晶法

自然冷却结晶法是一种从废硫酸中提取 $FeSO_4$最简便而省投资的方法。其过程是：先将废酸用耐酸泵抽到沉淀池沉淀 2~3 h，去掉杂质和未溶解的氧化铁皮，再将净液抽到结晶池，依靠空气冷却，自然结晶出硫酸亚铁。

此方法的不足在于：不能完全提取出 $FeSO_4$；母液也不能回收进行再利用；受气候影响大，冬季结晶速度快。

为了使提取 $FeSO_4$的母液回收再用于酸洗，很多企业采取向原废酸液中添加新硫酸，使 $FeSO_4$浓度增至 20%左右，在低温（10 ℃）提取 $FeSO_4$后，母液中 $FeSO_4$含量可降低到 6.6%左右的方法，获得所谓的“再生酸”再用于酸洗。

另外，可向废酸中加铁屑或氧化铁皮，使 H_2SO_4完全转化为 $FeSO_4$，用蒸气加热至 60~100 ℃，浓缩 4~6 h，密度 1.35~1.38 g/cm^3 波美度，进行结晶得到 $FeSO_4$的方法也广泛应用。

8.1.1.2 真空蒸发冷却结晶法

真空蒸发冷却结晶法可同时回收 H_2SO_4和 $FeSO_4$。其过程是：先把废酸抽到密闭的蒸发浓缩缸中抽真空，真空度达 80 kPa，同时缸内用蒸气经蛇形管间接加热，这样废酸在 40~50 ℃下沸腾蒸发，废酸含 H_2SO_4浓度由原来的 10%可提高到 20%~35%，然后把浓缩的废酸放入结晶器中，通过冷冻盐水（冷却管内），使其温度降到 3~7 ℃，且不断搅拌使 $FeSO_4$结晶出来，再经真空抽滤器可同时获得 H_2SO_4和 $FeSO_4$。

其工艺流程图如图 8-1 所示。

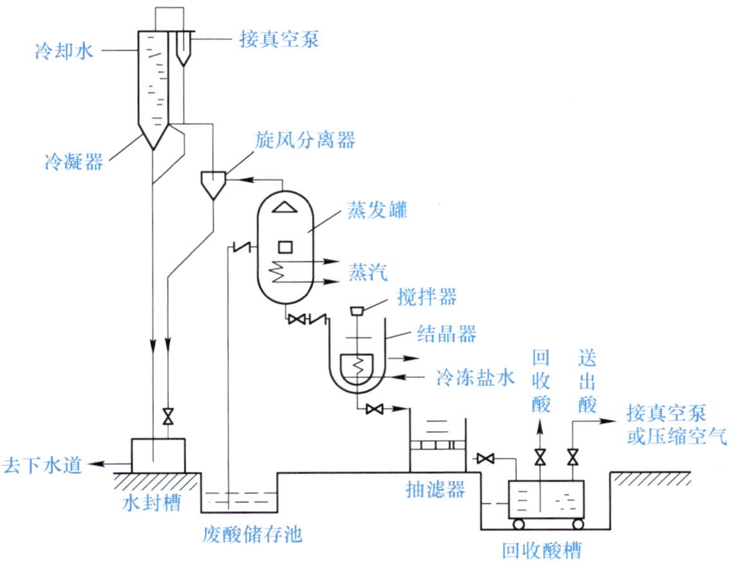

图 8-1　真空蒸发冷却结晶法工艺流程图

8.1.2 盐酸废液的处理和回收

用氯气氧化法制取三氯化铁（$FeCl_3$）的工艺流程及步骤如下。

（1）往盐酸废酸内加铁屑生成 $FeCl_2$，反应式如下：

$$2HCl + Fe = FeCl_2 + H_2\uparrow$$

（2）在反应塔制 $FeCl_3$。$FeCl_2$溶液从塔顶淋下，氯气从塔底进入，通过填充瓷环接触反应，反应式如下：

$$2FeCl_2 + Cl_2 = 2FeCl_3$$

$$2H_2O + 2Cl_2 = 4HCl + O_2\uparrow$$

以 1%的铁氰化钾滴入取来的试样液内，若不呈蓝色，说明反应完全。

（3）在蒸发缸内浓缩 $FeCl_3$溶液。

8.1.3 含酸废水的处理

实际生产中，除废酸液按上述方法进行处理外，酸性废水最常用的方法是利用酸碱中和法，即用氢氧化钙与废酸液进行中和处理。经过酸碱中和沉淀，将下层的重金属离子以氢氧化物固体形式沉淀，然后进行填埋。近年来，随着水处理方法和设备的多样化，重金属酸性废水的处理方法也多样化，例如：化学（电化学）还原法，高分子重金属捕集剂法，吸附、萃取、离子交换法，生物絮凝法，生物吸附法，植物整治、富集法等。

随着分离技术的不断发展，膜分离技术在重金属离子废水处理中发挥出越来越重要的作用。膜分离技术的特征：利用一系列具有选择透过性的薄膜，在一定的外力推动作用下使溶液中的溶质和溶剂分离，达到提纯、浓缩、净化的目的。处理重金属酸性废水时，如果利用离子交换膜技术，则阳离子膜只允许阳离子通过、阴离子膜只允许阴离子通过。在电流作用下，重金属酸性废水得到浓缩和淡化，淡化后的废水可以达到工业再生水回用标准，循环回用；浓缩后的废水经电化学技术，将富含大量重金属离子的溶液进行电还原，使金属离子富集在电极上还原析出金属层。例如，江苏某生产企业膜分离加电解回收的水处理工艺设备投资仅需25万元，年回用中水可节省12万元，年回收副产物收入10.08万元，年处理成本可忽略不计；和传统中和沉淀法设备投资600万元，年处理成本达30万元相比，该工艺具有可观的经济效益和社会效益。

8.1.3.1 酸碱中和法

在含酸废水中加入碱性物质，在含碱废水中加入酸性物质，进行中和反应，使之生成中性盐和水。

A 自身中和法

利用阳离子交换剂再生排出的废酸液来中和阴离子交换剂再生排出的废碱液，以达到中和目的。自身中和法又分为：

（1）单池式。将废酸、废碱液都直接排入一个混合池中，经搅拌均匀后排出。

（2）双池式。同时设置一个废碱池和一个混合池，废碱液排入废碱池储存，待阳离子交换器再生时，将废酸、废碱液同时排入混合池中和后排出。

（3）三池式。同时设置一个废碱池、一个废酸池和一个混合池。

自身中和法的缺点是由于企业排出的废酸、废碱量是不平衡的，不能恰好中和，使处理后的水质达不到排放标准要求，所以往往仍需要加些酸或碱。

B 投药中和法

将碱性药剂，如石灰（CaO）、石灰石（$CaCO_3$）、电石渣、苛性钠（NaOH）、碳酸钠（Na_2CO_3）等投入到酸性废水中，或将酸性药剂，如盐酸（HCl）、硫酸（H_2SO_4）等，投入到碱性废水中，以达到中和目的。

中和反应的设备可分中和池和中和塔。中和池一般为地上或地下布置，酸、碱废水通过沟道或管道靠位差进入池中，处理后的废水用泵排出。中和池的优点是系统简单，运行方便；其缺点是占地面积较大，防腐、防渗较难做好。中和塔设置于离地面一定高度，将酸、碱废水用管道引至中和塔上部，用循环泵使塔中酸碱混合均匀，处理后的废水靠位差排出。其优点是塔体防腐较易做好，不存在渗漏问题，且占地面积较少；其缺点是要求离子交换器再生用泵的压力相应提高，使排水能直接进入中和塔顶部。为此，对离子交换树脂的耐压强度和均匀性等的要求均有所提高。

8.1.3.2 弱酸阳离子交换处理

将废酸、废碱液交替通过弱酸阳离子交换树脂，当酸液通过时，树脂转变为H-型（$R\text{-}Na+HCl \rightarrow R\text{-}H+NaCl$），除去废液中的酸；当碱液通过时，弱酸树脂将$H^+$放出，中和废液中的碱性物质，树脂转变为盐型（$R\text{-}H+NaOH \rightarrow R\text{-}Na+H_2O$），这样往复交替处理，无需还原再生，就能使处理后的酸碱废水基本达到排放标准。该法于20世纪80年代开始在我国使用，效果较好，排放合格率达95%。为保证排放pH值全部合格，弱酸树脂的工作交换容量只能利用 70%左右，以防弱酸树脂层漏 H^+或 OH^-。

8.1.3.3 弱酸、弱碱离子交换联合处理

在弱酸离子交换器后串联一台弱碱阴离子交换器，以吸收弱酸树脂层漏出的 H^+或 OH^-，且可用足弱酸离子交换树脂的工作交换容量，使排出液的 pH 值达标。除此之外，还有将含酸废水排入火电厂水力输灰系统的灰水中，以中和灰水中的碱性物质；将含碱废水当作湿式文丘里除尘器、捕滴器用水，以吸收烟气中的二氧化硫。

问题讨论

（1）写出硫酸废液的主要回收物？

（2）硫酸废液的处理和回收的方法有哪些？

（3）简述自然冷却结晶法回收处理硫酸废液过程，并指出该方法有哪些不足。

（4）简述氯气氧化法制取三氯化铁 $FeCl_3$的工艺流程。

（5）写出焙烧法再生盐酸工艺步骤。

任务 8.2 钢丝生产过程中废气的排放与回收

知识准备

根据《大气污染物综合排放标准》（GB 16297—1996）规定，允许排放 HCl 的量应小于 100 mg/m^3，硫酸雾允许排放量应小于 45 mg/m^3，铅及其他化合物允许排放量应小于 0.7 mg/m^3。

8.2.1 酸气的排放

（1）双侧吸式酸槽。酸槽左右两侧各有一组抽风装置，如图 8-2 所示。该装置适用于抽风宽度为 1.5~2 m，长不超过 2 m 的酸槽。

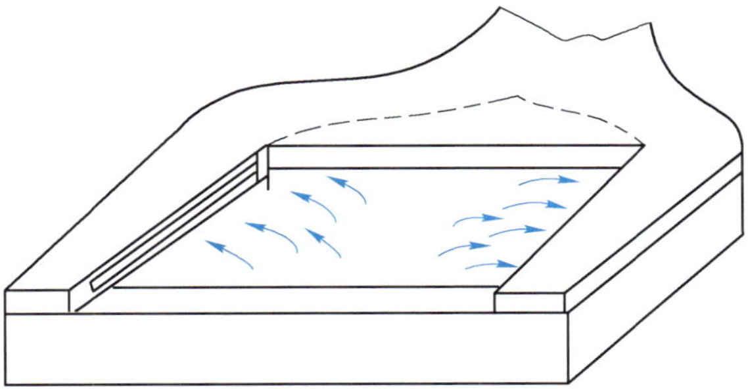

图 8-2 双侧吸式酸槽

（2）正侧双吸式酸槽。酸槽的正面和侧面各配置一台抽风机，如图 8-3 所示。

（3）双侧下吸式酸槽。在地面下铺设排气管道，并安装多台抽风机，（见图 8-4），适用连续作业线上 8 m 长的酸槽。

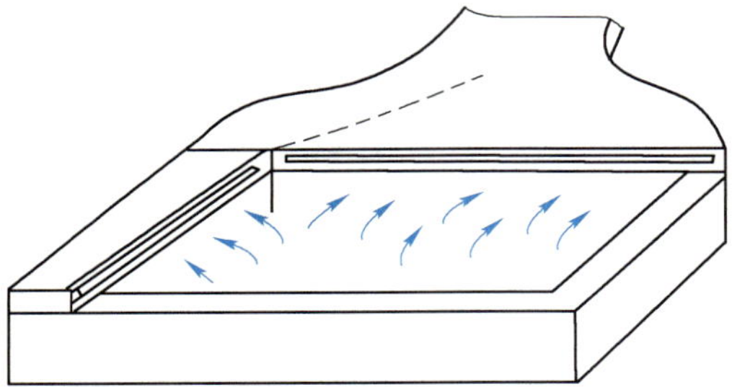

图 8-3 正侧双吸式酸槽

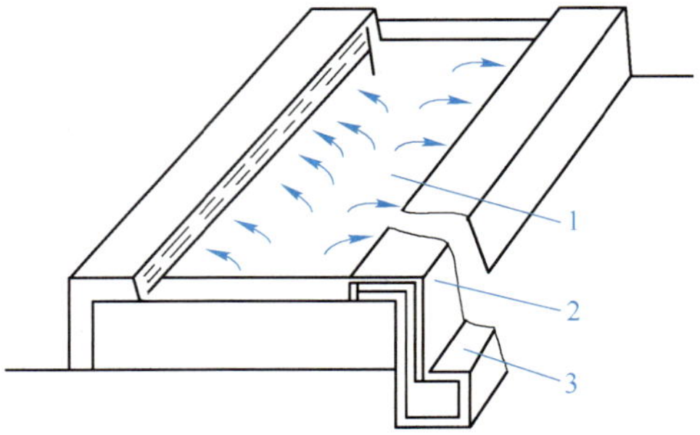

图 8-4 双侧下吸式酸槽

1—酸洗槽；2—组合吸风口；3—组合排气管

8.2.2 酸气的回收

8.2.2.1 净化回收装置

常用的净化回收装置有网格式和喷淋式两种。

网格式净化回收装置是容器内带有多层塑料纺织网格的净化回收装置。酸雾通过时，经反复撞击，酸雾结成液滴而落下，从而将酸气给予回收。

喷淋式净化回收装置既可回收废酸，又可作为中和酸雾使用。其结构是高 5 m 左右的塑料圆筒，直径 2~4 m，筒内中部筛板装有许多填料，起到增大接触面积的作用。当酸雾进入塔内缓缓上升时，受到循环水喷淋，从而将酸气给予回收。若用碱水喷淋，则酸雾即被碱水中和溶解。

8.2.2.2 酸气中和装置

酸气中和装置是把酸雾引入碱水池中，用石灰水将酸气中和。碱水池面积一般为 16~40 m^2，石灰水的高度略高于半池深度。若石灰水碱度下降（可用 pH 试验检测），应及时更换新石灰水。

8.2.2.3 铅气和铅尘的排放

铅淬火产生的 0.1~1.0 mm 超微粒尘，当大气中铅浓度超过 0.5 mg/m^3时，就会给人类带来危害。据环保监测部门长期监测统计，一般铅锅上平均铅含量为 1.45 mg/m^3，车间内操作区平均达 0.126 mg/m^3；有的严重污染单位，经测量车间内最高铅含量达 1.2 mg/m^3，平均铅含量达 0.597 mg/m^3，严重超过国家卫生标准。

因此，排除铅尘、铅气对车间环境的污染势在必行。各厂家采取了很多有效措施解决这一问题，取得了非常明显的效果。例如，在铅锅上部设计安装铅尘、铅气综合防止排除装置，在铅液面上压盖密封板，安装各种类型的除尘器等。应当指出，有的厂家为了收到更好的除尘除气效果，同时采用了多种除尘除气装置。

问题讨论

（1）常见的酸气排放和抑制方法有哪几种？

(2) 简述净化回收装置的工作原理。

(3) 简述酸气中和装置的工作原理。

(4) 铅尘、铅气排放有效治理的方法有哪些?

任务 8.3 钢丝生产过程中废渣的回收处理

知识准备

钢丝生产过程中产生的废渣主要有:热处理过程中产生的铅渣(PbO 和部分铅块),酸洗过程中形成的白色沉淀磷化渣,氧化铁皮,热镀锌过程中产生的锌渣等。

8.3.1 用磷化渣制取磷酸三钠

钢丝在磷化过程中所消耗的磷酸,约有 50%生成白色沉淀磷化渣沉于槽底。若不及时将其清除就会直接影响钢丝磷化质量(有的厂家规定间隙式磷化每周捞渣一次,连续式磷化每半月捞渣一次)。磷化渣的成分主要有:Fe^{3+} 占 27.5%,Fe^{2+} 占 2.35%,PO_4^{3-} 占 51.8%。过去这些渣子常被丢弃或被随水冲掉,有时也以废物廉价卖掉,后经研究用磷化渣制取磷酸三钠,取得了很好的效果。磷酸三钠作为金属制品的副产品,可供高压锅炉房及蒸汽机车锅炉净化水质,取得了良好的社会效益和经济效益。

8.3.1.1 制取磷酸三钠的原理

用烧碱与磷化渣反应生成磷酸三钠和氢氧化铁,(见图 8-5),其反应方程式为:

$$FePO_4 + 3NaOH + 12H_2O = Na_3PO_4 \cdot 12H_2O + Fe(OH)_3 \downarrow$$

$$Zn_3(PO_4)_2 + 6NaOH + 24H_2O = 2Na_3PO_4 \cdot 12H_2O + 3Zn(OH)_2 \downarrow$$

上述反应工艺参数为:NaOH 水溶液浓度(质量分数)22%~30%,NaOH∶磷化渣=1∶(1.2~1.3)(干磷化渣),反应温度 90~98 ℃。

反应后生成的 $Fe(OH)_3$ 和 $Zn(OH)_2$ 沉淀,加水加热搅拌洗涤,反复数次,一直到沉淀中含碱很低时再放出弃去。

8.3.1.2 影响磷化渣回收率的因素

(1) NaOH 水溶液浓度。

(2) NaOH 与磷化渣的比例。

(3) 反应温度。

(4) 加渣化渣的方法。

(5) 反应后溶液浓度。

8.3.2 氧化铁皮的利用

线材表面存在大量的氧化铁皮,钢丝热处理生产过程中也会产生大量的氧化铁皮。利

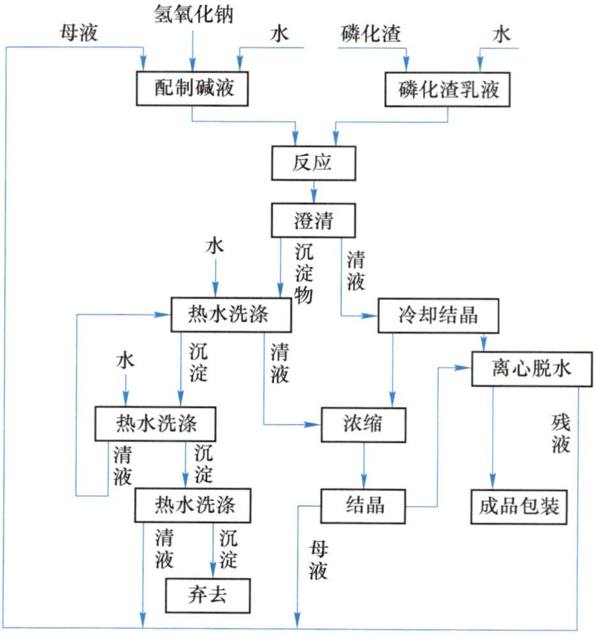

图 8-5 制取磷酸三钠工艺流程

用它还原后制成铁粉用于制造拉丝模套，可以节约大量钢材。用粉末冶金制造拉丝模是一种无切削或少切削的新工艺，通过实践证明这种模套使用效果很好。制造铁粉的主要原料是氧化铁皮，用氧化铁皮生产铁粉的工艺流程如图 8-6 所示。

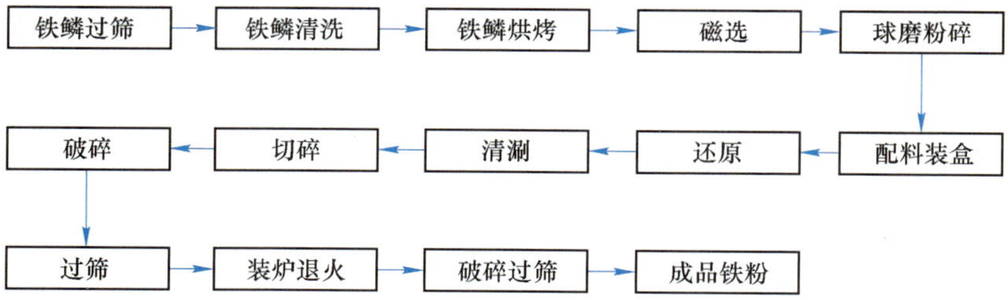

图 8-6 铁粉生产工艺流程图

8.3.3 铅渣的利用

铅淬火热处理时，铅液表面往往会形成一些渣块浮在铅液上，它们绝大部分是由氧化铅（PbO）构成的灰渣，也有少量的铅块附着在其中。

为了保证热处理钢丝质量，各生产厂家都制订并认真执行了定期掏铅渣制度。掏出的铅渣可以通过还原法将铅提炼出来，这些回收的铅又可作为补充添加的铅，加入淬火介质。这样既可减少钢的热处理生产的铅耗、降低生产成本，同时又避免了对环境的污染。

提炼铅渣的方法是：在鼓风炉作用下，将铅渣与焦炭混合燃烧，就像高炉炼铁一样，焦炭将氧化铅还原成铅液而沉于炉底。其化学反应式为：

$$2PbO + C = 2Pb + CO_2\uparrow$$

$$CO_2 + C = 2CO$$

$$PbO + CO = Pb + CO_2$$

问题讨论

（1）简述用磷化渣制取磷酸三钠的原理。

（2）影响磷化渣回收率的主要因素有哪些？

（3）简述氧化铁皮制造铁粉生产工艺。

（4）简述铅渣提炼再生铅的方法。

课程思政

抗拉强度 2100 MPa！国内最强钢丝首次应用于跨长江大桥

2023 年 3 月 10 日，由南京市公建中心承建，“武汉建桥力量”中铁大桥院勘测设计、中交二航局、中铁大桥局等单位参建的南京仙新路长江大桥主缆架设完成，所使用的最高强度主缆钢丝首次在跨长江大桥使用，中铁大桥院参与共同研发，桥梁科技创新迈出关键一步。

南京仙新路长江大桥主桥按照双向六车道、设计速度 80 km/h 的城市快速路标准建设，采用主跨 1760 m 的双塔单跨悬索桥，建成后将是国内第一、世界第二大跨径的单层悬索桥。

中铁大桥院总工程师肖海珠介绍，主缆是悬索桥主要受力构件，悬索桥加劲梁和桥面结构悬挂在两根强大的主缆上，因此，主缆又被称作悬索桥的“生命线”。

为保证大桥的跨越能力、节约主缆用量、缩短架设时间，大桥首次采用抗拉强度 2100 MPa的钢丝，作为目前国内强度等级最高的悬索桥主缆钢丝。此次主缆架设共节约主缆钢丝约 2000 t，缩短施工工期近 30 d，降低工程造价。

仙新路长江大桥共设有两根主缆，单根主缆由 169 股 127 丝直径 5.4 mm 的钢丝组成，长度约 3110 m，重量达到 1.25 万吨，拉力约 4 万吨。

主缆架设是桥梁上部结构施工中最为复杂和关键的工序，为确保超长主缆内每根钢丝都能均匀受力，设计及监理团队与业主、索股制造厂家、施工及监理单位密切配合，在索股生产期间通过科学管理、优化生产工艺等一系列措施将索股调整精度控制在 5 mm以内。

2020 年，中国工程院院士、中铁大桥院首席专家高宗余在“悬索桥主缆用 ϕ5.4 mm-2100 MPa 锌铝合金镀层钢丝索股”鉴定会上介绍由南京市公建中心、中铁大桥院等多家

仙新路长江大桥主缆架设施工

单位共同研发的主缆钢丝及索股。与会专家一致认为，该产品达到国际领先水平，新产品顺利通过鉴定。

党的二十大报告提出“加快实现高水平科技自立自强”和“坚决打赢关键核心技术攻坚战”要求。南京仙新路长江大桥成功建设实现了从依赖进口到自主创新、国际领先的跨越，不仅是我国桥梁建造技术迈向世界前沿的关键一步，更是在习近平新时代中国特色社会主义思想指引下，中国基建领域依靠自主创新突破难题、锻造国家战略科技力量的缩影。

参考文献

[1] 董琦，张学辉．钢丝生产工艺及设备［M］．北京：冶金工业出版社，2016.

[2] 徐效谦，阴绍芬．特殊钢钢丝［M］．北京：冶金工业出版社，2005.

[3] 戴宝昌．重要用途线材制品生产新技术［M］．北京：冶金工业出版社，2001.

[4] 李志深．钢丝生产工艺［D］．湘潭：湘潭钢铁公司职工大学，1992.

[5] 徐建平．钢丝与钢绳设备［M］．北京：兵器工业出版社，2005.

[6] 李玮．钢丝连续热浸镀铝的工艺、组织及性能［D］．大连：大连理工大学，2002.

[7] 贾士武，王彦忠，崔毅．国产弹簧钢丝热处理生产线现状及发展方向［J］．金属制品，2023，49（2）：34-36.

[8] 冯伟年．感应加热在钢丝生产中的应用［J］．金属加工（热加工），2023（8）：25-29.

[9] 刘天佑．钢材质量检验［M］．北京：冶金工业出版社，2008.

[10] 刘阳，谭佃龙，徐红，等．线材制品业酸性废水的综合治理与回用研究［J］．金属制品，2010，36（5）：69-72.

[11] 温景林．金属挤压与拉拔工艺学［M］．沈阳：东北大学出版社，2003.

[12] 高亚龙，李郑英，杨晨，等．高精度异型不锈钢钢丝研制［J］．金属制品，2024，50（5）：1-3.

[13] 马明刚．拉拔工艺及模具对钢丝力学性能的影响［D］．贵阳：贵州大学，2006.

[14] 张雅菊，李广字．钢丝拉拔过程中的发热及危害［J］．金属制品，2000，26（6）：2-6.

[15] 王自森．拉拔时发热现象的探讨［J］．金属制品，2005，11（4）：14-16.

[16] 武文花，戴炳蔚．硬质合金拉丝模孔型结构［J］．硬质合金，2019，36（3）：249-254.

[17] 张学辉，王鸿利．钢丝热镀锌及合金生产技术［J］．科技资讯，2018，16（15）：91-93.

[18] 谢铁桥：甘为工匠四十年　苦研钢丝付一生［Z/OL］．长城网-河北频道，2018.

[19] 贵州钢绳集团二分厂技术员、高级技师周家荣：钢丝绳上出细活［Z/OL］．人民网，2022.

[20] 高性能纳米硬质合金 规模化制备关键技术成功产业化［Z/OL］．中南大学新网网，2022.

[21] 在一根钢丝绳上争毫厘——记天津市劳动模范、天津市全友钢丝绳有限公司技术工人高畅［Z/OL］．天津市总工会网站，2022.

[22] 伶仃洋上的大国工匠［Z/OL］．共产党网，2023.

[23] 贵州钢绳实现我国钢丝绳行业国际标准零突破 工匠精神锻就“贵州智造”［Z/OL］．多彩贵州网，2017.

[24] 港珠澳大桥通车“巨力贡献”大盘点［Z/OL］．巨力索具股份有限公司网站，2018.

[25]“武汉建桥力量”参与研发，国内最强钢丝首次应用跨长江大桥［Z/OL］．长江网，2023.